U0168038

白话 C++ 之练武
（下册）

庄 严 编著

北京航空航天大学出版社

内 容 简 介

《白话 C++》将学习编程分成"练功"和"练武"两册。"练功"主讲 C++编程基础知识、语言语法(包括 C++11、14 等标准)及多种编程范式。"练武"的重点内容有:标准库(STL)、准标准库(boost)、图形界面库编程(wxWidgets)、数据库编程、缓存系统编程、网络库编程和多媒体游戏编程等。

本书借助生活概念帮助用户理解编程,巧妙安排知识交叉,让读者不受限于常见的控制台下编程,快速感受 C++编程的乐趣,提升学习动力。适合作为零基础编程学习从入门到深造的课程。

图书在版编目(CIP)数据

白话 C++之练武 / 庄严编著. -- 北京 : 北京航空航天大学出版社,2021.1

ISBN 978 - 7 - 5124 - 3236 - 9

Ⅰ. ①白… Ⅱ. ①庄… Ⅲ. ①C++语言—程序设计

Ⅳ. ①TP312.8

中国版本图书馆 CIP 数据核字(2020)第 021067 号

版权所有,侵权必究。

白话 C++之练武(下册)

庄 严 编著

策划编辑 胡晓柏   责任编辑 剧艳婕

*

北京航空航天大学出版社出版发行

北京市海淀区学院路 37 号(邮编 100191) http://www.BUAApress.com.cn

发行部电话:(010)82317024 传真:(010)82328026

读者信箱:emsbook@buaacm.com.cn 邮购电话:(010)82316936

涿州市新华印刷有限公司印装 各地书店经销

*

开本:710×1 000 1/16 印张:92.5 字数:1 971 千字

2021 年 1 月第 1 版 2021 年 1 月第 1 次印刷 印数:3 000 册

ISBN 978 - 7 - 5124 - 3236 - 9 定价:199.00 元(上、下册)

若本书有倒页、脱页、缺页等印装质量问题,请与本社发行部联系调换。联系电话:(010)82317024

目 录

1

第 14 章

数 据

数据为主,余者皆仆。

14.1 数据驱动

很多年前,我去看望一位生活不太顺的表姨,寒暄时告诉她我正在读大学。她心疼地抓着我的手问着:"大学生仔,你说人出生、活着、死去,这一辈子是为了什么?"那时候我学的还不是 C++,是 Pascal。我告诉她:"一个人在生死之间哭过、笑过、爱过、恨过、幸福过、悲伤过,就无憾了,也许不图什么吧?""所以,穷人和富人、小老百姓和名人都是过一生,其实没有什么不同,是吗?""从过程上看好像是吧?"我一时有些紧张,不知说些什么好;但记得表姨听完也只是一声轻叹。

几十年转瞬而过,听说表姨后来过得不错,前几天突然接到电话,才知道她已经走了。在电话里表兄让我抽空过去一趟,说是姨给我留了点东西,包括一封信。表姨留给我的东西是什么? 在信里又说了些什么? 是否和当年那次对话有关? 这些都不好和读者分享;只是读完信后,我更加明白,过程有时候并不重要,重要的是过程处理了什么数据? 产生了什么数据? 是幸福还是不幸福真的有区别。我不是在卖鸡汤,因为我所说的过程和数据,加起来就是程序。

一个程序启动了,又结束了。在这生死之间,它流畅过、卡顿过、分支过,循环过、递归过、返回过零、抛出过异常、单线程寂寞过、多线程竞争过……但所有这些过程,其实都是为了数据。单独的程序如此,一个完整的系统更是如此。以在《网络》篇提到的典型多层系统为例,如图 14-1 所示。

假设这是一个网店系统,那么客户端自然是在向客户展现琳琅满目的商品数据。用户看着这些商品数据,大脑开始进行复杂的运算处理。中间他还上银行网站查了一下自己的余额数据,最终决定下单。很快下单操作产生了请求数据,由客户端发送到系统后台,接入服务"接待"且"接受"了这一请求。接入服务是一位勤快的前台小妹,她一边从图 14-1 中标示 2 的位置中取出一张写着"谢谢购买"以及店老板哈腰致谢的动态图发给客户端,一边迅速地向后面一群小伙子扔出以下数据:北京王府井林老板定购袜子一打。小伙子们都是"即时业务服务",听到指令,当中一人迅速从图 14-1 中标示 4 号的缓存中查寻该商品的库存数据,发现库存足够;于是一边扣库存

1

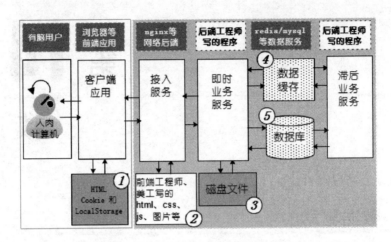

图 14-1　业务系统中数据与处理过程

并向标示 5 号的数据库写入一条订单,一边给接入服务下单成功的数据……15 分钟后,后台"滞后业务服务"从库中读出许多北京的订单,正在打电话给快递公司,移交各项收货地址等数据。

　　整个系统都在围绕着数据转,忙得不亦乐乎。相反,假设没有产品数据,或者产品数据做得不好,自然就没有用户前来购买,于是就没有订单数据,程序设计得再好也将无所事事。从这个角度上看,可以认为是数据在驱动系统的运转;尽管数据自身并不可执行。说"数据驱动程序运转",有人表示不服,认为这是一个"鸡生蛋"还是"蛋生鸡"的问题:难道不是先有程序运行,然后才由程序产生数据吗?事实上很少有实际系统能在干干净净的环境中运行。系统第一次启动所需的数据,通常由人工完成初始化。

　　【小提示】:第一次运行

　　在 IT 公司中,系统第一次上线总是一件令人如临大敌的事,其中很大一部分困难,就来自程序和数据第一次"相会"时的"生疏感"。

　　数据被加载到内存,程序得以运行,接下来似乎就是王子和公主开始一段幸福生活的进程。如果王子和公主生了太多的孩子,或者婚后公主上淘宝买了太多东西,或者有一天家门口来了太多蹭 WIFI 的人……总之就是数据太多,本进程的内存有些不够用,这时可以考虑将一些并不见得马上要用的数据,转到外存中去。这里说的"外存"有两种,一种是外部存储设备,比如磁盘;另一种指另一个进程。

　　数据库系统就是典型的可以替其他进程存储大量数据的"另一个进程"。当然,数据库的功能并不仅仅是存储数据这么简单。假设袜子卖了 50 万笔,就至少得有 50 万条订单记录,用 C++的结构来表达一条记录:

```
struct Record
{
    std::string id;                        //定单 ID
    std::time_ttime;                       //下单时间
    size_t count;                          //一单购买了几双袜子
    double money;                          //总金额
    std::string user_id;                   //购买者的用户 ID
    std::stringprovince;                   //购买者所在省份
};
```

我们只卖袜子,并且只卖一种款式、一种尺寸的袜子!生意不错,短短十三个月已经有 50 万笔记录,所以用个 std::list 来存储吧:

```
std::list < Record > records;
```

订单记录被我们以文本文件的形式,存储在磁盘上,所以得先有对应的 records 数据文件读写操作,具体实现略去。读入五万条之后,马上又有许多事要做:

① 客户端应用说:"给你一个用户 ID,帮我给出该用户的最近 100 条购买记录。"

② 客户端应用说:"给你一个用户 ID,帮我统计他最近三个月的订单总数与金额。"

③ 客户端应用说:"请找出今年花钱最多的前三位尊贵用户,我要在页面头条表彰。"

④ 客户端应用说:"请随机找 30 个不重复的用户号,用作抽奖活动的中奖名单。"

⑤ 客户端应用说:"请统计各省份的全部订单数据,然后给出各省销售额排名榜。"

⑥ 客户端应用说:"该死,王府井的林老板退货了,帮忙看怎么处理一下?"

第 1 个问题,后台实现的示例代码如下:

```
std::list < Record > getUserRecord(std::string const& id
                   , size_t max_count)
{
    //先按下单时间排序,最近的日期排在前面
    records.sort(……);

    //然后过滤出指定 ID 的用户前 max_count 条
    size_t found = 0;
    std::list < Record > r;
    for (auto r :  records)
    {
        if (r.id ==  id)
        {
            ++ found;
            ……
        }
    }
}
```

第 2 个问题同样要按下单时间排序,同样要过滤指定用户,不过这次是累计订单总数和对应金额;第 3 个问题需要先按时间排序,以得到"最近三个月"的所有订单,再按用户累加金额,再排序然后取前三名;第 4 个问题需要先得到所有下过单的用户 ID,然后随机取三个;第 5 个问题要按省份累计订单金额,再由高到低排序。

所有问题在实现上都不算难,并且各项目问题都有很强的通用性。比如将"袜子"改成其他商品,解决方法差不多。因此,让我们用上泛型,于是一切完美?不,事情并不这么简单。先说并发,我们生意这么好,所以前端的访问请求必然并发而至。试想一下问题 1 和问题 5 中所需的请求同时发生的情况:前者要求对 records 按下单时间排序,再按用户过滤;后者要求对 records 按省份分组,按累计金额排序;可是我们手上只有一个 records 数据。再来看一直还未处理的问题 6,退货的问题。退货请求当然也会和其他请求存在并发。如果后台一边在累计林老板的消费总额,前端林老板却一边在恶意退货,那该怎么办呢?

正当丁小明思索着如何引入锁、原子操作和队列等技术手段来解决以上问题时,店老板现身了,他说"双十一来了! 订单总数我估计很快能突破千万大关,系统操作日志文件我看要突破 100G 了。小丁啊,我们的'records.txt'和'log.txt'文件能 hold 住吗? 磁盘要不要换更大点儿的?"不往下扯了,因为跟了这本书这么久,大家肯定知道我要说什么了:数据库就是用来解决这些问题的:大量数据的存储、数据的各种复杂查询、并发访问,以及数据与数据之间的关系建立和维护等。当前主流的数据库有 Oracle、SQL Server 和 MySQL 等,前两者是商业软件,后者则是使用广泛的开源数据库。

在《准备篇》已经安装好 MySQL、MySQL Workbench 以及 MySQL++,其中 MySQL 是服务端,MySQL Workbench 是客户端应用,MySQL++是 C++开发 MySQL 客户端的开发包。客户端和服务端之间使用 TCP 协议连接。理论上使用 libcurl 或 asio 自行写一个数据库访问客户端也是可行的,但这块工作已经由 MySQL 的 C 语言开发包出厂就封装好,而 MySQL++则在后者的基础上进一步封装,以方便 C++程序员使用。请打开 MySQL Workbench,连接之前准备好的 d2school 数据库(记得 root 用户的密码应该是"mysql_d2school"),开始"数据库"学习之旅。

14.2 数据库 MySQL

14.2.1 查看表信息

一个数据库通常拥有多张数据表,而一张表又可以包含多个列,这和在 Word 或 Excel 中处理的表格很类似。进入 d2school 数据库之后,在左部 SCHEMAS 面板找到 Tables 节点,其下应能够看到学习《准备》篇时导入的 champions_2008 数据表,如图 14-2 所示。

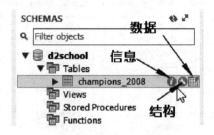

图 14-2 数据表和相关操作

将鼠标移到表名右部,MySQL Workbench 将浮现三个小按钮,分别用于查看表信息、编辑表结构以及查看表数据。先单击写着 i 的小按钮,查看 champions_2008 的表信息;在打开的窗口中,首先显示的是 Info 标签页,如图 14-3 所示。

图 14-3 数据表"cahmpions_2008"的基本信息

对于一个数据库工程师,这里显示的信息都是重点。此处暂时只需关心该表使用的引擎是 InnoDB,以及该表使用的默认字符集是 gbk_chinese_ci。有关 MySQL 的表引擎机制,读者可在将来有需要时再学习。本书与数据库相关的课程内容均以使用 InnoDB 引擎作为前提。接下来重点查看 Columns 分页,这里显示该表的列(也称字段 field)定义,如图 14-4 所示。

该表共有 9 列,每一列的定义在图 14-4 中占用一行,如表 14-1 所列。

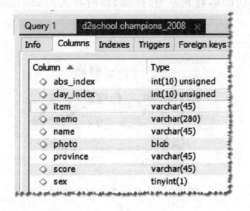

图 14 - 4 champions_2008 数据表的列定义

表 14 - 1 "champions_2008 表字段详解"

名称	类型说明	含义说明
abs_index	int(10) unsigned 无符号整型,最长 10 位(即最大值为 9,999,999,999)。	为每一条记录生成唯一编号;仅用于唯一标识(代表)一条记录,没有业务上的意义
day_index	int(10) unsigned	奥运第几天得到金牌,实际无需 10 位
item	varchar(45) 可变长度字符串,但限定最长 45 个字符。注意,这里的字符和 C++语言中的 char 类似,仅占用 1 字节。因此实际可包含多少汉字,还需使用什么编码(比如 utf-8 或 GB2312 等)。MySQL5.0 以上版本,最大长度可达 65536。	所在项目名称,比如"跳水""乒乓球"等
memo	varchar(280)	所在项目附加说明
name	varchar(45)	获奖者姓名
photo	blob "Binary Large Object",二进制大对象。典型的如图片、音频、视频、文档、加密或压缩后的数据等非纯可视数据;最大长度限制为 21^6。如 blob 长度不够,可使用 MEDIUMBLOB 或 LONGBLOB	赛或获奖照片
province	varchar(45)	冠军所代表的省份
score	varchar(45)	获得的成绩描述
sex	tinyint(1) 长度为的小整数,范围为 0~255,仅占一字节。(1)表示长度,而非字节数。在本例中,可用范围是 0~9;实际则仅使用 0 和 1。	性别(0:女,1:男)

对比 C++的基础类型,tinyint 相当于 char,varchar 相当于"char＊",但并不以

"\0"结束。其他常用类型还有 C++的 float 类型对应 MySQL 中的 FLOAT,double 类型对应"DOUBLE"。如果需要更大范围的数字,则可以使用 NUMERIC 类型表示数值;如果需要表示时间,可以使用 DATETIME、TIME 或 TIMESTAM。各项详情请自学 MySQL。

将数据列信息表往右边拉一拉,可以看到各列的更多信息,如图 14-5 所示。

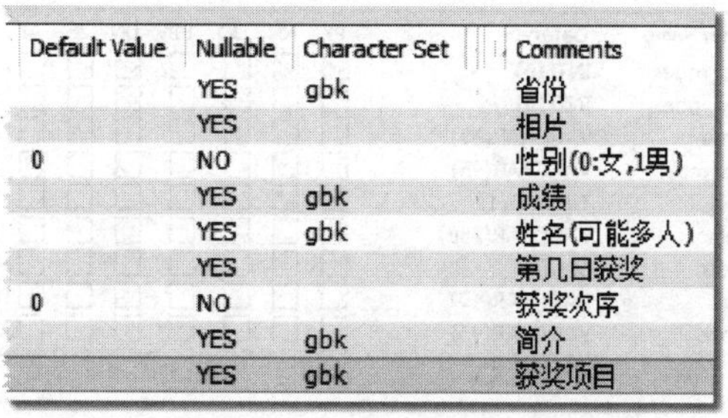

Default Value	Nullable	Character Set	Comments
	YES	gbk	省份
	YES		相片
0	NO		性别(0:女,1男)
	YES	gbk	成绩
	YES	gbk	姓名(可能多人)
	YES		第几日获奖
0	NO		获奖次序
	YES	gbk	简介
	YES	gbk	获奖项目

图 14-5 champions_2008 表各列的更多信息

图 14-5 中显示的是"Deault Value(默认值)""Nullable(是否可为空值)""Character Set(字符集)"以及"Coments(注释)"。各项解释如下:

① Default Value 和 Nullable:一旦创建一条新记录,如果某一列(字段)未明确设置值,则使用其默认值,如果默认值也没有设置,则取"空值";但取空值的前提是该列须将"是否可为空值"配置为允许(如图 14-5 中的"YES");

② Character Set:之前在 Windows 下的控制台显示冠军数据,为了在控制台下可直接显示,列中的字符串都被设置为 GBK 编码,与整张表的默认字符集配置保持一致;

③ Comments:该列注释。

14.2.2 修改表结构

表结构一旦定下来,通常就不会再去修改,因为修改表结构不仅影响到表中的现有数据,往往还会影响使用该表的程序。不过如果是表刚刚建成尚未实际投入使用,或者有些错误确实需要订正,或者所要进行的订正对表数据和表的使用者影响不太严重,那么可以借助 MySQL Workbench 工具修改表结构。在 SCHEMAS 面板选中 champions_2008 表,这次单击带有小扳手图标的按钮,将出现如图 14-6 所示的窗口。

在此处可以修改表名称、默认字符集和表注释等,在图中看不到右边,还可以修改表和引擎等。图中的 PK、NN 和 UQ 等缩写看起来很奇怪,它们都是字段属性,具体含义在右下角,如图 14-7 所示。

① Primary Key:该字段是否作为主键。即是否用来作为数据记录的唯一标志。如前面提到的 abs_index,是特意为 2008 年奥运中国金牌每一天得主记录编一个号

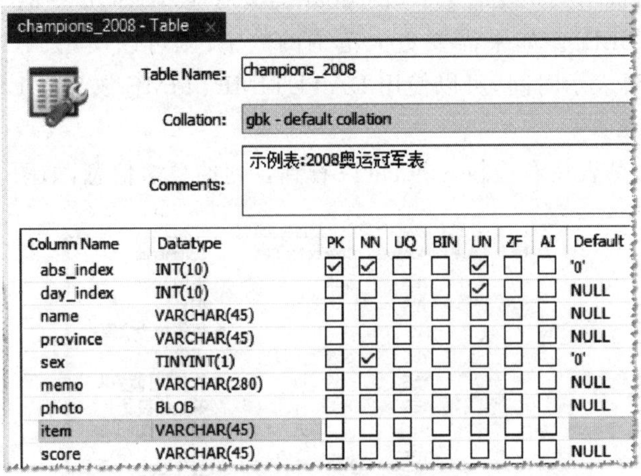

图 14 - 6　表结构修改

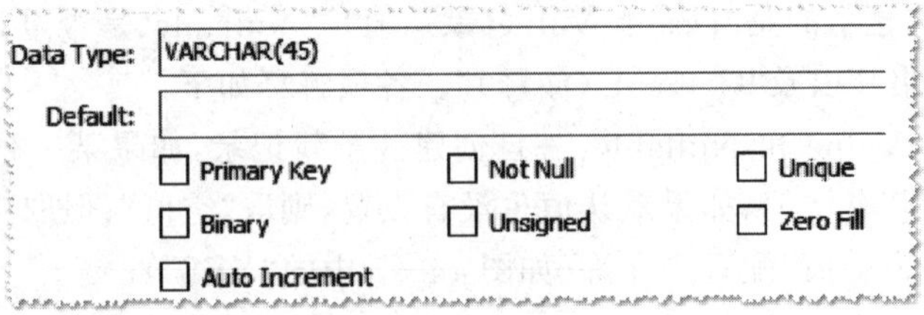

图 14 - 7　字段属性

码,它没有什么业务意义。比如,它是这些金牌获得的顺序号? 不是(就算是,那也纯属巧合)。由于没有业务意义,所以一旦确定,它就可以基本保持不变。同一表中任意两条记录的主键都不能重复。主键可以由多个字段组成,但每张表只能建立一个主键。

② Not Null:该字段是否**不能**为空,和前面提到的"Nullable(是否可为空)"是一个设置,只不过逻辑正好相反。主键字段不能为空,哪怕你不刻意这么配置,MySQL也会默认设置主键不为空。

③ Unique:是否唯一。选中本项,则当前字段不允许有重复值,除非为空值。不过 Unique 是一种业务上的约束,比如说一张用户表,通常在业务上要求两个用户不能使用相同的 email(即一个 email 只能用于一个用户注册)。根据业务需要,一张表可以有多个带 Unique 约束的字段。

④ Binary:是否为二进制数据,即数据中是否可能包含非人类可视的字符。

⑤ Unsigned:当字段为整数类型时,是否限制为无符号整数以获得更大的正整数表达范围,和 C++中的 unsigned 修饰有相同的目的。

⑥ Zero Fill：如果设置一个字段的类型为整数，并且长度大于 2，Zero Fill 约定是否对长度不足的整数前面以零填充。当访问数据表的应用采用 PHP 等非强类型的语言编写时，较常需要；或者虽然使用 C++语言访问，但刻意要将该整型值以字符串的试读取时，才需要考虑要不要填充零。选中 Zero Fill 还会默认也设置 Unsigned。

⑦ **Auto Increment**：是否自动增值该字段的值。选中该项，每当往表中插入新记录时，都不需要为该字段设置值，数据表会为该字段维护一个当前最大值，而且自动将最大值加一个步长值（默认步长是 1），作为新值。通常这个特性用在主键字段上，以自动实现主键的唯一性。比如 Champions_2008 例中的 abs_index 字段就合适，不过我们之前是纯手工为 abs_index 编号，以方便各位下载数据库文件后导入。

接下来就来练习如何修改现有数据库的结构，做两处改动，一是增加 item 列的长度，从现有的 VARCHAR(45)改为 VARCHAR(50)；二是为 abs_index 加上 Auto Increment 属性。请先完成如下操作：一是选中 abs_index 所在行的 AI 选项；二是选中 item 行，鼠标双击图中标有方框数据类型进入编辑状态，将 45 改为 50，如图 14-8 所示。

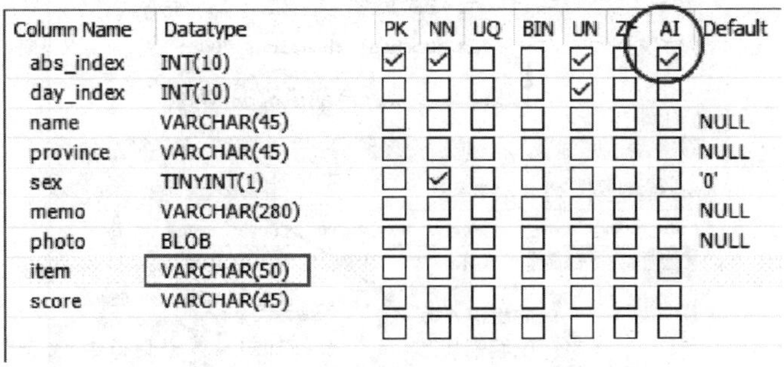

Column Name	Datatype	PK	NN	UQ	BIN	UN	ZF	AI	Default
abs_index	INT(10)	☑	☑	☐	☐	☑	☐	☑	
day_index	INT(10)	☐	☐	☐	☐	☑	☐	☐	
name	VARCHAR(45)	☐	☐	☐	☐	☐	☐	☐	NULL
province	VARCHAR(45)	☐	☐	☐	☐	☐	☐	☐	NULL
sex	TINYINT(1)	☐	☑	☐	☐	☐	☐	☐	'0'
memo	VARCHAR(280)	☐	☐	☐	☐	☐	☐	☐	NULL
photo	BLOB	☐	☐	☐	☐	☐	☐	☐	NULL
item	VARCHAR(50)	☐	☐	☐	☐	☐	☐	☐	
score	VARCHAR(45)	☐	☐	☐	☐	☐	☐	☐	

图 14-8 修改指定列的指定属性

接着，单击同一界面右下位置的 Apply 按钮，MySQL Workbench 将弹出对话框，框内显示的是用于完成以上修改的 SQL 语句，内容如下：

```
ALTER TABLE 'd2school'.'champions_2008'
CHANGE COLUMN 'abs_index' 'abs_index' INT(10) UNSIGNED NOT NULL AUTO_INCREMENT COMMENT '获奖
次序\r\n',
CHANGE COLUMN 'item' 'item' VARCHAR(50) NULL COMMENT '获奖项目';
```

由此可见，在按下 Apply 按钮之前的图形化操作并不真正修改数据表，它不过是帮助我们生成需要的 SQL 脚本。在当前对话框上又有一个 Apply 按钮，单击它并稍等片刻，执行成功的话将显示如图 14-9 所示的信息。

表结构修改操作有没有真正地起作用呢？最踏实的方法还是试着往表里再添加一条记录，然后看看新记录的 abs_index 是不是自动有值？值大小是否是在原有记

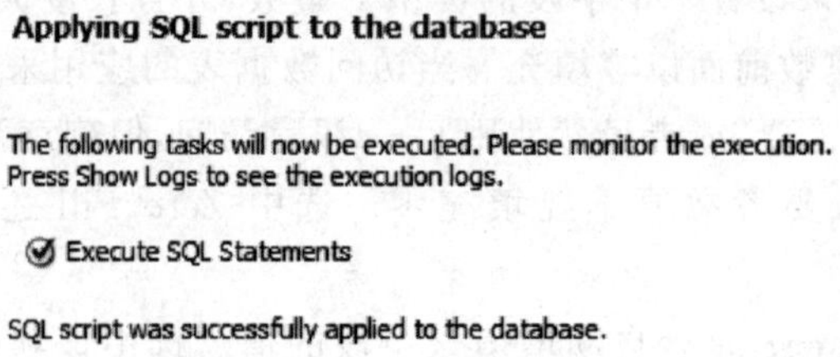

Applying SQL script to the database
The following tasks will now be executed. Please monitor the execution.
Press Show Logs to see the execution logs.
Execute SQL Statements
SQL script was successfully applied to the database.

图 14-9　SQL 语句脚本执行成功

录该字段的最大值上自增?

14.2.3　修改表数据

1. 图形操作

在 SCHEMAS 面板选中 champions_2008 表,单击最后一个小按钮,可以看到满屏的数据,如图 14-10 所示。

champions_2008
Limit to 1000 rows
SELECT * FROM d2school.champions_2008;
自动生成的SQL
Result Grid
Filter Rows:
Edit:
abs_i
day_i
name
provinc
sex
memo
photo
item
score
点击进入数据编辑状态
添加新记录
删除选中记录

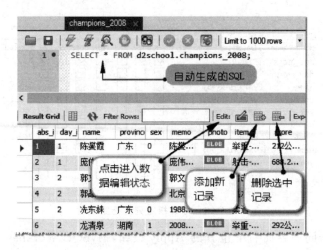

图 14-10　查询并可编辑数据

MySQL Workbench 同样是生成一条语句,默认将所有或某个上限条数的记录的所有字段显示出来。如果需要修改数据,可以在编辑框中填写对应的 SQL 语句然后执行,也可以使用图中标示的三个按钮以实现数据修改、添加新记录或删除选中行的记录。我们现在想要的是添加新记录,单击对应按钮后,数据表尾部将新增一行,各列填入一些瞎编的数据,如图 14-11 所示。

NULL
17
丁小明
山西
1
丁小明从小...
BLOB
击键
550字/分

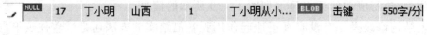

图 14-11　添加一新记录,让小丁当一回冠军

注意,第一列(abs_index)故意不填写,图片一列,可右击弹出快捷菜单,然后选"Load Value From Files...",从你电脑里找张不太大的 JPG 格式的图片作为小丁的照片。完成必要的列数据填写,同样得单击 Apply 按钮,这次生成的 SQL 语句是:

```
INSERT INTO 'd2school'. 'champions _ 2008' ('day_ index', 'name', 'province', 'sex', 'memo', 'photo', 'item', 'score') VALUES ('17', '丁小明', '山西', '1', '丁小明从小学编程', ?, '击键', '550 字/分');
```

单击 SQL 对话框中的 Apply 按钮,如果你为小明挑选的照片尺寸过大,语句将执行失败并显示如下信息:

```
ERROR 1406: 1406: Data too long for column'photo' at row 1
```

取消操作,重新选一张小图,或者干脆将该字段设置为 NULL,以确保成功插入记录,然后就能看到新记录中的 abs_index 字段,确实是在现有记录的最大值上实现自增式的自动增值,如图 14-12 所示。

图 14-12 新记录的 abs_indexa 成功设置为 52

这样的造假行为,有点羞愧呢。请读者接下来自行练习如何通过图 14-10 中标示的按钮,修改该数据,比如将"丁小明"改成你的名字,再练习如何将它删除。提醒:别忘了 Apply 操作。

2. INSERT INTO/插入

接下来改用手写 SQL 实现插入新记录。前面已经看到 MySQL Workbench 自动生成的 INSERT 语句,有没有发现大量的"'"字符,比如 'd2school'、'champions_2008'。这家伙可不是单引号,而是通常位于键盘左上角,Esc 键底下,和波浪线"～"共享键帽的"'"符号。MySQL 用它作为转义符,用于解决库名、表名、字段名和索引名当中包含的特殊字符,比如汉字或带有空格。强烈不建议在以上名称中使用汉字或带有空格,所以平常写 SQL 语句时并不需要刻意使用该转义符。

SQL 的 INSERT 语句,用于添加新记录,基本语法如下,其中 SQL 指令大小写无关,但为方便辨识,课程对 SQL 的关键字都采用大写,后同:

```
INSERT INTO 表名(字段列表)   VALUES(值列表)
```

要是有一张用户表,表名为 users,内含两个字段:nick 和 password,都是字符串类型,为该表添加一条新用户记录的语句如下(所有符号均为英文半角):

```
INSERT INTO users(nick, password) VALUES ('tom', '123456')
```

字段列表是"nick，password"，值列表就是相应的昵称和密码，因为是字符类型，所以使用单引号或双引号包含(SQL 语句不区分单个字符或字符串)，是不是很简单？不过 champions_2008 表的字段多，并且还有一个 BLOB 类型的 photo 字段，我们无法在 SQL 里把照片的值直接敲上啊。MySQL Workbench 使用了一个"?"代替，那是因为我们事先通过 GUI 界面指定了图片文件，为了简化处理，我们在此环节不设置照片字段的值。由于该字段 Nullable 属性为真(即"Not Null"属性为假)，所以可以在插入语句中直接跳过。另外，abs_index 字段也会被跳过。

使用 SQL 语句操作数据表，就不需要之前的数据编辑界面了，直接在 MySQL Workbench 一定会打开的 Query 标签页内输入以下 SQL：

```
INSERT INTO champions_2008(day_index, name, province
                  , sex   , memo, item, score)
      VALUES(17,'南郁','福建',1,'南老师见过清晨4点钟的北京城'
,'熬夜大赛','连续120个小时无眠');
```

注意点一：day_index 和 sex 的值由于就是整型，所以直接使用 17 和 1，而不是像 MySQL Workbench 自动生成的那样，使用"17"和 1，尽管 MySQL 会负责做类型转换，但谁让我们是 C++程序员呢，我们习惯类型分明。

注意点二：语句最后以";"结束，这个倒和 C++没有关系。是因为 MySQL Workbench 在此编辑界面允许输入多条 SQL 语句组成一段脚本执行，并且正好也使用分号分离多条语句，实际操作界面如图 14-13 所示。

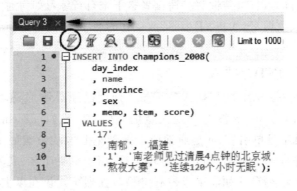

图 14-13　执行 INSERT 语句

写完语句之后，单击图中圈中的"闪电"按钮真正执行，可惜它的热键不是"Ctrl+F9"，而是"Ctrl+Shift+回车键"。如果执行失败，MySQL Workbench 底部消息栏会显示出错原因，通常就是 SQL 语句哪写错了。

3. SELECT FROM/查询

厚颜无耻地进入冠军榜后，竟然好想捏着鼻子看一眼记录呢。它在哪呢？这次我们不再依靠 MySQL Workbench 自动生成 SQL。查看记录数据需采用"选择"语

句,语法如下:

```
SELECT 字段列表 FROM 表名
```

此处字段列表不能用括号包起来,同时还可以使用符号"*"代表所有字段。如此,查看一张表所有行所有列的语句就是:

```
SELECT * FROM 表名
```

【小提示】: MySQL Workbench 显示限制

实际执行时如果表中的记录成千上万,MySQL Workbench 会先限制界面单次展现最大行数。

请各位马上试试:

```
SELECT * FROM champions_2008;
```

结果确实是所有记录,不过我们重点看最后两条,如图 14-14 所示。

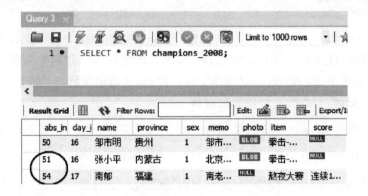

图 14-14　"SELECT * FROM"执行结果

【重要】: 咦? 为什么 abs_index 的值不连续

有个家伙看到这结果就开始坐立不安,而他正是 9 月 1 日生人。他说:"老师,前面 49、50、51 都好好的,后面为什么就跳到 54 了?"

这是因为在添加最后一条记录之前,我添加过其他几条记录,然后又很快删除,包括丁小明那条。为方便在实现、保障性能特别是并发插入环境下,MySQL 为一张表的所有自增字段记录自增数据(并非为每个自增字段记录其自增值)。自然不会在记录被删除时主动调整自增字段的值。

接下来使用字段列表,比如只想显示所有记录的 abs_index 和 name 字段:

```
SELECT abs_index, name FROM champions_2008;
```

结果列就只剩下二者了。如果只想看南老师的那一条记录呢?这时就需要用到WHERE 条件,语法如下:

```
SELECT 字段列表 FROM 表名 WHERE 条件
```

比如:

```
SELECT * FROM champions_2008 WHERE abs_index = 54;
```

 【危险】: SQL 中的相等与不等判断

用于相等判断的操作符,不是 C++中的"==",而是"="。至于表达不等,通常使用"< >",但也可以用"! ="。

也可以使用复合条件,不过最常用的逻辑"与"和逻辑"或"操作符不是"&&"和"||",而是"AND"和"OR"。以下示例如何查出在第 1 天或第 16 天得奖的男运动员:

```
SELECT * FROM champions_2008
       WHERE (day_index = 1 OR   day_index = 16)  AND (sex = 1);
```

和 C++中的"||"与"&&"一样,都是"与"运算有更高优先级。允许在条件中模糊匹配字符串,操作符有"LIKE""NOT LIKE";匹配符为"%"和"_",前者匹配任意个字符,包括零个,后者匹配任何单个字符。注意,这里的字符已经考虑了编码。

模糊匹配例一:查所有姓陈的运动员:

```
SELECT * FROM champions_2008 WHERE name LIKE '陈%';
```

模糊匹配例二:好像有个运动员叫"陈某冰",到底是谁呢?

```
SELECT * FROM champions_2008 WHERE name LIKE '陈_冰';
```

结果是"陈一冰"。

模糊匹配例三:查出所有名字中带个"小"的运动员:

```
SELECT * FROM champions_2008 WHERE name LIKE '%小%';
```

如果使用"NOT LIKE",就相当于取反,前面三个例子分别变成:"查不姓陈的人""查不叫陈某冰的人"和"查名字中不带'小'的人"。有通配符就得有转义符,如果待查找的字符含有"%"和"_",请使用"\"进行转义,比如"\%""_"和"\\"。

MySQL 也支持正则表达式匹配,操作符为"REGEXP",比如:

```
SELECT * FROM champions_2008  WHERE province REGEXP '[陕江]西';
```

该行 SQL 查询所有来自陕西、江西、但不包括山西、广西等省的运动员。

4. UPDATE/更新

UPDATE 用于更新现有的数据内容,语法如下:

```
UPDATE 表名   SET   赋值列表 WHERE 条件；
```

其中赋值列表形式为："字段 1＝值 1，字段 2＝值 2"；条件则用于限定更新范围,前面在 SELECT 谈到的设置方法都可复用。比如将"南郁"的性别改为 0、姓名改为"南欢"、省份改为"贵州",SQL 语句如下：

```
UPDATE champions_2008 SET
       name = '南欢', sex = 0,  province = '贵州'
       WHERE abs_index = 54;
```

通过条件,精准限定接受"改头换面"的对象。执行之后,该行数据发生很大变化,但主键 abs_index 的值无论如何,我们不应去变更它。

5. DELETE FROM/删除

删除记录的语法是：

```
DELETE FROM 表名 WHERE 条件
```

我直接就把 WHERE 条件写上,因为我猜你并不想把整张表的数据都删除。前面 SELECT 语句提到的条件设置方法,此处同样可用。是时候删除 abs_index 为 54 的记录了。

```
DELETE FROM champions_2008 WHERE abs_index = 54;
```

再见,凌晨 4 点的北京；再见,通宵写下的数据记录。

14.2.4　创建数据表

1. 表的基本设计

我们想开一家网店 ,所以需要创建一张用户表。用户表应该有哪些字段？第一个字段得是主键,后续称作"用户 ID"。至于其他字段,说起来我们想知道的用户信息真不少:用户名、密码、彩照、性别、年龄、注册日期、收货地址、收货人姓名、收货联系电话、电子邮箱、体重、身高、是否单身、颜值如何、父母是干嘛的……

【重要】：数据表设计的内聚或耦合

把业务关系紧密的数据放在同一张表是高内聚,把关系不是那么紧密的数据放在一张表里,就成了强耦合。设计表结构应避免出现一张表含有非常多的字段,就像设计一个类或结构,应避免包含大量的成员数据。

如果要为所有这些用户相关的字段再分类归组,"二牛,你来回答!"

【轻松一刻】：如何为数据分组归类

二牛:"可以按字数分,彩照、密码、性别等是一组、收货地址、电子邮箱等是一组；

还可以按拼音分嘛,'S'开头的有……"

老师:"停!不要从文字的角度分组,要按业务逻辑来区分!"

二牛:"那就彩照、性别、年龄、联系电话、电子邮箱、体重、身高、是否单身、颜值分成一组,其余一组。"

老师:"为什么这么分?"

二牛:"第一组是我很感兴趣的,其余是我不太感兴趣的。"

老师:"出去!"

当我们说需要一张"用户表",并不是要一张包罗万象的用户信息表。通常是指要一张可以代表或鉴别用户身份的表,所以在前述众多字段中,只有"用户 ID""用户名"和"用户密码"可以直接入选到"用户表"。其中,前两者都可以用于代表一个用户,只是一个不可改,另一个可改;而"用户名+密码"则可用于鉴别一个用户,这里的"鉴别"也可以理解为将程序中的用户和现实生活中的用户实现绑定。至于其他信息,都可以理解为用户附加的或扩展的信息,通通不用放在用户表中。

为了更好地理解这其中的设计思路,我们做一些展开讨论。很多网站系统在用户注册时,要求用户填写邮箱地址,并会往该邮箱发送一条信息作为校验;同理有的网站系统要求填写手机并进行短信认证。在这种情况下,邮箱或手机号就具有代表用户身份的作用,因此可以将二者纳入用户表。作为对比,如果我们出于掌握用户更多信息的目的,于是允许用户填写多个邮箱和多个电话号码,那么这些信息归在用户表里就不合适了。

【小提示】:假设用到"第三方登录"

在今天,说到用户模块怎么能不提到"第三方账号登录"呢?假设我们的网站系统是一个微信公众号应用,用户可以使用微信号登录。通过绑定,我们的系统可以获得用户在微信系统中的编号,假设称为"微信 ID"。由于我们是独家绑定微信,所以此时可以将该 ID 放进用户表。作为对比,如果只是为用户方便,从而支持微信、微博、QQ、支付宝等多种第三方账号,将来还可以扩展,那么用户在这些外部账号上的ID,就不适合归在用户表中。

人生中不管做什么事情,时间通常都是一个重要的因素,因此我们要把"注册时间"也拉入用户表。"集合!请入选用户表的各列,排成一排,报名!""用户 ID,到!用户名,到!用户密码,到!用户注册时间,到!""非常好!下面我宣布:'用户 ID'字段出任本表班长,'注册时间'字段出任副班长!"

2. CREATE TABLE/建表

言归正传,来看看建立新表的 SQL 语句的典型写法:

```
CREATE TABLE 表名
(
    列名称 1 数据类型 列约束 注释,
    列名称 2 数据类型 列约束 注释,
    列名称 3 数据类型 列约束 注释,
    ...
    PRIMARY KEY(字段列表),
    UNIQUE(字段列表)
    ...
)
```

其中的列约束可以是以下项："NOT NULL(不能为空)""AUTO_INCRE-MENT(自增)"和"DEFAULT(默认值)"等,正是之前提到的几个属性。不过MySQL 要求"PRIMARY KEY(主键)"和"UNIQUE(唯一性)"字段必须单独定义,因此放在最后。其中主键只能定义一个,而唯一性字段可以定义多个;二者均为可选,但很少有没主键的表。

MySQL Workbench 可以根据一张现有的表,倒过来生成它的创建语句。我们现在就来"偷窥"champions_2008 是如何创建的,方法如下:在 SCHEMAS 面板内选中该表所在节点右击,在弹出的菜单中选择"Send to SQL Editor",将弹出下一级子菜单,然后选择"Create Statement",如图 14-15 所示。

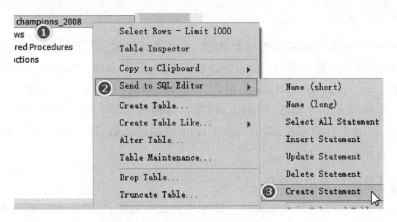

图 14-15　查看指定表的创建语句

完成以上操作,将看到一个复杂的建表语句,略作简化后为:

```
CREATE TABLE champions_2008 (
abs_index int(10) unsigned NOT NULL AUTO_INCREMENT,
day_index int(10) unsigned DEFAULT NULL COMMENT '第几日获奖',
name varchar(45) DEFAULT NULL COMMENT '姓名(可能多人)',
province varchar(45) DEFAULT NULL COMMENT '省份',
sex tinyint(1) NOT NULL DEFAULT '0' COMMENT '性别(0:女,1 男)',
memo varchar(280) DEFAULT NULL COMMENT '简介',
photo blob COMMENT '相片',
```

```
    item varchar(50) DEFAULT NULL COMMENT '获奖项目',
    score varchar(45) DEFAULT NULL COMMENT '成绩',
    PRIMARY KEY (abs_index)
) ENGINE = InnoDB
AUTO_INCREMENT = 55 DEFAULT CHARSET = gbk
COMMENT = '示例表:2008 奥运冠军表';
```

重点看列的定义,以 abs_index 为例,类型为 int(10) unsigned,约束有"NOT NULL(非空)"和"AUTO_INCREMENT(自增)"。再看 province,类型为变长字符串(但限制最长 45 个字符),默认值为空(DEFAULT NULL);sex 字段则默认值为 0。所有列定义结束后,使用 PRIMARY KEY 定义主键字段为 abs_index。

SQL 中的最后三行用于定义表使用的引擎是 InnoDB、当前自增的起点是 55、默认字符集、表注释等。依葫芦画瓢,用户表的创建 SQL 语句为:

```
CREATE TABLE user (
id int(10) unsigned NOT NULL AUTO_INCREMENT COMMENT '用户 ID',
name varchar(20) NOT NULL COMMENT '用户名',
password varchar(20) NOT NULL COMMENT '密码',
regist_time datetime NOT NULL DEFAULT NOW(),
    PRIMARY KEY (id)
) ENGINE = InnoDB
DEFAULT CHARSET = utf8
COMMENT = '用户表';
```

全新建表,不需要偏移自增的起始值,所以没有设置 AUTO_INCREMENT 的起始值,默认从 1 开始。另外,表的默认编码改为采用 utf8。"regist_time(注册时间)"类型是 datetime,义如其名,它包含日期和时间值,并且我们为它设置了默认时间为 NOW(),这是一个函数,作用也如其名:得到数据插入时的当前时间。四个字段,其中正班 id 会自动增长,副班 regist_time 使用默认值,所以插入新记录时,只需设置用户名和密码就可以了。

 【危险】:密码的保存

实际系统中不能明文存储密码。因为用户信任我们,可能会把在银行或支付宝的密码用到这里;但作为程序员从不轻易相信自己;更不要做考验人性的事,特别是自己。通常应用程序会对明文密码采用 MD5 摘要算法,生成不可逆的字符串再存入数据库。本节重点是数据库,所以示例时仍采用明文。如果需存储 MD5 摘要串,建议将密码字段长度扩大到 64 位或更长。

在 MySQL Workbench 中运行上述建表 SQL。如图 14 - 16 所示刷新 SCHEMAS 面板,将在"cahmpions_2008"之下显示出 user 表。

马上插入一条新记录:

```
INSERT INTO user(name, password) VALUES('sea flower', '123456');
```

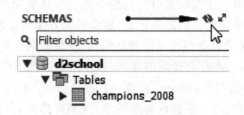

图 14 - 16　建新表后,刷新面板

然后查看该纪录,发现用户 ID 是 1,注册时间也自动是当前时间,精确到秒。

14.2.5　数据索引

假设我们很快有了一百万个用户,天哪,找到资本家,领取千万投资,出任 CEO,走向人生巅峰……唉,醒醒! 假设用户表有一百万条记录,然后想找到用户名为 dog egg 的那条,SQL 语句如下:

```
SELECT * FROM user WHERE name = 'dog egg';
```

MySQL 收到这条语句,它是如何找出 dog egg 呢? 最简单的办法就是从第一条记录的"海花"开始,一条条比较下去,直到匹配姓名成功。MySQL 也是使用 C 语言写的,所以这个过程基本就是一个大循环,伪代码如下:

```
for (当前记录 : 数据表所有记录)
{
    if 当前记录.name == "dog egg"
            return 当前记录;
}
```

整张表一条条记录搜索过去,这个过程称作"全表遍历",复杂度是 O(N),记录量大时,有点低效。

假设 C++泛型数据容器中的 map 和 unorder_map 存储用户数据,并以 name 列作为键值,由于前者采用二叉树存储数据,后者使用哈希表,因此可以极大提高查找指定 name 用户的平均速度。以前者为例,它将对用户名进行排序,一旦数据有序,查找时就可用二分法查找,于是复杂度降为 O(Log N)。我们懂得二分法查找比较快,写数据库的大牛们当然也懂。所以当我们建成 user 表时,难道 MySQL 不应该自动为它的四个字段:id、name、password 和 regist_time 分别都排个序吗? 如此一来,不管我们使用哪个字段作为键值查找用户,都可以快速找到,比如:

① 找 id 为 12983 的用户;

② 找 name 为 dog egg 的用户;

③ 找在 2017 年 3 月 8 号注册的所有用户;

④ 找密码是"123456"的家伙。

然而事实是:只有按 id 查找是快速的,余下三项全都是全表遍历。因为 MySQL

默认只为主键生成索引。什么叫索引？它是一张表实体数据之外的附加信息，以实现通过某个字段的值快速定位到某条记录，最常见的方法就是维护某个字段的有序。MySQL 不会为所有字段自动维持一份排序数据，至少有两个原因。

第一，有些字段基本不存在检索的需求，或者这类数据干脆就不适合排序。比如 champions_2008 表中的照片（photo）和性别（sex）字段。我们不可能拿着一张照片的字节数据来查找用户，图片数据也很难排序，这都好理解；但查找指定性别的用户不可以吗？当然可以，只是性别数据就那么几种（普通应用就两种），对它排序对查询提速基本没有帮助。

第二、维护一个字段的排序数据是有代价的，比如会降低插入新记录或修改原有数据的性能。所以除了主键数据之外，还有哪些字段需要维护索引，哪些则不需要，这个任务就交给表的设计者。对于 user 表，我们选择为 name 和 regit_time 创建并维护各自的索引。在一张现有表上，创建指定列索引的 SQL 语法是：

```
ALTER TABLE 表名 ADD INDEX 索引名（索引字段列表）
```

其中"ALTER TABLE"表示将对现有表进行修改，包括修改表名、修改表的字段、或者修改表的注释等，具体是什么操作，需要写在表名之后，本例是要为表添加一个索引，所以写的是"ADD INDEX 索引名"。索引可以是单一个字段，也可以是多个字段的组合。前者比如本例中的"用户名"或"注册时间"。后者比如有一张表中包含"国籍""省份"和"城市"三个字段，那么就可以组合这三个字段，以提升按完整地址查找的速度。这正好也是一个演示在 MySQL Workbench 中一次性执行多个 SQL 语句的好例子：

```
ALTER TABLE user ADD INDEX index_name (name);
ALTER TABLE user ADD INDEX index_regist_time (regist_time);
```

两行语句之间使用分号分隔。另外也示例索引的一种命名习惯：在索引的字段名之前加上"index_"前缀；当然发挥作用的不是名字，而是语句括号中所写的字段列表。请完成以上两个索引的建立，然后复习在 MySQL Workbench 中查看表的基本信息，这次查看它的"index（索引）"页，如图 14 - 17 所示。

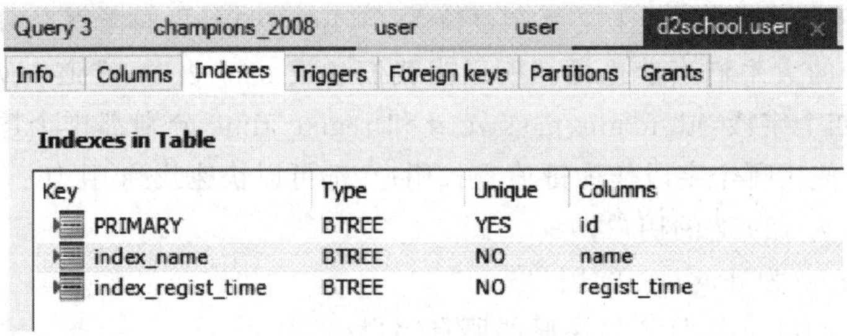

图 14 - 17　user 表的索引信息

各位可上网查查 Type 列中显示的 BTREE 的具体含义,不过先让我们关注一下 Unique 列。这个单词我们很熟悉,它代表该字段是否可以重复。上表显示三个索引中只有主键不允许重复(强制性)。在本例中,事实上我们要求用户名不能重复。想象一下如果允许同名,万一连密码也相同,那该如何登录? 尽管生米已煮熟,却正好是学习如何干掉一个现有索引的机会,语法如下:

```
ALTER TABLE 表名 DROP INDEX 索引名
```

还是"ALTER TABLE",但这次操作的是"DROP INDEX 索引名"。请执行:

```
ALTER TABLE user DROP INDEX index_name;
```

然后要创建具有 UNIQUE 约束的新索引,语法如下:

```
ALTER TABLE user ADD UNIQUE 索引名(字段列表)
```

没错,和建立普通索引仅有一词之差:INDEX 变成 UNIQUE。类似的,如果有一张表需要弥补没有主键的缺漏,语法如下:

```
ALTER TABLE user ADD PRIMARY KEY 索引名(字段列表)
```

现在要做的是:

```
ALTER TABLE user ADD UNIQUE index_name(name);
```

重新观察用户表索引信息,索引 index_name 的 UNIQUE 列应显示为"YES"。

【危险】: 别对创建索引这件事掉以轻心

一夜之间拥有百万用户数据,这基本是痴人说梦。在用户只有几百、几千,哪怕几万时,用户表就算没有索引也会检索得很快。这就让很多程序员或数据库工程师非常容易"忘了"为实际上线的数据表建立必要的索引。结果,随着数据越来越多,系统就会越来越慢,越来越慢……于是用户再也不愿意来你们家的网站了。

14.2.6 表间关系

1. 表间关联

接下来需要为用户的扩展信息创建表。不过,就在项目组讨论准备借此系统收集用户的身高、体重、颜值、父母亲是干嘛等信息的第二天,市劳动局、市公民隐私保护协会、市女性权益保护组织、市青少年健康成长协会、市夕阳红关爱协会、四川省国宝熊猫保护协会驻我市办事处、公司所在街道办事处、项目组长小区居委会都派人来追问为什么收集这些信息。至今为止没查到是谁泄的密。重重压力下,新版的用户扩展信息表包含如下字段:

① 头像(仅存储头像图片的文件名,默认为空);

② 性别(选填:1:男、0:女、-1:不告诉你);

③ 邮箱(可为空);

④ 手机(可为空)。

咦,作为一个商城,连用户的收货信息也不要了吗?当然要,并且支持一个用户有多个收货信息,比如送到公司、送到家、送到女朋友家等。基于"松合耦"原则,收货信息归入另外一张独立的表,包含字段如下:

① 收货地址;

② 收货人姓名;

③ 收货人联系电话。

接下来需要在用户表和用户扩展信息表以及用户表和用户收货信息表之间,分别建立关联关系。其中,每个用户都只会有一条扩展信息,但有可能有多条收货信息。因此前者是一对一,后者是一对多的关系,示意如图 14-18 所示。

图 14-18 表间关联示例

即:1 号用户 sea flower 的扩展信息是图 14-18 中头像为"1. png"的行,而且她登记了两个收货地址,一个可能是她所在学校的地址,另一个估计是她爸爸在老家的地址。实现以上关联有很多方法,若只考虑单向关联,并使用 C++来定义,第一反应往往如图 14-19 所示。

从"用户"数据出发,向外关联到扩展数据和地址数据,使用指针的指向功能。这种方法的优点是,从 User 数据出发,很方便提纲挈领地"牵"出所有相关数据;缺点有二:一是通过"指针的指向"仍然是一种物理上的强耦合(当然,最强耦合的做法是在 User 结构中添加直接数据),二是由中心数据以一对多指向外延数据,这种关联方向从另一方面再次强化了两类数据的耦合关系。试想如果再有一种外部数据,不得不再次为 User 结构添加新成员。

在数据表设计中,表间数据关联的方法,典型地采用由外到内的关联方向。在本

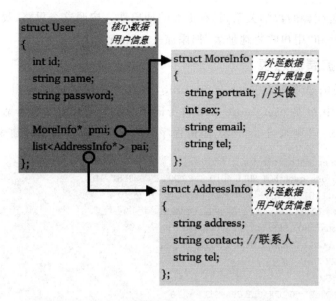

图 14 - 19　数据关联方向：核心→外延

例中表现为：让扩展信息和地址信息各自"指向"处于中心的"用户数据"；并且这个"指向关联"，可以采用松耦合模式，也可以采用类似"指针"的强耦合关系。先来说前者。仍然使用 C++代码模拟，此时如图 14 - 20 所示。

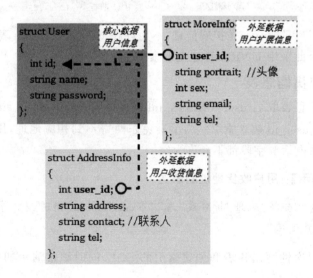

图 14 - 20　数据关联方向：外延→核心

看，这一次 User 结构完全不知道有什么外部数据，却因此做到了"以不变应万变"。不管再有什么新的外部数据，都由外部数据自行提供 user_id 成员，并维护该成员与 User 结构的 id 成员值相等。请对比"数值相等"和"指针指向"这种关联形式的区别,前者是纯粹的数学关系,具有更高的抽象性。按照这个思路,我们需要为"用户扩展信息表"和"用户收货地址表"都添加一个 user_id 列。

2. 用户扩展信息表

用户扩展信息表取名 user_more_info,有六个字段:id、user_id、portrait、sex、email、tel。其中 id 是 user_more_info 自身记录的唯一 ID,为方便起见,同样采用自增主键;而 user_id 则来自 user 表,需由程序在插入新记录时设值。建表语句如下:

```
CREATE TABLE user_more_info (
    id int(10) unsigned NOT NULL AUTO_INCREMENT COMMENT 'ID',
    user_id int(10) unsigned NOT NULL COMMENT '用户 ID',
    portrait varchar(120) DEFAULT NULL COMMENT '用户头像',
    email varchar(80) DEFAULT NULL COMMENT '电子邮箱',
    tel varchar(11) DEFAULT NULL COMMENT '手机',
    PRIMARY KEY (id)
) ENGINE = InnoDB
    AUTO_INCREMENT = 0 DEFAULT CHARSET = utf8
    COMMENT = '用户扩展信息表';
```

经常需要通过用户 ID 来查找他的扩展信息,因此需要为 user_more_info 表的user_id 字段建立索引:

```
ALTER TABLE user_more_info ADD UNIQUE index_user_id(user_id);
```

因为一个用户只能有一条扩展信息,不允许在 user_more_info 表中出现相同用户 ID 的记录,因此采用 UNIQUE 建立本索引。

3. 用户收货信息表

用户收货信息表取名 user_address_info,有字段:id、user_id、address、contact、tel;同样需要为 user_id 建立索引。为了避免东西寄不到相应地址,用户 ID、收货地址、收货人、联系电话等字段都不允许为空。

【小提示】:用户收货地址的表达

实际系统通常会将"地址"拆分成"省""市/县"和"区/街道/村"等多级信息。必要时还需要"邮政编码"。

这次我们一次性写出建表和创建索引的 SQL,同时顺带演示如何在 SQL 脚本中使用"--"前缀写注释:

```
CREATE TABLE user_address_info (
    id int(10) unsigned NOT NULL AUTO_INCREMENT COMMENT 'ID',
    user_id int(10) unsigned NOT NULL COMMENT '用户 ID',
    address varchar(220) NOT NULL COMMENT '收货地址',
    contact varchar(30) NOT NULL COMMENT '收货人',
```

```
    tel varchar(11) NOT NULL COMMENT '收货人联系电话',
    PRIMARY KEY (id)
) ENGINE = InnoDB
    AUTO_INCREMENT = 0 DEFAULT CHARSET = utf8
    COMMENT = '用户收货信息表';


-- 创建 user_id 字段的索引:
ALTER TABLE user_address_info ADD UNIQUE index_user_id(user_id);
```

"--"用于单行注释,相当于 C++中的"//"符号。SQL 语句也支持"/ *　* /"添加多行注释。

4. 外　键

至此,用户扩展信息表、用户收货信息表和用户表间各记录的关联关系,都是依赖前二者记录中的 user_id 与后者的 id 值相等这一纯粹的数学关系在表达。换句话说,只有设计或使用这些表的人知道这层关系,表本身以及它们所在的数据库系统,并不能知道有这层关系。这样做的好处就是,之前提到的"低耦合",即表和表之间没有任何硬性关系,各玩各的,不会互相牵制;坏处就是数据库因为对这层关系无知,也不可能借助这层关系为我们(程序员和程序)提供任何帮助。

如果我说半天你还是不太能理解的话,那就想想两位年青人谈恋爱的过程中,是不是要经历这么三个阶段:第一阶段是完全不对外人公开;第二阶段是对同事或朋友公开,但不对双方父母公开;第三个阶段是对父母公开。当关系还很不稳定,随时可变时,就尽量不对外公开,减少因为外部因素带来的耦合;而后再一点点开放消息,直到向双方父母公开恋情,其中重要原因就是关系很稳定,是时候寻求父母的审视和钱财,啊不,是父母的帮助与祝福的时候了。

让数据库知道表间关系,能带来什么帮助呢?一句话,数据库会在这层关系中为我们把关数据的准确性(一致性)。这和我们为数据设置类型、在 C++ 11 中引入 override 关键字都是一个道理。告诉系统越多信息,系统就越能帮助及约束我们。以"用户表"和"用户地址信息表"为例。假设我们为后者添加一条记录,并设置它的 user_id 字段值为 6000001,可是在当前的用户表中,根本就不存在这个 ID 的用户记录,这时候数据库要不要拒绝这条记录呢?那就要看它知道不知道用户表和用户地址信息之间的关系了。为现存的表添加表间关系,语法仍然是"ALTER TABLE"系列:

```
ALTER TABLE 表名
    ADD CONSTRAINT 外键名
    FOREIGN KEY (索引字段列表)
REFERENCES 表名 (索引字段列表)
```

根据"外延"到"核心"的原则,外键建立在外延表身上。语法中的第一个"表名",指的就是外延表,第二个"表名"是核心表。比如,要求"用户收货信息表"中的 user_id 必须对应到"用户表"中的某条记录的 id,那么 user_address_info 将是表一,user

是表二。为行文方便,以下将表一称为"外表",表二称为"主表"。建立外键关系的两个字段必须建有索引。

根据以上语法和原则,先来建立用户扩展信息表到用户表的外键:

```
-- 创建 user_more_info.user_id → user.id 的外键:
ALTER TABLE user_more_info
    ADD CONSTRAINT fk_more_info_2_user_id
    FOREIGN KEY (user_id)
REFERENCES user (id);
```

外键名 fk_more_info_2_user_id,长点好,免得重名。请各位立刻在 MySQL Workbench 中执行以上 SQL 语句。由于现在这两张表都还是空的,所以如果语句写对了,并且两个字段的索引也确实创建出来了,那就肯定执行成功了。如果是在已有数据的基础上创建外键,那么现有数据必须满足外键的约束条件。

同样是儿女谈恋爱,有的父母管得多,有的管得少。不管管多管少,外键都能提供基本保障:确保存在外键的数据之间的关联必须成立。以"用户表"和"用户扩展信息表"为例,当我们要为"用户扩展信息表"添加一条新记录,或者要修改现有记录的user_id 时,数据库会检查新的 user_id 是否在"用户表"中存在。如果不存在,它将拒绝本次操作。总而言之,由于刚刚创建外键,我们不可能为一个不存在的用户创建一条"用户扩展信息"。同样的道理,如果我们为"用户收货信息"表创建了类似的外键,则数据库同样可以避免数据用户(包括人或程序)做出为一个不存在的用户创建其"收货地址"的傻事。

当要删除或更新主表的数据时,不同的父母之间的巨大区别就显现出来了,有的父母严防死守,有的父母却推波助澜,一付恨不得把事情搞大的态度。还是以"用户表"为主表,"用户扩展信息表"和"用户收货信息表"为外表为例。假设"用户"表中有一条记录,用户名为"张三",ID 是 995;它有一条扩展信息,十条收货信息。现在,我们想从"用户表"中删掉它。第一种约束方式叫"RESTRICT(束缚)",对应的行为就是:不让删除!因为一旦"张三"被删除了,其他两张表中就有 11 条记录,无法在主表中找到它们所要的"995"。同样的道理,哪怕就只是想把"张三"的 ID 改一改,比如改成更吉利的"998",一样会被拒绝。这就叫 RESTRICT。通常,处在或刚过了青春期的年轻程序员很不喜欢这种"束缚"。可我就喜欢被束缚,因为年纪大,真的没有别的原因。

年轻人喜欢的是"CASCADE(级联)"。什么叫"级联"? 就按"推波助澜"去理解:你删除主表中 ID 为 995 的"张三",于是系统会自动将"用户扩展信息表"和"用户收货信息表"中 user_id 值为 995 的 11 条记录删掉。修改也一样,想将"张三"的 ID 改为 998,只要新 ID 还未被其他记录占用,那就改吧,系统会自动将那 11 条记录也改了。既然叫"级联",可以推想如果外键是多级的,那么级联反应也可以是多级的。

为了更好的灵活性,MySQL 允许在创建外键时,为"删除主表记录"和"更新主

表记录"两种行为分别设置约束原则,语法如下:

```
ALTER TABLE 表名
    ADD CONSTRAINT 外键名
    FOREIGN KEY (索引字段列表)
    REFERENCES 表名 (索引字段列表)
    ON DELETE 删除主表记录时的约束原则
    ON UPDATE 更新主表记录时的约束原则
```

约束原则除了已经提到的 RESTRICT 和 CASCADE 之外,还有 SET NULL、NO ACTION 等选项,请自行学习。仅仅出于示例作用,下面为"用户收货信息表"设置外键,并且全部使用"级联"原则:

```
-- 创建 user_address_info.user_id → user.id 的外键:
ALTER TABLE user_address_info
    ADD CONSTRAINT fk_address_info_2_user_id
    FOREIGN KEY (user_id)
    REFERENCES user (id)
    ON DELETE CASCADE
    ON UPDATE CASCADE;
```

 【重要】:慎用"外键"

多数时候,我总是劝程序员接受"约束",比如尽量使用 const 等。所以这里可能是本书唯一要提醒程序员要慎用"约束"的地方,但肯定是本书不知第几回用到这个词:"一不做二不休"。我的建议是:不要"级联"也不要"束缚",在绝大多数情况下,不要使用外键,意思就是:你必须使用人脑和正确的程序去维护表间数据的一致性。

这个建议不一定正确,很可能只是我个人的一种习惯,所以本书后续例中的代码,都不依赖外键。当然,也不必刻意删除前面例中创建的两个外键。

5. 商品表

如果没有好的商品,哪来的用户!所以是时候设计商品表了;同时也是时候透露一下我们想开的是什么店了:体育用品店。那张 champions_2008 表你还留着吧? 先提醒一下,别删除,后面会用上它。

商品的属性包括:所属分类、商品名称、商品描述、商品图片、商品价格、商品库存、商品单位、商品所在仓库、商品上架的商城和上架时间等。并且不少属性都可能会有多个值。比如名称和描述,往往都需要有短版和长版。商品图片更是需要提供多种尺寸,有的适于放在购物车中,有的适于放在详情页中大篇幅显示。至于价格,也需要准备好几个。因为网店有时会提供多个商城,商品在"特价商城"中会特别便宜(但只对 VIP 用户开放),在"积分商城"中会采用现金加积分的形式销售等。

我们无法在一本讲基础与综合知识的 C++ 书本中对一个网店业务逻辑做深入而完整的实现与讲解;同时,为避免数据库方面的内容急剧膨胀,此处只提供一张简化到不需要拆分的商品表。基于 C++ 实现的详细而真实的网店,请到本书官方网站了解。

简化的商品表名为 goods,字段包括:ID、名称、简介、价格、库存数量和图片。再次强调一下这仅用于示意,在真实系统中,商品信息所需拆分出来的表,比用户信息表还要多。我们也不准备提供按名称搜索商品的功能,因为很少有用户能够精确记忆商品的名字,所以此类功能通常需要基于全文检索才有实用价值:

```
CREATE TABLE goods (
    id int(10) unsigned NOT NULL AUTO_INCREMENT COMMENT 'ID',
    name varchar(60) NOT NULL COMMENT '商品名称',
    description varchar(200) DEFAULT NULL COMMENT '商品简介',
    price decimal(9,2) DEFAULT 0.00 COMMENT '价格',
    stock int(6) DEFAULT 0 COMMENT '库存',
    image varchar(120) DEFAULT NULL COMMENT '图片',
    PRIMARY KEY (id)
) ENGINE = InnoDB
    AUTO_INCREMENT = 0 DEFAULT CHARSET = utf8
    COMMENT = '商品表';
```

在"price(价格)"列首次用到"DECIMAL(M,D)"类型,M 表示数字的总长度(含小数部分,但不计小数点和负号的长度),D 表示小数位。比如本例中的价格表达范围:$-9999999.99 \sim 9999999.99$。当然,实际使用时,不会有负数价格。

14.2.7 预备测试数据

1. 用户数据

当前用户表中只有海花同学,并且没有扩展信息和收货信息。为方便后续学习,请打开 MySQL Workbench,我们手动准备几位用户的完整信息。首先添加 dog egg、panda 和 tiger 三位用户,密码都是"123456":

```
INSERT INTO user(name, password) VALUES('dog egg', '123456');
INSERT INTO user(name, password) VALUES('panda', '123456');
INSERT INTO user(name, password) VALUES('tiger', '123456');
```

现在就有了四条用户记录,确认一下它们的 ID:

```
SELECT ID, name FROM user;
```

得到如表 14-2 所列的信息。

表 14-2　现有用户 ID 与名称

ID	name
1	sea flower
2	dog egg
3	panda
4	tiger

分别为这四位用户添加扩展信息：

```
INSERT INTO user_more_info(user_id, portrait, email, tel)
      VALUES(1, '1.png', 'seaflower@sina.com', '13988888888');
INSERT INTO user_more_info(user_id, portrait, email, tel)
      VALUES(2, '2.png', 'dogegg@sina.com', '13312121212');
INSERT INTO user_more_info(user_id, portrait, email, tel)
      VALUES(3, '3.png', 'panda@hotmail.com', '13572727271');
INSERT INTO user_more_info(user_id, portrait, email, tel)
      VALUES(4, '4.png', 'tiger@hotmail.com', '13570707070');
```

接着为用户添加收货地址。我们让 sea flower 拥有两条地址，而 dog egg 则一条也没有，因为他懒：

```
INSERT INTO user_address_info(user_id, address, contact, tel)
      VALUES(1, '河北省石家庄铁道大学四方学院 5 号楼', '林海花'
      , '13988888888');
INSERT INTO user_address_info(user_id, address, contact, tel)
      VALUES(1, '广西省桂林市秀峰区甲山街道', '林海爸'
      , '13966666666');
INSERT INTO user_address_info(user_id, address, contact, tel)
      VALUES(3, '四川省成都大熊猫繁育研究基地', '盼海龟'
      , '13572727271');
INSERT INTO user_address_info(user_id, address, contact, tel)
      VALUES(4, '黑龙江省哈尔滨市横道河子猫科动物饲养繁育中心'
      , '莫下车', '13570707070');
```

2. 商品数据

我们卖五款产品：跑步机、男款跑步鞋、女款跑步鞋、呼啦圈和运动耳机。货都不错，就是牌子比较杂：

```
INSERT INTO goods(name, description, price, stock, image)
      VALUES('C++跑步机', '两千万跑步模式,跑出你的美', 2800, 10
      , '1.png');
INSERT INTO goods(name, description, price, stock, image)
      VALUES('C♯男款跑步鞋', '脚下有鞋,心中无邪', 680, 99
      , '2.png');
INSERT INTO goods(name, description, price, stock, image)
      VALUES('Java 女款跑步鞋', '动若脱兔,静如处子', 888, 299
      , '3.png');
INSERT INTO goods(name, description, price, stock, image)
      VALUES('Python 呼啦圈', '大,比大更大;圆,比圆更圆', 96.5, 300
      , '4.png');
INSERT INTO goods(name, description, price, stock, image)
      VALUES('PHP 运动耳机', 'PHP 一戴,好听自然来', 1999, 500
      , '5.png');
```

14.2.8 多表查询

1. 从"存储过程"说起

依据当前的用户表设计,如果要得到一个用户名和手机号,由于这两样信息正好分列于两张表上,所以似乎得查询两次了,如:先根据用户 ID 从 user 表查询用户名;再根据用户 ID 从 user_more_info 表查询其手机。如果还需要知道该用户的收货地址,那还得到 user_address_info 表查询。如果只查一次也就算了,通常这样的查询需要反复进行,所以作为一个 C++程序员,我们想到了"函数"。应该写个函数,入参为"用户 ID",出参组合来自三张表的用户信息。

且慢,作为一种超强大的信息系统,数据库本身当然支持编程。其中一种形式就是支持用户写"Stored Procedure(存储过程)",它非常类似 C/C++中函数定义,可以通过变量定义、条件分支、循环等语句,再结合对数据表的查询、修改操作,以完成复杂的业务逻辑。不过,并不在本书讲解如何写存储过程,因为那完全是另一门语言。我们说到"存储过程",重点是为了告诉广大 C++程序员一个新的偷懒方式:将事情推给数据工程师做,特别是当这件事需要密集地和库中数据打交道时,好处大大的有。一是更好的性能,存储过程就在数据库系统内部执行。不需要将一堆数据从网络连接传输到 C++的程序中处理;二是更加灵活,存储过程是脚本语言,将来逻辑微调时,通常不必改动 C++代码,因此无需重新编译。三是数据工程师在数据方面水平比我们高,他们可以写出更优秀的实现。四是最重要的一点,万一这段逻辑实现有误,那也是数据工程师的责任,俺们 C++工程师晚上又可以通宵写别的逻辑啦。

 【重要】:技术能力掌握,不能搞一刀切

总之,分工比不分工好。但任何一个岗位上的人员,在技术能力掌握上,不要妄图搞"一刀切";特别是 C++程序员所做的工作,往往夹在前端交互和后端数据之间。

本书不讲数据库存储过程,那么以上提到的问题,难道只能一遍遍地写 SQL 语句吗? 当然不是,在数据库的存储过程和 C++的语句之间,还有一块"灰色地带",那就是我们刚刚迈过门槛的 SQL 语句。没错,SQL 语句可以很简单,也可以很复杂。而且,核心问题是,在我所知道的多数项目组里,这些 SQL 语句的编写,基本上都由 C++程序员来完成。比如,下面一条 SQL 语句,就可以查出所有用户的用户名和邮箱:

```
SELECT name, email FROM user, user_more_info
      WHERE user_more_info.user_id = user.id;
```

结果如表 14-3 所列。

表 14 - 3 跨表查询

name	email
dog egg	dogegg@sina.com
panda	panda@hotmail.com
sea flower	seaflower@sina.com
tiger	tiger@hotmail.com

这是一次跨表查询(也称多表查询),结果中的 name 列来自 user 表,email 来自 user_more_info 表。

2. 跨表查询

前例使用的跨表查询语法是:

```
SELECT 字段列表 FROM 表 1,表 2... WHERE 匹配条件;
```

其中的字段列表来自后面的表 1 或表 2。为了避免读起来晕,我们不把后者称作"表列表"。重点是"匹配条件",如果没有限定表间关系,数据库就会把所有组合都"端"出来。用户表有 4 条记录,扩展信息表又有 4 条,结果就是 16 条记录。趁现在数据不多,大家马上试一把:

```
SELECT name, email FROM user, user_more_info;
```

显然,这样的结果当中,"海花和海花的邮箱"组成的记录,是我们想要的,而"海花和狗蛋的邮箱"就不是我们想要的;因此必须借助"user_more_info. user_id = user. id"过滤,只留下归属于同一用户的组合。如果是要查询具体某一个用户的组合信息,比如就是 ID 为 1 的用户,那就再加一个条件,精确指定,查询自然更高效:

```
SELECT name, email FROM user, user_more_info
     WHERE user_more_info.user_id = user.id
     AND user.id = 1;
```

 【课堂作业】:多表查询中的表间关系限定

1. 如果语句为:SELECT name, email FROM user, user_more_info WHERE user.id = 1,请问得到的结果是什么?

2. 请写出一次性查出 1 号与 4 号用户的用户名、邮箱、手机号的 SQL 语句。

3. 左连接、右连接

说完"用户表"和"用户扩展信息表",接下来说"用户表"和"用户地址信息表"。提醒一下:前面一对是铁定的一对一关系,而后者则是一对 N 的关系,并且 N 还可以是 0。比如就有人到现在也没有填写过收货地址。下面语句查询用户名和用户收货地址,我们照之前查用户名和用户邮箱的方法写:

```
SELECT  name, address
        FROM user, user_address_info
WHERE user.id =  user_address_info.user_id;
```

结果是如表 14 - 4 所列。

表 14 - 4 一对 N 关系下的跨表查询

name	address
sea flower	河北省石家庄铁道大学四方学院 5 号楼
sea flower	广西省桂林市秀峰区甲山街道
panda	四川省成都大熊猫繁育研究基地
tiger	黑龙江省哈尔滨市横道河子猫科动物饲养繁育中心

还是四条记录,海花占两条,狗蛋丢了;因为在所有的组合中,找不到一条能满足本次查询条件"user.id = user_address_info.user_id"的记录。这个逻辑特别正确,因为网店开了三年,昨天上市了! 老板非常大气,说:"把所有用户查出来,每人送一台跑步机!"除了狗蛋,在本店注册三年没有收货地址,无论是客观条件还是主观意愿,反正他甭想收到跑步机。

如果不是想送用户东西,只是想看看用户收货信息的填写情况,这时候需要使用"left join(左连接)"的功能。所谓"左连接",就是跨两张表查询,以写在左边(前边)的表为主,确保左表的记录都能出现。在这样的要求下,如果第二张表中找不到对应的记录,则相应的字段就以空值展现。比如用户表中有"狗蛋"的记录,但用户收货信息表没有他的记录,那就将造成收货地址在结果记录,全部以 NULL 值返回。"左连接"语法如下:

```
SELECT 字段列表
    FROM 左表 LEFT JOIN 右表 ON 匹配条件;
```

注意,条件不再使用 WHERE,而是 ON,表明该条件并非用于严格过滤。套用到前例:

```
SELECT  name, address FROM user LEFT JOIN user_address_info
    ON user.id =  user_address_info.user_id;
```

结果集中,狗蛋出现了:

name	address
sea flower	河北省石家庄铁道大学四方学院 5 号楼
sea flower	广西省桂林市秀峰区甲山街道
panda	四川省成都大熊猫繁育研究基地
tiger	黑龙江省哈尔滨市横道河子猫科动物饲养繁育中心
dog egg	

有左连接,自然就有右连接,关键字为 right join;此时以写在后边的表为主进行

匹配,如果前表不存在相应记录,则结果中来自前表的字段值设为 NULL。连接当然也可以继续加条件,比如想把所有没填写地址的人都拎出来,写法如下:

```
-- 拎出所有没有填写过地址的用户:
SELECT   name, address
FROM user LEFT JOIN user_address_info
    ON user.id =   user_address_info.user_id
    WHERE address IS NULL ;
```

一个注意点:附加的条件仍然使用 WHERE 子句;一个知识点:我们的目标是那些根本没有创建过收货信息记录的用户,而不是 address 为空串的记录——出现地址为空串,这通常表明程序有漏洞;严格地讲,这是"不存在"和"存在,但不巧为空串"之间的区别,因此必须使用"address IS NULL"加以判断,而不是"address = ''",请尝试后者的查询结果。

ⓘ 【小提示】:"外连接""内连接"

如果希望得到"左连接"加上"右连接"的结果,这时需采用"outer join(外连接)",也可以称为"全连接",因为结果就是只要在左表或右表中存在,就会形成一条结果记录。其中逻辑就是 C++中的"逻辑或(||)"运算。

不管"左连接"还是"右连接",都是"外连接"的一种特例。之前最早学习的跨表查询,可以理解为"inner join(内连接)"的一种语法糖。

4. 符号别名

进行跨表查询时,通常所要求的结果字段会来自多张表,因此可能出现字段重名。比如 user 表和 user_more_info 表都有 ID 字段。这种情况下,需要为字段加上表名限定。不过哪怕不重名,当有多表存在时,为各字段都加上限定会让 SQL 语句表义更清晰,这让我们想到 C++的"命名空间"的用法,还好,限定符并不是"::",如:

```
SELECT user.id, user_more_info.id
         , user.name, user_more_info.email
       FROM user, user_more_info
       WHERE user_more_info.user_id = user.id;
```

还可以为表名或字段名取别名,这回我们想到 C++ typedef 或引用变量的作用,SQL 的方法是在对应名字后面加上"as 别名"。先看一个给表取别名的例子。还是上面那段 SQL,为两张表取别名后,效果如下:

```
-- user_more_info 表名太长了,取别名为 M
-- user 表名虽然不长,但要取就都取吧!
SELECT U.id, M.id U.name, M.email
       FROM user AS U,   user_more_info AS M
       WHERE M.user_id = U.id;
```

尽管别名是在 FROM 之后才取的,却能在之前的 SELECT 子句和之后的 WHERE 条件子句中都好使。不管有没有为表取别名,以上 SQL 语句的查询结果都会存在重名的 ID 列,如图 14-21 所示。

	id	id	name	email
▶	1	1	sea flower	seaflower@sina.com
	2	2	dog egg	dogegg@sina.com
	3	3	panda	panda@hotmail.com
	4	4	tiger	tiger@hotmail.com

图 14-21 查询结果存在重名,两个 ID 列

查询结果通常用以返回给程序,它不是数据库中实际存在的表,所以数据库难免有一副"我才不管"的表情,可将来我们写 C++程序时就容易蒙圈。还是给字段也取个别名吧:

```
SELECT U.id AS user_id , M.id AS more_id , U.name, M.email
       FROM user AS U,  user_more_info AS M
       WHERE M.user_id = U.id;
```

嫌表名太长为它们取短的别名;嫌字段名太短为它们取长的别名,人类就是这么矛盾。

14.2.9 使用函数

1. 计算函数

计　数

记得网店刚开不久,老板有天到产品部问:"用户量多少?"我伸出四个指头,老板脸色非常难看地走了。我猜,他一定是在伤心我没有充分运用科学技术实现统计,下面才是正确的做法:

```
SELECT COUNT( * ) FROM user;
```

这行语句统计 user 表中记录数,答案也是 4 条。count 是一个函数,意思就是"计数"。只是不懂为什么一定需要一个入参,并且这个入参几乎写什么都可以得到一样的结果,比如,可以写成 COUNT(1+2),得到的仍然是 4,也可以拿个字段作为它的入参,比如写成 COUNT(id),结果还是一样,如图 14-22 所示。

为了避开奇怪的结果字段名称,取别名吧:

```
SELECT COUNT( * ) AS user_count FROM user;
```

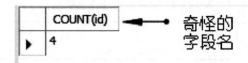

图 14 - 22 SELECT COUNT(id) 的结果

【轻松一刻】：数据库还可以干很多"蠢萌"的事

搞定 COUNT(*)取别名，老板过来看了一眼 user_count 的值，我从屏幕的反光中看到老板还是愁眉不展，于是我决定写一些有趣的 SQL 让他看看。或许他感受到我强大的 SQL 编写能力之后，会开心一些。当时我写的是"SELECT 438 * 3 AS 'I LOVE U'"。

老板看着 SQL 运行结果脸红了，可额头还是没有展开。于是我又写一句：

```
SELECT COUNT(id) * 300 AS user_count FROM user;
```

老板终于有了笑意，问我："要是被人看出网站用户量总是 3 的倍数，会不会不妥？"我双手一摊："看是前端工程师还是后端数据工程师，您选一个背锅。"老板眼神复杂地看了一我眼，走了。我想起来自己是金栈工程师。

求 和

这次想看所有商品的库存总量，方法是使用"SUM(字段)"：

```
SELECT SUM (stock) AS total_stock FROM goods;
```

结果是：1208，即当前表中所有商品库存的累加和。

求最大值和最小值

想知道最贵或最便宜的商品价格？使用 MAX 和 MIN：

```
SELECT MAX (price), MIN (price) FROM goods;
```

数学函数

除了可以计数以及做算术四则运算以外，MySQL 也支持一大堆数学函数，像"abs()（绝对值）""sqrt()（平方根）""mod()（求模）""root()（根）"和"power()（幂）"等。通常业务上用得比较多的是数据取整操作，比如 ceil() 用于进一取整，floor() 用于舍一取整、round() 用于四舍五入。甚至可以生成随机数，下面语句生成三个随机数：

```
SELECT rand() AS r1, rand() AS r2, rand() AS r3;
```

结果如表 14 - 5 所列。

表 14 - 5　使用 SQL 生成随机数

r1	r2	r3
0.8586955497587989	0.9062666622048865	0.9552466924816805

【课堂作业】: 使用 SQL 生成指定范围内的随机整数

请结合 SQL 所支持的 rand()、mode()、ceil() 等数学函数,生成位于 0~100 之内的伪随机数。

2. 字符串函数

无论是在查询结果中,还是在条件中,或者是插入的数据,都经常需要用到字符串操作,这里结合一些场景应用,仅讲解一小部分。

取子串

比如,想统计用户使用的手机在运营商的分布情况,通常只要手机前三位即可。函数 LEFT(S, N) 就可以派上用场,它对第一个入参取前 N 位:

```
SELECT user_id, LEFT (tel, 3) AS tel   FROM user_more_info;
```

对应的有 RIGHT(S, N) 用于取字符串的末 N 位。为彰显本店商品的价格优势,想将所有零头为“0 角 0 分”的产品,全部变成“9 角 9 分”? 先看一眼有哪些产品符合条件:

```
SELECT id, name, price FROM goods WHERE RIGHT(price, 3) = '.00';
```

没错哦,在数据库中,数字类型都可以简单而自动地转为字符串接受处理,以上查询结果得到:

id	name	price
1	C++跑步机	2800.00
2	C#男款跑步鞋	680.00
3	Java 女款跑步鞋	888.00
5	PHP 运动耳机	1999.00

标价缺失品味的商品比例竟然高达 80%! 老板当时就拍案而起,我要改价!

```
UPDATE goods SET price = price + 0.99
WHERE RIGHT (price, 3) = '.00';
```

咦,这么正确的操作,竟然被 MySQL Workbench 给拒绝了。原来 Workbench 默认会屏蔽批量数据操作(包括修改和删除等),请依据该软件信息栏的提示内容进行配置。我这边就不往下走了,因为老板冷静了下来,说还是从一而终,不改价了。如果有需要取中间位置的子串,请用 SUBSTRING (S, P, N),以实现从位置 P 开始取 N 个字符的子串。

去空格

有时为了更好的性能,会将表中字符串设定为 CHAR(N)类型,即定长字符串。这种情况下,取回字串时,往往需要去除尾部空格。去除字符串前后空格的函数有"TRIM(S)(前后空格都去除)""LTRIM(S)(只去除前边空格)"和"RTRIM(S)(只去后边空格)"。

求长度

假设手机号只允许 11 位,可是前端工程师、后端工程师都没有好好写代码,结果数据表中混进来了不是 11 位的手机号? 没关系,使用 LENGTH(S)抓住脏数据:

```
SELECT tel FROM user_more_info WHERE LENGTH(tel) <> 11;
```

3. 日期时间函数

时间类型

先借机详谈一下 MySQL 中的日期、时间类型,包括:DATE、DATETIME、TIME、YEAR 和 TIMESTAMP。很多系统都想知道用户的生日。就说我们的网店,每月都往用户邮箱中发送一份小广告。很快狗蛋就打来电话投诉,说身为单身狗,却总收到什么情侣套餐产品的推荐,身心倍受伤害。

通常系统一不算命,二不做婚介,所以不需要知道用户几时几分几秒降临人间,只需知道一个日期即可。那就从 MySQL 的"DATE(日期)"类型说起。DATE 类型,数据默认展现为"YYYY－MM－DD",支持从"1000－01－01"到"9999－12－31"。想到竟然无法和亲手研发的软件系统一起活到地老天荒的最后一天,我们又怎么能够不努力编写代码,并善待代码中的每一字节呢? 接着是 DATETIME,默认展现为"YYYY－MM－DD HH:MM:SS",支持范围为"1000－01－01 00:00:00"到"9999－12－31 23:59:59"。现有的 user 表中的 regist_time 就使用这种类型。

有时候也会只用到"年份",这时请使用 YEAR(4),它以 1974 或 2017 的形式展现。MySQL 也支持"YEAR(2)"类型表示年份,剩下 2 个字节的解释是一个啰嗦的逻辑:0~69 对应 2000~2069,70~99 对应 1970~1999。

有时候则只用到"时间",这时请使用 TIME,默认展现为"HH:MM:SS"。不过,"时间"这个概念在 MySQL 中既可用于表达某个"时间点",也可用于表达"时长"。前者如我每天 04 点 00 分上床睡觉,一觉睡了 04 个小时又 30 分钟,请问我是几点起床开始写书的? 如果要表达时长,24 小时可能不够用,这时可以指定使用这种展现格式:"HHH:MM:SS",估且叫作"large hours(大时)"。因为有"大时"的需要,所以 TIME 的取值范围为"－838:59:59"到"838:59:59"。

⚠️ **【危险】: TIME 字段缩写形式上的小麻烦**

MySQL 在存储或展现时间时,有时会采用缩写形式,这时有个小麻烦需要大家注意。当你看到 MySQL 表达"xx:xx"时,它表示"xx 时 xx 分 00 秒";但如果采用没有分隔符的缩写时,"xxxx"表示"00 时 xx 分 xx 秒",即小时固定为 0。

作为一个资深的 C/C++程序员,光有 DATA、TIME、DATETIME 和 YEAR,无法在精神层面让我满足。因为我一直在思索,一个使用 C 语言写的数据库系统,它应该有 C 语言中的 time_t 概念一致的时间类型才对。翻了翻 MySQL 文档,果然有"TIMESTAMP(时间戳)"类型。没错,C/C++程序员的老朋友,TIMESTAMP 类型,支持"1970－01－01 00:00:01"到"2038－01－19"的时间范围。TIMES-TAMP 类型最大的特点倒不是和 std::time_t 概念一致,而是 MySQL 为它提供了自动时区转换的支持:当向数据库写入 TIMESTAMP 数据,MySQL 会将它从当前时区自动转换为 UTC 零区时间(伦敦时间),当从数据库读出 TIMESTAMP 数据,MySQL 会将它从 UTC 零区转换为当前时区。

当前时区默认就是数据库服务器所设置的时区,但 MySQL 允许为访问它的每个客户端设置自己的时区。如果此时我向某台使用北京时间的 MySQL 数据库写入 TIMESTAMP 类型的当前时间 2017 年 3 月 14 日 16 点 58 分,然后我给正在伦敦某广场喂鸽子的小伟一个电话:"鸽子有什么好看的? 帮个忙,你打开电脑连接一下数据库。"如果他的笔记本已经设置了当地的时区,那么运行的 MySQL Workbench 读到的时间,就应该是上午 8 点 58 分。

😊 【轻松一刻】: TIMESTAMP 在分布式数据库服务器上的作用

"做人要有梦想,就算我认识不了梁明星,但网店越开越大,总有一天会在全球多个城市分布式部署数据库服务器。那个时候,想让某些时间数据能自适应时区,使用 TIMESTAMP 大有裨益。"我很认真地向老板提出这个好建议。老板又是眼神奇怪地看着我,终于还是走了。

时间数据初始化

user 表的 regit_time 字段使用的是 DATETIME 类型,当时为它设置了默认值为当前时间,使用的是 NOW()函数。

```
...
regist_time datetime NOT NULL DEFAULT NOW(),
...
```

更为专业的写法是使用 CURRENT_TIMESTAMP,比如:

```
...
regist_time datetime NOT NULL DEFAULT CURRENT_TIMESTAMP ,
...
```

此处的 CURRENT_TIMESTAMP 可以视作是一个特定标志,因此如上所示,可以不写表示函数调用的一对括号。大家可以做如下测试:

```
SELECT CURRENT_TIMESTAMP AS a, CURRENT_TIMESTAMP() AS b
, NOW() AS c;
```

仅用于获得当前日期或当前时间的函数为：CURRENT_DATE、CURRENT_
TIME。二者对应的缩略函数为：CURDATE() 和 CURTIME()。测试语句如下：

```
SELECT CURRENT_TIMESTAMP AS DT, CURRENT_DATE AS D
                        , CURTIME() AS T;
```

注意，SQL 语句在服务端被执行，所以以上所得都是服务端的当前时间。当需
要更新日期或时间类型的字段时，也可以使用以上函数。下面的 SQL 语句"篡改"了
4 号用户的注册时间：

```
UPDATE user SET regist_time = CURRENT_TIMESTAMP WHERE id = 4;
```

如果想要的不是当前时间，那么为 DATETIME、TIME 赋值需要使用字符串。
再把 4 号用户的注册时间改回来：

```
UPDATE user SET regist_time = '2017-03-12 10:06:26' WHERE id = 4;
```

DATETIME、TIMESTAMP 互换

就在刚刚，老板告诉我公司短时间内不会全球化，尽管如此，TIMESTAMP 类型
也还有一个 1 优点：它直接对应 time_t，因此可以在 C/C++代码中使用 time_t 的值
为该类型的数据赋值。

假设有一张表 user_private_info，内有一字段 last_bought_time，使用 TIMES-
TAMP 类型，下面示例如何在 C++代码中使用 time_t 组装出 UPDATE 语句，假设
待修改记录的 ID 为 1：

```
//C++
std::time_t t = std::time(nullptr);
std::stringstring ss;
ss << "UPDATE user_private_info SET last_bought_time = "
   << t << " WHERE id = 1";
......
```

反过来，从数据表中 SELECT 出来的该字段的值，也可以直接赋值给 C/C++中
的 time_t 类型的变量。稍拐个弯，也有办法直接使用 time_t 类型的数据，修改表中
DATETIME 字段的值，这个弯使用 MySQL 提供的 **FROM_UNIXTIME**(time_t)函
数，它用于将 TIMESTAMP 类型，也就是 C/C++中 time_t 数据转换成 DATE-
TIME 类型。比如，上述代码如果改用在 user 表的 regit_time 字段，修改如下：

```
//C++
std::time_t t = std::time(nullptr);
std::stringstring ss;
ss << "UPDATE user_private_info SET last_bought_time = "
   << "FROM_UNIXTIME(" << t << ")WHERE id = 1";
......
```

对应的函数叫 UNIX_TIMESTAMP(datetime)的用于将 DATE、TIME 或 DA-

TETIME 类型的入参转换成 TIMESTAMP 类型。比如:

```
SELECT UNIX_TIMESTAMP(NOW());
```

当下我执行时,得到的数值是"1489496661"。

 【课堂作业】: timestamp 和 datetime 的转换

请使用 C++ 代码处理数值 1489496661,从而得知本书作者写稿至此的时间。

再举一例:

```
SELECT UNIX_TIMESTAMP(regist_time) AS rt FROM user WHERE id = 1;
```

语句查询 1 号用户的注册时间,但通过 UNIX_TIMESTAMP() 函数得到的是可以直接赋值给 C/C++ 中 time_t 类型变量。

更多时间处理

其他常用的日期或时间处理函数如表 14 - 16 所列。

表 14 - 6 更多日期时间函数

基本作用	具体函数	附加说明
求两时间差	TIMESTAMP**DIFF**(); DATE**DIFF**();	相当于计算两个时间点相减的偏移时长
时间累加	**ADD**TIME(); **ADD**DATE();	相当于计算一个时间点再加上一个偏移时长
求某一天	DAYOFYEAR(); DAYOFMONTH(); DAYOFWEEK();	分别为:一年中的某一天、一月中的某一天、一周中的某一天等。

还有很多,请同学自学。

14.2.10 更多查询控制

1. 排 序

开个同学会,都得比比谁变化小,谁赚钱多;并且光有第一名还不行,还得分出前五,所以这世界到哪都得有排序。SQL 语句中排序使用"ORDER BY 值列列表"子句。其中的值列可以是原始字段,也可以是经过函数处理的字段。下面对商品记录按价格排序:

```
SELECT id, name, price FROM goods ORDER BY price;
```

结果如表 14 - 7 所列。

表 14－7 按价格排序结果

id	name	price
4	Python 呼啦圈	96.50
2	C#男款跑步鞋	680.00
3	Java 女款跑步鞋	888.00
5	PHP 运动耳机	1999.00
1	C++跑步机	2800.00

价格从低到高排列,如果要倒序排,需在相应列值后加上 DESC：

SELECT id, name, price FROM goods ORDER BY price **DESC** ;

排序依据可以是多个列,比如万一有价值相同的商品,我们可指定二者再以 ID 作为排序依据,如：

SELECT id, name, price FROM goods **ORDER BY** price, id;

另外,作为排序依据的字段并不一定非要出现在结果列中。

 【课堂作业】：查询结果排序

请写出按商品名称倒序排列的 SQL 语句。

当结果数据量很大,排序自然会耗费查询的时间,但如果在一个已经索引的字段上排序,那么所耗费的时间会大大缩减。

2. 限定行数

MySQL 可以使用 LIMIT 子句限定查询结果的最大行数,语法为：

SELECT 值列 FROM 表名 LIMIT N;

N 为限定的行数,例如,查询前两条商品记录：

SELECT id, name, price FROM goods LIMIT 2;

可以结合查询条件以及排序处理,以下查询贵重商品的前两条：

SELECT name, price FROM goods **ORDER BY** price DESC **LIMIT** 2;

结果如表 14－8 所列。

表 14－8 排序并取前两条

name	price
C++跑步机	2800.00
C#男款跑步鞋	680.00

14.3　MySQL++

用了数十页讲解数据库的基本概念、数据表的简单设计、常用的 SQL 语法、函数以及 MySQL Workbench 的基本用法，整个过程只能以"走马观花"和"浅尝辄止"描述；但不管怎样，是时候回到 C++ 了。

MySQL＋＋也称为 mysqlpp。名字中的"＋＋"看着亲切，这是一个由第三方开发，适用 C++ 语言访问 MySQL 的软件开发工具包；底层基于 MySQL 官方提供的 C 开发库。在《感受(二)》篇，我们写过使用 MySQL＋＋连接 d2school. champions_2008 数据表，并读取数据的例程。建议先复习，再看新课程。

14.3.1　数据库连接

1. 连接和异常

数据库是一种服务，要访问数据库，必须先以客户端的身份连上它。我们不必借助 asio 或 libcurl 从网络层写这个连接，mysql 客户端 SDK 封装了这一切。并且，这个连接在底层也不一定就是 TCP 连接。当数据库和我们写的程序运行在同一台机器、同一个系统内，mysql 客户端 SDK 允许使用更高效的本机连接方式。

在 MySQL＋＋中，客户端到数据库的连接，被封装在 mysqlpp::Connection 类当中，如图 14 - 23 所示。

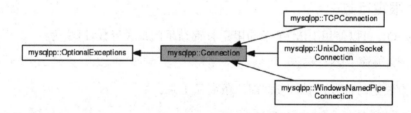

图 14 - 23　mysqlpp::Connection 类继承关系 (图片来自 MySQL＋＋文档)

一个"连接"派生自一个"异常"类。咦？"连接"可能产生"异常"，但"连接"怎么可能是一类"异常"？光看这一点，大致上我会判断 mysqlpp 没有追求"面向对象"的完美，而是偏向以更简捷的代码就能满足要求的"实用主义"，即"基于对象"的设计。再往下看，mysqlpp::Connection 有三个派生类，一个使用 TCP 连接，当需要跨主机访问数据库必须用它。UnixDomainSocketConnection 适用 Unix/Linux/Mac 系统下同一主机内访问数据库，WindowsNamedPipeConnection 适用在 Windows 系统下同一主机内访问数据库。尽管我们"妄加猜测"这个 MySQL＋＋偏向于使用"基于对象"的设计，但这不影响我们相信它的强大，比如它一定为我们设计好了：支持根据某些条件,自动选择合适的连接类型。

【重要】: 设计的第一目的

不管采用"面向对象"还是"基于对象",都是设计方法或理念而非目的,设计的第一目的是为了让用户用起来舒服、自然。

mysqlpp::Connection 的基类是 OptionalExceptions,意思是"可选的异常"。这一点在构造一个连接对象时,就可以看到:

```
mysqlpp::Connection con_with_except;
mysqlpp::Connection con_without_except (false);
```

我们构造了两个连接对象,其中第二个指定入参 false 代表着在将来该连接的所有操作发生错误或失败时,默认都不会抛出异常。同一操作发生问题,既有抛出异常的方法,也有不抛出异常的方法,这不陌生。在 asio 库中我们已经了解,解析地址的操作,asio 提供以下两个版本:

```
//会抛出异常的版本
iterator resolve (query const& q);
//不抛出异常,错误通过参数 ec 返回
iterator resolve (query const& q,  boost::system::error_code& ec);
```

这种方法称为"接口拆分",好处是接口清晰,并且在一系列的操作中,用户可以在任意一个操作子步骤上随时切换是否使用异常,但这样做的代价是任何一个接口都需要写两个甚至更多版本重载。显然,asio 相对追求完美,所以下重力气。

mysqlpp 走另外一条路,它不拆分接口。在连接对象构造时指定选择,入参为true(这是默认值),基于连接之上的一切操作在出错时,默认都抛出异常。入参为false 则操作出错不抛出异常。当设置为不抛出异常时,那么每一步可能出错的操作之后,都需要检查该操作的返回值。另外,连接类也提供 error() 方法以提供出错信息,该方法的返回类型是 C 风格的字符串指针。以建立连接为例,下面代码演示在不抛出异常的情况下如何处理操作失败:

```
mysqlpp::Connection con (false); //不使用异常
if (con.connect (...)) //必须检查返回结果
{
    cerr << "连接数据库失败。" << con.error () << "\r\n";
    return false; //返回上层调用者
}
/*这里做连接建立成功之后的事 */
```

如果一口气要做的操作非常多,这样不断地写结果判断的代码,那感受就是一边打嗝一边唱歌,唱的人和听的人都难受。所以我们的推荐,也是 mysqlpp 官方文档的推荐:使用异常。mysqlpp::Exception 是 mysqlpp 的所有异常的基类,而它又派

生自标准库 std::exception。所以在捕获异常时,通常只需处理这两者,如果连异常是不是来自数据库的具体操作这个问题都不关心,那就只捕获标准库的异常吧。

使用 Code::Blocks 新建一控制台项目,命名 db_connection。为项目加上链接库 mysqlpp 和 mysql,再加上编译搜索路径"$(#mysql.include)"和"$(#mysqlpp.include)"、链接库搜索路径"$(#mysql.lib)"和"$(#mysqlpp.lib)"。打开向导生成的 main.cpp 文件,加入对"mysql++.h"的包含,内容最后如下:

```
#include < iostream >
#include < mysql++.h >

using namespace std;

int main()
{
    cout << "Hello MySQL++" << endl;
}
```

编译通过,并能运行,说明项目的相关配置正确,不过好像有一堆警告信息?这不能忍,再打开项目的构造配置对话框,做如图 14 - 24 所示的配置。

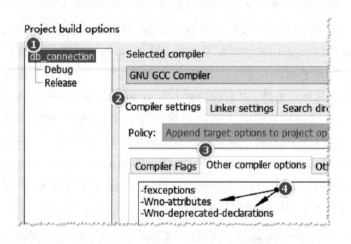

图 14 - 24 屏蔽 mysqlpp 带来的编译警告

在第 4 步加入"- Wno - attributes"和"- Wno - deprecated - declarations"。继续修改 main.cpp,这次将真枪实弹地去连接数据库,只是故意给了一个哑炮密码:

```
#include < iostream >
#include < mysql++.h >

using namespace std;
```

```
int main()
{
    mysqlpp::Connectioncon;
    try
    {
        con.connect(
            "d2school"        //数据库名
            , "127.0.0.1"     //数据库服务器
            , "root"          //用户名
            , "I'm cute."     //错的密码
            );
    }
    catch(mysqlpp::Exception const& e)
    {
        cerr << "ERROR! " << e.what() << endl;
        return -1;
    }
}
```

编译、运行程序,程序必然要捕获到异常,并在控制上输出以"ERROR!"开头的报错信息。如果你的程序不是这个表现,那可能有两种情况。情况一,屏幕上没有任何出错信息出现;这说明你的密码就是"I'm cute.",你真自恋! 情况二,屏幕上有出错信息,但认真一看那是程序直接挂掉时报的错,大概是说程序出现异常但没有处理等。这说明当初编译 mysqppp 库时使用的 G++,和当前编译这个程序的 G++版本不一致。此时请按照"准备篇"的步骤,使用现在 G++ 重新编译、安装 mysqlpp 库。

【小提示】:模块之间异常传递时的 ABI 不兼容

A 模块采用低版本编译器编译,B 模块采用新版本编译器编译,结果 B 模块无法捕获 A 模块中抛出的 C++异常。这个现象是因为 C++语言对异常传递的"应用二进制接口"兼容不作要求造成的。这是许多第三方 C++库干脆放弃对外抛出异常的原因之一。

确保能够捕获异常之后,我们就可以放心地使用 mysqlpp 的连接对象。让我们做点之前没做过的事:列出当前数据库中的所有表名。所需的 SQL 语句是 SHOW tables,各位可先在 MySQL Workbench 中试试:

```
# include < iostream >
# include < mysql++.h >

using namespace std;

int main()
{
    mysqlpp::Connectioncon;
    try
```

```
{
        con.connect(
        "d2school"            //数据库名
        , "127.0.0.1"         //数据库服务器
        , "root"              //用户名
        , "mysql_d2school"    //正确的密码
        );

    mysqlpp::Query query = con.query("SHOW tables ");
    mysqlpp::StoreQueryResult res = query.store();
    for (unsigned int i = 0; i < res.num_rows(); ++i)
    {
        cout << res[i][0] << "\r\n";
    }
}
catch(mysqlpp::Exception const& e)
{
    cerr << "ERROR!" << e.what() << endl;
    return -1;
}
}
```

由于此次代码支持异常,所以不用像 Hello Database 项目中的代码那样,对 con.query(...)操作的返回值,也就是 query 对象做状态判断。请各位试试将 SHOW tables 写错,看看将捕获到什么内容的异常信息。mysqlpp::Connection 有 connect()方法,那它就应当有对应的 disconnect()方法。正如例中所示,通常不必手工调用断开连接的操作,原因你懂,否则请复习上册。

程序输出五张表的名字:champions_2008、goods、user、user_addrss_info 和 user _more_info。出于后续剧情需要,我们在此强调一下,这当中只有 champions_2008 使用 GBK 编码,其余均使用 utf‐8。有关数据库连接如何处理异常,还有一些重要内容放到"数据库连接"的最后小节"异常的抑制和不可抑制"中讲解。

2. 连接选项

说起来,要不要启用异常,是 mysqlpp::Connection 对象的第一个选项,只不过它必须在构造时指定。其他选项通过 set_option(Option * o)配置。在上册感受篇中说过,传入的 o 指针对象,将由连接负责在连接断开时释放它们,因为 o 对象需要使用 new 操作符,确保在堆中创建。

数据库连接首先是网络连接,因此它有一堆和网络相关的选项,比如"连接超时""读数据超时"和"写数据超时"。多数情况下它们都有很好的默认设置,非要修改的方法,只需在连接对象构造之后,创建对应的选项对象作为入参调用连接对象的 set_ option()方法。以"连接超时"为例,需使用的选项类为 ConnectTimeoutOption,代码如下:

```
mysqlpp::Connection con;
con.set_option(new mysqlpp::ConnectTimeoutOption(10)); //10s
……
```

超时单位为 s。

重连选项

在复杂系统中真正需要小心的是,MySQL 数据库会自动断开那些空闲的连接。怎样叫空闲呢?就是连接虽然没断,但长时间不向数据发起任何请求。怎样叫长时间呢?默认是 8 小时。这似乎很长啊,程序有可能会挂机八小时却不访问数据库吗?有这可能,不过正如我们在《网络》篇所说的,更多时候是那些位于客户端和数据库的各种网络设备,它们可能半小时甚至五分钟就会掐断空闲连接。

【重要】: 不要为了"性能"而直接上长连接

出于网络连接会被掐断、以及后面要谈的并发问题,强烈建议数据库连接应当即连、即用、即断。仅当数据库连接建立的动作确实成为整个系统的性能瓶颈(通常,中等规模的系统很难出现)时,才考虑引入诸如"连接池"的技术以使用"长连接"。

提升数据访问能力有很多方法,比如后面很快将讲到的数据"缓存/缓冲"技术。

使用数据库长连接时,可以设置连接的"重连选项",以实现连接在发现自身断开时,自动重连,该选项类名为 ReconnectOption。构造入参为布尔类型,设置为真表示启用自动重连:

```
mysqlpp::Connection con;
con.set_option(new mysqlpp::ReconnectOption(true));
……
```

 【危险】: 低版本 MySQL 在重连选项上的一个坑

示例代码中,该选项在连接对象未调用 connect() 方法之前就进行配置。如果你还在使用低于 5.1.6 版本的 MySQL 数据库,那么这样配置将不能生效;必须改为在实际连接上数据库之后,再配置重连选项。

编码选项

接下来让我们重温 2008 年奥运会,这次就简单回顾冠军的名字。所需的 SQL 语句为"SELECT name FROM champions_2008"。新建控制台项目,命名为 db_connect_options,参考 db_connection 进行项目配置。main.cpp 代码如下:

```cpp
#include < iostream >
#include < mysql++.h >

using namespace std;

int main()
```

```
{
    mysqlpp::Connection con;

    try
    {
        con.connect("d2school", "127.0.0.1"
            , "root" , "mysql_d2school");

        mysqlpp::Query query = con.query(
            "SELECT name FROM champions_2008");

        mysqlpp::StoreQueryResult res = query.store();
        for (unsigned int i = 0; i < res.num_rows(); ++i)
        {
            cout << res[i]["name"] << "\r\n";
        }
    }
    catch(mysqlpp::Exception const& e)
    {
        cerr << "ERROR! " << e.what() << endl;
        return -1;
    }
}
```

　　编译、运行,啊! 屏幕一片乱码。这就奇怪了,刚刚我们说过,champions_2008 表使用 GBK 编码,而 Windows 控制台默认的编码也是 GBK。右击控制台标题栏,查看属性,并切换到"选项"页,有如图 14-25 所示内容。

图 14-25 Windows 控制台默认采用 GBK 编码

　　数据源头是 GBK 编码,数据展现目标也采用 GBK 编码加以解释,怎么还会乱码呢? 京东和顺丰回答这问题得到满分:"快递很重要!"没错,是夹在中间的数据库连接出了问题。MySQL 的 SDK 在创建连接时,如果发现用户没有指定编码,他就会告诉数据库:"亲,买家没说要什么味道,默认来一份 utf8 味道的数据吧!"数据库是个好卖家,他赶紧把原本是 GBK 味的数据调成 utf8 味,再交给连接。连接拿着这份数据送到 Windows 控制台,这时候它也许知道客户喜欢的是 GBK。可你觉得连接会因此再次转码数据吗? 你见过咖啡店的快递员一边在路上跑一边调咖啡吗?

　　只听得连接大声地对 Windows 控制台叫喊:"不许退货!"可怜的控制台哭着说:

"自己订的数据,乱码也要把它们输出!"于是屏幕上就出现了一堆问号。深入了解问题的原委,也就好解决了。下单时明确说出"买家"对编码规格的需求即可,编码选项对应的类名为 SetCharsetNameOption,构造入参为具体编码的字符串。请在 con 对象创建之后,且在连接之前,加入设置本选项:

```
mysqlpp::Connection con;
con.set_option(new mysqlpp::SetCharsetNameOption("gbk"));

try ……
```

再次运行,一切正常,但还是有人对数据库这位"卖家"的服务水平质疑:真的是数据库帮我们转码了吗?会不会因为在本例中,买家、快递、卖家恰巧全都约好使用 GBK 编码,所以才送对了货呢?如果数据在源头上就是 utf8 编码,但买家想要 GBK 编码,能成功吗?

请打开 MySQL Workbench,将 user 表中名为 sea flower 的用户改名为"海花",记得"Apply(提交)"。由于 user 表及该字段采用的是 utf8 编码,因此此时输入的"海花"两字,满足源头上就是 utf8 的要求。最后修改前例代码中的 SQL 语句,改为从用户表中查询姓名:

```
"SELECT name FROM user "
```

编译、执行,看到"海花"这俩汉字了吧?漂亮极了。

智选连接类型

选项类 GuessConnectionOption 的作用正如其名,允许连接底层的 C 接口"猜测"使用哪一种连接方法。即之前提到的适用跨主机连接的 TCPConnection、适用 Unix/Linux 系统下同一主机连接的 UnixDomainSocketConnection 或者适用 Windows 系统下同一主机连接的 WindowsNamedPipeConnection,这是一个默认启用的选项。

创建 SSL 连接

当需要在应用和 MySQL 数据库之间创建基于 SSL 的安全连接,需使用选项类 SslOption。

执行批量 SQL 语句

在 MySQL Workbench 中可以一次性执行多个 SQL 语句,语句之间默认采用分号区隔。使用 C++创建 MySQL 数据库连接时,这一特性默认不被支持。程序经常需要连续执行多个步骤。比如,有这么一个业务请求:张三用户到商城购买跑步机,后台需要执行的一系列动作可能是:

① 查询跑步机的价格,检查和订单上价格的一致性;

② 查询张三的各类信息,比如收货信息是否完整,是否 VIP,可享受哪些优惠等;

③ 查询跑步机库存是否足够,并根据订单数量预扣库存;

④ 记录本次操作的各类日志。

程序需要对各步操作有更多的控制,比如当查询不到收货地址之后,就停止后续操作,并反馈给用户详实的出错原因;所以此类业务逻辑不能将所涉及的 SQL 语句全部写好一股脑丢给数据库执行。不过事无绝对,也会有一些操作组合,我们不太在意每个步骤的执行结果,再加上有后续课程将谈到的事务保障,此时可以使用 Multi-StatementsOption,让该连接可以一次性执行一组 SQL 语句。

下面代码中的 SQL 组合来自 MySQL++官方示例(略作简化),纯粹用于演示如何一次性运行多个语句,没有多少业务意义。请看看它们都做了些什么,如表 14 - 9 所列。

表 14 - 9 SQL 组合语句各步说明

语句	作用
DROP TABLE IF EXISTS test_tmp;	如果库中有 test_tmp 表,则删除它
CREATE TABLE test_tmp(id INT);	创建表 test_tmp,表内唯一字段是 ID
INSERT INTO test_tmp VALUES(1)	往该表中插入一条记录,ID 值为 1
UPDATE test_tmp SET id=2 WHERE id=1;	把 ID 值从 1 改成 2

顺带学习删除一张表的指令:DROP TABLE 表名。如需确保表存在才执行删除操作,请如例中所示加上"IF EXISTS"。对应 C++代码:

```cpp
#include < iostream >

#include < mysql++.h >
#include < options.h >

using namespace std;

int main()
{
    mysqlpp::Connection con;
    con.set_option(new mysqlpp::MultiStatementsOption(true));

    try
    {
        con.connect("d2school", "127.0.0.1"
            , "root" , "mysql_d2school");

        std::string multi_sql =
            "DROP TABLE IF EXISTS test_tmp; \n"
            "CREATE TABLE test_table(id INT); \n"
            "INSERT INTO test_tmp VALUES(1); \n"
            "UPDATE test_tmp SET id = 2 WHERE id = 1; \n";
```

```
        mysqlpp::Query query = con.query(multi_sql);
        mysqlpp::StoreQueryResult res = query.store();
    }
    catch(mysqlpp::Exception const& e)
    {
        cerr << "ERROR!" << e.what() << endl;
        return -1;
    }
}
```

编译、执行后,可使用 MySQL Workbench 查看 d2school 库中是否新添了一张表 test_tmp,表中是否有一条 ID 为 2 的记录。然后请想办法删除这张测试表。

返回批量结果

既然可以批量提交并执行多个 SQL 语句,就对应会有在该连接上一次性返回多个运行结果的需要。典型的,假设批量执行的是如下两个语句:

```
"SELECT name FROM user;"
"SELECT name FROM champions_2008;"
```

可不能指望 MySQL 帮我们将两张表拼成一张表然后返回,它能做的就是在同一连接上,一前一后依序返回两次执行结果。批量返回结果的配置类是 MultiResultsOption。在开通批量执行 SQL 的配置项 MultiStatementsOption 时,会自动开通 MultiResultsOption。具体例子将在后续讲解 MySQL ++ 的查询结果类 mysqlpp::StoreQueryResult 时提供。

 【小提示】:批量执行 SQL 的高级用法

批量执行 SQL 的功能,让我们在"服务端执行复杂存储过程"和"客户端执行单一 SQL 语句"之间提供了一种新的选项:在前端组合 SQL 语句,然后交给后端执行。事实上如果程序建立的连接拥有足够权限(比如我们一直使用的 root 用户),程序甚至可以使用 C++的字符串写一个新的存储过程,然后提交数据库执行并创建它,而后程序再调用该存储过程以获得结果。

3. 异常的抑制和不可抑制

在创建一个支持异常抛出的连接对象之后,事后仍然有机会临时禁止它抛出的异常。方法是使用 mysqlpp::NoExceptions 工具类,比如:

```
mysqlpp::Connection con; //默认构造,支持抛出异常
try
{
    con.connect(...); //连接

    //临时关闭异常
    if (...)
    {
```

```
                //先定义 NoExceptions 对象并绑定一个连接
                mysqlpp::NoExceptions ne(con);
                //再使用该连接创建查询对象
                mysqlpp::Query Q = con.query("SELECT * FROM abc");
                ......
            }
        }
catch(...)
{
}
```

变量 ne 被框定在某个代码块内,接受一个数据库连接作为构造入参。构造时自动关闭该连接在操作出错时抛出异常,析构时自动恢复允许抛出异常。原理与用法类似《并发》篇中提到的"守护锁"对象(std::lock_guard)。当然,如果该数据库连接本来就已经设置成不抛出异常,那么 NoExceptions 就没有用武之处,也不对该连接对象产生任何副作用。NoExceptions 必须用在所要抑制的对象身上。本例希望在con.query(...)的调用过程中不要抛出异常,因此抑制对象是 con。接下来宣布一个重要事项!

 【危险】:那些 MySQL++永远会抛出的异常

不管是在创建连接对象直接关掉异常还是在使用时临时屏蔽异常,这里的异常都仅指 MySQL++在执行和数据库交互有关的操作所产生的错误。MySQL++也使用 STL,STL 本身会抛出异常,比如使用 at(index)方法越界访问 std::vector 对象的元素,那么这个异常仍然有可能被抛出。

尽管宣布了这么一个重大事项,但对 mysqlpp::Connection 的推荐使用方法一点都不受影响:一是构造 mysqlpp::Connection 对象时就指定允许抛出异常(其实就是使用默认构造入参);二是在 try - catch 代码块中使用该连接对象;三是个别操作步骤确实有必要以返回值立即判断该操作成功与否,加上嵌套的子代码块,然后在该子代码块中使用 NoExceptions。

14.3.2　创建查询对象

连接一旦建立,接下来的操作就是如何通过该连接执行 SQL 语句。MySQL++中负责准备 SQL 语句,然后发起执行,获得结果的类是 mysqlpp::Query。前面例子中已有数处用到 mysqlpp::Query,每一处的用法差不多都如下:

```
mysqlpp::Query query = con.query(sql);
```

其中 con 是一个数据库连接对象,调用它的 query(...)方法就返回一个本节所讲的 mysqlpp::Query 对象。该方法的入参是一个字符串,即 SQL 语句的内容。mysqlpp::Query 的构造函数为:

```
Query (Connection * c, bool te = true, const char * qstr = 0);
```

入参 c：一个连接对象指针；te：本次查询是否抛出异常；qstr：SQL 语句。由于查询必须通过一个数据库连接执行，因此 MySQL＋＋干脆要求构造 Query 对象时就必须提供一个连接对象。为了进一步方便使用，又倒过来在连接类 mysqlpp::Connection 中提供了 query(qstr)工厂方法，用于"生产"一个查询对象。显然，连接对象会使用自身的"是否抛出异常"配置，作为调用 Query 构造函数的第二个入参。

 【危险】：不要轻易复制"查询"对象

"Query(查询)"类也提供了拷贝（复制）构造函数、赋值操作符重载函数。查看官方文档说明，会看到一句带惊叹号的说明："This is not a traditional copy ctor!（这不是传统的构造）"它只用于支持从前述的工厂方法 Connection::query()返回新的查询对象，在实现上，它没有完全复制源对象的内容。

既然要求"查询"对象必须在创建时就拥有一个连接，更好的设计应该是直接屏蔽 Query 的构造函数（包括复制与赋值），然后借助友元或其他技术，仅允许通过"连接"提供的工厂方法创建连接对象。结论：一、请坚持使用"连接"对象来创建"查询"对象；二、请避免复制"查询"对象。

14.3.3 基本查询过程

有了"查询"对象，程序再赋予它合法的 SQL 语句。而后就可以调用"查询"对象的 store()方法，用于通过数据库连接将 SQL 请求发送给数据库；后者执行后返回结果，结果类型为 mysqlpp::StoreQueryResult。以上过程示例如下：

```
//1.创建连接对象，并实际连接目标数据库
mysqlpp::Connection C;
C.connect(……);

//2.由连接对象创建出新的查询对象
//3.本例中同时赋予它待执行的 SQL 语句
mysqlpp::Query Q = C.query("SELECT * FROM user ORDER BY id");

//4.调用查询对象的 store()方法，发起真正查询并得到结果
mysqlpp::StoreQueryResult R = Q.store();
```

SELECT 操作返回查询所得的记录集，每一条记录又可包含多个字段，因此可以将返回结果理解为带有"列头"信息的"二维数组"，如表 14 - 10 所列。

表 14 - 10 "StoreQueryResult"返回结果示例

	列 0（id）	列 1（name）	列 2（tel）	列 3（email）
行 0	[0][0]	[0][1]	[0][2]	[0][3]
行 1	[1][0]	[1][1]	[1][2]	[1][3]
行 2	[2][0]	[2][1]	[2][2]	[2][3]

StoreQueryResult 忠实保持结果数据的行次序和列次序。因此 R[0][0]是首行首列的值,R[0][1]是首行次列的值。不过,StoreQueryResult 也并非就是一个"vector < vector < string >>",它还含有"列头"信息,因此可以使用列名访问,比如:输出首行记录 ID 和 name 字段的值:

```
cout << R[0]["id"] << ',' << R[0]["name"] << endl;
```

屏幕应输出:1,海花。StoreQueryResult 提供 num_rows()用于返回记录条数、num_fields()用于返回字段数,因此遍历每条记录的每个字段的典型方法是:

```
for (size_t r = 0; r < R.num_rows(); ++r)
{
    for (size c = 0; c < R.num_fields(); ++c)
        cout << r[r][c];
}
```

也可以使用 C++ 11 新的循环语法:

```
for (auto const & row : R)
{
    for (auto const & field : row)
        cout << field;
}
```

14.3.4 组装 SQL 语句

从连接创建出"查询"对象不难,发起查询操作并处理结果也不难,整个查询过程中最重要的工作,是如何写准确而高效的 SQL。这可不是《白话 C++》的教学职责。下面讲的是:当你脑海里已经准备好了 SQL 语句时,如何利用 MySQL++提供的功能将它正确拼装出来。当然,简单的 SQL 语句就没什么好拼装的,一个字符串就能写清楚。那就直接将这个字符串传递给工厂,比如:

```
mysqlpp::Query  q = con.query("SHOW TABLES");
```

或者:

```
mysqlpp::Query  q = con.query("SELECT * FROM user");
```

1. "流"方式组装

如果 SQL 带有一些可变参数,可以像使用 cout 或 ostringstream 等输出流那样,使用" << "操作符拼装复杂的 SQL 语句。比如,让使用者输入 ID 号,然后查询对应的记录,示例代码如下:

```
……
unsigned int id;
cout << "请输入待查询的用户 ID:";
cin >> id;

mysqlpp::Query q = con.query(); //空的入参
q << "SELECT * FROM user WHERE id = " << id;
……
```

如果条件值是字符串类型,记得要加单引号,比如查询 dog egg 的记录:

```
q << "SELECT * FROM user WHERE name = 'dog egg'";
```

如果这个名字来自一个字符串,那就这么写:

```
std::string name;
cout << "请输入待查询的用户名:";
std::getline(cin, name);
q << "SELECT * FROM user WHERE name = '" << name << "'";
```

如果用户在输入名字时,一不小心输入了一个单引号,比如变成"dog'egg",那么得到的 SQL 语句就长这个样子:

```
SELECT * FROM user WHERE name = 'dog'egg'
```

这不是一个合法的 SQL 语句,你的程序马上就会抓到一个异常。和 C++一样,如果单引号包含的内容中还有单引号,必须使用"\"转义。解决方法是使用 MySQL＋＋提供的操控符(类似 std::setw 或 std::endl):mysqlpp::quote 或者 mysqlpp::quoteonly。quote 是引号的意思:

```
q << "SELECT * FROM user WHERE name = "
    << mysqlpp::quote << "dog egg";
```

quote 操控符为后面紧接着输出的内容,加上一对单引号。如果紧接着输出的内容中包含有单引号,则自动进行转义,比如:

```
q << "SELECT * FROM user WHERE name = "
 << mysqlpp::quote << "dog'egg";
```

则内部产生的 SQL 是:

```
SELECT * FROM user WHERE name = 'dog\'egg'
```

mysqlpp::quote 这么好用,怎么还有 mysqlpp::quoteonly 呢? 当你可以明确保证待输出字符串不含有单引号,使用后者能提升一点点性能,因为后者只负责加上单引号,不负责加转义。为 Query 对象准备好 SQL 语句之后,就可以调用它的 store() 方法以执行该语句,并使用 mysqlpp::StoreQueryResult 得到执行结果。

以下是使用" << "操作和 mysqlpp::quote 操控符处理字符串,组装 SQL 语句并

执行的例子:

```
# include < iostream >
# include < mysql++.h >

using namespace std;

//打印查询结果
void output_result(mysqlpp::StoreQueryResult const& result)
{
    size_t row_count = result.num_rows();
    if (row_count == 0)
    {
        cout << "查无记录。" << endl;
        return;
    }

    for (size_t i = 0; i < row_count; ++i)
    {
        cout << result[i]["id"]
            << setw(6) << " = > " << setw(12)
            << result[i]["name"] << endl;
    }
}

int main()
{
    mysqlpp::Connection con;
    con.set_option(new mysqlpp::SetCharsetNameOption("gbk"));

    try
    {
        con.connect("d2school", "127.0.0.1"
            , "root" , "mysql_d2school");

        while(true)
        {
            mysqlpp::Query Q = con.query(); //每次新建一个"查询"对象
            string name;
            cout << "请输入用户名:";
            getline(cin, name);

            Q << "SELECT * FROM user WHERE name = "
                << mysqlpp::quote << name;

            mysqlpp::StoreQueryResult res = Q.store();
            output_result(res);
        }
```

```
    }
    catch(mysqlpp::Exception const& e)
    {
        cerr << "ERROR!" << e.what() << endl;
        return -1;
    }
}
```

编译通过后,做如下测试:一、输入 dog egg(不含双引号,下同),是否能查出结果;二、输入"dog'egg",检查程序是否发生异常;三、输入"海花"(GBK 编码),查看是否能找到相应记录,并根据这一现象写一篇不少于 500 字的命题作文《我对快递工作未来发展的思考》;成功看到漂亮的"海花"后,按 Ctrl + C 强行退出程序。将 mysqlpp::quote 临时改成 mysqlpp::quoteonly,再重复以上测试。

2. "模板"方式组装

这里的"模板"和 C++模板编程没什么关系,倒是和 C 语言的 printf() 函数很类似。一句 SQL 包含有固定不变、在写代码时就能确定的内容,同时又包含一些需要在程序运行时才能决定的内容,这时将固定不变的内容事先写好,而需要变化的地方由特殊的符号及表达式表示,这就叫模板。请大家回忆《语言》篇中"请假条"的比喻。

仍以查询用户表中指定 ID 记录为例:

```
SELECT * FROM user WHERE id = ?
```

示例中的"?"代表可变的、需要在程序运行时才能确定的内容,其他则为固定内容。Oracle 官方提供的 MySQL C++客户端 SDK,还真的可以使用"?"作为"placeholders(占位符)"表示此处为可变内容。MySQL++使用更为复杂的占位符,从而提供更强的功能特性;它的占位符格式如下(带括号包围的是可选项):

```
% # # #(modifier)(:name)(:)
```

各项占位符作用如表 14 - 11 所列。

表 14 - 11   模板中的占位符组成解释

组成	作用	备注
%	表示开始一个新的占位	
# # #	本占位符的编号,范围为 0～24	即:最多 25 个可变部分
modifier	三种转义符:q、Q、%	可选项
:name	占位符的命名,参考 C++变量命名要求	可选项
:	占位符命名结束标志。如果确实在需要在名字之后使用冒号,则需要写上连续两个冒号。	可选项

最后两项和"命名"有关的组成部分,仅用于设置功能有限的"默认参数"设置,我们不准备讲解。重点看"%###(modifier)"部分。其中 modifier 又先只说 q 和

Q。它们的作用分别对应"流"方式中的操控符 quote 和 quoteonly。假设程序已经有一个"查询"对象 Q,接下来以模板方式查询指定 ID 的用户,第一步,准备模板:

```
Q << "SELECT * FROM user WHERE id = %0q"; //准备模板
```

使用的占位符是"%0q"。"%0"表示第 1 个占位符(本例中只有一个);接下来使用 q 或 Q 都无所谓,因为字段 id 的类型是整数而非字符串,不在意是否加单引号。接着,需调用"查询"对象的 parse()方法,让它解析并理解模板的内容:

```
Q.parse(); //解析以理解模板
```

最后,同样是要执行"查询"对象的 store()方法,但此时需要提供模板中各项可变部分的实值,本例中是 ID 的值:

```
mysqlpp::StoreQueryResult R = Q.store(1);
```

注意,ID 字段是整数类型,所以调用 store()的入参也是一个整数,不需要转换为字符串;而此时模板中对应的占位符 q 也没有发挥作用,它不会在整数值 1 前后加单引号。怎么证明这一点呢? 可以使用"查询"对象的 str()方法。该方法和 store()对应,只是后者执行实际查询,而 str()方法会临时组织 SQL 内容并返回:

```
Q << "SELECT * FROM user WHERE id = %0q"; //准备模板
Q.parse(); //解析以理解模板
cout << Q.str(1) << endl; //"偷窥"str()临时组织的 SQL 语句
```

屏幕输出内容是"SELECT * FROM user WHERE id = 1",确实不带单引号。原因是转义符 q 和 Q 只对后续的字符串类型发挥作用,而无视其他类型。

 【危险】: q、Q 和 qute、quteonly 的差异

尽管都用于处理单引号的事,但 qute、quteonly 操控符不关心待处理数据的类型,只要程序中用上它们,它们就都会对紧接着输出的内容加上单引号。

modifier 并非必填,当既不提供 q 也不提供 Q 时,那就强制不对此处的数据加单引号,更不会转义。比如前例的模板也可以这样写:

```
Q << "SELECT * FROM user WHERE id = %0"; //准备模板
```

下面是多个占位符的例子,模拟用户登录时校验用户名和密码:

```
Q << "SELECT * FROM user WHERE name = %0Q AND password = %1Q";
Q.parse();
mysqlpp::StoreQueryResult R = Q.store("dog egg", "123456");
if (R.num_rows() == 0)
{
    cout << "登录失败,请输入正确的用户名和密码!" << endl;
}
```

注意,调用 store(参数 0,参数 1……)的次序,必须和各占位符指定的次序一致。

上例中如果将模板中的两个占位符编号对调：

```
"SELECT * FROM user WHERE name = %1Q AND password = %0Q";
```

那么对应的 store() 调用，用户名和密码位置也必须对调：

```
Q.store("123456", "dog egg");
```

以上例子中占位符都用在查询条件上，其实也可以用在别的地方，比如查询结果字段：

```
Q << "SELECT id, %0 FROM user WHERE id = %1";
Q.parse();
std::string field = "name";
mysqlpp::StoreQueryResult R = Q.store(field, 4);
```

生成 SQL 语句如下：

```
SELECT id,name FROM user WHERE id = 4
```

当以上代码封装成一个函数，让 field 作为函数入参之一，就得到一个可以动态变换第二个字段的用户查询功能。看上去一切很方便，不过这里却隐藏着"一只虫子"。

　【危险】：MySQL＋＋的 Query::store( )等函数的一个 BUG

当以两个入参调用 store()，并且第一个入参是字符串，第二个入参是整数时，MySQL＋＋在这里有一个讨厌的 BUG：如果第一个入参的字符串使用 C 风格的字符串，就会掉入这个 BUG 的坑。

将前例中 field 变量的数据类型改成"char const *"，问题即现：

```
Q << "SELECT id, %0 FROM user WHERE id = %1";
Q.parse();
char const * field = "name";  //类型变成 C 风格字符串
mysqlpp::StoreQueryResult R = Q.store(field, 4);
//直接在入参中写 C 风格字符串,问题当然也一样：Q.store("name", 4);
```

查看 Q.str(field，4)，会发现生成的 SQL 语句非常正常，但一旦执行到 store (field，4)就抛出异常并称 SQL 语句语法不正确。

我已将该 BUG 的表现以及解决方法提交给 MySQL＋＋作者 Warren Young，并得到反馈与确认（https://lists.mysql.com/plusplus）。在官方正式发布新版之前，我们有两个选择：一是小心避开这个烦人的小问题，可以改用有明确入参含义的 store(mysqlpp::SQLQueryParms)版本；二是按照以下小提示在 MySQL＋＋源代码中灭掉该 BUG。

【小提示】：修正"Query::store( )/use( )"等函数的 BUG

在当初编译 MySQL++的源目录下，找到 lib 子目录，再在其下找到并打开 query.cpp 文件。在该文件中搜索"(parse_elems_.size( ) == 2)"。将"== 2"改成"> 1"。然后请参考《准备篇》，重新编译安装 MySQL++。

modifier 最后一种可能是"%"，它用于在占位符中显示一个真正的百分号。还记得"%"符号在 SQL 语句中的特殊作用吗？当我们需要查询所有名字中间带个"小"字的奥运冠军时，SQL 语句如下：

```
SELECT * FROM champions_2008 WHERE name LIKE '%小%'
```

如果希望中间这个字可以在程序运行时再指定，就得将该 SQL 语句中的"小"字换成一个占位符。而一旦用上了占位符，MySQL++就会将"%"解释成占位符的起始标志，解决方法就是使用"%%"表示"%"：

```
Q << "SELECT * FROM champions_2008 WHERE name LIKE '%%%0%%'"
```

3. SSQLS

利用复杂的宏定义，MySQL 实现了一套将 C/C++语言中的数据结构和表结构绑定，可进一简化相对固定的数据查询和更新操作，称为 Specialized SQL Structures。本书的例程均不使用 SSQLS，也不作讲解。

14.3.5 处理查询结果

1. 获取结果字段

说到结果，自然是看 StoreQueryResult，如图 14-26 所示为该类继承关系设计。

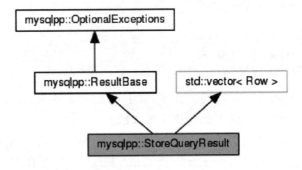

图 14-26 StoreQueryResult 类继承关系（图片来自 MySQL++文档）

看，mysqlpp::ResultBase 是一个幸福的类，因为它"父母健在"。父类 mysqlpp::ResultBase 主要存储查询结果中的列头信息，常用方法包括：

① num_fields( )：返回字段个数；

② table():返回表名;

③ fields(size_t I):返回第 I 个字段,从零开始,返回类型为 mysqlpp::Field;

④ fields_num(std::string const& name):给定字段名,返回该字段的索引,如果不存在该名字的字段,该函数要么抛出异常,要么返回 num_fields()的值。

新建一控制台项目,命名 fields_info,参考 db_connection 项目配置;并修改 main.cpp 内容如下:

```
# include < iostream >
# include < mysql++.h >

using namespace std;

int main()
{
    mysqlpp::Connection C;

    try
    {
        C.set_option(new mysqlpp::SetCharsetNameOption("gbk"));
        C.connect("d2school", "localhost"
                        , "root", "mysql_d2school");

        auto Q = C.query("SELECT * FROM user");
        auto R = Q.store();

        cout << "表:" << R.table() << "\n";
        cout << "共有:" << R.num_fields() << "个字段\n";

        /* 临时关闭异常,测试指定名字字段的位置 */
        //注意,ne 的入参是 R(结果对象),而不是 C(连接对象)
024     mysqlpp::NoExceptions ne(R);
        cout << "字段 name 次序:" << R.field_num("name") << endl;
026     cout << "字段 ABC 次序:" << R.field_num("ABC") << endl;
    }
    catch(mysqlpp::Exception const& e)
    {
        cerr << e.what() << endl;
    }
}
```

026 行调用"R.field_num("ABC")"将抛出异常,我们特意在 024 行再次演示如何使用 NoExceptions 抑制这一异常。此时抑制对象是 R。接下来我们希望看到用户表各个字段的详细信息,这就需要用到 mysqlpp::Field 类。该类有以下几个常用方法:

① name():字段名;

② type():返回该字段的类型信息,又是一个结构体;

③ length():返回该字段长度;

④ primary_key()、auto_increment()、unique_key()、time_stamp()、blob_type
():这些方法全部返回真或假,分别表示该字段是否是主键、自增、唯一、时间戳类型、
BLOB 类型等。

其中 type()方法返回 mysqlpp::mysql_type_info 结构,表示一个字段的类型信
息,主要方法有:

① name():在 C++ 语言中使用的类型名;

② sql_name():在数据表中的类型名;

综合以上,请将 main.cpp 代码修改为:

```cpp
#include < iostream >
#include < mysql++.h >

using namespace std;

char to_char (bool b) {   return b? 'Y' : 'N'; }

int main()
{
    mysqlpp::Connection C;

    try
    {
        C.set_option(new mysqlpp::SetCharsetNameOption("gbk"));
        C.connect("d2school", "localhost"
                    , "root", "mysql_d2school");

        auto Q = C.query("SELECT * FROM user");
        auto R = Q.store();

        cout << "表:" << R.table() << "\n";
        cout << "共有:" << R.num_fields() << "个字段\n";

        {
            cout << "字段次序测试:";
            mysqlpp::NoExceptions ne(R);
            cout << "字段 ID 次序:" << R.field_num("ID") << '\t';
            cout << "字段 name 次序:" << R.field_num("name") << '\t';
            cout << "字段 ABC 次序:" << R.field_num("ABC") << endl;
        }

        for (size_t i = 0; i < R.num_fields(); ++i)
        {
            mysqlpp::Field const& F = R.field(i);
```

```
        cout << '(' << i + 1 << ')' << F.name() << "\n";
        cout << F.type().sql_name() << "\n";
        cout << "LENGTH:" << F.length() << "\n";

        cout << "PK:" << to_char(F.primary_key()) << "\t";
        cout << "AI:" << to_char(F.auto_increment()) << "\t";
        cout << "TIMESTAMP:" << to_char(F.timestamp()) << "\t";
        cout << "UK:" << to_char(F.unique_key()) << "\t";
        cout << "BLOB:" << to_char(F.blob_type()) << "\n";
        cout << string(48, '-') << endl;;
    }
}
catch(mysqlpp::Exception const& e)
{
    cerr << e.what() << endl;
}
}
```

可以稍作改进,允许用户输入表名。

2. 处理结果记录

大多数业务逻辑下,都是事先明确知道一张表的结构,以及本次查询时所需要的字段,因此倒查表字段信息虽然有点酷,但用的地方不多。最被广泛需要的,还是如何处理查询结果中的记录数据。走,让我们一起拜见"母后大人"。

行记录使用 mysqlpp::Row 类表示,因为可能返回很多行,所以"母后"的定义是 std::vector < mysqlpp::Row >。一行又包含多个列(字段);那么 Row 会不会也有自己的"母后"叫 std::vector < 值 > 呢?其中的"值"又该用什么表达呢?不是的,Row 只有一个基类,你应该猜到了,又是那个"OptionalExceptions(可选的异常)"。Row 直接拥有一个 std::vector < mysqlpp::String > 成员用于记录当前行中每一列的值,如图 14 - 27 所示。

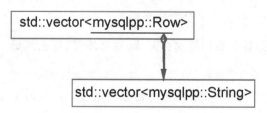

图 14 - 27 Row 拥有一个 vector < String >

由此可见,MySQL＋＋使用 mysqlpp::String 类以表达、存储查询结果中的每一个字段的值。String? 没错,不管数据在表中的类型是整型、字符串、日期、时间或BLOB/CLOB,全部使用一个叫"字符串"的类来存储。其实也没什么大惊小怪的,C

++标准库中的 std::string 也是一个可以容纳万物的"字符串"设计。mysqlpp::String 侧重存储、转换和高效传递,并且也不用太担心它会丢失数据的类型信息,因为类型信息都在"爸爸"那里呢。

现在我们最关心 mysqlpp::String 的类型转换功能,程序从数据库中取得数据,之后的操作显然不是往屏幕输出一下那么简单,虽然我们的例子好像一直就只是在输出查询所得。是时候将 StoreQueryResult、Row、String 数据转换成具有明确意义和明确结构的数据了。我们已经定义过这样一个明确的数据类了,不妨再看一眼:

```
//各项成员意义明确的一个数据结构
struct User
{
    unsigned int id;          //用户 ID
    std::string name;         //用户名
    std::time_t regist_time;  //注册时间(不知道为什么,它有些落寞)
};
```

该结构中的每个成员,都是最常见的 C/C++ 数据类型,全都和 MySQL、MySQL++ 没有关系。简言之,只要从 mysql::StoreQueryResult 转化出类似 User 这样用户自定义结构,我们就可以脱离 MySQL++ 以及 MySQL,成功实现"过河拆桥"。

创建"连接对象",创建"查询对象",取得"结果对象"……曾经我们和 MySQL++多么亲密!可是一旦数据到手,我们就翻脸不认人。不仅要销毁"查询对象""连接对象",竟然连"结果对象"也不愿久留,着急地将它转成别的数据结构。这是为什么呢?

MySQL++在 sql_types.h 中定义了大量数据定义或别名,比如:sql_tinyint、sql_int、sql_bigint、sql_bool、sql_float、sql_varchar、sql_text 和 sql_datetime 等。而 MySQL++官方文档则"苦口婆心"地劝我们优先使用这些类型来定义查询结果数据结构,但我们还是坚持使用 int、unsigned int、std::string、bool 和 std::time_t 等"常规"的 C++数据类型。这又是为什么呢?

【重要】:为什么我们要这么无情、这么冷酷、这么残忍

一切的一切,是为了"数据"的"流通"性。当数据需要在 C++程序模块间"流通"时,我们需要尽快让它变成标准的、通行的数据类型。以达到项目中的其他模块都认识的目的。哪怕就是我们自己写的模块,也应尽量避免或缩短一份数据使用多个"类型系统"表达的时间周期和空间。

我们的无情完全不是出于一个 C++程序员的私心,因为我们很快就要遇到数据需要"流出"C++程序,"流到"别的语言写的系统的情况,到那时我们将无情地抛弃 C++的数据类型,一如秋风扫落叶。

事实上,mysqlpp::String 对自己终将被转换成别的数据类型这一归宿心中有数,否则它不会费那么大力气实现那么多类型转换方法。mysqlpp::String 重载了以下类型的转换符:char const * 、singed char、unsigned char、int、unsigned int、short int、unsigned short int、long int、unsigned long int、longlong、ulonglong、float、double 和 bool。

看看漏了什么类型? 好像没有 std::time_t? std::time_t 其实总是某种 int 类型或其变体,因此如果查询结果是 TIMESTAMP 类型,可以方便而安全地转换至 std::time_t 类型。另外,MySQL＋＋额外提供 mysqlpp::DateTime、mysqlpp::Date 和 mysqlpp::Time 三个结构,都能和 mysqlpp::String 方便转换。

真正让人奇怪的是,没有提供 mysqlpp::String 到 std::string 类型转换重载。假设 S 是一个 mysqlpp::String 对象,有以下几种方法将它转换为 std::string:

（1） 使用 to_string(std::string& s)方法:

```
string std_str;
S.to_string(std_str);
```

（2） 使用 c_str()或 data()方法。mysqlpp::String 和 std::string()非常一致地提供了这两个返回 C 风格字符串的方法,并且一样提供了 size()或 length()返回内含字符长度:

```
string std_str(S.c_str(), S.size());
```

（3） 如果确定 S 中包含的数据不含有"\0"字符,则可以直接使用 C 风格字符串赋值:

```
string std_str = S.c_str();
```

尽管有 std::string 这么一段小插曲,但从 mysqlpp::String 转换成 C++的常用数据类型,总体来说还是很方便的。但是,也得注意安全!

【危险】:确保转换安全

程序最主要的责任是:确保转换过程的安全。比如说数据表中某个字段类型是 DOUBLE,但你使用 float 接盘,就可能发生精度丢失。甚至,同样是"整型"数,但数据库是 64 位系统,你的程序是 32 位系统,那这当中的转换也可能丢掉数据。

当然,一切不谈业务只谈技术的精度讨论都是在耍流氓。比如以 cm 为单位的身高字段,扯什么 32 位 64 位呢?

让我们将整张用户表都转换成 User 结构数据。请新建一控制台项目,命名 user_list,参考前一例程做好项目配置,并修改 main.cpp 内容如下:

```
# include < iostream >
# include < list >

# include < mysql + + . h >

using namespace std;

struct User
{
    int id;
    std::string name;
    std::time_t regist_time;
};

int main()
{
    list < User > user_list;

    mysqlpp::Connection con;
    con.set_option(new mysqlpp::SetCharsetNameOption("gbk"));

    try
    {
        con.connect("d2school", "127.0.0.1"
            , "root" , "mysql_d2school");

        //注意组织 SQL 串时必要的空格,比如 FORM 之前有个空格
        //后面所有在代码中组织 SQL 串时都需要注意这一点细节
        //否则你的 SQL 语句会执行失败
        mysqlpp::Query Q = con.query("SELECT id, name"
                ", UNIX_TIMESTAMP(regist_time) AS regist_time"
                " FROM user");

        for (auto row : Q.store())
        {
            User user;
            user.id = row["id"];
            user.name = row["name"].c_str();
            user.regist_time = row["regist_time"];
            user_list.push_back(user);
        }
    }
    catch(mysqlpp::Exception const& e)
    {
        cerr << "ERROR! " << e.what() << endl;
        return - 1;
    }

    for (auto user : user_list)
```

037
038
039

```
    {
        cout << user.id << '\t' << user.name
            << '\t' << user.regist_time << endl;
    }
}
```

整段代码没看到一处 mysqlpp::String,但其实 037 开始的三行,就是将 mysqlpp::String 类型的数据,分别转换为 unsigned int、std::string 和 std::time_t。将所有数据转成意义和结构均明确的 User 对象之后,我们拿它们做了什么呢? 还是输出到屏幕! 就不能有个实际点的例程吗?

3. 用户登录校验示例

此处一脸严肃地宣布:我们要开始"实际"的了! 请大家想象……等等,不是要"实际"了吗? 怎么还靠"想象"啊? 这我也没办法啊! 实际的系统总是从展现层(人机交互层)到业务逻辑层,再到数据层……像切五花肉那样一切到底。我们这么努力地学习数据层和业务逻辑层,展现这一层大家就想象一下嘛,好不好?

想象有个用户在登录页面上输入用户名和密码,而后业务逻辑层就接收到了这两项信息。下面我们就写一个小例程,通过用户名和密码实现登录。请新建一控制台项目,命名 user_login,参考前一例程做好项目配置,并修改 main.cpp 内容如下:

```
#include < iostream >
#include < mysql++.h >

using namespace std;

struct User
{
    int id;
    std::string name;
    mysqlpp::DateTime regist_time;
};

bool login(mysqlpp::Connection& con, User& user, string& msg)
{
    string name;
    string password;

    cout << "用户名:";
    getline(cin, name);

    cout << "密码:";
    getline(cin, password);

    mysqlpp::Query Q = con.query("SELECT id, name, regist_time"
        " FROM user WHERE name = %0q AND password = %1q");
```

```
    Q.parse();

    mysqlpp::StoreQueryResult R = Q.store(name, password);
    if (R.num_rows() == 0)
    {
        msg = "用户名或密码错误,登录失败。";
        return false;
    }

    if (R.num_rows() > 1)
    {
        /* 我的天啊! 竟然允许同名用户记录存在!
        (天杀的,这些用户用的都是初始化密码吧?)
        哪个数据工程师设计的表啊! 老板快扣他两月奖金!!
        先随便输出点反馈给用户啊······可是我真的不擅长说谎啊。*/

        msg = "大西洋海底电缆遭凶猛鳄鱼破坏,正在紧急抢修中。";
        return false;
    }

    auto const& row = R[0];
    user.id = row["id"];
    user.name = row["name"].c_str();
    user.regist_time = row["regist_time"];
    return true;
}

int main()
{
    mysqlpp::Connection con;
    con.set_option(new mysqlpp::SetCharsetNameOption("gbk"));

    try
    {
        con.connect("d2school", "127.0.0.1"
            , "root" , "mysql_d2school");

        string msg;
        User user;
        if (! login(con, user, msg))
        {
            cerr << msg << endl;
            return -1;
        }

        cout << "欢迎!" << user.name << "登录本系统。\n"
            << "您的用户 ID是" << user.id << "。"
            << "您的注册时间:" << user.regist_time << endl;
    }
    catch(mysqlpp::Exception const& e)
```

```
{
    cerr << "ERROR!" << e.what() << endl;
    return -1;
}
}
```

"老师,这所谓的登录程序,最后不也仍然在往屏幕上打印数据吗？和前面的例程没多大区别啊！""这……这带着业务逻辑的屏幕输出,它能叫输出吗？那得叫信息反馈！"为师我这次可真是涨红了脸。要不给大家一道作业吧。

【课堂作业】：计算用户注册时间长短

有注意到吗？User 结构中的 regist_time 现在是 mysqlpp::DateTime。这个类型也可以方便地转换为 time_t,同样是直接赋值。请在用户登录成功后计算出该用户注册至今已经过了多少天。

计算出注册天数有什么用呢？往屏幕上输出一行"您已经注册本系统 365 天？"当然没那么简单,往下看,往下看。

14.3.6　修改记录数据

1. 准备"签到表"

我们继续往登录例程中添加业务逻辑;搞个"签到赚积分"功能吧！用来培养新用户每天登录的习惯。注册 30 天以上的老用户因为另有福利,所以不送本积分。需要先建表,取名 user_signin_status。建表 SQL：

```
CREATE TABLE user_signin_status (
id int(10) unsigned NOT NULL AUTO_INCREMENT COMMENT 'ID',
user_id int(10) unsigned NOT NULL COMMENT '用户ID',
last_login_time DATETIME DEFAULT CURRENT_TIMESTAMP COMMENT
            '最后登录时间',
signin_count int(6) DEFAULT 0 COMMENT '有效签到次数',
  PRIMARY KEY (id)
) ENGINE = InnoDB DEFAULT CHARSET = utf8 COMMENT = '用户签到状态表';
```

和 user_more_info 表与 user 表的关系一样,每个用户最多只有一条签到状态,除主键 id 以及用于和用户记录建立逻辑关联的 user_id 之外,就俩主要字段:最后一次登录时间和有效签到次数。经常需要通过用户 ID 查询他的签到状态,因此需要为 user_id 字段建立索引,并且它具有"唯一性",所以使用 UNIQUE。这很重要,因为鳄鱼在大西洋海底出没：

```
ALTER TABLE user_signin_status ADD UNIQUE index_user_id (user_id)
```

2. 处理 SELECT/UPDATE/INSERT

每当有用户登录,检查他是不是注册未满一月的新用户;如果是,再检查他是不是今天第一次登录；如果是，让 signin_count 值加一。这中间需要特别处理用户刚注册后，第一次登录的情况，此时 user_signin_status 表中没有他的记录。分析以上逻辑，发现有"UPDATE(更改)"或"INSERT(添加)"表记录的需求；这个需求最早来自小学老师的教导："有则改之，无则加勉。"

mysqlpp::Query::store()适用 SELECT、SHOW、DESCRIBE 和 EXPLAIN 语句，我们只接触过前两者，但它们都有共同特点：都是在"读取"数据，都会返回带有行列信息的复杂结果集，需要采用 mysqlpp::StoreQueryResult 存储。相比之下，UPDATE 或 INSERT 操作返回结果简单很多，通常包含是否成功，影响了几条现有记录等信息而已，此时我们采用 mysqlpp::SimpleResult 存储结果。并且，执行 SQL 操作的方法，也改为 mysqlpp::Query::execute()方法。SimpleResult 有以下几个不错的特性：

① 该类重载 bool 转换符，因此可以直接用于判断对应操作是否成功；当然，如果启用异常，则相关操作失败时将抛出异常。

② 当执行 INSERT 操作，并且该表有 AUTO_INCREMENT 字段，SimpleResult 的"ulonglong insert_id() const"返回最后的自增 ID 值。

③ 当执行 UPDATE 操作，"ulonglong rows() const"返回本次操作被更新的记录数。

除返回结果不一样以外，execute()"在使用上和 store()一致，包括对入参的解释，也包括之前提到的那个 BUG。以下示例如何往签到状态表插入一条记录，并且判断插入是否成功，以及新插入记录所用的自增 ID 值：

```
//表设计中 signin_count 默认值为零，实际插入新记录时则默认设置为1
//因为插入记录就意味着用户有了第一次签到
auto Q = C.query("INSERT INTO user_signin_status(user_id"
            ", signin_count) VALUES( %0, 1)");
Q.parse();
mysqlpp::SimpleResult R = Q.execute(a_id_of_user);
if (! R)
    cerr << "插入新签到记录失败" << endl;
else
    cout << "插入新签到记录成功,最新 ID" << R.insert_id() << endl;
```

隔天，同一用户又来签到，这时候该用 UPDATE，让 signin_count 字段的值加一；不需要先取原值再更新，可以在 SQL 语句中使用表达式直接计算：

```
//使用 SET 表达式让 SQL 语句执行时自动计算新值：
auto Q = C.query("UPDATE user_signin_status SET "
            " signin_count = signin_count + 1" //表达式
            " WHERE id = %0");
```

为了判断该用 UPDATE 还是 INSERT，程序还需要在最开始进行一次 SE-

LECT 查询操作。SELECT、UPDATE 和 INSERT 是一个典型的"if(存在)－then
(更新)－else(插入)"结构。

【小提示】：一次性完成 SELECT－UPDATE/INSERT 操作

由于"SELECT－UPDATE/INSERT"这一结构的使用频率很高,所以包括
MySQL 在内的多数关系型数据库都提供特定的 SQL 语式,以一次性完成先判断后
更新或添加的操作组合。之会让程序更简捷、操作更高效、数据一致性更有保障。该
SQL 语式是:

```
INSERT INTO 表名（字段列表）VALUES(值列表)
       ON DUPLICATE KEY
       UPDATE 字段赋值列表
```

该语句先尝试往表中插入指定值的新记录,如果发生键值重复的冲突,就改为执
行后面的 UPDATE 子句。例如:

```
INSERT INTO user_signin_status(user_id, signin_count)
VALUES(用户 ID, 1)
ON DUPLICATE KEY
UPDATE user_id = 用户 ID, signin_count = signin_count + 1
```

在本例中,由于同一用户"一天只能签到一次"的需求,造成程序总是需要读一次
签到记录,取得"last_login_time(上次登录时间)"以判断本次登录和上次登录是否
跨天。所以我们决定还是按部就班地一步步执行 SELECT、UPDATE 或 INSERT
的过程。

【重要】：更好的设计:将"最后登录时间"放入用户表

多数用户登录系统,包括本书作者实际参与的项目中,都会将"最后登录时
间"作为用户表的一个字段 。这样设计当然不是为了让 regist_time 字段有个
伴;而是因为这样的业务逻辑:每次登录必然都要更新 last_login_time,不管签不
签到。

如果采用上述设计,这里就可以开心地用一句 SQL 实现"SELECT－UPDATE/
INSERT"。好的设计不仅"听起来有道理",而且要"用起来更舒服"。

本书为什么非要将"最后登录时间 "归到 user_signin_status 表? 这是因为,为
了安心学习如何使用 MySQL＋＋执行 UPDATE 和 INSERT 操作,我觉得必须有
个理由,哪怕听起挺牵强的。

3. 用户登录签到示例

将 user_login 中的 main. cpp 在原基础上修改,最终内容如下,请注意加粗
部分。

```cpp
# include < iostream >
# include < mysql++.h >

using namespace std;

struct User
{
    int id;
    std::string name;

    mysqlpp::DateTime regist_time;
    mysqlpp::DateTime last_login_time;
    unsigned int signin_count;
};

bool login(mysqlpp::Connection& con, User& user, string& msg)
{
    string name;
    string password;

    cout << "用户名:";
    getline(cin, name);

    cout << "密码:";
    getline(cin, password);

    mysqlpp::Query Q = con.query("SELECT id, name, regist_time"
                " FROM user WHERE name = %0q AND password = %1q");
    Q.parse();

    mysqlpp::StoreQueryResult R = Q.store(name, password);
    if (R.num_rows() == 0)
    {
        msg = "用户名或密码错误,登录失败。";
        return false;
    }

    if (R.num_rows() > 1)
    {
        /* 我的天啊……(略)*/

        msg = "大西洋海底电缆被鳄鱼咬断,正在紧急抢修中。";
        return false;
    }

    auto const& row = R[0];

    user.id = row["id"];
    user.name = row["name"].c_str();
    user.regist_time = row["regist_time"];
```

```
        return true;
}


//SELECT
bool select_sign_status(mysqlpp::Connection& con, User& user)
{
        auto Q = con.query("SELECT id, last_login_time, signin_count"
                            " FROM user_signin_status WHERE user_id = %0");
        Q.parse();
        auto R = Q.store(user.id); //STORE !!

        if (R.num_rows() == 0)
        {
            return false;
        }

        auto const& first_row(R[0]);
        user.last_login_time = first_row["last_login_time"];
        user.signin_count = first_row["signin_count"];

        return true;
}


//INSERT
void insert_signin_status(mysqlpp::Connection& con
                                    , User const& user)
{
        auto Q = con.query("INSERT INTO"
                    " user_signin_status(user_id, signin_count)"
                    " VALUES( %0, 1)");
        Q.parse();
        mysqlpp::SimpleResult R = Q.execute(user.id);
        cout << "新添加签到记录 ID是" << R.insert_id() << "。\n";
}


//UPDATE
void update_signin_status(mysqlpp::Connection& con
                                    , User const& user)
{
        auto Q = con.query("UPDATE user_signin_status SET"
                    " last_login_time = CURRENT_TIMESTAMP,"
                    " signin_count = signin_count + 1" //表达式
                    " WHERE user_id = %0");
        Q.parse();
        mysqlpp::SimpleResult R = Q.execute(user.id);
        cout << "更新签到记录" << R.rows() << "条。\n";
}


//UPDATE：只更新最后登录时间
```

```cpp
void update_signin_time(mysqlpp::Connection& con
                        , User const& user)
{
    auto Q = con.query("UPDATE user_signin_status SET"
                " last_login_time = CURRENT_TIMESTAMP"
                " WHERE user_id = %0");
    Q.parse();
    mysqlpp::SimpleResult R = Q.execute(user.id);
    cout << "更新签到记录" << R.rows() << "条。\n";
}


//签到
bool signin(mysqlpp::Connection& con, User& user, string& msg)
{
    if (! select_sign_status(con, user))
    {
        insert_signin_status(con, user);
        msg = "已为您创建专属签到记录。";
    }
    else
    {
        //已经有签到记录,需检查是不是今天的第一次登录
        mysqlpp::Date today(std::time(nullptr));

        //拿今天和上次登录日期比较
        if (today <= user.last_login_time)
        {
            update_signin_time(con, user);
            msg = "您今天已经签到过了。";
            return false;
        }

        update_signin_status(con, user);
        msg = "已在第一时间为您累计签到次数。";
    }

    //再次查询一次,以取得最新的签到状态
    //包括最新的签到次数和最新的"上次签到时间"
    if (! select_sign_status (con, user))
    {
        /*苍天! 后台哪个家伙把用户签到表给清了吗? */
        msg = "大西洋海底电缆被鳄鱼咬断,正在紧急抢修中。";
        return false;
    }

    return true;
}


int main()
{
```

```
mysqlpp::Connection con;
con.set_option(new mysqlpp::SetCharsetNameOption("gbk"));

try
{
    con.connect("d2school", "127.0.0.1"
        , "root" , "mysql_d2school");

    string msg;
    User user;
    if (! login(con, user, msg))
    {
        cerr << msg << endl;
        return -1;
    }

    cout << "欢迎!" << user.name << "登录本系统。\n"
        << "您的用户 ID 是" << user.id << "。"
        << "您的注册时间:" << user.regist_time << endl;

    bool finished = signin(con, user, msg);
    cout << "亲爱的" << user.name << ":\n"
        << "您上次于" << user.last_login_time << "登录."
        << "累计签到" << user.signin_count << "次."
        << "本次签到:" << (finished? "是" : "否") << "。"
        << msg << endl;
}
catch(mysqlpp::Exception const& e)
{
    cerr << "ERROR! " << e.what() << endl;
    return -1;
}
}
```

　　尽管最终仍然未能摆脱往屏幕上输出信息的结局,但可以想象公司的前端工程师终于完成了页面与交互设计。到时候上面代码中使用的 cin 从本机键盘获得的用户名和密码,会变成基于网络读到用户在网页上的输入;而上面代码中使用 cout 往本机屏幕打印信息的过程,会变成基于网络向用户的浏览器输出信息……前端工程师啊,前端工程师,你们在哪里啊,在哪里?

14.3.7　处理"空"数据

　　"空"数据,就是在数据库称作 NULL 的数据,我个人觉得有时叫它"没有数据"比叫"空数据"更传神。说到 NULL,其实在 C++ 11 标准之前,有个 NULL 一直用来表示"空指针",其实只是数字 0 的宏定义,并非真正的数据类型,因此也一直容易发生问题,结果 2011 年以后,C++有了能够和整数类型区分开的空指针类型 nullptr_t,以及对应的,能和整数 0 区分开的空指针 nullptr。

我吃过"空数据"和"零"值概念混淆的亏。数年前,我有一张某银行的存折,里面只有一点小钱。银行说数额太小要收管理费,于是每个月从余额里扣一点,终有一天我收到余额为零的通知,于是我潇洒地将存折丢进了碎纸机。而后又是几年,我收到银行电话,说我欠他们一笔钱。原来,不办储蓄存折,和办了储蓄存折但余额为零,真不是同一个概念。

数据表中的某个字段如果允许为空,又未设置非空的默认值,而你在插入记录以及后续修改的过程中,从未往该记录的该字段写入过数据,那么这条记录的这个字段的值就是空值。虽然英文中也称之为 NULL,但与 C/C++中的 NULL 或 nullptr 概念虽然相近,但后两者适用于指针,不方便表达数据库中的空值。

简单给出一个结论:C/C++语言中根本就没有原生的数据类型,可以表达数据库中的这个"空"的概念。写下这句话,不知为何就想起佛学里的"色即空、空即色"。我们经常把白色当作空,其实白色揉杂了赤橙黄绿青蓝紫,它怎么能是"空"呢?"空"是没有颜色,"空"是透明。先以整数类型为例,假设使用整数表达性别,但这次的取值方案是:0 表示女生、1 表示男生、空值表示不告诉你。该列字段名为 xb。以下代码就乱套了:

```
int sex_flag = R[0]["xb"];
```

R[0]["xb"]的值有三种可能,可是一旦赋值给一个整数变量,就只剩下两种可能:0 或 1。因为 int 类型无法表达"空"概念,"空"值被默认转换为数值 0。其他类型也差不多,比如布尔类型,"空"值被默认转换为 false;再如字符串类型,"空"值被默认转换为空串。

"空串"多少有点"空值"的意思,但仍然在某些场合会有关键的不同。比如女神向你走来,空串是指:她停下来了,她望着你了,她张了张嘴却一字未说;空值则是:她无视你直接走过去。感受不到二者巨大的不同?你活该单身二十年。

mysqlpp::String 提供了 is_null()方法,用来标识对应记录对应字段的值是否为空。而该类的 empty()方法,则和 std::string 的同名方法一样,用于标识是否为"空串"。借助 is_null()方法,前面的性别问题,解决方法之一是在 C++程序中,在 0 和 1 之外再找个特定值,比如−1 用于表示"不告诉你",示意代码如下:

```
int sex_flag = (R[0]["xb"].is_null()? −1 : (int)R[0]["xb"]);
```

找"特殊值"表示空值的方法无法通用。回到存折欠款的问题,既然银行有办法让我的存折余额为负数,理论上就占用了负数、零、正整数的一切可能了。整数之外,字符串、布尔值也都非常难以找到"特殊值"。解决方法之二,额外定义一个变量用来表达空值。比如,如果我们很在意某个字符串类型的字段是否为空,干脆直接定义这样一个结构:

```
struct SomethingMaybeNull
{
    bool is_null;
    std::string value;
};
```

解决方法之三：其实就是前一方法的标准库方法，使用 std::optional <T>。这个模板类严格讲在 C++ 17 里才是正式标准。

解决方法之四：MySQL＋＋已经为我们提供了这样的模板：mysqlpp::Null <T>。该模板提供 is_null()方法和 data 数据。如果改用 mysqlpp::Null < int > 表达性别，示意代码如下：

```
mysqlpp::Null < int > sex_flag = R[0]["xb"];
if (sex_flag.is_null())
        cout << "您好!";
else if (sex_flag.data == 0)
        cout << "女士好!";
else
        cout << "先生好!";
```

MySQL＋＋为常见类型的 Null <T> 都提供了特化，以进一步方便使用，具体请参看其官方文档。

最后一种解决方法：请结合业务需求，让业务逻辑避免对"空"的依赖。一种可能是，如果这项数据就不允许为空，请在设计数据表时，就设定为"NOT NULL"。另一种可能是，如果这项数据对空值不敏感，那就意味着在 C++ 程序中，将空值粗暴地转换成数值 0、布尔值中 false 或空串等都是无所谓的，那就无所谓吧。

14.3.8　处理大数据字段

这里说的大数据字段特指数据库中 BLOB 或 CLOB 等类型。BLOB 全称为 Binary Large OBject，直译为"二进制大对象"。CLOB 全称为 Character Large OBject，直译"字符型大数据对象"。

【小提示】："二进制"数据、"字符型"数据

从某个层面上看，现代计算机中的一切数据都使用二进制表达。只不过由于说到"二进制"就想到"那是给机器看的"，所以二进制数据特指涵盖人类可读和人类不可读，但反正机器肯定可读的数据。或者这么想，只要是在 Windows 中直接使用记事本打开，屏幕上显示的所有字符你都认识的，那就是纯"字符型"数据，适合 CLOB；而必须借助专用软件打开的数据，那是"二进制"数据，适合 BLOB，比如图片、MP3、视频、Word 文档等。

不管 BLOB 还是 CLOB，都有个 Large（大）字，数据库中存在这两类型数据，主要意义还是便于存储。除非引入全文检索等技术，否则极少有以二者的内容进行数据检索、排序的需求。

1. 读取 BLOB 数据

champions_2008 中的 photo 字段,是我们现在唯一的一个"大数据字段"。因此存的是图片,所以使用 BLOB 类型。从数据表中读取大数据字段,并不需要特殊语法,同样是使用 SELECT 语句,同样使用 mysqlpp::String 存储。但是,毕竟它是"大"数据,所以内存占用多,复制慢,如果非要找不同的话,那就是在处理这类数据时,尽量减少不必要的复制。当然,也不要为了提高性能而让代码牺牲太大的可读性。

尽量举一个"恰好合适"的例子:假设查询结果集中的 row["photo"]存有一张图片数据,想将它转存到磁盘文件,请对比以下两种做法,如表 14 - 12 所列。

表 14 - 12　对比如何将 mysqlpp::String 大对象的数据写到磁盘

好的做法:直接把 row["photo"]的数据写到文件。	mysqlpp::String const& s = row["photo"]; //引用
	ofs. write(s. data(), s. size());

不好的做法:额外复制数据到某个 std::string 变量,再把它写到文件。	std::string s = row["photo"]; //复制
	ofs. write(s. data(), s. size());

MySQL++ 还为 mysqlpp::String 类型取了个别名:mysqlpp::sql_blob,用在这里很是应景。

下面演示如何使用 SELECT 语句从 champions_2008 读出指定冠军名字的所有图片,并保存成本地图片。新建一控制台项目,命名 blob_read,参考 user_login 例程做好项目配置,然后修改 main. cpp 内容如下:

```cpp
#include < iostream >
#include < fstream >

#include < mysql ++ .h >

using namespace std;

bool save_image(unsigned int index
                , mysqlpp::sql_blob const& photo)
{
    stringstream ss;
    ss << index << ".jpg";
    string filename = ss.str();

    //指定 ios_base::binary 很重要
    // 这么巧,也是个"二进制"数据概念
    ofstream ofs(filename.c_str(), ios_base::binary);
    if (! ofs)
    {
        cout << "创建文件" << filename << "失败。";
```

```
        return false;
    }

    ofs.write(photo.data(), photo.size());
    ofs.close();
    return true;
}


int main()
{
    mysqlpp::Connection con;
    con.set_option(new mysqlpp::SetCharsetNameOption("gbk"));

    try
    {
        con.connect("d2school", "127.0.0.1"
            , "root" , "mysql_d2school");

        string name;
        cout << "请输入运动员姓名:";
        getline(cin, name);

        mysqlpp::Query Q = con.query(
                "SELECT abs_index, photo FROM champions_2008"
                " WHERE name LIKE '%%%0%%'");
        Q.parse();
        cout << Q.str(name) << endl;
        mysqlpp::StoreQueryResult R = Q.store(name);

        if(R.empty())
        {
            cout << "查无该获奖运动员。" << endl;
            return -1;
        }

        for (auto const& row : R)
        {
            unsigned int index = row["abs_index"];
            mysqlpp::sql_blob const& photo = row["photo"];
            if (! photo.is_null()&& save_image(index, photo))
            {
                cout << "OK! ";
            }
        }
    }
    catch(std::exception const& e)
    {
        cout << "ERROR: " << e.what() << endl;
    }
}
```

输出图片数据时,使用 ofs. write(数据指针,数据长度),也可以使用:"ofs << photo",但不能使用"ofs << photo. data()",请思考其中的原因。

2. 提交 BLOB 数据

往数据表中插入带有 BLOB 或 CLOB 数据的记录,仍然使用 INSERT 语句。关键在于:一、BLOB 值须以字符串处理,因此前后需要加单引号;二、在那些肉眼看起来乱七八糟的数据中有大概率包含单引号,因此一定要对它们执行转义。

新建一控制台项目,命名 blob_write,参考 blob_read 例程做好项目配置。该例程将向 champions_2008 插入一条新记录,其中照片数据来自文件。请先准备一张不太大的 JPEG 格式的图片,将它复制到本项目所在的文件夹内,并命名 tmp. jpg。项目 main. cpp 文件内容:

```cpp
# include < iostream >
# include < fstream >
# include < string >

# include < mysql ++ .h >

using namespace std;

bool load_image(mysqlpp::sql_blob& photo)
{
    ifstream ifs("./tmp.jpg", ios_base::binary);
    if (! ifs)
    {
        cout << "请准备好待上传的临时图片文件 tmp.jpg" << endl;
        return false;
    }

    # define READ_ONE_TIME 1024
    char buf_one_time[READ_ONE_TIME];
    std::string buf_full;

    while(! ifs.eof()) //每次最多读 1024 字节,循环读到文件结来
    {
        ifs.read(buf_one_time, READ_ONE_TIME);
        size_t read_count = ifs.gcount();
        buf_full.append(buf_one_time, read_count);
    }

    photo.assign(buf_full);
    return true;
}

int main()
{
    mysqlpp::Connection con;
```

```
con.set_option(new mysqlpp::SetCharsetNameOption("gbk"));

try
{
    con.connect("d2school", "127.0.0.1"
        , "root" , "mysql_d2school");

    mysqlpp::sql_blob photo;
    if (! load_image (photo)) //读入图片失败
    {
        return -1;
    }

    string item;            //项目
    int day_index;          //第几天
    string name;            //姓名
    string province;        //省籍
    int sex;                //性别
    string const memo = "测试数据。";      //备注内容固定

    cout << "请输入获奖项目名称:";
    getline(cin, item);
    cout << "请输入获奖者姓名:";
    getline(cin, name);
    cout << "获奖者省籍:";
    getline(cin, province);

    do
    {
        cout << "获奖者性别(0 女,1 男):";
        cin >> sex;
    }
    while(sex != 0 && sex != 1); //如果输入有误,会要求重输

    do
    {
        cout << "开赛第几天获得(1-16):";
        cin >> day_index;
    }
    while(day_index < 1 || day_index > 16); //同上

    mysqlpp::Query Q = con.query("INSERT champions_2008"
        "(day_index, name, province, sex, memo, photo , item)"
        " VALUES( %0, %1q, %2q, %3, %4q, %5q,   %6q)");
    Q.parse ();
    mysqlpp::SimpleResult R = Q.execute (day_index, name
                        , province, sex, memo, photo , item);
    cout << R.insert_id() << endl;

}
```

```
catch(std::exception const& e)
{
    cout << "ERROR:" << e.what() << endl;
}
}
```

除了备注固定标明是测试数据之外,其他项都可以随便填,当然,性别和天数必须满足一些基本条件。我找到林冲的图片,然后造一条"枪棒"项目冠军。

【重要】:你真的需要往数据表中塞图片、歌曲、视频、文档吗

图片、歌曲、视频、文档等大对象数据和相关的数据以紧实的"记录"同时存储在数据表中,多数情况下被称作存储关系上的"强耦合",而不是"高内聚"。为什么?因为通常 BLOB 字段很难也很少在数据库端与其他数据参与计算。

正如本课程中的其他数据例表,如用户表将头像数据以磁盘文件方式在数据库之外存储,而数据库中只记录它们的文件位置及名称。当然,如果没有特殊理由,不要在数据表中直接记录"C:\mydata\images\Tom.jpg"这样的绝对地址。

14.3.9 处理大记录量查询

BLOB 和 CLOB 指某一列数据量较大,如果是查询结果记录行数非常多,比如一执行"SELECT * FROM xxx",结果返回一百万条数据……天啊! 程序的内存都爆了,怎么办?

首先要做的事情是反省。你一下子拿这么多数据,是要干什么? 有人说,我就是要把数据全部取回来参与计算啊! 比如呢? 拿回来数数有几条? 不是有 SELECT COUNT(*)方法吗? 拿回来排序,然后取前十名? 不是有 SORT 和 LIMIT 吗? 我们为什么爱数据库爱得那么深沉? 仅仅因为数据库是一个强大的存储系统吗? 不,还因为数据库具有强大的用户自定义计算能力,或称为"二次开发"的能力。我们应充分利用数据库的计算能力对数据库进行从基础到业务、从先期到后期的处理。注意,如何让数据库更好地处理数据,这个工作从我们思考一张表该如何设计的时候就开始了。

【重要】:你真的需要从数据库一次性取出大批量数据吗

如果你发现非得让程序从库中取出大量数据,然后处理一番再返还给数据库时,90%的可能是因为你不清楚数据库的能力;另有 9%的可能是因为你的程序、数据结构或者数据内容在设计上存在问题;1%才是真正的需求。我手上也没有这 1%的实例。

1. "伪"分页

小红是某宝"剁手党"级的十年老用户,有一天她想静静地翻一翻自己的购物记录。后台程序调用"SELECT COUNT(*) FROM histories……"统计了一下,哇,五万四千三百二十一条！要一股脑将这些记录全部丢到前端的网页上吗？当然不要，还是先将第一页的六十条给用户看吧，顺便把统计信息也给出去，大致是这么一段话："亲，过去十年您有 54,321 次购物记录，共花费 876,543.21 元，诚挚代表某爸爸感谢您理智或不理智的购买行为。以下是第 1 页的 100 条记录，共计 544 页。"

这样的效果被称为"查询时分页"，通常基于多次查询并结合 SORT、LIMIT 等控制以实现。在我们的设计中，各表主键 ID 都采用"自增整型"类型，因此主键值的大小，先天和记录的产生次序有对应关系，这会让实现"查询分页"效果更加方便。

【小提示】：要不要使用 LIMIT 的双参数版实现分页

LIMIT 指令有双参数版本："LIMIT OFFSET, COUNT"，实现从结果集中先跳过 OFFSET 条记录，然后取连续 COUNT 条记录，OFFSET 从 0 开始。比如表中有 10 条记录，则"LIMIT 7, 3"取得第 8、9、10 行记录。

然而，如果硬用容器比喻数据表的话，那么数据表不是 vector，而是 list。当你调用"LIMIT 10000, 7"时，数据表也不知道哪条记录是第 10000 条记录，只能一条条数过去。因此"LIMIT OFFSET, COUNT"只适合于在记录量较小的表上定位。

我们没有什么大记录量的表，就以 champions_2008 为例吧。考虑到它有图片、备注等字段，在浏览器上每页只显示两或三条，也算合适。

新建一控制台项目，命名 champions_pages，参考 blob_read 例程做好项目配置。程序将以 day_index 排序，并以两条为一页展现 2008 年中国奥运冠军记录。允许用户使用键盘向前或向后翻页。由于只在控制台上展现，并不能显示图片，所以程序忽略 photo 字段。程序有四个关键函数："first_page()（到首页）""last_page()（到末页）""next_page()（到下页）"和"previous_page()（到上页）"。

取首页记录

假设限制每页最多显示 3 条，出于简化，暂时只查三个字段，那么获得首页记录的 SQL 语句如下：

```
SELECT abs_index, day_index, name FROM champions_2008
ORDER BY abs_index LIMIT 3
```

很好理解：按 abs_index 次序排序，然后限制返回 3 条，结果就是返回 ID 值最小的前三条，正好是首页的记录。

取末页记录

取最后三条？是不是倒着按 abs_index 排序，就能得到最末三条呢？加上 DESC 试试：

```
-- 语句 A
SELECT abs_index, day_index, name FROM champions_2008
ORDER BY abs_index DESC LIMIT 3
```

这样确实可以得到最后三条记录，但那三条数据却是倒序排列的。就好像说有

"1、2、3、4、5、6、7"七个数,我们得到了"7、6、5"。没毛病,但有瑕疵。火速学习一下复杂而强大的"子查询",或称"嵌套查询",语法如下 :

```
SELECT * FROM (子查询) AS 结果别名 WHERE 子句 ORDER 子句 LIMIT 子句
```

括号中"子查询"可以是一个 SELECT 查询,它得到结果集之后,上述语句中外层的 SELECT 将该结果集当成一张临时表(必须取别名),对它进行 WHERE 条件过滤、ORDER 排序或 LIMIT 限定记录数等。现在的目的是类似于将"7、6、5"这一查询结果倒个序,所以选用 ORDER 操作:

```
SELECT * (语句 A) AS T ORDER BY abs_index
```

将前面的"语句 A"代入上式,得到:

```
SELECT * (
SELECT abs_index, day_index, name FROM champions_2008
        ORDER BY abs_index DESC LIMIT 3
        ) AS T ORDER BY abs_index
```

取下一页记录

如果称"首页"和"末页"为绝对定位,"下一页"和"上一页"就是相对定位,必须依赖于"当前页"的信息才能确定要取得哪些记录。注意,虽然字段 abs_index 可以保证不重复,并且有序,但不能保证值连续,因为存在记录被删除的可能;所以程序不能简单地做算术题,每页 3 条,所以第 2 页的 ID 范围是 [3*1, 3*2],得到"3,4,5";再推出第 N 页就是 [3*(N-1), 3*N]……

要取下一页的记录,实现方法是:先取得当前页最大的 ID 值,然后让 SQL 去找比这个 ID 值大的后面三条记录。假设当前页三条记录的 ID 分别是 1、2、3,那我们就找 ID 最小的,但必须比 3 大的三条记录。对应 SQL 语句的示例为:

```
SELECT abs_index, day_index, name FROM champions_2008"
WHERE abs_index > 当前记录中的最大 ID
ORDER BY abs_index LIMIT 3
```

取上一页记录

先准备子查询:找 ID 最大的,但必须比当前页最小 ID 小的三条记录。然后对子查询结果排序,确保按 ID 从小排到大:

```
SELECT * FROM (
        SELECT abs_index, day_index, name  FROM champions_2008
                WHERE abs_index < 当前记录中最小的 ID
                ORDER BY abs_index DESC LIMIT 3
        ) AS T   ORDER BY abs_index
```

项目 champions_pages 源代码 main.cpp 内容如下:

```cpp
#include < iostream >
#include < mysql++.h >

using namespace std;

//分页信息
struct PagesInfo
{
    int const count_per_page = 3;        //每页几条

    int count_rows = 0;                  //共几条记录
    int count_page = 0;                  //可以分成几页

    int index_page = 0;                  //当前第几页
    int count_current_page = 0;          //当前页实际几条

    //当前页记录始于哪个 abs_index
    int id_begin = 0;
    //当前页记录终于哪个 abs_index
    int id_end = 0;
};

mysqlpp::Connection connect_db()
{
    mysqlpp::Connection con;
    con.set_option(new mysqlpp::SetCharsetNameOption("gbk"));
    con.connect("d2school", "127.0.0.1"
                    , "root", "mysql_d2school");
    return con;
}

void output(PagesInfo& pi, mysqlpp::StoreQueryResult const& R)
{
    pi.count_current_page = R.num_rows();
    pi.id_begin = pi.id_end = -1;

    for (auto row : R)
    {
        cout << "第" << row["day_index"] << "天\t赛项:"
                        << row["item"] << '\t';
        cout << row["name"] << '\t' << row["province"] << '\n';
        cout << row["memo"] << '\n';
        cout << string(50, '=') << endl;

        int id = row["abs_index"];
        if (id < pi.id_begin || pi.id_begin == -1)
            pi.id_begin = id;
        if (id > pi.id_end || pi.id_begin == -1)
            pi.id_end = id;
    }
```

```
}

void first_page(PagesInfo& pi)
{
    cout << "【跳至首页】\n";

    auto C = connect_db();
    //直接翻首页时,负责初始化分页信息
    auto Q = C.query("SELECT count( * ) FROM champions_2008");
    auto R = Q.store();
    if (R.empty())
        return;

    pi.count_rows = R[0][0];
    pi.count_page = pi.count_rows/pi.count_per_page
            + ((pi.count_rows % pi.count_per_page) == 0 ? 0 : 1);

    pi.index_page = 0; //首页
    cout << "第 " << pi.index_page + 1 << " 页\n";

    Q = C.query("SELECT abs_index, day_index,"
            " name, province, item, memo"
            " FROM champions_2008"
            " ORDER BY abs_index LIMIT % 0");

    Q.parse();
    R = Q.store(pi.count_per_page);
    output(pi, R);
}

void last_page(PagesInfo& pi)
{
    cout << "【跳至末页】\n";

    auto C = connect_db();
    //直接翻末页时,负责初始化分页信息
    auto Q = C.query("SELECT count( * ) FROM champions_2008");
    auto R = Q.store();
    if (R.empty())
        return;

    pi.count_rows = R[0][0];
    pi.count_page = pi.count_rows/pi.count_per_page
            + ((pi.count_rows % pi.count_per_page) == 0 ? 0 : 1);

    pi.index_page = pi.count_page - 1; //末页
    cout << "第 " << pi.index_page + 1 << " 页\n";

    Q = C.query("SELECT * FROM" //子查询
        " (SELECT * FROM champions_2008 ORDER BY abs_index DESC"
```

```
            " LIMIT %0) AS T"
            " ORDER BY abs_index");

    Q.parse();
    R = Q.store(pi.count_per_page);
    output(pi, R);
}


void next_page(PagesInfo& pi)
{
    cout << "【下一页】\n";
    if (pi.index_page + 1 == pi.count_page)
    {
        cout << "已经是最后一页" << endl;
        return;
    }


    ++ pi.index_page;
    cout << "第 " << pi.index_page + 1 << " 页\n";

    auto C = connect_db();
    auto Q = C.query("SELECT abs_index, day_index,"
            " name, province, item, memo"
            " FROM champions_2008"
            " WHERE abs_index > %0"
            " ORDER BY abs_index"
            " LIMIT %1");

    Q.parse();
    auto R = Q.store(pi.id_end, pi.count_per_page);
    output(pi, R);
}


void previous_page(PagesInfo& pi)
{
    cout << "【上一页】\n";
    if (pi.index_page  == 0)
    {
        cout << "已经是第一页" << endl;
        return;
    }


    -- pi.index_page;
    cout << "第 " << pi.index_page + 1 << " 页\n";

    auto C = connect_db();
    auto Q = C.query("SELECT * FROM (" //子查询
                    " SELECT abs_index, day_index,"
                    " name, province, item, memo"
                    " FROM champions_2008"
```

```
                    " WHERE abs_index < %0" //WHERE 需在 ORDER 等之前
                    " ORDER BY abs_index DESC"
                    " LIMIT %1) AS T"
                    " ORDER BY abs_index");
    Q.parse();
    cout << Q.str(pi.id_begin, pi.count_per_page) << endl;
    auto R = Q.store(pi.id_begin, pi.count_per_page);
    output(pi, R);
}

int main()
{
    PagesInfo pi;
    first_page(pi); //启动时默认在首页

    cout << "请选择(1,2,3,4,0):\n";
    while(true)
    {
        cin.sync();
        cout << "1-首页 2-上页 3-下页 4-末页\t0-退出\n";
        char c;
        cin >> c;
        switch(c)
        {
            case '1' : first_page(pi); break;
            case '2' : previous_page(pi); break;
            case '3' : next_page(pi); break;
            case '4' : last_page(pi); break;
            case '0' : return 0;
        }
    }
}
```

> **【小提示】：小节标题"伪分页"是什么意思**

除个别年幼的读者外,2008 年奥运已是我们人生中定格的回忆。如果我们在为一个实时赛事提供数据服务,那么当我们在处理数据翻页时,可能表中已经添了新记录。因为后台数据处于变动状态,所以所谓的数据分页从来就无法精准实现。事实上不应该有什么业务逻辑的准确性,依赖于数据的精准分页。为变动中的数据分页,本就是一门"伪科学"。

本节的重点,是"伪科学"吗? 是"子查询"吗? 都不是! 本节重点是要告诉大家:尽管将所有记录一次"拉"到 C++程序中的某个容器里存着,我们分分钟就可以实现分出"首页""末页""下页"和"上页"等功能。但我们就不这么做,原因你懂的。

2. 一次查询、多次加载

终于还是要面对这个问题:我就查询一次,可是结果集就是很大,怎么办? 我们已经学习过 mysqlpp::Query 的两个执行 SQL 语句的方法:store 和 execute,前者用于有结果集的查询,包括 SELECT、SHOW、DESCRIBE 和 EXPLAIN 等。后者用于无结果集的查询,比如 UPDATE、INSERT 和 DELETE,也包括建表 CREATE TABLE、删表"DROP TABLE"和改表"ALTER TABLE"等操作。

本节学习 mysqlpp::Query 的第三类查询操作 use(),同样用于有结果集的查询,只是 store()一次性加载查询结果,而 use()却是很"懒(Lazy)"的家伙,一次只加载一点结果,你"扯"一下,它才"动"一下。当知道某次查询的结果数量巨大,一次性加载到内存容易出现问题时,这个懒惰的 user()就有作用了。另外,它也带来一种新的数据处理模式:程序可以取一点数据,处理一点数据,再取一点数据,再处理数据,也许就这样处理完所有的数据,但也许在处理的过程中发现可以临时结束。

每次取一些数据,听起来和"伪分页"相似。二者关键区别在于:"伪分页"是程序在需要数据时,发起的一次新查询,再根据每页查询需要,在 SQL 语句加上数据定位过滤的复杂控制;use()方法仅需发起一次查询,查询范围是满足条件的记录全集,只是部分数据先返回给程序,其余数据"还在路上"。

严格讲,数据也不在"路上",而是还在"厂家",也就是数据库那边;也就是说 MySQL 必须帮忙维护这份查询结果。这是 use()方法特点:确实可以减轻客户端程序的内存压力,却少不了要加重数据服务端的压力。原因不仅是数据库端必须额外持有这份结果,也因为它延长了数据库连接的工作时间,并且在这段时间内,它干不了别的事。当有新的查询请求时,客户端程序很有可能需要再建连接,这不仅影响数据库,同时也影响客户端程序自身。

【重要】:别急,听我说 Qury::use()的重要价值

我知道你们着急看 use()方法的使用示例。别急,use()方法用起来非常简单。关键是这个方法的出现带来一个巨大的潜在价值。那就是,它能帮助我们这些 C++程序员思考一些哲理性的问题:我是谁? 我在哪里? 我为什么在这里? 我是来干什么事情的? 我又为什么要干这些事情?

把数据一次性全丢给对方,还是分批次给? 底层连接是在需要时建立,用完就断开? 还是保持连接以备复用? 这类问题是大多数通信交互过程设计普遍需要考虑的事情,哪怕是基于类似 UDP 形式的所谓"无连接"的通信。

本篇课程至此,基本都面朝数据库。"向后转!"让我们看向前方。想起来了吗? 原来我们的世俗身份是:一群写服务端的 C++程序员。来说一个故事吧,故事的开头是这样的:某年某日某天,后端小组和前端小组讨论一个接口。好家伙,这接口在极端情况下,会一次性将 50 万条记录返回给浏览器……

【轻松一刻】:把"数据"堆在谁那里好呢

"50 万?"前端工程师涨红了脸:"亲,我这就是个浏览器,干嘛抛给我这么大的数据?"记得我们那和蔼可亲的组长,悲愤地拍打着对方的显示器:"什么叫就是个浏览器!浏览器,操作系统上最强的软件!先说当今 IT 业的国际形势。Microsoft、Google、Apple 甚至还有 Mozilla,巨头们都在竞争浏览器的市场。浏览器它就是个操作系统!再说咱们这系统架构。我后台就这十来台服务器,而你们呢?有多少个用户就有多少个浏览器在跑。星星之火可以燎原,几万个农村围着俺们一个城市。你浏览器受不了 50 万条数据,可知我后台一个程序要 Hold 住几千几万个 50 万?"

前端组长紧紧地扶着嘎吱响的全公司最大最贵的显示器说:"亲,晚上咱们两组小伙伴一起去撸串喝小酒行吗?"后端组长摆了摆手,示意他别急,拿起手机给正在现场处理数据库崩掉的数据组组长打了个电话:"老李啊,刚和前端交流了下,还是决定所有大记录量数据查询都要用上'懒加载'技术……"

故事的高潮是三个组的小伙伴在路边吃着烧烤喝着小酒讨论了大半夜的系统架构如何优化以及彼此友谊的小船如何才能说不翻就不翻。故事的结尾是在半个月后,我们的组长虽然内心抗拒,但还是接受举荐出任本产品的系统架构设计职位。他通过调整逻辑,将 50 万条降至 5 万条;他部署缓存系统(我们很快就要学到),那 5 万条数据就放在其中。前面提到的那个接口,当然也发生了很大的变化。

故事结束,现在讲 use()的原型以及使用方法。store()返回 StoreQueryResult,execute()返回 Simple Base,user()则返回 UseQueryResult,继承关系如图 14-28 所示。

图 14-28　UseQueryResult 类继承关系(图片来自 MySQL++文档)

看到了吧?UseQueryResult 只有"爸",没有"妈",因为它不需要自己的存储结果。由于不是一个容器,也没有了 begin()、end()等标准容器的迭代方法,所以在

UserQueryResult 对象身上,一些熟悉的套路不灵了:

```
mysqlpp::UseQueryResult R = Q.use(); //use UseQueryResult
for(auto const& row : R) //编译失败
{

}
```

解决办法是使用成员函数 fetch_row(),原型如下:

```
Row fetch_row () const;
```

使用方法:

```
while(Row row = R.fetch_row())
{

}
```

每调用一次 fetch_row(),就会得到一行 Row 数据。这个成员声明为"常量成员",但其实它内部是做了手脚的。类似的,如果关心结果中的字段信息,可以使用 fetch_field() 成员。

新建 use_query 项目,参考之前的项目做好配置。(一直在重复做这样的配置,各位难道就没有想试试自建 Code::Blocks 的"项目模板"功能?)请按如下内容修改 main.cpp 的代码:

```cpp
# include < iostream >
# include < mysql++.h >

using namespace std;

int main()
{
    mysqlpp::Connection con;
    con.set_option(new mysqlpp::SetCharsetNameOption("gbk"));
    con.connect("d2school", "127.0.0.1"
                            , "root", "mysql_d2school");
    auto Q = con.query("SELECT day_index,"
                    " item, name FROM champions_2008");
    mysqlpp::UseQueryResult R = Q.use();
    while(mysqlpp::Row row = R.fetch_row())
    {
        for (auto const& value : row) //Row 还是可以用老套路的
        {
            cout << value << '\t';
        }
        cout << endl;
    }
}
```

连异常或错误都未做处理,老师我如此这般地简化,如此这般地用心良苦,"还有什么人! 敢再找什么借口不动手写代码吗?"安静的课堂里传来小明有气无力的回答:"老师,我在用心学习 use 的'懒加载'查询方法,所以这些代码,等以后上班真的需要时再写也不迟。"

14.3.10 并发与事务

1. 数据库连接与多线程

之前的许多例子都已证明,mysqlpp::Connection 对象可以复用。可以在同一个连接对象上,创建多个 mysqlpp::Query 对象以执行多次查询。不过,同一个连接身上的多次查询,只能排着队一个个执行,不允许并发执行。

> **【小提示】:要怎样才能实现一个连接上的并发事务**

电话连接、有线电视等的电线,都支持在同一个物理连接上,同时跑多个系列的信号。甚至在装上"电力猫"之后,墙里的电线电路在供电之外还能用来上网。

如何在一个网络连接上同时做多个事务? 我们学过《网络》篇,试着从网络的角度分析一下,最关键的设计是要为每个数据包打上编号,以区分它们所属的事务;最基础的实现,则要保证在并发环境下,多个线程同时往一个连接身上写数据时,这些数据包不要"混成一团"。还记得这几句话吗?"亲,你不瘦真美""爱的不真啊""胖"。

MySQL 官方提供的 C 语言开发包就不支持同一连接上的并发查询,我举双手表示赞成,没有必要把事情搞得那么复杂。以下代码用于制造同一连接并发查询的"车祸现场"。为了加大"撞车"的概率,我们使用了 use 查询,大家想想为什么? 另一方面,为了不让现场过于惨烈,这次的代码做了异常处理。如果你多次运行程序,会发现多次捕获到的异常可能不同,这很好理解,车祸发生时,谁有办法精确控制伤亡状况呢?

新建 concurrent_use 项目,完成必要的配置,main.cpp 代码如下:

```
/* 一个制造'同一连接,并发查询'车祸的程序 */
#include < iostream >
#include < thread > //亲爱的线程,好久没见面了,一切还好吗
                    //这么久没见一出场就让我当罪魁祸首

#include < mysql++.h >

using namespace std;

void print(mysqlpp::UseQueryResult const& R)
{
    while(auto row = R.fetch_row())
    {
        for (auto const& value : row)
        {
```

```
                cout << value << '\t';
            }
            cout << endl;
        }
    }


int main()
{
    mysqlpp::Connection con;
    con.set_option(new mysqlpp::SetCharsetNameOption("gbk"));
    con.connect("d2school", "127.0.0.1"
                            , "root", "mysql_d2school");
    //亲爱的 Lambda 表达式,别来无恙?
    //走开
    auto do_query = [&con](mysqlpp::UseQueryResult& R)
    {
        try
        {
            mysqlpp::Connection::thread_start();
            R = con.query("SELECT day_index, item,"//注意,因-连接 con
                    " name FROM champions_2008").use();
            mysqlpp::Connection::thread_end();
        }
        catch(exception const& e)
        {
            cout << e.what() << endl;
        }
    };

    mysqlpp::UseQueryResult Ra, Rb;

    //亲爱的 std::ref
    //走开
    //不是啦,我是想说好久不见,我都有点忘了你的用处了
    //自己复习课程,自己上网查资料去
    thread trdA(do_query, std::ref(Ra));
    thread trdB(do_query, std::ref(Rb));

    trdA.join();
    trdB.join();

    //亲爱的异常捕获
    //你是花痴吗? 除上个例程没出现,我们不是一直都在见面吗? 往上滚动 30 行看看
    //不是啦,我是想问为什么你会在这里
    //没看到代码中用到 mysqlpp::UseQueryResult
    try
    {
        print(Ra);
        print(Rb);
```

```
    }
    catch(exception const& e)
    {
        cout << e.what() << endl;
    }
}
```

那么,不在同一个连接上执行并发查询,就不会有并发问题了吗? 不一定。虽然没有并发使用一个数据连接,但跨线程使用一个数据库连接,也有可能出问题。比如在 A 线程创建一个线程连接,传递给 B 线程使用,MySQL++要求使用数据库连接的线程,必须做一些特定的初始化。当我们在 A 线程中创建一个数据库连接对象,连接类 mysqlpp::Connection 的构造函数将自动在当前线程(也就是 A 线程)完成这个初始化;如果 B 线程从来没有创建过数据库连接对象,而是"借用"别的线程创建"连接"对象,这时候程序需要手工为 B 线程初始化。初始化操作被封装成 mysqlpp::Connection 类的一个静态成员函数:

```
static bool mysqlpp::Connection::thread_start();
```

正如其名,该函数非常适合在某个线程启动时调用。注意,创建 std::thread 对象的线程,并不是该线程。对应的,有个静态成员函数叫 **thread_end()**,适于在线程结束之前调用。这一对函数调用例子,已经在上面的 concurrent_use 例子中演示了。大家只要将第二个线程 thrB 的创建、join() 以及 print(Rb) 的代码注释掉,再编译执行,就能看到主线程创建的 con 对象,在 thrA 线程中使用表现得很正常。

 【危险】: 忘了在线程中调用 thread_start( )会怎样

你可以试试把"thread_start()/thread_end()"调用的相关代码也注释掉,然后会发现程序可能也表现得很正常。别说我没有告诉你哦,程序一大,运行时间一长,忘了为数据库连接做线程初始化工作可能造成各种莫名其妙的问题。当然,如果线程构造过连接对象,正如前面所言,此时后者会暗中调用 thread_start()。

那如果是忘了在线程退出前调用 thread_end()呢? 我这么追求完美的人没试过这。不过据 MySQL++官方文档说,似乎不会有大问题,或许会有一点点内存泄漏?

需要跨线程使用数据库连接对象,就几乎意味着你是想让 C++中的数据库连接对象保持长生命周期,让底层的数据库连接保持长连接。否则,每个线程自个儿创建连接,使用连接、释放连接,哪来的在线程间传递连接对象的需求呢?

另外,当我们说"跨线程使用数据库对象"时,也包括你表面上没有在线程之间传递一个数据库连接对象,但你跨线程传递数据库"查询"对象或数据库查询"结果"对象,因为所有这些对象在底层都需要直接或间接地用到连接对象。而使用"数据库长连接"的目的,基本就是为了性能。请自学 MySQL++的连接池 mysqllpp::ConnectionPool 类；并记住，使用连接池对象，同样别忘了在线程过程开始时调用 mysqllpp：：Connection：：thread_start()。

2. 业务逻辑的并发问题

以人格保证决不会并发使用同一数据库连接，干脆放弃跨线程使用同一数据库连接；但这样仍然会遇上数据访问的并发问题，因为并发问题更多时候就是业务逻辑上的问题。《山海经》记载："逮至尧之时，十日并出。焦禾稼、杀草木、而民无所食。"都说万物生长靠太阳，但十日并出，并且每个太阳都没有做错什么，却让万物不生，这就是一个非技术原因的并发问题。

还是举一个现实点的例子比较好。老公和老婆共同拥有一个储蓄账户，余额 5000 元。这天，老公在楼下 ATM 机前转出 2000 元；老婆在家中手机购物，扣款 2500 元。如果两人一前一后操作，余额为 500 元；但如果两人同时处理，并且后台程序不考虑并发，事情可能变成这个样子：

（1）第一步：手机后台和 ATM 机都从后台读取当前余额，都得到 5000 元，这没毛病；

（2）第二步：老婆手比较快，手机后台计算"新余额 = 5000－2500"，SQL 语句大致是："UPDATE 账户 SET 余额 = 5000－2500 WHERE 账户是他们家的"，这也没毛病；

（3）第三步：很快老公那边的 ATM 机也算好账，并写入它认为的余额："UPDATE 账户 SET 余额 = 5000－2000 WHERE 账户是他们家的"。

ATM 认为自己的计算也没错。夫妻一查账户，发现净赚 2500 元，赶紧去自首。问题看来是出在老公计算新余额时，用的还是第一步读到的 5000 元，如果不读余额，直接在 UPDATE 语句中使用表达式计算，会不会就解决问题了呢？老婆在手机上扣款，后台执行语句如下：

```
UPDATE 账户 SET 余额 = 余额 - 2500 WHERE 账户是他们家的；
```

几乎同时，老公在 ATM 上转账：

```
UPDATE 账户 SET 余额 = 余额 - 2000 WHERE 账户是他们家的；
```

《并发》篇中说过，一行 C++语句在 CPU 上执行，往往会被拆成多条指令。同样道理，一条 SQL 语句在数据库中，往往也要被分成多个步骤。UPDATE 语句至少需要拆成两步：通过 WHERE 语句找到目标记录，读出所需的值，然后再计算并写入新值。假设数据库也不做任何锁处理（仅为举例，通常数据库不会这么不负责任），上述两行 SQL 语句中加粗的"余额"，很有可能又都是 5000。要不，干脆在 C++程序这边加锁，把账户扣款操作写成一个函数，加上锁，让所有扣款操作变成代码的"独木桥"：

```
void 扣款（_账号_, _金额_)//指写账号扣除指定金额
{
    __concurrency_mutex_block_begin__
    {
        std::lock_guard < std::mutex > _lock(_m);
            UPDATE 账户 SET 余额 = 余额 - _金额_ WHERE 账户 = _账号_;
    }
}
```

同学们啊,我总是教育大家做程序设计时,要向往"高内聚、低耦合"的境界。今天我们讲一些残酷的真相:当你做到"高内聚",你可能也得到了某些模块"高耦合"的代价;反过来,当你右手端着"低耦合",才发现左手被强行塞进"低内聚"。要求程序初学者掌握"高内聚、低耦合",就像三十年前妈妈要求我做人要"不卑不亢"一样,见图 14 - 29。

图 14 - 29　高内聚低耦合的对话

我们部署数据库,我们如偿所愿地得到一个业务逻辑和业务数据的超低耦合的架构;作为"副作用",我们的程序也失去对数据的独占性。"程序"和"数据"就像舒婷诗中描绘的爱情,站成了两棵树,不是木棉和橡树,而是瘦弱的高粱和百年的老榕。

书归正传。示例中的"_lock"确实能起到作用,但别忘了,此刻所要加锁的资源,不是程序的内部资源,是在某台机器的某个数据库中的一行记录,我们的程序无法百分百控制它。设想这么一个情景:把同一个程序部署在两台机器,运行成两个进程,它们访问同一个数据库,如图 14 - 30 所示。

可以看出,图 14 - 30 示意的那把"锁",虽然在每个进程中仍然是"独木桥",但现在河上有两座"独木桥"通往同一个数据库。那些会引起数据资源冲突的请求,兵分两路,依然并发而至。解铃还须系铃人,要解决这类业务上的并发问题,还是要在数据库身上多想办法。

3. 事务隔离

要想解决"夫妻取款"的并发冲突,在数据库这头根据"女士优先""老婆最大"等原则,凡是出现并发而至的扣款请求,都让老婆的请求优先通过,老公的请求在后面等着,一切问题就都解决了。实现上还不难,加锁就行;因为普通项目中,数据库系统

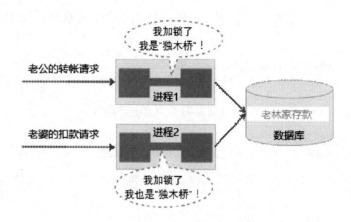

图 14 - 30　"河面上有两座独木桥"

只需部署一套,在它身上建设"独木桥",那就是真正的"独木桥"。然而,没有哪个像样的关系型数据库真的只靠"加锁"建"独木桥"来解决并发冲突问题的;因为那样会造成数据库系统性能差到不能用。所以……我要告诉大家一个"惊天的技术秘密":数据库系统它们更流行玩"平行时空",或者叫"平行宇宙"。

以下内容来自百度百科。

😀【轻松一刻】：平行时空(物理术语)

平行宇宙(Multiverse、Parallel universes),或者叫多重宇宙论,指的是一种在物理学里尚未被证实的理论。根据这种理论,在人类的宇宙之外,很可能还存在着其他的宇宙,而这些宇宙是宇宙可能状态的一种反应。这些宇宙的基本物理常数可能和人类所认知的宇宙相同,也可能不同。

平行宇宙经常被用于说明一个事件不同的过程或一个不同的决定的后续发展是存在于不同的平行宇宙中的。这个理论也常被用于解释一些其他诡论。

我亲爱的妈妈年轻时有许多追求者,听我姨透露,追求者中不乏有后来的县城巨富,最后却是我爸这位穷小子成功了。年幼时我听着听着就爱幻想:要是时空穿越,我能回去劝导一下我妈,我现在就是"富二代"啊。细想一下又感觉哪里不对,妈妈要是没嫁给爸爸,那我是一个什么样的存在?"平行时空"理论就能解决这个问题:我穿越回去做一些工作,导致那位年轻的姑娘嫁给了别人,那么浩瀚宇宙中将会多出新的一套时空,那套时空中她和他共同推进生活,而我依然生活在现在这个时空中,依然和我亲爱的爸妈是一家。写到这里容我哭一会儿,因为我的爸爸去年走了。也就是说,至少在我存在的时空中,他戴着老花镜翻看我的《白话C++》,批评这书又臭又长,这件他曾经"威胁"过我的事情因为来不及发生所以永远不会发生。

MVCC全称为"Multi - Version Concurrent Control(多版本并发控制)",它的作用机制很像"平行时空",它能让读操作和写操作在某种程度上实现隔离。举个例子,假设学完本书的你写了个"家庭支出"管理系统,12月31日这天晚上,你的程序在你的安排下，正在执行某些统计工作，它先是使用 SUM 函数统计老婆今年花了多少钱：

```
//步骤一：累加老婆所有购物记录的金额
SELECT SUM（金额）AS S FROM 家庭支出表 WHERE 剁手人 = 老婆；
```

然后，它使用 COUNT 计数老婆总共有几笔购物记录：

```
//步骤二：统计老婆今年总支出：
SELECT COUNT（＊）AS C FROM 家庭支出表 WHERE 剁手人 = 老婆；
```

可能后面还有其他步骤的操作，就在步骤一和步骤二之间，你老婆突然登录该系统，并且迅速执行以下操作：

```
//老婆的操作就一个步骤
DELETE FROM 家庭支出表 WHERE 剁手人 = 老婆；
```

没错，她把自己的记录全删除了，她有这权限。这一行为就像有人穿越历史抹去了一些记录痕迹；然而你的程序得到的"S"是 8 万 7 千 6 百 50 元，未料得到的"C"却是零，于是就在你以为重要数据即将伴随真相浮现到屏幕的这一行代码：

```
cout ≪ "老婆本年每笔购物平均花销:" ≪ S/C ≪ "元。";
```

除零错！程序崩溃。放心，除非这就是你想要的，否则 MySQL＋＋有办法阻止这样的事情发生。并且，阻止的方法不是排队处理，而是你做你的统计事务，她做她的删除事务；两个事务不会互相影响，恍若你们生活在两个"平行时空"中。

我们提到了"事务"，事务首先是一个业务概念，代表一组用于完成一件事情操作。本例中，"统计事务"至少包含了两个 SQL 语句的执行，而"删除事务"只包含一个 SQL 语句。不管是一个步骤还是多个步骤，事务总得有开始和结束。其中结束的方法又分两种：成功或失败。成功时执行"commit（提交）"指令，失败时执行"rollback（回滚）"操作，前者将把本事务的数据真正作用到相应的数据身上，后者则放弃本事务的所作所为。

在 MySQL 中，开始一个事务的指令为：START TRANSACTION 或 BEGIN，提交事务的指令为 COMMIT，回滚事务的指令为 ROLLBACK。所以，为用户添加一条记录的完整写法应是：

```
BEGIN；－－开始事务
INSERT INTO user(name, password) VALUES('nanyu', '654321');
COMMIT；－－结束事务（成功提交）
```

为什么之前我们写的 SQL 语句没有事务语句也能正常工作呢？那是因为如果不写事务开始和事务结束语句，MySQL 就将每一个可以独立执行的 SQL 语句都当成一个独立的事务，自动开始，并自动提交。

一旦一个事务开始，默认情况下 MySQL 就会安排该事务进入一个"平行时空"，以制造一种假象,让该事务以为在当前整个数据库中只有它这么一个事务在运行,更进一步讲,是让该事务以为自己正在独占它所需要的数据。比如说事务 1 用到 A 表,那么你可以认为 MySQL 直接克隆一份 A 表(称为 A1)给事务 1 自个"玩"去;紧接着事务 2 也要用到 A 表,此时事务 1 还没完成,于是 MySQL 也克隆一份 A 表(称为 A2)给事务 2,如图 14 - 31 所示。

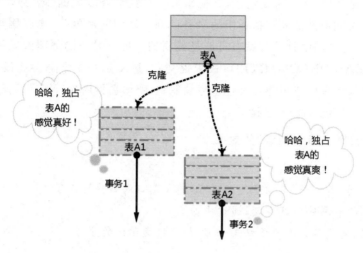

图 14 - 31　每个事务都自以为独占某份数据

　　每个事务都以为自己独占某份数据,但其实只是克隆品。事实上这些连克隆品都不是,因为克隆或复制数据的代价太大,MySQL 只是采用一种"版本修订"的技术,假装制造出"表 A1"和"表 A2",这也正是 MVCC 名字的来源。

　　显然,事务 1 无论做什么,它在处理的资源其实都是"表 A1"而不是"表 A"。假设"表 A"有 10 条记录,再假设事务 1 破坏欲很强,它先插一条数据,再删除两条数据;事务 2 是个笨小孩,它不结束事务,每隔 1s 就通过 COUNT 指令计算一次表的总记录数。显然,无论事务 2 数多少次得到的总是 10,因为它数的对象始终都是"表 A2",而不是"表 A",更不可能是"表 A1"。强调一下:在事务 2 数数的过程中,哪怕事务 1 提交数据从而造成"表 A"的记录数发生变化,但事务 2 看到的记录数仍然是 10,原因还是因为它数的对象始终是"表 A2"。事务一旦开始就不受其他事务影响,不管其他事务的状态是未提交(执行中)、已提交(成功改变原数据)或已回滚(放弃修改);这样的隔离效果称作"REPEATABLE READ(可重读)"。当然,在同一个事务中,靠后的步骤肯定可以读到靠前步骤的操作结果。

　　ⓘ【小提示】:某些数据库的"幻读"现象

　　有些数据库的"REPEATABLE READ"隔离效果没有(基于 Innodb 引擎的) MySQL 的彻底,而是会让执行中的事务在读数据时可能"看到"其他事务已提交插入或删除记录的结果。具体表现就是"突然多了几条记录"或"突然少了几条记录",

这称作"幻读"现象。那些"忽然出现"或"忽然消失"的行,叫 phantom rows。

比"REPEATABLE READ"隔离效果还要强的方法,就是对可能互相影响的操作以加锁的方法实现排队处理,变"并行"为"串行",该级别名为**SERIALIZABLE (可串行化)**。比"REPEATABLE READ"隔离效果弱一点的叫**"READ COMMIT-TED**(读已提交)",该隔离级别下,其他事务一旦提交修改数据(增、删除、改),则修改结果就有可能被其他尚在执行中的事务读到。套用前例就是:老婆删除所有购物记录并提交,老公的统计过程就有可能是最新的数据。最弱的隔离效果就是没有隔离,称为**"READ UNCOMMITTED**(读未提交)",意思是一个事务都还没有提交,它对数据的修改结果就有可能让其他事务读取到,哪怕它最后执行了回滚操作,发生这种结果也称作"dirty read(脏读)"。

😊**【轻松一刻】**:"脏读"的效果

"小伙子,来瓶啤酒吗?"

"我喝、喝、喝……"小伙子气喘吁吁,想必是口渴到快冒烟了。

老板手脚麻利地打开啤酒,递过去。

"喝、喝、喝不起。"小伙子双手一摊,终于提交了他的事务。

对应事务操作的三个指令,MySQL++提供的事务类 mysqlpp::Transaction 有三个方法:一是构造方法,构造一个事务对象并表示事务开始,构造时必须传入一个数据库连接对象;二是**commit()**方法;三是**rollback()**方法。三个方法经常用于和 C++的异常结构配合,比如:

```
mysqlpp::Transaction T(C);//构造事务对象,表示一个事务开始了
try
{
    数据库操作 1;
    数据库操作 2;
    数据库操作 3;
    ……
    T.commit();//哇,我居然过来了,我成功了
    return 成功;
}
catch(...)
{
    T.rollback();//啊? 我为什么还在这里
    处理异常;
    return 失败;
}
```

一旦成功提交,数据操作 1~3 就全部成功,而一旦失败就全部回滚。托尔斯泰说过,"幸福的家庭都一样,不幸的家庭却各有各的不幸。"示例中用于捕获的异常只有一种,实际情况中很可能有多个 catch{ }块用于捕获各种不同的异常,那这就是很

容易让程序员忘了在某个 catch{}块中写上 rollback()调用了。

　　mysqlpp::Transaction 析构函数会自动检查事务是否已经提交,如果没有就自动回滚。因此以上代码可做如下改进:一是改为在"try{}"代码块中构造事务对象,二是在 catch{}块中不用显式调用 rollback():

```
try
{
    mysqlpp::Transaction T(C);//构造事务对象,表示一个事务开始了
    数据库操作 1;
    数据库操作 2;
    数据库操作 3;
    ......
    T.commit();//哇,我居然过来了,我成功了
    return 成功;
}
catch(mysqlpp::Exception const& e)
{
    处理异常此类异常;
}
catch(...)
{
    处理未知异常;
}
return 失败;
```

　　以上构造的事务对象默认采用"REPEATABLE READ"隔离效果,意味着如果老婆的动作足够快,快到统计事务还没开始之前就完成删除事务,那只能认了;但如果是在统计事务开始之后才启动删除事务,结果就不受影响。无论如何,再也不会出现购买记录为零而购买金额非零的尴尬结局了。

　　如果要修改本次事务的隔离级别,可在构造 Transaction 对象时先传入第二个入参,一个在 Transaction 类内部定义的枚举,标识各个级别:

```
IsolationLevel
{
    read_uncommitted
    , read_committed
    , repeatable_read
    , serializable
}
```

　　再传入第三个入参用于指定隔离级别的作用范围,同样是定义在 Transaction 内部的枚举:

```
enum IsolationScope
{
    this_transaction          //仅在当前事务生效
    , session                 //本次连接的所有事务
    , global                  //对所有连接全局生效需要权限,不建议使用
};
```

推荐仅在 this_transaction 范围内修改事务级别,避免"构造一个新的事务对象却修改整个会话期间甚至全局范围内所有后续事务的隔离级别"的不直观作用。第三个入参的默认值也正是 this_transaction。示例:

```
//构造一个"可串行化"级别隔离的事务,并且不会影响到后续新建的事务
mysqlpp::Transaction T1(C   //数据库连接
    , mysqlpp::Transaction::serializable //第二个入参指定级别
    /* 第三个入参使用默认值 */
    );
```

设置事务隔离级别的原始 SQL 语句是:

```
SET [GLOBAL | SESSION] TRANSACTION ISOLATION LEVEL 隔离级别名称
```

其中用于指定范围的 GLOBAL 或 SESSION 关键字可以不写,表示将且仅将在下一个(尚未开始的)事务中生效;并会在该事务结束后自动恢复为当前会话的原来使用级别。使用示例:

```
SET TRANSACTION ISOLATION LEVEL SERIALIZABLE; - - 预备级别
START TRANSACTION; - - 开始事务
/* 事务的其他 SQL 语句 */
COMMIT;
```

数据库事务执行过程中的许多具体表现,和数据库中的"锁"操作息息相关,请继续阅读下一小节。

4. 数据锁

"平行时空"为每个事务安排了"不受干扰"的贵宾室,然而事务总是要结束,程序总是要回到唯一的现实时空,此时每个事务都想要按"自己的逻辑"来影响或修改现实,于是并发冲突又来了。

回到"夫妻取款"案例。在老公的事务里,原余额 5000,转走 2000,新余额 3000,非常正确。在老婆的事务里,原余额 5000,花掉 2500,新余额 2500,也很正确。然而当二者各自结束事务,准备回到真实世界时,表上最终余额会是 3000 还是 2500? 这就只能看谁手慢了:在 MySQL 默认的级别"REPEATABLE READ(可重复读)"的情况下,晚更新的事务会"冲掉"早更新的事务(隐隐感受到一个更大的"不对劲")。既然学习了事务,并且懂得如何设置事务的隔离级别,我们自然会考虑搞一个事务,再将它的级别升至最高级别 SERIALIZABLE,这样能否解决问题呢? 伪代码如下:

```
try
{
    //开始"串行化"级别的事务
    mysqlpp::Transaction T(C
        , mysqlpp::Transaction::serializable );
    步骤 1:读出老林家账户 当前余额 ;    //读操作
    步骤 2:写入老林家账户:余额 = 当前余额 - 扣款金额;//写操作
    T.commit();
}
...
```

先给出答案:用在"夫妻取款"的案例上,以上代码有可能在数据表中写入正确的余额 500 元,但也有可能造成老公或老婆某一个事务的失败。为什么呢? 这就涉及到 MySQL 数据库中"锁"的知识点,让我们一点一点地解释。说到"锁",不防将以上代码再简化,然后和 C++语言中的锁结构对比,如表 14 - 13 所列。

表 14 - 13　可串行化事务和锁的对比

C++ 锁	数据库事务(可串行化级别)
```try { lock_guard < mutex > L(m) 锁范围内的的操作... } ...```	```try { Transaction T(C, serializable); 事务范围内的操作... } ...```

使用"C++锁"时,锁范围内的操作在当前进程内彻底被"串行化",所有执行到此的线程通通停下排队。聪明的程序员善于触类旁通,所以数据库事务,特别是"可串行化"级别的事务,是不是会在数据库内部将事务范围内的所有操作请求排队处理?

思考这么一个问题:在老林和他老婆从同一银行账户取款的同时,隔壁家老王也要从自家账户上取款,结果老王的请求也被加入到了串行化处理的队列,这合理吗? 不知道你们在窃窃私语什么,反正我认为不合理。正好 MySQL 数据库也这样认为,所以它不会因为老林、老林老婆和老王都在发起扣款操作,就简单地排队处理三者,而是要依据操作自身的加锁要求、操作涉及的数据资源和操作所处的事务隔离级别,综合考虑三者再处理,如图 14 - 32 所示。

先说"数据资源"。如果数据库能够准确定位两个并发操作所涉及的数据资源,而后发现它们毫不相关,那么这两个操作就不用加锁或串行化。如果相关,那么数据库就会尽力缩小相关的数据范围。最小范围是一条记录(有些库似乎能做到字段),最大范围是整张表。注意,数据库预判数据资源是否可能相同时,并不会真实地去对比数据内容,而是仅从表结构信息做判断。因此,数据表主键、唯一索引、索引在此时

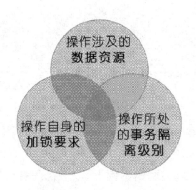

图 14 - 32　决定并发冲突处理方法的三要素

将发挥排序之外的第二个关键作用。

　　假设在银行账户表中账号竟然不是唯一索引,数据库就会因为担心老王用的是老林家的账号,从而有可能在并发操作发生时,锁定整张表,造成所有储户取款都要排队处理,这可就太糟糕了。我们当然不会设计出这样笨的账户表,所以后续课程中,均假设账号的值不会重复的索引。再说"操作自身的加锁要求",操作分为"读"操作和"写"操作,前者不修改数据,后者包括增加记录、删除记录和修改记录。如果并发操作全是读操作,数据库默认不会为它们加锁;而并发的写和写之间需要进行加锁,至于读和写之间是否进行加锁,需要看所处事务的隔离级别。

 【重要】:既然有"平行时空",为什么还有加锁操作

　　依据"平行时空"的理论,所有并发事务都在自己"独占"的一套数据上进行,互不干扰,为什么写和写之间还是需要加锁呢? 原因在于为了创建新的一份"平行时空",数据库需要在"写"操作之前的时间点上,以涉及到的现实数据为模板,创建一份新版本的数据,称为"snapshot of the database(数据库快照)"。

　　既然是"快照",大家应该很容易理解了:在相机快门按下时的那个时间点,是不是需要被拍的人都静止别动? 如果乱动就会被"拍糊了"。一个正在接受"快照"的数据,在复制过程如果还在接受修改,会造成复制出来的数据有些是改动前的,有些是改动后的,所以此时还是需要有"锁"操作,好"按住数据"让它至少在这一瞬间(time point)别动!

　　反正读操作不会改动数据,所以并发的读和读之间默认不加锁,听起来合理,但这很可能正是发生并发逻辑错误的根源。因为在一个事务中,本步骤是读操作,但后面的步骤可能以本次所读的结果为依据,开始发起写操作从而修改数据。

　　以"夫妻取款"的案例分析,先说默认隔离级别"REPEATABLE READ"下的情况。假设当前的并发操作是老公要读账户上的余额,老婆也要读同一账户上的余额,由于都是读操作,所以二者都顺利通过,于是都读到了"余额 5000 元"的结果。再往下,老公要把余额改写"5000-2000",老婆要把余额改写为"5000-2500"。由于都是

写操作,所以会互相礼让一下,最终一前一后完成修改,但已经于事无补。老婆笑呵呵地说,"老公,你先。"老公开心地接受了礼让,于是可能先结束事务,但最后他会发现原来晚结束事务的结果,会覆盖早结束事务的结果。本案例中老公也在扣钱,所以老公不急,但如果他是往账户上存了十万元……他一定会跪求"女士优先"。

接着是级别升到 **SERIALIZABLE** 的情况。假设夫妻俩还是同时到达"读当前余额"的步骤,由于都是读操作,所以还是全部放行通过;接着两人都要修改余额,由于都是写操作,所以也要互相谦让一方,其中一方得以先执行写操作。然而,在两个事务都是 SERIALIZABLE 级别的情况下,感人的一幕发生了! 先走的一方舍不得后来的一方! 假设还是老公先走,那么他将在尝试修改余额的 UPDATE 语句上卡住,仿佛在泪汪汪地回头对老婆说道:"老婆,我等你!"这一等,果然等到老婆赶上来也开始执行 UPDATE 写操作。此时数据库很郁闷:"你们的事务级别都是'可串行化',意思就是你们得一前一后完成事务啊! 非要齐头并进这不为难我吗?"说着说着,数据库露出狰狞的面目:"不行,你们必须死一个!"容不得夫妻商量,数据库就随机杀死一个事务,另一事务得以成功,而发起被杀死事务的 C++代码,此时就收到一个异常,于是调用 T. rollback()以回滚事务。

新的知识点是,在 SERIALIZABLE 级别下只有读和读操作不用互等,一旦发生一读一写或两个都在写,就会出现你在那头等我而我在这头等你的状态,称为"死锁"。此时数据库会杀掉一个事务以打破僵局。关键是,"死锁"悲剧并不一定会发生,如果有一个事务已经执行完写操作,就差提交或回滚,另一个操作才开始读操作,这时候后者等前者,只要前者提交或回滚,两个事务相当于是一前一后地完成了。或许这就是"SERIALIZABLE(可串行化)"名字背后隐藏的真谛?"可串行化:可以、可能,但不一定会被串行化。"任何一个高度职业化的程序员听到这样不确定的表达,都会开始胃酸分泌增多。这确实不是一件好事,但不管如何,SERIALIZABLE 级别的最差情况就是杀死一些事务以确保最终提交的那个事务的逻辑是正确的。体现到"夫妻取款"的案例就是:某一方看到"操作失败,请重试"的提示,而另一方成功完成事务,并且可以保证银行账户上的余额没有出错。咦,想想这结局也不错,可以接受。

有没有可能不杀死事务,就让后到的事务一直等到前面的事务完成再往下执行,最终实现两个事务的处理结果"叠加"而非"覆盖(或冲掉)"的美好结果呢? 可以让事务中的敏感"读操作"也主动提出加锁要求,语法是在 SELECT 语句上加"FOR UP-DATE"或"LOCK IN SHARE MODE"子句;二者作用相同,但后者仅用于兼容老版本的 MySQL。现在,查询账户当前余额的伪 SQL 是:

```
SELECT 余额 FROM 账户表　WHERE 是老李家的账号　FOR UPDATE ;
```

假设账户表叫 account,账号字段叫 aid,余额字段叫 balance,那么在 C++程序这边,逻辑相对完整的扣款函数示例如下:

```
bool deduct(string const& account_id
        , double money    //待扣除的金额
        , mysqlpp::Connection& C)
{
    if (money < 0.01)
    {
        cout << "每次取款至少得是1分钱。" << endl;
        return false;
    }

    try
    {
        //使用"RR"级别即可,开始事务:
        mysqlpp::Transaction T(C
                    , mysqlpp::repeatable_read);

        auto Q = C.query("SELECT balance FROM account"
                    " WHERE aid = %0q FOR UPDATE ");
        Q.parse();
        auto R = Q.store(account_id);
        if (R.empty())
                return false; //查无账号

        double balance = R[0]["balance"];
        if (balance + 0.01 < money) //至少留一分钱在账上吧
            return false; //余额不足

        Q = C.query("UPDATE account SET balance = %0"
                    " WHERE aid = %1q ");
        Q.parse();
        Q.execute(balance - money, account_id);
        return true;
    }
    catch(exception const& e)
    {
        cerr << e.what() << endl;
        return false;
    }
}
```

由于事务在第一步就执行一个带锁的读操作,并且夫妻取款流程走的都是这一事务,因此不需要使用"可串行化"级别。如果使用,产生的区别主要在于与其他事务的关系。

从加上锁就必须一直到当前事务提交或回滚,锁才会自动解开,因此在这段过程中的代码应当尽量精简,避免长耗时。当然,大家也不用过于紧张,毕竟常识告诉我们:共用一个账号的人同时取款或存款的概率不高。真正要紧张的是相应的数据表是否设计合理。如前所述,如果"账户表"的"账号"字段不是主键也不是唯一索引,造

成任意两人同时取款、存款都需要加锁,这才是致命问题。

除了处理记录之外,如果 SQL 语句想要改的是数据表的结构,比如字段类型、索引等,这类操作通常对并发更加敏感,数据库也为此提供一套锁机制,我们不做讲解,也不推荐做这样的设计。

14.4 数据缓存 redis

14.4.1 基本概念

当我们提到"缓存"时,有时会混合了"缓存(CACHE)"和"缓冲(BUFFER)"两个概念。简单的说,"缓存"是把程序急着要的数据放到就近的地方备读,而"缓冲"是把程序觉得烫手的数据就近写到某个地方,这里的"就近"指的是程序方便快速读写的意思。比如对程序而言,数据放在内存就比放在磁盘要来得近,后续文档如无特别说明,仍会经常以"缓存"一词同时代表二者。小明躺在床上一边看手机,一边从床头柜上抓一把瓜子往嘴里送,一边将瓜子壳暂时丢在床头柜上。这里床头柜就是一个"缓存"加"缓冲"的结合体,而瓜子和瓜子壳就是缓存或缓冲的数据。

redis 的官网是:https://redis.io/。和 MySQL 一样,redis 也提供客户端开发包,方便程序高速读取 redis 服务端的数据,或往服务端写入数据。尽管没有明说,但这里说的"高速"经常就是在和数据库对比。快的原因如下:

① redis 将数据放在内存里;

② 程序只会把常用的数据放在缓存里,数据量较少当然有利于保障访问速度;

③ redis 要求所有数据项都提供"键"值,相当于都有索引。

把瓜子抓放到床头柜,是一种通过缩短访问距离以提升访问速度的方法,如果能事先将瓜子壳剥了,直接把瓜子仁摆放到床头柜,那吃起来就更快了。所以如果仅从"缓存"的角度看,对数据进行一些预处理,再放进缓存,也是一种提升后期访问数据速度的典型方法。瓜子仁在床头柜上最好摆成一小堆,而不是零零散散地铺在柜面上抓取更便捷,可见数据的存储结构也会影响到访问速度和便捷性。redis 在这方面比老牌的缓存服务器 memcached 提供了更丰富的支持,包括字符串、哈希表、链表、集合和"有序集合"等等。

还记得我们要卖"体育用品"吧?为了体现商店的体育特色,能不能在登录界面就看到体育相关的图片和文字呢?甚至,用户输入验证码干脆就是和上述图片、文字有关的一些随机问题呢?除非极端情况,2008 年奥运冠军记录数据经年不变,用于验证的问题库可能记录量很大,但也不需经常变动。因此,程序启动时就可以将冠军记录及验证问题从 MySQL 中读出,写入 redis。程序后续只从 redis 读取,从而降低数据库压力,加速页面展现。

14.4.2　安装 redis

强烈建议实际工作中在 Linux 服务器上部署 nginx、mysql、redis 等"神器",当前学习阶段可以选择 Linux 或 Windows。

Linux 下安装

如果在 Linux 下安装,以 ubuntu 或 deepin 为例,确保机器联网,打开 Linux 终端,输入一行指令并回车:

```
sudo  apt install redis - server
```

依据提示输入超级用户密码,不到一分钟 redis 就已经安装好,并以后台服务的形式自动运行,准备就绪。在终端输入"redis - cli"并回车,将打开 redis 自带的客户端工具,相比 MySQL Workbench 它是有些简陋。请在客户端内输入以下内容:

```
set OS linux
```

此过程中"redis - cli"会提供智能提示,回车后,一条键为 OS,值为 linux 的数据就插入到 redis 内,接着可以使用键 OS 来查询对应的值:

```
get OS
```

回车后,将看到 linux,说明 redis 服务已在正常工作。

Windows 下安装

redis 官方拒绝提供 Windows 版本,微软只好自行支持,可执行文件的安装包链接位于"https://github.com/MSOpenTech/redis/releases"页面。请在其内查找"Redis - x64 - 3.2.100.msi"或更新版本的链接单击下载。当前只提供 64 位版本,如果你的机器是 32 位,请从前述页面下载代码,自行配置编译。

运行下载得到的安装程序,一路"Next"下去,通常需要提供管理授权,另外在过程中应能看到 redis 服务默认监听的端口是 6347 等。进入 redis 安装路径(我的是"C:\Program Files\Redis"),运行"redis - client.exe",在运行程序的控制台内,输入以下内容:

```
set OS Windows
```

过程中"redis - cli"会提供智能提示,回车后,一条键为 OS,值为 Windows 的数据就插入到 redis 内,接着可以使用键 OS 来查询对应的值:

```
get OS
```

回车后,将看到 Windows,说明 redis 服务已在正常工作。

跨主机访问

出于安全考虑,redis 默认仅供本机使用,有时候也需要跨主机访问 redis 服务。比如在 Linux 下安装 redis,但在 Windows 下写的 C++程序,或者就是将 redis 部署在一台独立的机器上运行等情况。为了实现跨主机访问 redis,需要修改它的配置文件。

在 Linux 下,配置文件通常是"/etc/redis/redis.config",请在终端中运行以下指令打开它:

```
sudo gedit  redis.config
```

在 Windows 下请使用记事本或其他编辑程序打开 redis 安装目录下的 Windows 版的配置文件"redis.windows.conf"。在打开配置文件内进行如下操作:

(1) 在文件中找到"bind 127.0.0.1"一行,在行首加上字符"♯"让该行变成注释内容;

(2) 在文件中找到"protected - mode yes"一行,将 yes 改为 no,以关闭其安全模式;

(3) 保存配置文件。

Linux 用户请在终端运行如下指令以重启 redis 服务。

```
sudo service redis restart
```

Windows 用户请通过控制面板"服务"项重启 redis 服务。

 【危险】: redis 的"保护模式"

将"protected - mode yes"一行中的 yes 改为 no,意味着网络内任何能访问到 redis 所在的主机的程序,就能读取或修改该 redis 服务内的数据。在实际系统中,建议保留保护模式,然后为 redis 配置访问密码。具体方法请参考 redis 官方文档。

14.4.3　基础知识

1. 键

往 redis 中插入数据项,都必须指定一个不能重复的"KEY(键)"。除了 redis 内部需要使用该键以快速找到数据项之外,别忘了我们也需要清楚地记得这个键值。如何合理地为键值取名呢? 假设我们想把"user(用户)"表中所有用户名字存到 redis 中。用户在数据表自带唯一 ID,如表 14 - 14 所列。

图 14 - 14　用户 ID →用户名

键	值
1	sea flower
2	dog egg
3	panda
4	tiger

但直接使用 1 作为一个 redis 中的键是不合适的,因为 1 这样的"短号码"太珍贵了,建议别轻易用,留着卖个好价格。合理的做法是加上来源、表名和字段名,比如 db:user:id:1 或者 db – user – id – 1,从 redis 官方文档看,他们似乎更推荐使用冒号。

根据之前的设计,别忘了用户名称也是唯一的。但无论是用户 ID 还是用户名称,都只是在 user 表中唯一。假设现在要缓存 dog egg 用户的注册时间,那么键值最好设置成"db:user:name:dog egg"。往 redis 添加的数据,也不一定来自数据库,也有数据直接来自 C++程序。比如系统想通过短信验证用户手机号码,就可以在后台生成一对键值,保存到 redis 中。此时值是验证码,手机号可直接当键使用;但最好为"手机短信验证"这个业务加一个前缀,比如"vericode:sms:13951119999"。有三个好处:

① 表意相对清晰:"校验码业务:短信方式:手机号";假设同时存在校验邮箱的业务,则对应键名类似:"vericode:email:nanyu@d2school.com"。

② 不会和其他也使用手机号的键重复。

③ 方便后台管理,比如想查看所有短信验证码,只需查找该前缀下的数据项即可。

其他一些和"键"相关的基础知识:

① 不要太长,不要太短。

② 键名区分字母大小写。

③ 尽量仅使用英文字母和常用符号 redis 内部存储时,键名以原始的二进制值系列存储,因此并不关心也不在意字符串的编码,只要以同样编码传递键名,redis 就能准确地找到,这意味着可以使用汉字等多字节字符作为键值;但若无特殊原因(比如有人认为使用汉字作为键值是一种爱国的表现),我们不推荐使用汉字或其他多字节字符作为键值。

④ 键名可以包含空格。如果在"redis – cli"中,使用带有空格的键,需要为其加上引号;在 C++代码通过 SDK 添加时则不必。

把"键"的命名放在最前面讲解,是因为在实际应用时这很重要。

【重要】: 在你的实际项目中确保 redis 数据项命名合理

打脸的是,后面的课程中,许多例子中的数据键名还是会显得很简短,但那纯粹是为了简化或仅仅就是因为排版,那不是实际项目的榜样。在实际的项目团队中,应该在项目开始之初,就统一规划 redis 的数据项命名规则,任何人都要按要求使用键名前缀,不能自创键名前缀。如果需要使用新前缀,必须在组内审批并通告成员。

2. 值与数据类型

redis 用于存储值数据的常用结构类型如表 14 – 15 所列。

表 14 - 15　redis 常用数据类型与示例指令

类型	说明	常用指令示例
Strings 字符串	相当于 std::string 支持可视或二进制字符;比如可以用于存储图片、音乐等 单一数据项限长 512M	SET OS Windows APPEND OS - 10 GET OS
Lists 列表	相当于 list < string > 存储多个字符串,保持插入的次序 单一数据项最多插入 $2^{32}-1$ 个元素	LPUSH names Tom LPUSH names Mike RPUSH names NanYu LRANGE names1 2 LPOP names
Sets 集合	相当于 set < string > 同样用于存储不重复的多个字符串 存储次序和插入次序无关 可以对它进行一些基本的集合运算,比如两个集合相减 单一数据项最多插入 $2^{32}-1$ 个元素	SADD ips 127.0.0.1 SADD ips 192.168.0.1 SADD ips 127.0.0.1 SCARD ips SPOP ips
Sorted Sets 可排序集合	和 Sets 类似,同样用于存储不重复字符串,但可以指定存储次序;方法是在加入新的字符串时,为它指定"权值"数字,权限越大排得越靠后 不同字符串可以指定相同权限,此时按字符串的"辞典"序排次	ZADD 1 冠军 ZADD 2 亚军 ZADD 3 季军 ZADD 1 金牌 ZADD 2 银牌
Hashes 哈希表	相当于 std::map < string,string > 或 std::unorder_map 同样用于存储多个字符串,但可以为每个字符串指定一个子键,子键可以理解为数据表中的字段名 同一数据项内各子键不能重复 适合表达 C/C++ 中的一个结构对象,子键对应成员名称	HMSET u1 name tigher sex 1 HMSET u2 name panda age 2 HSET u1 sex 0 HGET u2 age

字符串值当然可以包含空格,换行也可以,含有"\0"等不可视的特殊字符也无妨。不过后面课程需要在控制台或终端程序"redis - cli"内练习,此时输入不可视字符、换行等就非常困难。不过,带有空格的内容可以使用一对英文双引或单引号包含,并且二者也可以互相嵌套。

redis 使用原始二进制值存储数据项的值,因此它不关心不记忆值的编码。意思就是你以什么样的编码存入,将来取出后,你要自行负责以同样编码解释这个字符串即可。

3. 指　令

不管什么类型的数据,最常用的操作都离不开:"插入数据"、"更新数据"、"取数据"、"删数据"以及"判断指定数据是否存在"等。对 redis 而言,这些操作都离不开数

111

据项的"键"。

在 redis 中指令多数与特定数据类型绑定。比如修改一个 Strings 数据项,指令是"SET 键 值";而修改一个 Lists 数据项,指令是"LSET 键 次序 值"。因此 redis 的指令记忆量不小,习惯"函数重载"的 C++程序员请理解这是为了精准和效率。另外,不像数据库明确区分 INSERT 和 UPDATE 操作,不少数据类型"插入"和"更新"使用相同的指令,比如 Strings 类型:

```
SET OS Linux
```

假设缓存中从来没有 OS 键的数据项,则此时插入一条新数据,值为 Linux。接着如果再执行一次 SET,就是在修改原有数据:

```
SET OS Mac
```

不过,这类指令还真有一个重载版本,可用于在插入数据或更新数据之前,先检查是否有原数据存在,并依据情况确定后续动作是否继续。方法是在插入或更新操作后面,加上"NX"或"XX"条件。

(1) NX:仅在指定"键"的数据不存在时,才插入数据;意味着本次操作必须是插入动作,否则就不执行。

(2) XX:仅在指定"键"的数据已经存在时,才更新数据;意味着本次操作必须是更新动作,否则就不执行。

比如:

```
SET OS Windows NX
SET db:user:name 'dog egg' XX
```

刚刚说为了"精准和效率"所以没有提供重载,怎么这就打脸了呢?估计 redis 也觉得这样不好,于是提供了相应的两个新指令:**SETNX** 和 **SETXX**,并且在官方文档中"威胁"说:"NX"、"XX"参数有可能在以后的版本中禁用。"NX"和"XX"也可以和其他数据类型的相关指令结合,与此类似的还有"EX"和"PX"两个参数,二者用于设置数据项的有效时长。最后,redis 指令本身不区分大小写;课程指令采用全大写的习惯,类似之前写 SQL 语句时的约定。

14.4.4 通用指令

1. 数据项有效时长

还以"短信验证码"为例,通常短信验证码都有时效,为什么呢?一是为了安全,限制非法用户干坏事的时长;二是业务逻辑也需要,因为总会有用户反悔,不想验证了。这种情况下短信验证码当然没必要永远呆在缓存中,但也不需要写程序去定时做清理工作。redis 允许我们为每个数据项指定有效时长。呀!asio 库的 system_timer、steady_timer 和 deadline_timer,你们的一个重要工作岗位被抢走了。

EX、PX 参数

在添加或修改数据时，可以使用"EX"或"PX"参数以指定数据项在缓存中的有效时长，前者单位为 s，后者为 ms。请在"redis-cli"中输入以下指令：

```
SET tmp "Happy Times" EX 10
```

回车，抓紧执行"GET tmp"就能取回你的幸福时光，然而快乐总是短暂的，10s 之后你就只能得到代表"空"值的 nil 了。

SETEX、PSETEX 指令

可以不使用参数，改用 **SETEX**，此时超时时长（单位 s）需要写在值的前面：

```
SETEX tmp 10 "Happy Times"
```

或者使用 PSETEX 设置 ms 级别的超时：

```
PSETEX tmp 800 "人群中多看了你一眼"
```

EXPIRE、PEXPIRE 指令

可以在数据已经存在的情况下修改它的有效时长。使用指令是"**EXPIRE** 键 秒数"或"**PEXPIRE** 键 毫秒数"：

```
EXPIRE tmp 10
```

可以对同一个数据项使用 EXPIRE 或 PEXPIRE 多次设置超时，设置之后都会从当前时间点重新计时。比如上午 10 点整，为某数据项设置超时为 10min，到 10 点零 9 分时，程序再次为该数据项设置超时，此次为 5min。则该数据项将于 10 点 4 分失效。

如果只是为了让数据项的有效时间重新计时，可以只使用 EXPIRE 或 PEXPIRE 指令而不重新指定超时时长，如：

```
EXPIRE tmp
```

前提是相应数据项之前已经设置超时且尚未过期。另有"**EXPIRE AT** 时间点"和"**PEXPIRE AT** 时间点"两个版本，设置在某个具体的时间点之前数据有效。在 C/C++ 代码中使用比较方便，因为此处的时间点就是 std::time_t 类型。如果传递给 EXPIRE 或 PEXPIRE 一个负数，结果是该数据项被立即删除。

【重要】：大多数东西都会过期失效

大多数东西都会过期失效，都会有更新或干脆抛弃的需要。因此往缓存里丢数据前，建议认真思考在业务场景下，该数据真的值得让它永远存在吗？

解除超时设置

PERSIST 指令用于清除某数据项身上的超时，使其"永生"。如：

```
PERSIST tmp
```

如果成功解除目标数据项的超时设置,返回 1;否则返回 0,包括该数据项不存在或该数据项未设置过超时的情况。

2. 键是否存在

指令"**EXISTS** 键"检查指定键的数据项是否存在,结果返回整数 0 表示不存在,返回 1 表示存在:

```
SET FREE_OS Linux
EXISTS FREE_OS

DEL FREE_OS
EXISTS FREE_OS
```

3. 模糊匹配键名

在管理上,有时候需要先找到 KEY,这时可以使用 KEYS 指令模糊匹配,得到匹配到的键名。语法如下:

```
KEYS 匹配模式
```

KEYS 指令返回命中的键名列表。支持"?""*"等多种通配符号。表 14-16 中的例子来自 reids 官方文档,略有小改。

表 14-16　reids 键名通配等

符号	作用	样例模式	匹配示例
?	匹配 1 个字符	h?llo	hello、hallo 和 hxllo
*	匹配任意个字符,包括 0 个	h*llo	hllo 和 heeeello
[]	匹配方括号内任意 1 个字符,注意不适用多字节字符	h[ae]llo	hallo、hello
^	结合[]使用,匹配除^后面字符以外的字符	h[^e]llo	hallo、hbllo、hcllo、hdllo、hfllo 等,不匹配 hello
-	匹配连字符前后指定的范围	h[a-c]llo	hallo、hbllo、hcllo

如果需要匹配通配符本身,请使用"\"作为转义符。不存在使用":"或"_"的转义符,所以推荐它们作为键名中方便阅读的分隔符。

 【危险】: 不要在你的程序中通过 KEYS 指令处理业务

对一个数据项众多的 redis 缓存库使用 KEYS 查询,会严重影响 redis 的运行性能,该操作只用于调试等特殊用途。千万不要在实际系统中随意使用它查询,更不要让实际项目的代码要依赖它才能完成某些业务逻辑。

假设确实需要模糊匹配先找出某些键名,再通过键名找到数据项,可以在创建数据项时,同时将新键名加入一个 Sets 数据项。请参考后续课程"Sets 相关操作"。管理上需要查阅、搜索特定键名,可考虑在"redis‐cli"中使用 SCAN 等指令。

犹豫很久要不要把 KEYS 指令加入教程,后来看到不少人在误用它,因而特意加上本小节。

4. 删除指定键的数据项

指令"DEL 键"用于删除指定键的数据项。请在"redis‐cli"中练习:

```
SET tmp:demo tmp
GET tmp:demo
DEL tmp:demo
GET tmp:demo
DEL tmp:demo
```

两次 DEL 返回的结果并不相同,前一次返回 1,表示删除一项,末一次返回 0,表示没有删除。

【重要】: redis 中 DEL 指令的通用性

"DEL KEY"可用于任何类型数据项的删除。

14.4.5　Strings 相关操作

1. SET/GET/MSET/MGET

SET 往 redis 里扔个字符串,使用指定键值当索引;GET 使用这个键值在 redis 中找到这个值并读出,找不到则返回空值。GET 只是"读出",并不会删除,如果要删除,请使用前一小节学习的 DEL 指令。"SET/GET"指令每次执行只能设置或获取一个值,如需一次性处理多个键值,请使用"MSET/MGET",先看 MSET:

```
MSET K1 V1 K2 V2 K3 V3
```

相邻的每两个参数是一对键值,如果键或值中含有空格,记得使用引号包含。MSET 操作总是返回一个"OK"字串。MSET 有对应的 MSETNX 指令,但没有对应的 MSETXX 指令。注意,MSETEX 仅在所有键对应的数据项**都不存在时**才执行,否则将放弃设置所有键值对。MGET 可以指令多个键名作为入参,返回对应的值,个别键名指定的数据不存在时,该项对应空值,继续前例:

```
MGET  K4 K3 K2 K0 K1
```

注意入参中的 K4 和 K0 二者在缓存中都不存在对应的数据项,因此结果为:

```
nil "V3" "V2" nil "V1"
```

若需要在设值时指定数据项的有效时长,请复习"通用指令"小节中的对应内容。

2. APPEND

std:: string 可以通过"+="操作符为一个现有字符串加个"尾巴"。比如：

```
std:: string tmp_demo = "tmp";
tmp_demo += " - value"; //现在 tmp_demo 的值是"tmp - value"
```

"APPEND(追加)"指令可以在指定键值的值尾追加内容：

```
SET tmp:demo tmp
APPEND tmp:demo - value
GET tmp:demo      //得到: tmp - value
```

如果指定键值不存在，APPEND 指令并不会失败，反倒直接使用指定键值创建一个新数据，比如：

```
DEL tmp:demo
APPEND tmp:demo - value
GET tmp:demo   //得到: - value
```

3. INCR/DECR/INCRBY/DECRBY

也许你会奇怪，怎么 redis 的简单类型只有 Strings？没有整数或浮点数什么的吗？作为一个数据缓存服务，对数据最主要的管理就是"添加""取出""修改"和"删除"，这些操作多数和数据类型无关。再想想 redis 在基础类型字符串提供了 Lists、Sets、Hashes 等组合类型，如果基础类型从一变十，对应的每个组合类型是不是也变成了十个呢？这可就因小失大了。

【重要】：在缓存中的数据和在数据库中的数据有何不同

缓存系统中的数据更多要求具备"拿来就用"的特性，相反，存储在数据库的数据不宜过于"深度加工"。另我们也曾强调数据库可不是一个仅仅用于存储数据的"仓库"，它还需具备维护数据间关系以及含有丰富的操作函数，可供对数据做不同的预处理。

不过，任何一个"神奇"级别的软件，在设计或实现上最主要的原则就是不要走极端，不要搞"原教旨"主义。redis 也提供一些和类型有关的操作，主要是在"修改"数据这一块，前面的 APPEND 指令算是第一个，因为通常只在字符串身上执行"追加"嘛。如果数据项的值可以解释为整数，可以使用"INCR/DECR"为其自增 1 或自减 1。请测试(不含 C++ 风格的行末注释内容)：

```
SET tmp:demo:inc  59   //必须是整数,不能含小数
INCR tmp:demo:inc   //返回 60,及格了
```

请自行测试 DECR。

【小提示】："INCR/DECR"的原子性

表面上看"INCR/DECR"不过是一组"GET/SET"操作的组合，取出值，加 1 或

减 1 后再写入嘛？但这里有操作"原子性"的区别，在多线程中使用"GET/SET"时，很可能出现两组并发操作诸如：GET、GET、SET、SET 的次序夹杂执行，假设原值是 0，则此情况下最终得值却只是 1。"INCR/DECR"不会有这个问题。

如果一次想自加或自减更多，可以使用"INCRBY/DECRBY"，此时需指定变化步长：

```
INCRBY tmp:demo:inc  10   //先加 10
DECRBY tmp:demo:inc  5    //后又减 5
```

和 APPEND 的逻辑一致，在指定键值不存在时，"INCR/DECR/INCRBY/DE-CRBY"都将原值当作 0 处理。

4. GETRANGE/SETRANGE

GETRANGE 和 SETRANGE 各自拆开解读分别是"GET RANGE"和"SET RANGE"，用于读取或设置字符串的部分内容，先看前者语法：

```
GETRANGE KEY START END
```

用于读取键名对应数据项在[START,END]范围的子串，位置从零计起。包含 START 和 END 位置上的字符：

```
SET tmp:demo:range  aBCdefg
GETRANGE tmp:demo:range 1,2
```

得到 BC 子串。

【危险】：含有汉字的字符串如何取子串

既然是取子串，且 redis 又不关心编码，那就只能让访问它的程序来负责。如果你预想到需要以"取子串"的方式访问某个缓存数据项，并且该数据项又包含有汉字，那就不要使用类似 UTF8 这样的不定长编码来存储该数据的项，可以转换为"UCS‐2""UCS‐4"等定长编码存储。如果数据全部是汉字，那也可以使用 GBK 或 GB2312 编码。

SETRANGE 语法如下：

```
SETRANGE KEY OFFSET, VALUE
```

即从 OFFSET 位置开始修改，新值由 VALUE 指定。位置同样从零计起，续前例：

```
SETRANGE tmp:demo:range 1, bc
GET tmp:demo:range   //得到 abcdefg
```

14.4.6 Lists 相关操作

Lists 类型可存储多个字符串数据，并且保持字符串的加入次序。以下称 Lists

类型数据项中的每个字符串为"子数据"或"子项"。

1. RPUSH/RPOP/LPUSH/LPOP

"RPUSH/RPOP"中的 R 是 Right 的缩写,意为"右边",实际是代表"后面"或"尾部"。RPUSH 往一个 Lists 类型的数据项后面加入新的子数据。当然,加入第一个数据时无所谓前后:

```
RPUSH tmp:demo:list abcd
RPUSH tmp:demo:list 1234
RPUSH tmp:demo:list ABCD
```

执行以上指令,tmp:demo:list 数据项中将有三个子数据,依次是"abcd""1234"和"ABCD"。

RPOP 是移出并返回 Lists 类型数据项的最后一个子项。注意,这和 C++标准库中的设计不一样,后者的 POP()函数返回类型是 void,因为它只弹出数据并不返回。续前例:

```
RPOP tmp:demo:list   //将得到 ABCD
```

对应的,"LPUSH/LPOP"中的 L 表示 Left,用于往数据项的前面(左边、头部)加入或取出子数据:

```
LPUSH tmp:demo:list ABCD
```

现在,对应数据项中的三个子项及次序是:"ABCD""abcd"和"1234"。RPUSH和 LPUSH 都支持一次指令填写多个值,从而实现一次性加入多个子项数据,因此之前的例子也可以写成:

```
RPUSH tmp:demo:list abcd 1234 ABCD
```

注意,使用 LPUSH 时,写在前面的值先被加入,比如:

```
LPUSH tmp:demo:list2 a b c d
```

此时子项 d 位于列表的最前头。RPUSH 和 LPUSH 都返回加入新数据之后的子项总数。

2. LRANGE/LINDEX

LRANGE 的 L 代表的是 List,所以不会有 RRANGE 指令。LRANGE 用于读取(但不删除)Lists 类型数据项指定范围的数据子集。语法如下:

```
LRANGE KEY START STOP
```

子集范围为[START,STOP],偏移位置从零计起,包含 START 和 STOP 位置。结束位置必须比开始位置靠后,或者相同。比如取第一个子项就是"取第 0 项到第 0 项":

```
LRANGE tmp:demo:list 0 0 //取第一项
```

有意思的是偏移量可以是负数，表示从最后面子项开始偏移，此时以“－1”作为起始，即偏移量“- 1”表示最后一个子项，“- 2”为倒数第二个子项。假设例中数据项仍然为“ABCD”“abcd”和“1234”，以下示例如何使用负偏移量取得最后两项：

```
LRANGE tmp:demo:list - 2 - 1
```

结果是“abcd”和“1234”。或许你想通过“- 1 - 2”这样的参数以取得“1234”和“abcd”，你可以试试失望的滋味。尽管可以使用倒序的偏移值，但取值范围仍然要从前往后表达，亦即同样要满足结束位置在开始位置之后或重叠的要求。

允许使用“负数”表达位置偏移带来的最大好处就是：如果想取出整个 Lists 数据，大可不必去想它有几个子项，简便、快速而且保持原子性的方法是：使用 0 表示最前面，“- 1”表示最后一项：

```
LRANGE tmp:demo:list 0 - 1
```

来一张实际运行结果的截图，如图 14 - 33 所示。

```
127.0.0.1:6379> LRANGE tmp:demo:list 0 -1
1) "ABCD"
2) "abcd"
3) "1234"
```

图 14 - 33 使用“0，－1”取得 Lists 的全部数据

虽然“- 1”比 0 小，但并没有违反“结束位置在开始位置之后或重叠”的规则。如果 START 或 STOP 的值超出实际子数据的范围，redis 并不埋怨，它会按往前往后都不越界的原则，返回最接近目标范围的子集。如果就是想取出一个子数据项，重复写 START 和 STOP 令人不爽，这时可以使用 LINDEX。它的 L 也是 List 的缩写，入参是目标位置：

```
LINDEX tmp:demo:list 0 //得到第 1 项
LINDEX tmp:demo:list - 1 //得到最后 1 项
```

LINDEX 取数据过程的复杂度是“O(N)”，而非“O(1)”，N 即偏移量。当然，如果要最后一项时，redis 不会笨到从第一项往后跑，因此取最后或最前一项，复杂度可以是“O(1)”。以上特性表明，redis 的 Lists 的数据结构是地道的双向链表，和 C++ 标准库的 std::list 一样。

3. LLEN

LLEN 取得指定 Lists 数据的子项个数。续前例：

```
LLEN tmp:demo:list //得到 3
```

LLEN 的复杂度是"O(1)",这说明 Lists 数据在数据增加或删除子项时,会同步维护子项的个数,这和 C++ 11 新标准对 std::list 的要求一致。

4. LSET

LSET 指令修改 Lists 数据项指定位置子项的值,语法:

```
LSET KEY INDEX 值
```

下例先创建 tmp:demo:list:set 数据项,并为其添加三个子项:

```
RPUSH tmp:demo:list:set one
RPUSH tmp:demo:list:set 2
RPUSH tmp:demo:list:set three
```

然后觉得第二项太过于国际化,于是使用 LSET 指令修改:

```
LSET tmp:demo:list:set two
```

5. LINSERT

LINSERT 指令用于插入数据,不过它的语法和你的直觉反应可能有出入:

```
LINSERT KEY BEFORE | AFTER 参考值 新值
```

"BEFORE | AFTER"表示该位置应为 BEFORE 或 AFTER。redis 接到该指令后,先在 Lists 数据项中查找"参考值",找到后,如果使用 BEFORE 就在该值前面位置插入新值,如果是 AFTER 就在其后插入。该指令返回插入新值后,Lists 数据项的子项总数,返回"-1"表示找不到指定的"参考值"。我还以为 INSERT 之类的操作,都应该是在指定的偏移位置上插入呢,经验主义要不得啊。

如果 KEY 指定的数据项不存在,会不会直接创建一个新的 Lists 数据项呢?答:不会,此时 LINSERT 将返回 0,如果 KEY 指定的数据项存在,但类型不是 Lists,该操作将报错。LINSERT 指令示例:

```
RPUSHtmp:demo:list:ilu I
RPUSHtmp:demo:list:ilu U
LINSERT tmp:demo:list:ilu BEFORE U LOVE
```

6. LREM

LREM 中的 L 还是 List,REM 是"Remove(移除)"的意思。有了 LINSERT 的经验,我已经猜到这家伙应该也是以匹配"值"的方式进行删除。呀,还真是:

```
LREM KEY 个数 值
```

在 Lists 中从头到尾地搜索指定值,见一个删一个,直到达到指定个数。听说所

在的城市房价已经达到一平方米 4 万,写着程序但月薪 4 千、在本书已经很久未出场
的丁小明,默默地执行如下指令:

```
LREM tmp:demo:list:ilu   40000 LOVE
```

他和她在过去的四年里彼此说过 4 万次这个单词,堆起来以后才发现原来抵不
过一平方米呢……呀,什么四万一平方米的,这位作者你太矫情了。"个数"可以是
0,表示删除全部,所以非矫情版的"删爱"方法是:

```
LREM tmp:demo:list:ilu 0 LOVE
```

所以这一个 0 就是表明要"删除得干干净净"的意思吧?"个数"也可以是负数,
表示从尾到头地查找指定值并删除,直到达到 count 的绝对值指定的个数。

14.4.7　Sets 相关操作

复习 C++的 std::set 数据类型:

```
#include < iostream >
#include < string >
#include < set >

using namespace std;

int main()
{
    char const * p[] =
    {
        "World", "Hello",
        "World", "Hello",
    };

    set < string > sets(begin(p), end(p));

    for (auto s : sets)
    {
        cout << s << ' ';
    }
}
```

尽管代码往 sets 中分别插入两次 World 和两次 Hello,尽管先插入 World 后插
入 Hello,但 sets 中只接受一个 World 和一个 Hello,并且自动以字母序调整了二者
的位置。

拿来和 SET 对比,Lists 类型数据项保持各子项的插入序,并且允许重复子项存在。设想程序以单线程方式缓冲运行日志(即先写入 redis,后面再慢慢转移到数据库或磁盘文件),就需要保持日志的插入次序以体现各记录时间的先后关系,更是不能因为两条日志内容一样就拒绝接受其中一条。另外,因为未作排序,所以查询 Lists 子项的速度快不了,正如前面所说,LINDEX 指令的时间复杂度是"O(N)"。

1. SADD

添加子项,语如下法:

```
SADD KEY 新子项
```

添加成功返回 1;失败,比如该子项已经在集合中存在,返回 0;如果指定集合项尚未存在则自动创建。以下是 redis 版本的 Sets 数据结构测试:

```
SADD tmp:demo:set World
SADD tmp:demo:set Hello
SADD tmp:demo:set World
SADD tmp:demo:set Hello
```

连写四行有点累?有个小秘密:SADD 语法支持一次添加多个子项。让我们再做点无用功:

```
SADD tmp:demo:set World Hello
```

怎么查看 tmp:demo:set 集合中子数据呢?请看下一小节。

2. SMEMBERS

SMEMBERS 指令返回指定集合的全部子项,MEMBERS 是成员(复数)的意思。继续前例:

```
SMEMBERS tmp:demo:set
```

结果为:

```
"Hello"
"World"
```

3. SISMEMBER

SISMEMBERS 用于判断指定数据是否在指定集合中存在,存在返回 1,不存在返回 0,继续前例:

```
SISMEMBER tmp:demo:set World
SISMEMBER tmp:demo:set world
```

第一行返回 1,第二行返回 0。

4. SPOP

指令 SPOP 用于得到并删除随机的几个子项,语法如下:

```
SPOP KEY 数目
```

数目参数可选,如未提供则表示最多仅弹出一个子项。下面演示抽奖过程,先添加九个不重复的用户名:

```
SADD tmp:demo:set:pop  Ada Tom Mike Bob Rose
SADD tmp:demo:set:pop  Chris Aaron Betty Fred
```

先抽三个三等奖:

```
SPOP tmp:demo:set:pop 3
```

再抽两个二等奖:

```
SPOP tmp:demo:set:pop 2
```

最后抽一个一等奖:

```
SPOP tmp:demo:set:pop
```

多数抽奖活动都会要求中奖用户不能重复的得奖,包括在单次的抽奖过程中,同一用户不能重复得奖;也包括在两次抽奖结果中,不能有用户重复。以用户 Ada 为例:前者保证二等奖抽到的两个名额不能全是 Ada;后者保证如果 Ada 得了三等奖,她就不能再得后面的二等奖或一等奖。SPOP 指令将从集合中删除结果,因此肯定可以保证第二点。至于第一点,如果数据使用负数表示"数目",则 SPOP 操作允许每次抽取子项时重复出现同一子项;当然,重复并非必然,只是允许,最终还得看"运气"。

5. SRANDMEMBER

RAND - MEMBER,这回说得比较清楚,就是要返回随机的子项,同样可以指定或不指定个数,不指定时同样表示返回一个;个数同样可以为负数,为负时同样表示本次抽取结果允许含有重复子项。SRANDMEMBER 与 SPOP 的最大区别就是不会从母集中删除结果子集。

6. SREM

SREM 用于删除指定的子项,支持一次性删除多个子项,语法如下:

```
SREM KEY 子项 1 [子项 2 ...]
```

返回实际删除的子项个数。如果 KEY 指定的整个集合并不存在,该操作并不报错,只是返回零;如果遇到不存在的子项,则简单地跳过该子项:

```
SADD tmp:demo:sadd 972 974 978 970
SREM tmp:demo:sadd 970 974
SMEMBERS tmp:demo:sadd
```

将返回 972、978。

7. SCARD

"SCARD"用于求集合中子项个数。示例：

```
SCARD tmp:demo:set:pop
```

8. 集合运算

既然是集合,自然就有集合间的运算,比如交集、合集、差集(集合 1－集合 2)等操作。下面以"交集"运算为例。"SINTER"用于求多个集合的交集,以两个为例：

```
SADD tmp:demo:set:ONE  a b c d
SADD tmp:demo:set:TWO  c f e a
```

以下操作返回"ONE"和"TWO"的交集：

```
SINTER tmp:demo:set:ONE tmp:demo:set:TWO
```

将返回"a"和"c"。如果希望将交集运算结果直接存储到另一个集合中,使用"SINTER**STORE**",该指令的第一个入参为结果集：

```
SINTERSTORE tmp:demo:set:R tmp:demo:set:ONE tmp:demo:set:TWO
```

合集指令为"SUNION"和"SUNIONSTORE",差集指令为"SDIFF"和"SDIFF-STORE",请自学。

14.4.8　Hashes 相关操作

要形容一个学生,C++语言中可以使用以下结构定义：

```
struct Student
{
    string name;
    int class_;
    int grade;
};
```

如果不在意类型,可以使用"map < string, string >"表示,比如形容某位学生：

```
map < string, string > A;
A["name"] = "Tom";
A["class"] = "1"; //1 班
A["grade"] = "3"; //3 年级
```

如果将数据存在数据库中,那么 name、class、grade 就是列名或字段名,称为 fields;而 Tom、1、3 就是列值或字段值,称为 values。redis 中的 Hashes 类型数据提供相同的功用:用于存储、表达带有名称的多个子数据。

1. HSET/HGET/HMSET/HMGET

HSET 语法如下：

```
HSET KEY field value
```

如果 KEY 指定的数据项尚未存在,则自动创建,并为其添加首个字段名及对应的值。如果该数据项中尚未有 field 指定子项(字段)存在,则自动添加该数据,否则用于修改原值。使用示例:

```
HSET tmp:demo:hash:student_A    name Tom
HSET tmp:demo:hash:student_A    class 1
HSET tmp:demo:hash:student_A    grade 3
```

也可使用 HMSET 实现一行指令设置多个字段:

```
HMSET tmp:demo:hash:student_A name Mike class 2 grade 4 age 10
```

对应的 HGET 和 HMGET 指令用于取得一个或多个字段的值:

```
HGET tmp:demo:hash:student_A age
```

上行指令返回 10。

```
HMGET tmp:demo:hash:student_A name school grade class
```

上行指令返回 Mike、nil、4 和 2。如果 KEY 指定的整个数据项不存在,则要求返回的值全部为 nil。

2. HGETALL

HGETALL 指令用于返回全部字段名以及对应的值,以一行字段名、一行值的方式排列结果字符串:

```
HGETALL tmp:demo:hash:student_A
```

上行指令返回:

```
name
Mike
class
2
grade
4
age
10
```

正如你看到的,HGETALL 返回结果是键值对,这和"HGET/HMGET"只返回值不太一样。如果指定键名对应的数据项不存在,则返回空的列表。

3. HKEYS/HVALS

HKEYS 指令用于返回指定 Hashes 数据的所有字段:

```
HMSET tmp:demo:hash:keys f1 v1 f2 v2
HKEYS tmp:demo:hash:keys
```

以上指令返回 f1、f2。如果 KEY 指定的数据项不存在,返回空集。HVALS 指令用于返回指定 Hashes 数据的所有字段的值,继续前例:

```
HVALS tmp:demo:hash:keys
```

以上指令返回 v1、v2。如果 KEY 指定的数据项不存在,返回空集。

4. HLEN

HLEN 返回指定 Hashes 数据的字段个数:

```
HMSET tmp:demo:hash:keys f1 v1 f2 v2
HLEN tmp:demo:hash:keys
```

以上指令返回 2。

5. HSTRLEN

HSTRLEN 用于返回指定 Hashes 数据项中指定字段对应值的字符串长度,每次只能指定一个字段名:

```
HSET tmp:demo:hash:strlen name 'Hello world! '
HSTRLEN tmp:demo:hash:strlen name
```

以上指令返回"Hello world!"的字符个数为 12。如果 KEY 指定的数据项尚未存在,则返回 0。注意该指令同样不处理编码,仅计字节个数为返回值。

6. HEXISTS

HEXISTS 指令用于查询指定 Hashes 数据项中是否存在指定字段,例如:

```
HEXISTS tmp:demo:hash:student_A age //返回 1,存在 age 字段
HEXISTS tmp:demo:hash:student_A school //返回 0,不存在 school 字段
HEXISTS tmp:demo:hash:student_O age //返回 0,不存在该数据项
```

7. HDEL

HDEL 指令用于从 Hashes 数据项中删除指定的一或多个字段,将自动跳过并不存在的字段,返回实际删除的字段个数。如果 KEY 所指定的整个数据项尚未存在,同样返回 0:

```
HDEL tmp:demo:hash:student_A age class //返回 2
HEXISTS tmp:demo:hash:student_A age    //返回 0
HEXISTS tmp:demo:hash:student_A class //返回 0
HDEL tmp:demo:hash:student_O class     //返回 0
```

8. HINCBY/HINCRBYFLOAT

Hashes 数据项指定字段值如果可以解释为整数,可以使用 HINCBY 用于直接修改其值,语法如下:

```
HINCBY KEY 字段名 增长值
```

其中"增长值"可为正整数、零或负整数。示例：

```
HSET tmp:demo:hash:student_A age 10
HINCBY tmp:demo:hash:student_A age 2
HINCBY tmp:demo:hash:student_A age -1
HGET tmp:demo:hash:student_Aage
```

以上指令返回 11。如果数据项可以为浮点数（），或者虽然仅能解释为整数，但需要增减步长为小数值，需要使用 HINCBYFLOAT。示例：

```
HSET tmp:demo:hash:student_AYuwen 105.5
HINCBYFLOAT tmp:demo:hash:student_A Yuwen 0.5
```

14.4.9　更多指令学习

上述数据类型还有许多指令、整个 Sorted Sets 类型的指令以及通用型指令还有许多内容，建议通过 redis 官方文档及本书官网上的更多课程学习；特别是在数据管理方面所需要的，用于模糊匹配、搜索、定位键名的相关指令。

14.4.10　安装 redisclient

有很多 redis 客户端 SDK，此处选择 nekipelov 提供的 redisclient。该项目的 github 网址为"https://github.com/nekipelov/redisclient"。选择原因：

① 它采用 C++语言；

② 它能在 Windows 下的 mingw 环境使用；在实际项目中也许不重要，但对我们现在的学习很重要；

③ 事实上它跨平台，所以就算想在 Linux 上的实际项目使用，也能胜任；

④ 它的网络部分基于 boost.asio；我们比较熟悉，顺便还能复习 asio；

⑤ 它支持同步和异步方式请求；尽管我们在学习时多数使用同步方式；但拥有异步方式有利于整个程序的性能提升。另外它的异步机制基于 asio，强化了前一个优点；

⑥ 和许多 boost 库一样，它不用编译，仅需头文件就能直接在项目中应用。

打开该项目在 github 上的主页，单击页面上的"Clone or Download"按钮，再选择"Download ZIP"下载源码包，得到名为"redisclient - master.zip"的文件。解压该文件到《准备》篇创建的 C++扩展库目录，以"D:\cpp\cpp_ex_libs\"为例，最终得到"D:\cpp\cpp_ex_libs\redisclient - master"。从 Windows 文件管理器查看该目录，应能找到其下的 src 子目录。

打开 Code::Blocks，从 Settings 主菜单下的"Global variables..."子菜单项进入全局路径变量配置对话框，如图 14 - 34 所示的指示步骤和内容进行配置。

各步骤说明：①选中 d2school 集合；②在 d2school 集合下，单击 New 按钮，新增 **redisclient** 变量；③配置 base 项"...\redisclient - master"；④配置 include 项...\redisclient - master **\src** "。路径中的省略内容即图中划线部分，应视你的实际配置做相应修改。

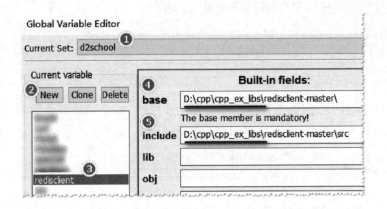

图 14 - 34　添加 redisclient 全局路径变量

14.4.11　HelloRedis

在 Code::Blocks 中新建一控制台项目,取名 hello_redis。因为用到 asio 库和 redisclientSDK,因此需做如下配置。打开项目构建配置对话框:①左边项目树选中根节点 hello_redis;②右边切换到 Linker settings 页;③在"Link libraries:"框内加入以下两项:"boost_system $(#boost. suffix)"和 Ws2_32,如图 14 - 35 所示。④切换到 Search directories 页;⑤选中 Compiler;⑥在 Compiler 框内加入以下两项:"$(#boost. include)"和"$(#redisclient. include)";⑦从 Compiler 切换到下一页 Linker;⑧添加"$(#boost. lib)",如图 14 - 36 所示。

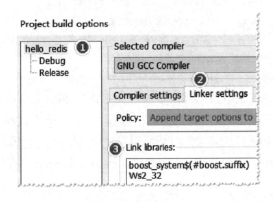

图 14 - 35　配置 hello_redis 链接库

为了临时关闭 boost 库兼容 auto_ptr 带来的警告,还可以选:从 Search directories 切换回第一页 Compiler settings,在其下找到"#defines",然后加入 BOOST_NO_AUTO_PTR 的宏定义。main. cpp 文件内容:

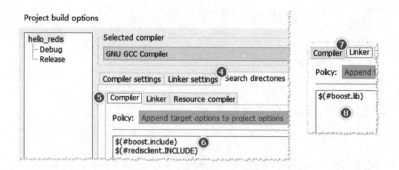

图 14 - 36　配置 hello_redis 编译搜索路径

```
#include < iostream >
#include < string >

#include < boost/asio/io_service. hpp >
#include < boost/asio/ip/address. hpp >

#include < redisclient/redissyncclient. h >

using namespace boost;

int main(int, char * * )
{
013 asio::io_service ios;
014 redisclient::RedisSyncClient redis(ios);

    //connect:
    std::string errmsg;
    auto address = asio::ip::address::from_string("127.0.0.1");
    const unsigned short port = 6379;
020 if( ! redis.connect(address, port, errmsg) )
    {
        std::cerr << "connect redis fail. " << errmsg << std::endl;
        return -1;
    }


    //SET:
027 redisclient::RedisValue result;
    std::stringconst key = "sdk:demo:welcome";
029 result = redis.command("SET", {key, "hello redis"});
030 if( result.isError() )
    {
        std::cerr << "SET error. " << result.toString() << "\n";
        return -1;
```

```
    }

    //GET：
037 result = redis.command("GET", {key});
    if( result.isError() )
    {
        std::cerr << "GET error. " << result.toString() << "\n";
        return -1;
    }

044 std::cout << result.toString() << std::endl;
}
```

请看 013 行,和之前所写的多数 asio 程序一样,程序上来就定义一个 io_serivce 对象。还记得吧? 它可是一个 asio 程序的"引擎"。不过,迅速扫描整个代码后,发现没有调用该对象的 run()等方法,这是因为本例所有操作均为同步操作。

014 行定义一个 Redis**Sync**Client 的对象,即 redis **同步**客户端对象,程序将它用作三件事:一是连接 redis 服务端,即 020 行的 connect()方法调用;二是执行一次 SET 指令,即 029 行的 command()方法调用;三是执行一次 GET 指令,即 037 行的 command()方法又一次调用。command()方法原型为:

```
RedisValue command (
            std::stringconst& cmd
            , std::deque < RedisBuffer > args
            );
```

返回值类型为**RedisValue**,在 027 行定义,程序两次使用到它的 isError()方法,用于判断 SET 和 GET 指令是否成功。程序三次使用到它的 toString()方法,前两次在 isError()为真的情况下,显示出错消息,最后一次用于显示 GET 指令得到的结果。

两个入参,第一个入参 cmd 是指令字符串,不带参数,第二个参数是指令的参数,使用双向队列 std::deque <T> 保存。参数可以有零或多个,每个参数使用"RedisBuffer"表达。每个参数可以使用 "char const * "、std::string 或 std::vector < char > 表达,借助 RedisBuffer 的转换构造函数,程序可以方便地将以上三种类型转换至 RedisBuffer。

【危险】: **RedisBuffer 并不复制入参内容**

RedisBuffer 对象并不复制具体的参数内容,它只是使用指针记录"char const * "或者指向 std::string 和 std::vector < char > 内部的"char const * "的指向。当然,也不用太紧张,因为 command()是 Redis**Sync**Client 的成员函数。后者正如其名,用于执行同步的命令(command),通常就是在当前线程中"一气呵成"地调用 command( ),因此只要不作,不跨线程使用 Redis**Sync**Client 对象,就不会有问题。

以 029 行的调用为例:

```
029 result = redis.command("SET", {key, "hello redis"});
```

第二个入参使用了 C++ 11 提供的"列表式初始化",在函数调用位置直接构造出一个 deque <T> 对象,即在花括号中写上容器中各元素的值。以上代码相当于:

```
std::deque < RedisBuffer > args {key, "hello redis"};
result = redis.command("SET", args );
```

 【小提示】:也许这一刻你正好想忆苦思甜

如果一定要用 C++ 98 的老标准写,以上代码得写成这样:

```
std::deque < RedisBuffer > args ;
args.push_back(key);
args.push_back("hello redis");
result = redis.command("SET", args );
```

nekipelov 提供的 command( )方法只有这么一个版本,因此哪怕只有一个入参,也需要明确构造 deque < RedisBuffer > 对象。037 行的调用就是一个实例:

```
037 result = redis.command("GET", {key});
```

受益前面说的 C++ 11 新标,这样的接口设计倒也表意清晰,并不失简捷。

 【小提示】:单一通用接口和细分多接口

有一些 SDK 为 redis 的指令,比如前面学习到的"SET/GET/MSET/MGET" "HSET/HGET/HMSET/HMGET/HDEL"和"SADD/SCARD/SINTER"等,一一提供对应的方法。这是一个巨大的工作量。

nekipelov 的 redisclient 只提供一个通用的接口 command(...)。幸好,我们已经在前面学习了不少指令,后续的工作就是将它们套用到 command(...)方法上,包括入参组织和对返回结果(RedisValue)的正确解析。在实际项目中使用时,建议以"按需封装"方式对用到的指令做适当的封装,以避免代码到处组织指令数据。

完成两次 command( )调用,两次错误判断,如果一切无误,程序在最后的 044行,输出结果对象执行 toString( )方法的内容。请各位执行编译并运行程序,查看结果。然后打开 redis - cli,使用 GET 指令查看 sdk:demo:welcome 指定的数据项内容。

14.4.12 数据流动：从库到缓存

1. 项目配置

在 Code：：Blocks 中新建一控制台项目，命名 db_to_cache。该项目将从 MySQL 数据库中读出 2008 年奥运冠军表的记录，再写入缓存，因此涉及 asio、boost、redisclient、mysqlpp 和 mysql 等第三方库，所以配置必将更复杂一些。

😀【轻松一刻】：项目配置复杂和师生志气高低的关系

项目配置复杂，这正说明我们写的例程越发接近企业的实际项目需要。就拿眼下要写的这个项目来说，我们已经可以到为某些写后台程序的 C++程序前辈打打下手的水准了。

"那大概可以拿到多少钱呢？"

"怎么就想着赚钱啊？真没志气。月薪应该够买九十套《白话 C++》吧。"

"怎么就想着卖书啊？真没志气。"

搞定一个复杂的项目配置真拿不到什么高工资，但这一小节还真有一些"很玄"的知识点，有助于我们今后拿高薪。过会儿再说，继续我们的苦力活，配置项目。以下是 db_to_cache 的各个配置项说明，建议参照 hello reids 项目阅读。相比前一项目，本项目新增的配置项部分使用加粗标示，如表 14－17 所列。

表 14－17 db_to_cache 项目配置表

配置项	配置位置	配置内容
需要添加的全局宏定义	Compiler settings / #defines	BOOST_NO_AUTO_PTR
需要添加的编译选项	Compiler settings / Other compiler options（详见 14.3 节 db_connection 项目配置）	**－Wno－attributes** **－Wno－deprecated－declarations**
需要添加的第三方链接库	Linker settings / Link libraries	boost_system $(#boost.suffix) Ws2_32 **mysqlpp** **mysql**
需要添加的编译搜索路径	Search directories / Compiler	$(#redisclient.INCLUDE) $(#boost.INCLUDE) **$(#mysqlpp.INCLUDE)** **$(#mysql.INCLUDE)**
需要添加的链接搜索路径	Search directories / Linker	$(#boost.LIB) **$(#mysqlpp.LIB)** **$(#mysql.LIB)**

2. 从数据库读(一)

还记得 MySQL＋＋读取数据记录的套路吧？创建数据库连接对象,创建查询对象、发起查询并得到结果对象,处理查询结果对象。哦,那今天的新需求也不复杂呀！你看,你都已经得到"查询结果对象"了,只要再迈一小步:"把结果对象写入缓存",整件事不就完结了吗？有多少人心里是这么想的？举个手。

【轻松一刻】: 第一批掌握拿高薪技能的学员已经产生

恭喜,第一批成功掌握拿高薪技能的学员已经产生。你们具备乐观的精神、强大的表达能力和直透现象抓本质的思维能力,你们天生是当领导的料,产品经理、项目经理或销售经理随便挑一个,工资都远高于程序员。

或许你以为这一则"轻松一刻"是在反讽,不是,以上所说皆事实,技术分析见下。

当我们希望使用容器 C 保存某些信息,而我们手上又正好有数据 D1。此时需要先检查 C 所希望保存的信息,D1 都能够提供。如果不能,事情自然就没有领导说的那么简单了,因为这说明我们还需要去寻找新的数据源,比如 D2,并且有可能 D2 和 D1 之间还要进行某些计算才能得到容器 C 所要的信息,我们把这个要求称为源数据的信息完备性。

其次,假设 D1 所包含的信息已经是完备的,接下来还要检查 D1 的数据类型、数据结构、数据载体是否可以被容器 C 容纳。比如说 C 希望存放 1 千克液态水,D1 却是 1 吨的冰块,那么事情也没有领导说的那么简单,至少需要多一道化冰的程序嘛,我们把这个要求称为源数据与目标数据结构上的兼容性。

从数据库中取得的结果是 mysqlpp::StoreQueryResult 对象,该类既有父类又有母类,结果集既包含奥运冠军记录的字段信息,又包含全部记录数据,而我们想放进 redis 缓存系统的也就是这些信息,因此源数据的完备性没有问题。mysqlpp::StoreQueryResult 对象中每行记录的每个字段的值,都可以看成字符串类型,而 redis 的基础数据类型也正是字符串。redis 存储键值对,每个键不能重复,在奥运冠军记录的 abs_index 数据是主键,天生就满足不重复的要求。奥运冠军每一条记录都包含多个字段,而 redis 正好提供 Lists 或 Hashes 数据类型,支持每一个数据项包含有多个数据子项。由此可见,源数据与目标数据的结构兼容性也毫无问题。

事情如此的简单,以至于一边在做技术分析,在我的脑海一边浮现半成品的代码,让我们从套路中的"创建查询对象"写起:

```
//创建查询对象
auto Q = C.query("SELECT * FROM champions_2008");
//发起查询并得到查询结果对象
auto R = query.store();
```

```
//处理查询结果对象(直接将它存入 redis 中)
for (mysqlpp::Row const& row : R)
{
    std::deque < redisclient::RedisBuffer > args ;
    //生成唯一 KEY
    string key = "db:champions_2008:id:"
                    + to_string(row["abs_index"]);
    //KEY 是第一个入参
    args .push_back(key);
    //加入每个字段的值,组成 RPUSH 指令所需的完整参数:
    for (auto const& field : row)
    {
        args .push_back(to_string(field));
    }

    //使用 Lists 数据类型的 RPUSH 指令,插入 redis
    auto result = redis.command ("RPUSH", args);
    //检查 result
}
```

可以看出以上的 C++代码在读和写之间,对数据的"关注"非常小,近乎"透明"。既不关心从数据表中读出哪些字段,也不关心它们的类型,所有"加工"就是通过 to_string()函数(该函数未在示例代码中定义)将它们转成字符串类型,而后就丢进为 redis 指令准备的参数队列中。用一张图表示这一过程,如图 14-37 所示。

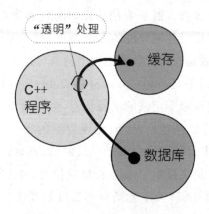

图 14-37 数据从 C++程序身上"轻快"地流入流出

《数据》篇花大篇幅讲解 MySQL、MySQL++库、redis 和 redisclient 库,现在又示意使用 MySQL++从 MySQL 中读出数据再以简捷的代码通过 redisclient 将数据写入 redis 中。我仿佛已经看到金老师和祖蓝老师并排站在屏幕前"神同步"地双手一摊:完美。

3. 信二定律

这一篇是不是可以结束了?虽然明明是在自夸,但情节发展至此,偏偏写书时作者又孤独得像是在空无一人的戏院里说单口相声,所以我只能很矫情地自问自答一句:"不,这不是终点;相反,《数据》篇的剧情才刚刚开始。"

故事是这样的:那是一个战火纷争的年代,有一个军事任务需要四大军团分工配合才有望完成。总司令分别找到四位军长甲乙丙丁各自交待一遍总体情况军团分工,以及战争过程中如何配合等事项。事情涉及 133 个关键时间点、709 个关键地点、1024 种可能的变化、军团间 3011 次信息交换。任务 1 周后开始,预期 4 个月,平均每天大小战役 5 到 6 场,其中 2 到 3 场需要加班。(咦,为什么打仗还有"加班"这一说?)司令交待完任务就走了,甲乙丙丁碰头商讨。甲提议:"我们要做的第一件事,应该是彼此同步从司令那边听到的目标与任务等相关信息,但除军事机密以外;这样可以避免在四大军团对重要目标与相关要求尚存在理解差异的情况下开展战役。"以下是三位军长的回答:

乙军长:"司令讲得不好吗?诸位乃耳聪目明、心智健全之人,何来理解偏差一说?开战前对一下手表就好。"

丙军长:"时间紧,任务重;彼此做信息同步虽有好处,却很费时,若因此贻误战机……"

丁军长:"依在下的经验,真正的军人都是一边打一边同步实时战况的,无能之辈才会在战前同步信息。"

战役开始,在甲军团以为乙军团会派来 500 辆装甲车时,迎来的却是 500 位群众演员的载歌载舞。丙军团在敌机黄蜂般飞过来时才发现别的军团早就挖了防空洞而他们却根本不知道敌方有空军……

复杂的软件项目就像一场大战役,来自用户的产品需求就是战役的司令官。四大军团的第一映射是软件研发中的不同队伍的分工和配合。比如有的负责数据库、有的负责运行环境、有的负责业务逻辑、有的负责前端展现,还有专项测试队伍等。没有实际军队会像故事中的军长们那样草率行事;也没有哪个实际项目中的各模块负责人会不做彼此间的需求沟通。所以,故事中的惨剧应该不会发生。

然而,以上说的都是主观情况。客观情况是:只要是人在干活,就有可能犯错。比如某数据库工程师明明知道要用数字表示性别,可是在系统上线前的 48 小时里,他突然就把该字段改成字符串类型。

这时候四大军团映射的关系,就由项目团队中的不同小队伍,衍射到各队伍开发出来的不同系统模块。或大或小的某个错误在乙模块的调度下从甲模块快速地流入丙模块,而后可能还要像癌细胞一样渗透、扩散到丁模块。信息的流动过程中,它们原本所具有的类型、结构、自我描述等信息(通常称为"元信息")非常容易发生"衰变",更可怕的是这种信息衰变经常是不可逆的。诸位也许熟悉"热力学第二定律",但应该没有听过南老师的"Second Law of the Informatics(信息学第二定律)",它是这么描述的:若无付出特殊代价的维护,信息在系统模块间流动的过程中,总是趋向于散失类型、结构和自我描述的清晰度与准确性;并且程序不可能对单一信息源加工使之完全恢复原有的清晰度和准确性。

也有"最新研究"认为,"信息学第二定律"和"热力学第二定律"的科学本质是一样的,它们都在描述"一个孤立系统的总混乱度(即'熵')不会减小",只不过"热二定律"限定的是"在自然过程中",而"信二定律"限定的是"在程序员群体写代码的过程中"。很明显,后者是横跨自然科学和社会科学两大领域,我们很快会做更多解释。

回到实际例子。在我们写的 C++程序中,将"奥运冠军记录"从数据库读出并快速转储到 redis 的缓存系统的过程中,各项数据原本丰富的类型信息就在系统中被抹平为一致的字符串类型。后续如果要再从 redis 中读出以便恢复类型信息,只能依靠当事程序员的脑力加工补全(但通常这个程序员多半连自己的头发都无法保全)。这就是"信二定律"的一个近在眼前的实例。

如果我们写的程序就止于将数据塞入缓存,那么前面所演示的方法是优秀的,因为既能达成功能,又使得代码简单直观、性能优异。然而各位终归是要写大程序的,《数据》篇怎能止于塞给各位一个信息快速"衰变"的小例子,然后只谈它的优点,却不指出它提高了系统熵值的事实以及背后的"信二定律"呢?

【轻松一刻】:四大军团即将会师

《数据》篇在一字未落之际,就清楚地知道自己的责任和困难:必须在保持案例简单的同时,营造案例的真实性,然后借助案例告诉读者数据在不同阵营之间应该如何流动。

教 MySQL 和 MySQL++?那是因为我们数据战场需要一个军团甲;教 redis 和 redisclient?那是因为战场上还需要一个军团乙;我们写的 C++程序算是军团丙。后面还会以前端为例加上军团丁。最终为读者呈现一个有四大军团合力大会战的数据战场,由此来增强数据战场案例的"真实性"。

4. 从数据库读(二)

"信二定律"很神奇:越多人信它,它就越不起作用;反过来越不信它,它就越发挥作用;而其主观原因或社会因素,可以回到故事中找一些原因。比如某军团负责人提到的"时间紧、任务重",就是逼迫许多程序员毫无原则或毫无选择地践行"信二定律"的重要社会原因。再如甲军团的建议不被采纳,很大的一个原因就是四大军团是近乎平行的机构,谁也指挥不了谁。可行的改进是在某个特定战役中让特定军团拥有较高的权责,或者另立一个统一的指挥机构。

对应到软件研发的分工,有些领导喜欢按功能模块分工,其背后隐藏一个重要理由:按功能模块分工,队伍之间的依赖关系最小,所以管理起来就最简单。但对于稍微复杂一点的系统,这个理由基本不成立。尽管表面上各个队伍仍然可以各干各活,齐头并进,营造一种效率很高的样子,但这往往只在项目刚刚开始的时候可行。因为这样的分工会让许多相同或相近的事情被"五花八门"地重复实现,这比"千篇一律"地重复更可怕。

仍以"数据流动"为例,在数据库、业务逻辑、缓存和前端之间,原本是一条数据的河流,现在也许因为有七个队伍,结果变成有七条或长或短、或宽或窄的数据流在涌动,并且每一条数据流都要与"信二定律"做斗争。与"按系统的功能模块"分工不同的另一种方法,是"按系统层次结构"分工。其中的层次又分成纵向层次和横向层次,前者指由用户界面到后端数据之间的分层,后者指上层偏向业务功能实现与底层偏向通用型支撑的功能实现。而数据就在层次间流动,如图 14-38 所示。

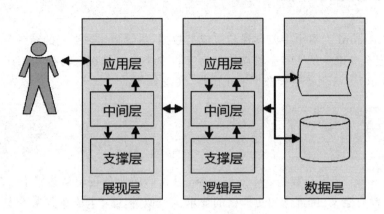

图 14-38　横纵会层与数据流动

在这种情况下,位于中间的层次天生具有"顶天立地"的能力,并负有"承前启后"的作用。所谓"能力越大、责任越大",因此可以让中间层多做一些工作,包括:检测流入数据的正确性;为流出数据保留类型结构信息等。基于这一思路继续 db_to_cache 项目,请打开 main.cpp,先是头文件包含和命名空间的使用:

```cpp
//db_to_cache main.cpp
# include < iostream >
# include < string >
# include < list >
# include < fstream > //后续会用到文件

# include < boost/asio/io_service.hpp >
# include < boost/asio/ip/address.hpp >
# include < redisclient/redissyncclient.h >

# include < mysql++.h >

using namespace boost;
```

正式代码一开始,是为"奥运冠军记录"定义数据结构:

```cpp
struct Record
{
    unsigned int abs_index;
    unsigned int day_index;
    std::string name;
    std::string province;
    unsigned short int sex;
```

```
    std::string memo;
    std::string photo;
    std::string item;
    std::string score;

    bool verification() const;//校验记录数据的正确性
};
```

结构 Record 为每个字段创建相应成员数据,尽管相比数据表的结构定义仍有信息丢失,但至少避免了所有字段被抹平为字符串类型的情况。另外我们还为它提供 verification()方法用于校验数据的正确性,实现如下:

```
bool Record::verification() const
{
    return ! name.empty() && (sex == 0 || sex == 1);
}
```

尽管 name 字段在数据表中允许为空,但我们的业务逻辑认为没有名字的奥运冠军记录没有意义,因此给出更严格的要求。类似的,sex 字段在数据表中只是通过注释描述了它的取值范围,挡不住哪天哪个熊孩子就把它改成一个奇怪的数值呢!

校验不仅仅发生在 verification()函数中。Record 保留每个字段的基本类型信息,因此 abs_index、day_index 和 sex 这三个整型成员都会在后续读取数据,自动做类型匹配检查,一旦类型转换失败,将抛出异常,避免"带病"数据继续扩散,如图 14 - 39 所示。

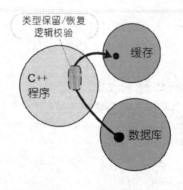

图 14 - 39 数据在流入 C++ 程序时接受检查,再流出

接下来定义"从数据库读"的函数,名为 ReadFromDB(),代码包括一个工具函数 to_string()用于实现 mysqlpp::String 到 std::string 的转换;以及一个异常类,用于在 verification()失败时抛出:

```
std::string to_string(mysqlpp::String const& s)
{
    return std::string(s.data(), s.size());
}
```

```
//定义一个异常，表示读取到的数据不合法
struct record_verification_fail : public std::exception
{
    record_verification_fail(unsigned int abs_index)
    {
        msg = "verification fail. id is "
                + std::to_string(abs_index) + ".";
    }

    virtual char const * what() const noexcept
    {
        return msg.c_str();
    }
private:
    std::string msg;
};

std::list < Record > ReadFromDB()
{
    mysqlpp::Connection con;

    while(true)
    {
        std::string pwd;
        std::cout << "请输入数据库密码:";
        std::getline(std::cin, pwd);

        //临时抑制异常，方便在密码错误等情况下
        //可以重新执行连接
        mysqlpp::NoExceptions ne(con);

        //每次重连，都要重新设置连接条件
        con.set_option(new mysqlpp::SetCharsetNameOption("gbk"));

        if (! con.connect("d2school", "127.0.0.1"
                        , "root", pwd.c_str()))
        {
            std::cerr << "连接出错。" << con.errnum() << ':'
                                    << con.error() << "\r\n";
            std::cout << "重新输入密码或按 Ctrl-C 退出" << std::endl;
        }
        else
        {
            std::cout << "成功连接数据库。" << std::endl;
            break; //记得跳出
        }
    }

    mysqlpp::Query query = con.query("SELECT abs_index"
                                ", day_index"
```

```
                        ", name"
                        ", province"
                        ", sex"
                        ", memo"
                        ", photo"
                        ", item"
                        ", score"
                        " FROM d2school.champions_2008");

    mysqlpp::StoreQueryResult res = query.store();

    std::list < Record > records;
    for (mysqlpp::Row const& row : res)
    {
        Record r;
        r.abs_index = row["abs_index"];
        r.day_index = row["day_index"];

        r.name = to_string(row["name"]);
        r.province = to_string(row["province"]);

        r.sex = row["sex"];

        r.memo = to_string(row["memo"]);
        r.photo = to_string(row["photo"]);
        r.item = to_string(row["item"]);
        r.score = to_string(row["score"]);

        //校验,判定数据不合法时,抛出异常
        if (! r.verification())
        {
            throw record_verification_fail(r.abs_index);
        }
        records.push_back(r);
        std::cout << r.abs_index << " ->" << r.name << std::endl;
    }

    return records;
}
```

你可以立刻在 main()内调用 ReadFromDB()加以测试。输入数据库连接密码时可以故意输错一次,可以帮助你理解代码中 while(true)循环的工作过程。重点是 ReadFromDB()既没有将读到的数据直接塞入缓存,也没有直接返回 mysqpp::StoreQueryResult 类型的数据,这符合我们之前谈到的,尽快将特定库的数据结构转换为标准库的数据结构的原则。

【重要】: 避免两个第三方库的数据结构碰头

还要特别地强调一点:原则上更需避免不同的第三方库之间的数据结构直接碰

头。比如在一段代码中交织使用 mysqlpp 名下的数据结构和 redisclient 下的数据结构。当然,在非常讲究性能或者某个库非常通用化的情况下,以上原则可以适当退让。

5. 往缓存中写

假设用户要求在"体育用品在线商城"的网页上展现奥运冠军的照片。网页系统显示图片最方便的做法是将图片放在 Web 服务端的特定磁盘目录上。因此,在程序将奥运冠军的每条记录每个字段的数据都读出来之后,别的数据将进入 redis 缓存,但照片数据将以磁盘作为缓存。

在《网络》篇中安装了 Windows 下的 nginx 服务端,请找到它的安装位置,进入其内的 html 子文件夹,在其下新建 shop 子文件夹,将来"体育用品在线商城"的部分演示页面将放于其内。而后再于 shop 文件夹下新建"image\cache"两级子目录用作该商城的图片缓存目录。比如我的 nginx 安装目录为"D:\nginx−1.11.8\",对应前述的图片缓存目录就是"D:\nginx−1.11.8\html \shop \image \cache"。

继续 db_to_cache 项目,在 main.cpp 原有代码之后添加以下内容:

```cpp
//先定义一个异常,在写缓存失败时都抛出该异常
struct write_to_cache_fail : public std::exception
{
    write_to_cache_fail(std::string const& msg)
        : msg(msg)
    {
    }

    virtual char const * what() const noexcept
    {
        return msg.c_str();
    }
private:
    std::string msg;
};

//写指定照片到 nginx 特定目录上
void WritePhotoToFile(unsigned int abs_index
                        , std::string const& photo)
{
    std::string filename
        = "D:\\nginx-1.11.8\\html\\shop\\image\\cache\\"
                        "db_champions_2008_id_"
                        + std::to_string(abs_index)
                        + ".jpg";

    std::ofstream ofs(filename.c_str(), std::ios::binary);
    ofs.write(photo.data(), photo.size());
```

```
        ofs.close();
}

void WriteToCache(std::list < Record > const& records)
{
    asio::io_service ios;
    redisclient::RedisSyncClient redis(ios);

    //connect:
    std::string errmsg;
    auto address = asio::ip::address::from_string("127.0.0.1");
    const unsigned short port = 6379;

    if( ! redis.connect(address, port, errmsg) )
    {
        throw write_to_cache_fail(errmsg);
    }

    for (Record const& r : records)
    {
        //先缓存图片到磁盘上
        WritePhotoToFile(r.abs_index, r.photo);

        //下面开始缓存到 redis
        //生成唯一 KEY
        std::string key = "db:champions_2008:id:"
                        + std::to_string(r.abs_index);

        std::deque < redisclient::RedisBuffer > args;
        //KEY 是第一个入参
        args.push_back(key);
        //其他入参
        args.push_back(std::to_string(r.abs_index));
        args.push_back(std::to_string(r.day_index));
        args.push_back(r.item);
        args.push_back(r.memo);
        args.push_back(r.name);
        args.push_back(r.province);
        args.push_back(r.score);
        args.push_back(std::to_string(r.sex));

        //使用 Lists 数据类型的 RPUSH 指令,插入 redis
        auto result = redis.command("RPUSH", args);
        //检查写到 redis 的结果,出错抛出异常
        if (result.isError())
        {
            std::string msg = "write " + key + "to redis fail.";
            throw write_to_cache_fail(msg);
        }
        //成功时在屏幕打出提示信息
```

```
        std::cout << "write " << key
                           << " to cache success." << std::endl;
    }
}
```

最后是 main()主函数：

```
int main()
{
    try
    {
        std::list < Record > records = ReadFromDB();
        WriteToCache(records);
    }
    catch(std::exception const& e)
    {
        std::cerr << e.what() << std::endl;
        return - 1;
    }
}
```

编译、运行程序，一切正常的话，请从 nginix 下查看刚刚建立的图片缓存目录，是否有冠军们的照片。另外请在 redis - cli 内使用 LINDEX 或 LRANGE 读取指定键的记录数据。

【课堂作业】：使用程序从 redis 中读出冠军记录数据。

使用 redis - cli 工具查看刚刚存入缓存的冠军数据，或许会看到所有汉字都是乱码。难道数据出错了吗？请继续 db_to_cache 项目，新增 ReadFromCache()函数，用于接受用户输入记录的 abs_index 值，然后依据该值从 redis 中读出相应数据项（不含照片）并输出到屏幕。

14.4.13 处理执行结果

1. RedisValue 简介

redisclient 使用 RedisValue 类对象承接各类指令执行后的返回结果。我们已经使用过它的 isError()用于判断结果是一个出错消息，还是正确的结果。如果是后者，还可使用 isString()、isInt()等方法判断结果数据类型，再以 toString()和"toInt()"等方法获取结果的值。

2. 结果成败判断

```
bool isOk() const
bool isError() const
```

这是一对互反的判断函数,若 isOk()返回真,则 isError()必然返回假。注意多数情况下查无结果并不代表操作失败。isError 通常在网络中断、数据格式出错等情况下才返回真。比如"DEL KEY"指令,如果指定 KEY 不存在,该操作返回整数 0,并且 isOk()为真;当结果为失败时,可以使用 toString()取得出错消息。

3. 结果数据类型判断

是否空值

```
bool isNull() const
```

用在 Strings 类型取值后,如为空串时,isNull()返回真。如果返回结果应为数组(参见后续 isArray()),但是数组为空,此时 isNull()并不为真。

是否整数

```
bool isInt() const
```

很容易产生一种错误认识:以为只要 redis 返回的值能够解析或转换成整数,则相应的 RedisValue 对象的 isInt()方法就会返回真。实际情况是,如果指令执行出错,则返回的是出错消息,因此总是当作字符串处理;如果执行成功,则 redis 会依据所执行的指令类型、在返回报文中加入标记,以指示客户端应以何种数据类型、何种数据结构来解释结果。

以 INCR 为例,该指令用于实现指定数据项的"自增"操作,因此除非执行出错,否则其返回结果必然是整数类型。因此必须使用 toInt()取值。如果使用 toString()取值,将取到空串。这类指令还有:INCR、DECR、INCRBY、DECRBY、HINCR 和 HDECR 等。另一类必须以整数解释的指令,它们通常用于返回"个数"。比如 DEL 指令返回实际删除的数据项个数。

是否字符串

```
bool isString() const
```

判断本次操作返回结果数据是否为字符串。例 1:

```
RedisValue v1 = redis.command("SET", {"-K-", "12"});
```

此时 vl.isString()为真,因为 SET 执行成功,返回 OK。例 2(续例 1):

```
RedisValue v2 = redis.command("INCR", {"-K-"});
```

如果执行成功,则 v2.isString()为假而 V2.isInt()为真,因为 INCR 指令用于将可转换为整数的数据项自增 1。

是否数组

```
bool isArray const
```

注意,哪怕是空数组,也是数组,而非空值 。例:

```
//先确保删除指定键
redis.command("DEL", {"SET_NOEXISTS"});

//然后尝试把它当作是一个 Sets 取所有成员
RedisValue v = redis.comand("SMEMBERS", {"SET_NOEXISTS"});
```

此时，v. isOk()为真，v. isNull()为假，v. isArray()为真。

是否为字节数组

```
bool isByteArray() const;
```

redis 并没提供专门的"字节数组"类型的结果数据。isByteArray()只是 isString()的别名，只为和取值方法中的 toByteArray()方法保持概念一致。

4. 取值操作

求整数值

一旦确定数据结构和类型，就可以使用 toXXX()系列成员函数取值：

```
int64_t toInt() const
```

当 isInt()为真时，可使用 toInt()方法取出整数值，类型为 int64_t。

求字符串值、求字节数组

```
std::string toString() const;
```

使用 std::string 存储字符串结构，也可以使用 std::vector < char >存储，方法为：

```
std::vector < char > toByteArray() const;
```

求数组

```
std::vector < RedisValue > toArray() const
```

std::vector 中存放的是 RedisValue，形成嵌套。幸好 redis 并不会返回"异构"的数组，意思是数组中的每一个 RedisValue 的数据类型都保持一致。例一：返回 Sets 数据的所有成员：

```
RedisValue members = redis.command("SMEMBERS", "k_sets");
if (members.isError())
    return;

assert(members.isArray()); //断言是数组

std::vector < std::string > s; //也可以考虑用 set < string >
for (RedisValue const& m : members)
{
s.push_back(m.toString());
}
```

例二:返回 Hashes 数据的所有键值对。针对 Hashes 数据的 HGETALL 指令,会返回该数据项包含的所有键值对,格式为一行键名接一行值,再接一行键名一行值。为方便测试,可先在 redis - cli 上执行以下命令:

```
HMSET k_hashes one red two green three yellow other blue
```

测试代码如下:

```
RedisValue kvs = redis.command("HGETALL", "k_hashes");
if (kvs.isError())
    return;

assert(kvs.isArray()); //断言是数组

autoarray = kvs.toArray();
assert(array.size() % 2 == 0); //断言个数是偶数

//转换为 std::map,更方便使用
std::map < std::string, std::string > m;
size_t pair_count = array.size() / 2; //几对

for (int i = 0;I < pair_count; ++ i)
{
    std::string key = array[i * 2];
    std::string value = array[i * 2 + 1].toString();
    m[key] = value;
}

//后续可以这么使用 map
std:cout << m["one"] << std::endl; //输出 red
```

14.4.14　异步访问 redis

后台程序在启动后通常先进入初始化的过程,必须在初始化完成之后,程序才开始对外提供服务。既然尚未开始提供服务,初始化期间程序也就没有什么并发压力,并且许多初始化步骤之间存在紧密的依赖关系;总之,采用同步机制一步步完成初始化操作,通常是正确的选择。就算是在系统提供服务的期间,除了像后台网络服务这样直面并发压力的模块之外,其他模块也不要轻易上异步模式。当然,有些服务的客户端模块本身就不支持异步模式,比如 MySQL++。

马上就要学习"redis/redisclient"所提供的良好的异步实现,但学习之前仍然要强调:第一、相比同步模式,异步模式总是会让事情变得更复杂、代码不直观、较难处理异常和错误;第二、虽然异步操作对提升程序的并发处理能力有帮助,但通常无助

于单笔业务的性能提升;第三、除异步以外,还有另外一些技术可供提升程序与缓存打交道的性能,比如"脚本"技术。

【小提示】: redis 的脚本功能

类似 MySQL 的存储过程,redis 也支持客户端将多条指令的复杂组合写成脚本形式发给服务端执行。以将数据库的记录搬入 redis 为例,如果记录数非常之多,一次一次发送指令确实耗时,但如果将所有记录的插入操作写成脚本,一次性发给 redis 执行,性能将有极大的提升(实测过,原本 10 数秒的操作会变成 1 秒以下)。redis 采用的是 Lua 脚本语言的语法,此处不讲解。不过后续课程会讲解相对简单一些的另一种批量操作方法。

除了改程序以外,假设系统压力大到确实让 redis 响应变慢,在实际企业中,最常见的一种方法其实是买服务器,部署更多的 redis 服务。为此在写程序时,倒是可以事先依据某种策略(比如以业务类型划分)安排不同缓存数据连接不同的 redis 服务。

如果到了增加 redis 服务器都无法解决问题的时候,或者到了老板都没钱买新的服务器的时候⋯⋯不说了,来看 Redis**Async**Cient 这个类吧。

1. RedisAsyncClient

之前用的是 Redis**Sync**Client,从名字就能看出它仅能用于同步操作。本节讲解的 redisclient::Redis**Async**Client,它只能用于异步操作。没办法,redisclient 的作者就是这么设计的。当然,这并不妨碍我们在一个程序里把二者都用上。redisclient::Redis**Async**Client 同样有 connect()和 command()方法,但返回值都变成是 void 类型,因为二者都只负责发起操作,然后直接返回,无法知道真实的操作是否成功。

异步连接

异步版 connect()方法的原型如下:

```
void connect(
    const boost::asio::ip::address &address,
    unsigned short port,
    std::function < void(bool, std::string const&) > handler );
```

前两个入参和同步版一样。第三个入参是连接完成(成功或失败)之后回调的操作。按说该函数应该使用泛型技术,以方便用户使用函数指针、函数对象、Lambda 表达式或 std::function 对象作为 handler 的入参,不过作者偷了个懒,估计是不想写太复杂的模板代码,直接使用 std::functon。在《网络》篇尝试以 C++风格封装 libcurl 某些操作的时候,我们偷过同样的懒。

回调操作原型是"void(bool /* connected */, std::string const& /* error */)",入参一表明本次异步连接是否成功,如果未成功,出错消息使用第二个入参表达。connect()还有一个重载版本,区别仅在于将前两个入参合并成一个 endpoint:

```
void connect(
    boost::asio::ip::tcp::endpoint const& endpoint ,
    std::function < void (bool, std::string const&) > handler);
```

Redis**Async**Client 还有两个和连接有关的方法:

(1)判断是否已经连接到 redis 服务端:

```
bool isConnected () const;
```

(2)断开与 redis 服务端的连接:

```
void disconnect ();
```

稍后的课程将讲到 disconnect()方法的一个典型用处。

异步指令

异步版 command()的原型:

```
void command (
    std::string const &cmd
    , std::deque < RedisBuffer > args ,
    ,std::function < void(RedisValue) > handler = dummyHandler);
```

和同步版仍然很相似。cmd 是本次要执行的 redis 指令,args 是参数表。注意,该入参规格不是传址(引用)而是传值(复制),所以外部程序可以不用维护其生命周期。handler 是指令执行完成(成功或失败)之后的回调;考虑到有时候对某些指令的执行并不关心是成是败,所以该入参有默认,这个默认的处理就是"什么都不处理"。

回调操作原型是"void (**RedisValue** / * value * /)",即返回 reids 执行结果,在同步版中已经多次用到 RedisValue 类。

其他

另外,Redis**Async**Client 也提供了基于 redis 的"订阅/发布"功能,本书不作讲解。

2. 和 asio 的结合

redisclient 基于 asio 实现底层网络通信功能,自然也包括基于后者实现底层异步机制。各位是否想起那些名为 StartXXX()和 OnXXXFinished()的函数们?

前面提到,connect()和 command()所需的回调操作类型,基于 std::function;相比 asio 自带的各类异步操作,在使用上会啰嗦一点,代码中可能需要更多地用到 std::bind()和 std::placeholders。另外,根据之前所学,我们知道 asio 的 io_services 对象会在"事件链"中断开结束 run()方法,并且知道这样设计的目的是为了避免让 asio 变成一个"框架"。然而,在 redisclient 这里,或许为了更好地支持订阅等功能,它采用的是"长连接"设计:只要程序不主动断开连接,客户端就会一直在尝试读取 redis 服务端有没有发来数据。这将造成 io_service 对象的 run()方法不会退出,解决方法一是主动断开连接;方法二是主动停止 io_service 对象的运转。

考虑到实际项目中 io_service 肯定不仅仅在为 redis 异步读写提供服务,主动停止 io_service 运转恐怕会造成其他操作也停止,除非我们为 redis 提供专用的 io_service 对象,否则总应该优先选择第一个方法。

3. "从库到缓存"异步版

本节示例如何将"从库到缓存"的功能实现,从同步机制改为异步机制。请新建一控制台项目 async_db_to_cache,参考 db_to_cache 项目做好配置。main. cpp 代码如下,其中和同步版完全一致的地方不再写出,仅作标志处理:

```
# include < iostream >
# include < string >
# include < list >
# include < fstream >

# include < redisclient/redisasyncclient. h >
# include < mysql + + . h >

using namespace boost;

struct Record
{
/ * 略,与同步版相同 * /
};

std::string to_string(mysqlpp::String const& s)
{
/ * 略,与同步版相同 * /
}

//定义一个异常,表示读取到的数据不合法
struct record_verification_fail : public std::exception
{
/ * 略,与同步版相同 * /
};

std::list < Record > ReadFromDB()
{
    / * 略,与同步版相同 * /
}

bool Record::verification() const
{
/ * 略,与同步版相同 * /
}
```

```
void WritePhotoToFile(unsigned int abs_index
, std::string const& photo)
{
    /* 略,与同步版相同 */
}

// 负责将数据异步写入缓存的类
struct AsyncCacheWriter
{
    typedef AsyncCacheWriter Self ;
public:
    AsyncCacheWriter(asio::io_service& ios
            , std::list < Record > const& records)
        :_redis(ios), _records(records)
    {
    }

    void Start(); //对外开放的"开始干活"的接口

    //是否写完所有记录
    bool IsFinished() const
    {
        return _finished;
    }

    //如果未完成,出错原因是什么
    std::string GetErrorMessage()
    {
        if (_current_id == 0) //id 为 0 就出错?应该是没连接上
        {
            return _error;
        }

        std::stringstream ss;
        ss << "Write to cache fail on "    //出错时正处理记录 ID
            << _current_id << "." << _error;

        return ss.str();
    }

private:
    //开始连接
    void StartConnect();
    //连接结束时回调
    void OnConnectFinished(bool connected
                    , std::string const& error);
    //开始写一条记录
    void StartWriteOneRecord();
```

```cpp
    //写一条记录结束时的回调
    void OnWriteOneRecordFinished(
                        redisclient::RedisValue const& value);

    //不想继续时,不能仅仅不产生事件,还必须主动调用 stop()
    void Stop()
    {
        //必要时需断开连接,否则 io_service.run()会一直在运行中
        _redis.disconnect();
    }

private:
    redisclient::RedisAsyncClient _redis;

    std::list < Record > const& _records; //注意:引用
    //迭代器,指向当前正在写的 Record
    std::list < Record >::const_iterator _iter;

    bool _finished;   //记录是否成功完成所有记录
    unsigned int _current_id; //当前正在写的记录 ID (abs_index)
    std::string _error; //出错时收到的异常消息
};

void AsyncCacheWriter::Start()
{
    _iter = _records.begin(); //迭代器指向第一条

    _finished = false; //标志为未完成
    _current_id = 0;
    _error.clear();

    StartConnect(); //开始连接
}

void AsyncCacheWriter::StartConnect()
{
    auto address = asio::ip::address::from_string("127.0.0.1");
    const unsigned short port = 6379;

    auto on_finished = std::bind(&Self::OnConnectFinished
                                , this, std::placeholders::_1
                                , std::placeholders::_2);
    _redis.connect(address, port, on_finished);
}

//连接完成
void AsyncCacheWriter::OnConnectFinished(bool connected
                    , std::string const& error)
{
    if (! connected)
```

```
    {
        _error = error; //出错了,因为连接还没有建立,所以不需要调 Stop()
        return;
    }
    //开始写第一条记录
    StartWriteOneRecord();
}
//发起往缓存中异步写入一条记录的指令
void AsyncCacheWriter::StartWriteOneRecord()
{
    if (_iter == _records.end()) //事情结束出口:判断是不是写完了
    {
        _finished = true;
        Stop(); //完事了,必须主动调 stop(),否则程序会一直在跑

        return;
    }


    //先缓存图片到磁盘上
    WritePhotoToFile(_iter->abs_index, _iter->photo);

    //下面开始缓存到 redis
    //生成唯一 KEY
    std::string key = "db:champions_2008:id:"
                    + std::to_string(_iter->abs_index);

    std::deque < redisclient::RedisBuffer > args;
    //KEY 是第一个入参
    args.push_back(key);
    //其他入参
    args.push_back(std::to_string(_iter->abs_index));
    args.push_back(std::to_string(_iter->day_index));
    args.push_back(_iter->item);
    args.push_back(_iter->memo);
    args.push_back(_iter->name);
    args.push_back(_iter->province);
    args.push_back(_iter->score);
    args.push_back(std::to_string(_iter->sex));

    _current_id = _iter->abs_index;

    auto on_finished = std::bind(&Self::OnWriteOneRecordFinished
                                , this, std::placeholders::_1);

    //使用 Lists 数据类型的 RPUSH 指令,插入 redis
    _redis.command("RPUSH", args, on_finished);
}

//一条记录写完
```

```
void AsyncCacheWriter::OnWriteOneRecordFinished(
                        redisclient::RedisValue const& value)
{
    if (value.isError())
    {
        _error = value.toString();
        Stop();  //出错了,也必须主动调 stop(),否则程序会一直在跑
        return;
    }

    std::cout << "write record " << _current_id
     << " to cache success." << std::endl;

    ++_iter;  //前进到下一条记录
    StartWriteOneRecord();
}

int main()
{
    //读数据还是同步的
    std::list < Record > records;

    try
    {
        records = ReadFromDB();
    }
    catch(std::exception const& e)
    {
        std::cerr << e.what() << std::endl;
        return -1;
    }

    asio::io_service ios;
    AsyncCacheWriter writer(ios, records);
    writer.Start();

    ios.run();  //这次是异步操作,所以必须调用 run()

    //看看是否有错,有的话就打印出来看看
    if (! writer.IsFinished())
    {
        std::cerr << writer.GetErrorMessage() << std::endl;
    }
}
```

对比同步版本,异步版的代码结构确实复杂了许多。带来复杂性的一个重要原因是我们总在前一个异步操作完成之后,再发起下一个操作。在很多情况下必须这样做,包括但不限于:

（1）上一步操作成功是发起下一步操作的必要条件；比如网络异步连接操作成功了，才能发起读或写操作；

（2）必须读到上一步服务端的返回结果，才能知道如何发起后续的操作；比如想从服务端读出一个数，然后程序需要依据该数是正数还是负数，发起不同的下一个操作；

（3）服务端或用于客户端开发的 SDK 不支持。比如"MySQL/MySQL＋＋"在一个连接上，就只支持"一问一答"的交互方式。

redis 在此刻露出傲娇的表情，这家伙在得意什么呢？

14.4.15 "流水线"执行指令

1. "流水线操作"概念

多数情况下，客户端通过同一连接和服务交互，基本是一次请求对应一次响应的模式，简称"一来一答"。以 redis 为例，假设存入一个 0，然后想让该数据项连续自增 2 次，以 C 代表客户端的请求，S 代表服务端的响应，二者一问一答的过程如下：

```
C: SET X 0
S:0
C:INCR X
S: 1
C: INCR X
S: 2
```

当客户端以同步方式一步步发起以上请求时，整个过程当然就是这种一问一答的模式。在等待结果的过程中，哪怕只有 50ms，发起同步请求的线程在这 50ms 里只能无所事事地干等。假设服务端响应得更慢一点，终将严重降低客户端程序的并发处理能力。我们很不爽，又买不起更多服务器，于是把代码改成异步模式；再也不担心线程陷入死等了。嗯，除了代码复杂一点，事情似乎很完美。客、服双方的数据交换，还有什么可改进的吗？

请注意，异步模式带来的最大变化，是服务端的某一次响应到达之前，发起请求的线程可以直接"跑开"去干别的事。带来程序处理并发事务的能力，对于单一连接上的操作速度不仅不能提升，而且有可能因为代码更复杂而下降了。并且，就算改成异步模式，客户端和服务端之间的交互仍然是一问一答、一来一往的模式。假设客户端和服务端之间的网络性能很差，一方发出数据到达另一方需要 0.5s，一来一往就是 1s。前述的一次 SET、两次 INCR 的操作组合，光浪费在网络传输上的时间就有 3s。这个一来一往的时间有个专业的名词"Round Trip Time"，简称 RTT。

假设下一次操作并不依赖于上一次的结果，倒是有一个压缩 RTT 的简单方法：将连续的多个指令打成一个包，一次性发给服务方。打包统一发货的成本比较低，这个道理大家都懂。在同一家网站下一单买三件衣服，如果商家非要分三次发货，再收客户

三次快递费,那肯定要被骂无良商家的。应用到之前例子,客、服之间的交互变成:

```
C:SET X 0 ～ INCR X ～ INCR X
S: 0 ～ 1 ～ 2 ～ 3
```

这种操作方式被称作 Pipelining,意为流水线操作。当然,以上交互内容仅用于示例,并不是在多个指令之间加个波浪线就能搞成流水线操作的。流水线操作的原理很简单,但也得看人家服务端愿不愿意支持,有没有支持。你看 redis 那傲娇的脸,没错,它是支持的。redis 能够接受同一连接发来的流水线指令,然后排队依次处理它们,最为关键的是能够确保以同样的次序,一个个返回结果。

2. "流水线"指令实例

如果有一组指令操作,程序可以只关心最后一个指令的执行结果,甚至连最后一个结果都可以不关心时,这种情况特别适合使用流水线指令 。下面演示五个指令的执行,它们分别是:一个 SET、三个 INCR 和一个 GET 指令,程序将只关心最后 GET 得到的值是否正确。

使用 reisclient 发起流水线式指令的方法很简单,只需使用一个异步类型的客户端,在连接成功之后,依序发起异步指令即可。新建一控制台项目,取名 redis_batch_cmd,参考 hello_redis 做好项目配置。main. cpp 代码:

```cpp
# include < iostream >
# include < redisclient/redisasyncclient.h >

using namespace std;
using namespace boost;

int main()
{
    char const * key = "demo:pipelining:sample_A";

    asio::io_service ios;
    redisclient::RedisAsyncClient redis(ios); //异步客户端

    auto address = asio::ip::address::from_string("127.0.0.1");
    const unsigned short port = 6379;

    //异步连接采用 lambda,注意所有后续操作都在这个 lambda 内发起
    redis.connect(address, port
        , [&redis, key](bool connected, std::string const& error)
    {
        if (! connected)
        {
            cerr << error << endl;
            return;
        }
```

```
        //依序,连续发出五个指令
        redis.command("SET", {key, "0"});
        redis.command("INCR", {key});
        redis.command("INCR", {key});
        redis.command("INCR", {key});
        //仅最后一个指令关心结果
        redis.command("GET", {key}
            , [&redis](redisclient::RedisValue value)
        {
            redis.disconnect(); //主动关闭

            if (value.isError())
            {
                cerr << value.toString() << endl;
                return;
            }

            cout << "value is " << value.toString() << endl;
        });
    }); //lambda 表达式结束

    ios.run();
}
```

编译、运行,在屏幕上看到的结果是正确的"3"。

【课堂作业】:流水线模式和一问一答模式对比

请另建一项目,将上例功能改用"一问一答"模式实现,即每一个指令都在前一指令执行结束之后再开始,要求事件完成全部采用 Lambda。对比两种模式下明显不同的代码结构,顺带还可以对比一下双方的响应时长。

如果需要知道流水线中每一步指令的结果,那也可以实现,以下改为输出每一步执行结果的 main.cpp 代码:

```
#include < iostream >
#include < redisclient/redisasyncclient.h >

using namespace std;
using namespace boost;

//用 requet_index 表示是第几个指令,从 0 开始
void handle_result (int requet_index
                    , redisclient::RedisAsyncClient& redis
                    , redisclient::RedisValue value)
{
    std::string r;

    if (value.isError())
```

```
    {
        r = "redis error!";
        redis.disconnect();
    }
    else if (value.isString())
    {
        r = value.toString();
    }
    else if (value.isInt())
    {
        r = std::to_string(value.toInt());
    }
    else
    {
        r = "[array or object]";
    }

    cout << requet_index << " => " << r << endl;
}

int main()
{
    char const * key = "demo:pipelining:sample_A";

    asio::io_service ios;
    redisclient::RedisAsyncClient redis(ios); //异步客户端

    auto address = asio::ip::address::from_string("127.0.0.1");
    const unsigned short port = 6379;

    redis.connect(address, port
        , [&redis, key](bool connected, std::string const& error)
    {
        if (! connected)
        {
            cerr << error << endl;
            return;
        }

        auto handle_0 = std::bind(handle_result
                                    , 0
                                    , std::ref(redis)
                                    , std::placeholders::_1);
        redis.command("SET", {key, "0"}, handle_0);

        auto handle_1 = std::bind(handle_result
                                    , 1
                                    , std::ref(redis)
                                    , std::placeholders::_1);
        redis.command("INCR", {key}, handle_1);
```

```
    auto handle_2 = std::bind(handle_result
                            , 2
                            , std::ref(redis)
                            , std::placeholders::_1);
    redis.command("INCR", {key}, handle_2);

    auto handle_3 = std::bind(handle_result
                            , 3
                            , std::ref(redis)
                            , std::placeholders::_1);
    redis.command("INCR", {key}, handle_3);

    //最后一个继续使用 lambda
    redis.command("GET", {key}
        , [&redis](redisclient::RedisValue value)
    {
        redis.disconnect(); //主动关闭

        if (value.isError())
        {
            cerr << value.toString() << endl;
            return;
        }

        cout << "value is " << value.toString() << endl;
    });
});

ios.run();
}
```

编译、运行的输出如下:

```
0 = > OK
1 = > 1
2 = > 2
3 = > 3
value is 3
```

结果表明,各步骤执行次序和中间结果是匹配的。

【课堂作业】:异步+流水线指令

将 async_db_to_cache 项目改成使用"流水线"指令,循环所有记录写入缓存。

14.4.16 典型应用:缓存会话数据

你给我打一个电话,说着说着掉线了,通常我的手机很快就能知道这一情况,于是我知道我们之间的这一次交流结束了。这么一个简短的案例,要帮我们解决两个问题。一是什么叫"Session(会话)"。双方交流有明确的开始和结束,这中间的过程就叫一个会话;二是为什么手机能够感应到"掉线"呢?想必在通话之后的两个手机之间有技术手段在检测一个网络连接是否存在。

浏览器和应用后台之间也有连接,但这些连接只用于从后台拉取网页内容,和屏幕前的用户是否在线没有明确的对应关系,甚至就算是回到前面说的手机通话的情景,也会存在连接无法明确代表是否在线的时候,比如在和我通话时,你突然看到一个路人,于是你盯了人家五分钟,这五分钟内电话这头的我听不到你的任何回应,这种情况下我会认为你不在电话边上,于是判定你掉线,我会干脆地挂断电话。

B/S 结构的系统中,程序通常会为每个登录的用户维护一份小小的数据,记录这个用户和后端有来往的最后一次操作时间,如果这个时间太久没有更新,比如 30 分钟,系统就判断用户可能离开电话跑掉了,或者就算坐在电脑前也没有在用本系统,于是判定该用户下线,这份数据就叫"用户会话数据"。

想想你打开淘宝或京东网站,单击各个链接,通常这些单击动作都会触发浏览器和后台网站产生一次或数次交互,这些交互都会刷新用户会话数据,将如此频繁访问的数据放到数据库中不太合适,剩下的选择就是放到外部独立的缓存系统或者业务逻辑程序的内部。考虑到后者可能会被平行部署为多个进程,所以放到外部独立的缓存系统是一个受推荐的选择,如图 14 - 40 所示。

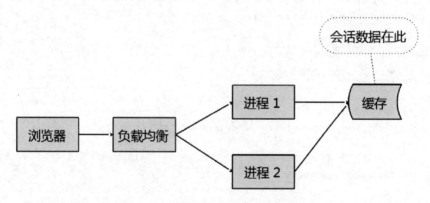

图 14 - 40 会话数据存储在外部独立的缓存中

在这种结构下,用户登录请求可能发给"进程 1",而 5s 后的下一次交互请求可能发给"进程 2",但后者同样可以从外部独立的缓存中读到该用户的会话数据,从而正确判定该用户是否在线。

会话数据存储在 redis 中需要有个唯一的 KEY,也称作"会话 ID"。尽管是为每个用户创建"用户会话数据",但同一个用户前后会有多次登录;何况有些系统还允许同一用户通过桌面电脑或手机同时访问系统,因此不能以用户 ID 号作为缓存的KEY。我们把确保不同进程产生的会话 ID 不重复的任务,也交给 reids 实现。别忘了它的 INCR 指令可以递增指定的数据项,并确保原子性。进程也不是毫无作为,为了让键名有更好的可阅读性,进程会这样组织会话 ID:"session:user:用户 ID:编号",编号来自 redis。

在程序第一次运行之前,需要手工为 redis 准备好该编号,称作"埋种"。该数据键名为"seed:session:user",值必须是整数,通常从 0 开始,这样第一个登录用户得到的编号就是 1。请在 redis – cli 中执行如下操作:

```
SET seed:session:user 0
```

在 Code::Blocks 新建一个控制台项目,命名为 session_test。请参考项目 hello_redis 做好配置。

1. 用 redis 实现自增 ID

先给出实现以 INCR 指令处理 redis 特定数据项,从而得到"自增 ID"效果的完整代码。请将 session_test 项目中的 main.cpp 文件内容修改如下:

```cpp
#include < ctime >          //后面需要取当前时间
#include < iostream >
#include < sstream >        //后面需要用 stringstream 拼装 KEY

#include < boost/asio.hpp >
#include < boost/asio/io_service.hpp >
#include < boost/asio/ip/address.hpp >

#include < redisclient/redissyncclient.h >

using namespace boost;

//用户会话种子的 KEY
char const * key_seed_session_user = "seed:session:user";

//从 redis 中取最新的用户会话种子编号
int64_t GetNewSessionSeedNumber(
                    redisclient::RedisSyncClient& redis)
{
    redisclient::RedisValue value = redis.command(
                            "INCR"
                            , {key_seed_session_user}
                        );

    if (value.isError())
    {
        std::cerr << value.toString() << std::endl;
        return 0L;
    }

    if (!value.isInt())
```

```
    {
        return 0L;
    }

    return value.toInt();
}

int main()
{
    asio::io_service ios;
    redisclient::RedisSyncClient redis(ios);

    std::string errmsg;
    auto address = asio::ip::address::from_string("127.0.0.1");
    const unsigned short port = 6379;

    if( !redis.connect(address, port, errmsg) )
    {
        std::cerr << "connect redis fail. " << errmsg << std::endl;
        return -1;
    }
    //以下仅为测试:
    for (size_t i = 0; i < 10; ++i)
    {
        std::cout << GetNewSessionSeedNumber(redis) << std::endl;
    }
}
```

重点是 **GetNewSessionSeedNumber()** 函数,每次调用它,都会以 INCR 指令访问我们之前准备的 ID 种子。注意这次我们用到了 redis 查询结果 RedisValue 类的 isError()、isInt() 和 toInt() 方法,后者返回 int64_t 类型。请顺带复习这一类型的最大值,算算得是多频繁的访客量,你未来的网店才会因为该值溢出而发生问题?

2. UserSession 结构

通常用户会话数据可以或需要包含以下数据:用户 ID、用户本次登录时间和用户最后一次活动时间。有的业务系统还会记录:用户最后一次单击 URL 以及用户登录时的地理位置、用户登录环境(操作系统,硬件、网络)等。出于简化,本例只取前三者。用户会话数据结构名为 UserSession,定义如下:

```
struct UserSession
{
    unsigned int user_id;              //在数据表中,用户 Id 是整型
    std::time_t  login;                //登录时间
    std::time_t  last;                 //最后一次活动时间
};
```

　　UserSession 被设计成一个简单的、仅用于存储一组相关数据的结构,它几乎不提供行为。比如,它不负责在构造时往 redis 中塞入一条对应的数据,也不负责在析构时从 redis 中删除之前塞入的数据。如果这样设计,就意味着程序将在运行期间长期拥有并维护一堆 UserSession 对象的生命周期,这不正和我们将会话数据交至外部独立缓存的初衷相矛盾吗?

　　除非想在程序内部提供比外部缓存更高效的"一级缓存",否则几乎找不到在进程内部维护 UserSession 对象的理由。尽量避免在系统中多个地方的多份实体数据都在维护同一份逻辑,更别忘了后台负责业务逻辑的程序很可能被部署运行为多个进程,看看图 14-41 所示的可怕情况。

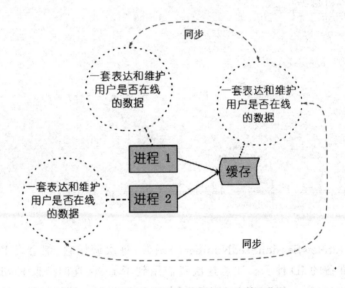

图 14-41　"用户是否在线"被"多头管理"了

　　简而言之,用户登录产生"会话数据"。"用户登录操作"是"因","会话数据"是"果",而后"用户的其他操作"是修改"会话数据"的"因"。"会话数据"唯一有机会作为"因"的情况,是让它负责自检,如果检测到"last(最后活动时间)"停留在半小时之前,此时它本可以"大开杀戒",主动地、积极地发起将用户"踢"下线的操作。然而,我们不会把这个机会交给他,两个原因:

　　(1) 定时检测超时的职权,我们会交给 redis 让它去完成,程序只负责每次访问会话数据缓存时,同时刷新它的有效时长;

　　(2) "做减法,而不是做加法",程序也不会主动踢用户下线。一个用户如果一直在系统中活动着,那么程序就不能"踢"人家下线(你看他不顺眼的情况另说);反过来如果他就一直不活动,那么程序也没必要再主动"踢"他下线。他都不活动了,程序还费心"踢"他干嘛?如果他隔好长时间不活动,突然又来动一下,程序只需在这个时候被动地读取 redis 中对应的会话数据,如果读不到,说明 redis 已经替我们"踢"掉他了。

　　大费周章地讲这么一个 UserSession 的设计，为什么呢？也许和结婚难免会较大地影响一个人的生活的道理相同吧。在软件系统的设计中，引入或不引入外部独立的缓存系统，其间带来的设计变化，绝非"工资放在左边口袋或者右边口袋"那么微小；而是……我看到你眼神突然惘怅，你领悟到了是吗？没错，就是"工资放自己口袋还是放老婆口袋"那么大的差别。同样的变化发生在引入数据库之后的软件系统设计。

　　😊【轻松一刻】：那么"结婚"以后的变化到底是什么

　　日子总要自己过的，结婚带来的变化是什么不好统一下结论。同样，引入不同的外部系统，对当前系统的影响也会不尽相同。针对引入"外部独立缓存系统"，本节强调的变化是：许多原本作为"因"存在的"主动数据"，将变成"被动数据"，更多地以"果"的状态存在。

3. 完整代码

```cpp
//main.cpp
#include < ctime >
#include < cassert >
#include < iostream >
#include < string >
#include < sstream >
#include < map >
#include < vector >
#include < iomanip >   //put_time
#include < codecvt >

#include < boost/asio.hpp >
#include < boost/asio/io_service.hpp >
#include < boost/asio/ip/address.hpp >

#include < redisclient/redissyncclient.h >

using namespace boost;

//用户会话种子的 KEY
char const * key_seed_session_user = "seed:session:user";

//从 redis 中取最新的用户会话种子编号
int64_t
GetNewSessionSeedNumber(redisclient::RedisSyncClient& redis)
{
    redisclient::RedisValue value = redis.command(
                                "INCR"
                                , {key_seed_session_user}
                            );
```

```
    if (value.isError())
    {
        std::cerr << value.toString() << std::endl;
        return 0L;
    }

    if (!value.isInt())
    {
        return 0L;
    }

    return value.toInt();
}

//会话有效时长常量定义,此处为方便模拟而设短点
//实际系统通常设置为10~15min
unsigned int const timeout = 20; //单位:s

//该键对应一个 Sets 数据,存储全部用户会话数据的 ID
char const * key_session_user_all_sets = "session:user:all:sets";

//模拟用户登录操作,添加新的用户会话数据,返回新的会话 ID
std::string AddNewUserSession (redisclient::RedisSyncClient& redis
                        , unsigned int user_id)
{
    int64_t number = GetNewSessionSeedNumber(redis);

    if (number == 0)
    {
        std::cerr << "获取用户唯一编号失败。" << std::endl;
        return "";
    }

    //组织 session id,作为 KEY
    std::stringstream ss;
    ss << "session:user:" <<  user_id << ":" << number;
    std::string session_id = ss.str();

    //准备数据项
    std::time_t now = std::time(nullptr);

    //第一步:添加一个 Hashes 数据
    redis.command("HMSET "
                , {
                    session_id //KEY 总是第一个入参
                    , "user_id", std::to_string(user_id)
                    , "login", std::to_string(now)
                    , "last", std::to_string(now)
                });
```

```
    //第二步:设置超时
    redis.command("EXPIRE "
                    , {session_id, std::to_string(timeout)} );

    //第三步:把新的 session_id 加入一个 Sets
    //方便列出所有会话数据 id
    //而无需使用 KEYS 全局查找
    redis.command("SADD "
                    , {key_session_user_all_sets, session_id} );

    return session_id;
}


//用户会话数据
struct UserSession
{
    unsigned int user_id;  //在数据表中,用户 id 是整型
    std::time_t   login;    //登录时间
    std::time_t   last;     //最后一次活动时间
};


//将 std::string 转成 int 或 time_t 的工具函数
template < typename T > T from_string(std::string const& S)
{
    T value;
    std::stringstream ss(S);
    ss >> value;
    return value;
}


//取指定会话 ID(KEY)的会话数据
//返回值为 false,表示数据超时被删除
bool GetUserSession(redisclient::RedisSyncClient& redis
                    , std::string const& session_id
                    , UserSession& session)
{
    redisclient::RedisValue result = redis.command("HGETALL "
                                                    , {session_id});

    if (result.isError()) //出错也当作没找到
    {
        std::cerr << result.toString() << std::endl;
        return false;
    }

    //断言结果集是数组类型
    assert(result.isArray());
    auto lines = result.toArray();
    if(lines.empty()) //空
    {
```

```
            return false;
        }

        //断言结果集中的字符串个数必须是偶数
        //因为 HGETALL 返回总是返回子项的键值对
        assert(lines.size() % 2 == 0);

        std::map < std::string, std::string > m;
        int count = lines.size() / 2;
        for (int i = 0; i < count; i++)
        {
            std::string key = lines[i * 2].toString();
            std::string value = lines[i * 2 + 1].toString();
            m[key] = value;
        }

        //转成 session
        session.user_id = from_string < unsigned int > (m["user_id"]);
        session.login = from_string < std::time_t > (m["login"]);
        session.last = from_string < std::time_t > (m["last"]);

        return true;
    }

    //刷新指定会话数据的最后活动时间,以及数据项有效时长
    void UpdateUserSession (redisclient::RedisSyncClient& redis
                        , std::string const& session_id)
    {
        //更新最后活动时间
        std::time_t last = std::time(nullptr);
        //更新到缓存
        redis.command("HSET"
                    , {session_id, "last", std::to_string(last)});
        //再刷新超时
        redis.command("EXPIRE", {session_id});
    }

    //从 key_session_user_all_sets 中删除指定用户会话 ID
    void DeleteUserSession (redisclient::RedisSyncClient& redis
                        , std::string const& session_id)
    {
        redis.command("SREM"
                    , {key_session_user_all_sets, session_id});
    }

    //从 key_session_user_all_sets 读出所有用户会话 ID
    std::vector < std::string > GetUserSessionIDs(
                    redisclient::RedisSyncClient& redis)
    {
        std::vector < std::string > ids;
```

```
auto result = redis.command(
                "SMEMBERS ", {key_session_user_all_sets});

if(result.isError())
{
    std::cerr << result.toString() << std::endl;
    return ids;
}
for (auto const& id : result.toArray())
{
    ids.push_back(id.toString());
}

return ids;
}

//将 time_t 数据格式化为可读字符串
std::string str_format_time(std::time_t t)
{
    std::stringstream ss;
    ss << std::put_time(std::localtime(&t)
            ,"%Y年%m月%d日 %H点%M分%S秒");
    return ss.str();
}

int main()
{
    asio::io_service ios;
    redisclient::RedisSyncClient redis(ios);

    std::string errmsg;
    auto address = asio::ip::address::from_string("127.0.0.1");
    const unsigned short port = 6379;
    if( !redis.connect(address, port, errmsg) )
    {
        std::cerr << errmsg << std::endl;
        return -1;
    }

    unsigned int user_id = 0; //模拟用户 ID
    while(true)
    {
        std::cout << "活动中用户会话 ID 列表:\r\n";
        std::vector < std::string > ids = GetUserSessionIDs(redis);
        if (ids.empty())
        {
            std::cout << "{空}\r\n";
        }
        else
```

```
{
    for (auto i = 0U; i < ids.size(); ++i)
    {
        std::cout << "序号"
                  << i + 1 << "->" << ids[i] << "\r\n";
    }
}

std::cout << "请输入操作指令:\r\n";
std::cout << " n :模拟新的用户登录。\r\n";
std::cout << " v序号 :模拟指定号码用户活动。\r\n";
std::cout << " l :重新查看所有用户会话 ID 列表。\r\n";
std::cout << " x :退出。\r\n";

std::string cmd;
std::getline(std::cin, cmd);

if (cmd == "l" || cmd == "L" || cmd.empty())
{
    continue;
}
if(cmd == "x" || cmd == "X")
{
    break;
}
if (cmd == "n" || cmd == "N")
{
    std::cout << "新用户会话 ID 是"
              << AddNewUserSession(redis, ++user_id) << std::endl;
    continue;
}

if (cmd[0] == 'v' || cmd[0] == 'V')
{
    std::string s_index = cmd.substr(1); //去第 1 个字母
    unsigned int index = from_string < int >(s_index);

    if (index < 1 || index > ids.size())
    {
        std::cerr << "序号不合法。" << std::endl;
        continue;
    }

    UserSession session;
    std::string session_id = ids[index - 1];
    std::cout << "您选择:序号"
              << index << "=>" << session_id << "\r\n";

    if (GetUserSession(redis, session_id, session))
    {
```

```
                    //先显示最后状态:
                    std::cout << "\r\n用户 ID: " << session.user_id
                            << "\r\n登录时间:"
                            << str_format_time(session.login)
                            << "\r\n上次活动:"
                            << str_format_time(session.last)
                            << std::endl;

                    //再刷新
                    UpdateUserSession(redis, session_id);
                }
                else
                {
                 DeleteUserSession(redis, session_id);
                    std::cout << "该用户不活动时间超过" << timeout << "秒."
                            << "已被踢下线." << std::endl;
                }
            } //v 指令
        } //while
}
```

14.5　JSON 数据

14.5.1　JSON 数据形式

JSON 全称 JavaScript Object Notation,三个单词我们最熟悉的应该是 Object,因为 C++语言也有"对象"这个概念。JavaScript 是一门脚本语言,它同样有"对象"。最后一个单词 Notation 在这里解释为"标记(法)、符号(法)",因此 JSON 是一种用于表达 JavaScript 对象的符号和方法。在 C++程序中,通常要先有"类型",再有"对象",比如我们的"老朋友",坐标点结构:

```
struct Point
{
    int x;
    int y;
};
```

然后定义该类型的变量,并确定坐标位置,此时才拥有一个"对象":

```
Point pt {29, -30};
```

有些语言对"类型"不那么"看重",它们认为通过某种标记或符号(Notation),直接将某个对象"长什么样子"以及"有什么样的值"一起描述出来,数据的值和结构一起出来了,何乐而不为呢? 比如,同样是描述位于横轴 29,纵轴-30 位置上的一点,使用 JSON 就可以写成这样:

```
{
    "x" : 29,
    "y" : -30
}
```

JSON 怎么表达 C++语言中的"结构"类型数据？这就是一个实例：使用一对花括号，将多个(也可以是一个或零个)带名称的子数据项包装起来，就是一个采用 JSON 表达的结构化数据。"struct(结构)"这个概念还是偏向在描述"类型"信息，对 JSON 而言，一对"{}"所包装而成的数据，就叫"对象"，相应的类型信息，就叫"对象类型"。

"怎么没有名字呢？既没有类型名称，也没有对象名称？"在 JavaScript 代码中，是可以为这个对象取个名的，方法是将它赋值给一个署名的变量：

```
/*   JavaScript 代码示例 */
var pt = {
    "x" : 29,
    "y" : -30
    };
```

但还是没有"类型"啊！当初我们学习《语言》篇时，书里说类型很重要啊，有了"类型"，才能定义出一堆结构、行为相近，只是值不相同的对象。现在我要再定义一个点，难道必须再敲一遍类似的 JSON 吗？JavaScript 有很多方法解决这个问题，比如：

```
var pt2 = pt;
pt2.x = -30;
```

直接复制一个现有对象就得到一个新对象，非常合情合理，C++不也有"拷贝构造函数"嘛。

"对象内部的成员，怎么也没有类型呢？"真是长期学习强类型的 C++语言的好同学，一直纠缠"类型"不放，其实 JSON 数据也有严格的类型，只不过它隐藏在"符号"或"标记"的背后。比如，上例中的"x""y"的值都是 number 类型的数据，是因为读过初中的人都能一眼看出 29 和 -30 都是数字吗？尽管 JSON 有一个很明显的优点就是对人类阅读非常友好，但怎么说它终归也要给机器或程序解释，所以这里必须有严谨的规定。

假设现在需要一个彩色的点，并且色彩的表达希望用可读的字符串表达，那么新的 JSON 可能长这个样子：

```
{
    "x" : 29,
    "y" : -30,
    "color" :"red"
}
```

　　看出来了吗？被一对双引号包装起来的值，就是字符串类型（string）。字符串内部自然就是一个个字符（character），然而说到字符，从 C/C++ 到我们刚刚学习的 SQL 和 redis 的指令语句，哪一家都没能摆脱转义与控制符号。JSON 也一样，它要用到的转义符如表 14－18 所列。

表 14－18　JSON 字符串用到的转义符

\" 双引号自身	\\ 转义前导符"\"（反斜杠）	\/ 正斜杠"/"
\b 前删符（backspace）	\f 换页符	\n 换行符
\r 回车符	\t 制表位符	\uHHHH 使用 16 进制表达的字符

　　"\uHHHH"中的每个 H 表示一位十六进制的数字，即 0～F；用于使用数值表达对应的符号，不足四位前面补 0，比如英文中的空格可以用"\u0020"表示。

　　确定字符串类型之后，不包括双引号的简单数据类型，可能是如下几类：

① 数字：整数、实数，支持科学计数法；

② 布尔值：只能是 ture 或 false；

③ 空值：null。

　　比如，我们希望加个成员控制一个点是否在屏幕上可见：

```
{
    "x" : 29,
    "y" : - 30,
    "color" : "red",
    "visible" : true
}
```

　　至于空值数据 null，就按刚刚学过的 MySQL++ 和 redis 中所提到的"空数据"理解即可。

　　"老师，如果要表示一系列的点，怎么办？JSON 难道没有数组?"当然有数组，而且也是用一对方括号"[]"表达。先看简单的例子：一个包含三个整数元素的 JSON 数组：

```
[89, 62, 86]
```

　　对象和对象、对象和数组、数组和数组，都可以互相嵌套。例 1：线段对象包含两个点对象，一个叫 begin，一个叫 end。出于简化，我们让点对象回到只包含坐标位置的版本。这是一个"对象嵌对象"的例子：

```
{
    "begin" : {"x" : 30, "y" : 0 },
    "end"   : {"x" : 0, "y" : - 30 }
}
```

例 2：也许你比较抠数学概念，觉得"线段"对象没有方向性，哪里分得清谁是 begin，谁是 end 呢？干脆不要为它们取名字。这就有了"数组嵌对象"的例子，严格讲就是数组的元素是对象类型：

```
[
    {"x" : 30, "y" : 0 },
    {"x" : 0, "y" : -30 }
]
```

例 3：如果连"点"定义中的"x"和"y"的名称，你都觉得可以省略，那就是"数组嵌数组"的例子——多维数组：

```
[
    [30 , 0 ], [0, -30 ]
]
```

例 4：就差"对象嵌套数组"了。让我们定义一个模特儿，她有名字、身高、体重等等成员，这个"等等"里就包含一个数组数据：

```
{
    "name" : "Cindy",
    "height" : 1.72,
    "BWH" : [89, 62, 86]
}
```

例子看多或写多了，也该注意到了一直没有正式提到的那几个符号的作用：成员的名字需要加上双引号，名字和值之间使用冒号分隔；对象的成员之间或者数组的元素之间，都使用逗号分隔，最后的成员或元素之后不能带逗号。

JSON 语法用到双引号、方括号、花括号、冒号、逗号、空格等符号（全部为英文半角）作为各组成部分的间隔。换行和缩进只是为了方便阅读，因此若将以上 JSON 内容全部串在一行，也是合法的 JSON 数据。

ⓘ【小提示】：最外层 JSON 数据格式要求

以上例子中最外层的 JSON 数据不是对象就是数组，这曾经是一种规范；最新的规范已经允许整个 JSON 就是一个简单数据。不过多数实际项目中仍然会假设最外层的 JSON 数据应当是一个对象或一个数组。

JSON 的对象、数组之间可以互相嵌套，并且最顶层有一个对象、数组或一个简单数据，因此可以将 JSON 数据看作是由一个个节点组成的树形结构。以之前提到的"线"对象为例，左边是文本，右边是对应的树结构图，如图 14－42 所示。

```
{
        "begin" :
        {
                "x" : 30 ,
                "y" : 0
        },
        "end"   :
        {
                "x" : 0 ,
                "y" : - 30
        }
}
```

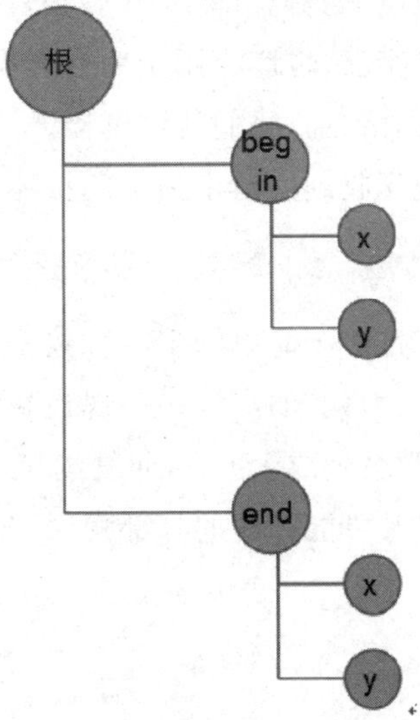

图 14 - 42　JSON 数据是一颗"树"

如图 14 - 42 所示,整个 JSON 数据是一个节点,称为根节点,根节点之下又有名为 begin 和 end 的两个二级节点;每个二级节点下又各自有 x 和 y 两个叶子节点。

14.5.2　为什么使用 JSON

就在本篇,我们学习了在程序中如何以客户端的身份连接 MySQL 或 redis 服务端。所谓"吃人嘴短,拿人手短",我们享用外部系统提供的服务,所以乖乖地遵照服务方规定的连接方式、数据格式、请求语法、结果语法,包括 SQL 语句和 redis 各类指令等。万万没有想到的是,当我们写的程序一个转身,转为以服务方的身份面对前端请求时,竟然也要学习和遵循好多规范,什么 HTTP 协议、HTML 报文规范,以及这里的 JSON 规范。求别人服务得看人脸色,为别人提供服务也得看人脸色,为什么?

两个说不同语言的人要交流,有几种办法。一是双方继续说自己的语言,但引入外部力量,即翻译工作人员;二是双方都不再说原来的语言,共同学习第三种语言后再交流;三是使用其中一方的语言,方便一头。

JavaScript 是浏览器最主要的脚本语言,而 JSON 是 JavaScript 表达对象数据的重要形式。允许浏览器直接使用 JSON 数据和后台服务打交道,意味着将最大化方便浏览器端,即采用上述的第三种方法。至于为什么偏心浏览器端而不是后端的程序,那是因为作为系统组成的一部分,浏览器端是已实现的、确定的一端,而后台程序开发团队不同、开发语言不同,无法约定统一而固定的数据报文。除此之外,JSON 轻量、直观,基于文本,既易于人阅读和编写,也易于机器解析和生成;同时类似"对象"和"数组"等概念,能在众多编程语言中找到对应体。事实上,JSON 不仅可用于和浏览器交互,也广泛用于后台程序之间的数据交换。

在《网络》篇,我们让浏览器通过 JavaScript 脚本,向后端服务发起 Ajax 请求,当时后端程序收到的请求报文的报体长这个样子:

```
{"id" : "001"}
```

这正是一个简单的 JSON 数据,当时我们没有解析它,不管三七二十一回给浏览器一个"大力丸"的广告……现在我们的目标是:学会解析 JSON 数据,读懂浏览器的请求;再学会生成 JSON,回复浏览器想要的数据。整体看一下浏览器、程序、缓存、数据库以及可能存在的外部程序,各自位置与相关关系示意如图 14-43 所示。

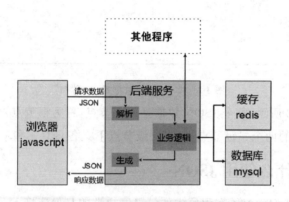

图 14-43   多模块、层次的位置和关系

实际部署时,在浏览器和写的后端程序之间还会夹着一或多层其他服务。这是因为:一、浏览器需要向用户"漂亮地展现数据",而我们写后端服务程序通常只能提供"数据",不能提供"漂亮";二、浏览器负责为用户提供"友好的人机交互",而不是我们写的后端服务程序。结论是浏览器还需要很多数据,比如 HTML、CSS 以及 JavaScript 脚本自身,需要其他服务提供。请复习《网络》篇在"C++ WEB 服务"小节中提到的系统结构。图 14-43 的虚线框用于示意一个实际系统可能还会用到的外部程序,它可能仍然是我们写的其他程序,也可能是更多的外部系统,比如腾讯或支付宝提供的支付接口等。

14.5.3   准备 json11 库

json11 是一个轻量的 JSON 数据解析与生成库,基于 C++11,它采用 MIT 开源协议。json1 来自 Dropbox,一家提供文件同步、备份、共享等云存储服务的公司,官网为"www. dropbox. com"。json11 在 github 上的项目主页为"https://github. com/dropbox/json11",进入后请单击"Clone or download"按钮,再选择"Download

ZIP",下载得到"json11 – master. zip"。

　　解压该文件到《准备》篇创建的 C++扩展库目录。以"D:\cpp\cpp_ex_libs\"为例,最终得到"D:\cpp\cpp_ex_libs**json11 – master** "。json11 全部代码仅有 json11. hpp 和 json11. cpp。使用时可以直接将二者加入目标项目,也可以事先将它编译成库使用,本教程采用第一种方法。

14.5.4　Hello JSON

　　在 Code::Blocks 中新建一控制台项目并命名为 hello_json。通过 Windows 文件管理器将 json11 – master 目录下的 json11. hpp 和 json11. cpp 复制到项目文件夹。在 Code::Blocks 中,单击 Project 主菜单,选择其下"Add files…",在弹出的对话框中选中项目文件夹下的 json11. hpp 和 json. cpp 并打开。Code::Blocks 将询问是否将二者加入到哪些构建目标,请确保选中 Debug 和 Release。最终将二者添加到当前项目,结果如图 14 – 44 所示。

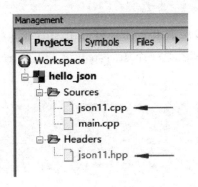

图 14 – 44　将"json. hpp/cpp"加入 hello_json 项目

　　打开 main. cpp,修改内容如下:

```cpp
#include < iostream >
#include < initializer_list > //重要

#include "json11. hpp"

struct Point
{
    int x, y;
};

int main()
{
    Point pt {29, -30};
```

```
014 json11::Json json_xy = json11::Json::object
    {
        {"x", pt.x},
        {"y", pt.y}
    };
    std::cout << json_xy.dump() << std::endl;
}
```

编译、运行,屏幕输出如下:

```
{"x": 29, "y": -30}
```

json11 依赖 C++ 11 标准中的"initializer list(列表式初始化)",复习一下。例如,可以使用以下方法初始化一个 std::vector < int > 对象:

```
std::vector < int > v {2,4,6,8};
```

再如,以如下方式,初始化一个 std::pair < std::string, int > 对象:

```
std::pair < std::string, int > pair {"x", 30};
```

"初始化列表"支持多层嵌套。如果有一个 std::map < std::string, int > 对象,由于它包含的每个元素都是一个 std::pair < std::string, int > ,所以可按如下方式初始化:

```
std::map < std::string, int > m
        {
            {"x", 30},
            {"y", -29}
        };
```

可能你已经发现,C++ 11 新标中使用"initializer list"语法写成的对象,和 JSON 数据的对象类型有些神似。同样的事情发生在 C++数组(包括 std::vector <T>)数据和 JSON 数组数据之间,json11 巧妙地利用了这一点。为表达"JSON 对象"和"JSON 数",json11 定义了 Json::object 和 Json::array 两个类型别名:

```
typedef std::map < std::string, Json > object ;
typedef std::vector < Json > array ;
```

也就是说,Json::object 本质是一个 map,Json::array 本质是一个 vector,而 Json 类用于表示一个 JSON 的节点。本例中,014 行定义了一个 JSON 的根节点变量 json_xy,代表整个 JSON 数据;并将它初始化为 Json::object,表示这将是一个对象类型的节点。对象内部包含两个成员。第一个成员名为 x,值为"pt. x",第二成员名为 y,值为"pt. y"。

Json 类提供 dump()方法,用于将自身输出为一个合法的 JSON 文本,该方法原型如下：

```
std::string Json::dump() const;
```

至此，hello json 项目演示了使用 json11 库构建一个 JSON 数据，并将它输出为文本的过程。接下来演示如何从一个合法的 JSON 文本内容，解析出一个 JSON 数据。

直接复制控制台的输出内容，粘贴到代码中，顺带复习同样是 C++ 11 新标的 raw string 特性。请在 main()函数的现有代码之后，加入新内容：

```
int main()
{
......

021 std::string s = R"(
        {"x": 29, "y": -30}
    )";

    std::string err;
026 json_xy = json11::Json::parse(s, err);

028 if (!err.empty())
    {
        std::cerr << err << std::endl;
        return -1;
    }
    std::cout << json_xy.dump() << std::endl;
}
```

021 行定义了一个含有合法 JSON 内容的字符串，026 行调用 Json 类一个静态方法 parse()，该方法尝试解析第一个入参 s 的文本内容。解析失败返回一个"空"的 Json 对象，同时将解析出错原因通过第二个入参 err 以引用方式返回。编译、执行，将看到在之前代码输出的基础上，新增一行一模一样的内容。

【课堂作业】：制作解析错误

请在代码中的"s"字符串内随便加入字符，人为地造成其内容不符合 JSON 格式要求。再次编译运行，观察错误内容。

14.5.5 节点类型

1. 空 值

JSON 节点可以是一个空值，比如：

```
{
    "name" : "Tom",
    "nick" : null ,
    "birthday" : "19960901"
}
```

该 JSON 对象的 nick 成员的值写作 null 以示空值。和 MySQL 中字段的 NULL 的情况类似,昵称为空和昵称为"空串"可用来表达不同的逻辑,比如前者用于表示用户从来没有修改过昵称,而后者用于表示用户修改过昵称,但将它置为空串。

默认构造的 Json 对象就是一个空节点。使用 C++ 11 新标中的空指针 null_ptr 作为入参,也得到一个空节点,二者对应的构造方法是:

```
Json() noexcept;
Json(std::nullptr_t) noexcept;
```

Json 类调用 parse()静态方法,在成书时,该方法解析出错后返回的 Json 对象也是空节点。Json 类提供 is_null()方法用于判断当前节点是否为空。

【危险】:空节点并不一定代表出错

一个 Json 为空,是否意味着出错,必须依据上下文逻辑或其他信息(比如解析时返回的 error 消息不为空)加以判断。

请新建一控制台程序,命名为 json_null_value。参考 hello_json,复制"json11. hpp/cpp"文件到当前项目文件夹,并加入项目。

【小提示】:在 Code::Blocks 中实现文件复制

比如要从 hello json 项目(以下称源项目)中复制"json11.hpp/.cpp"到 json_null _value 项目(以下称目标项目)文件夹。可使用 C::B 同时打开两个项目,先在项目树中选中源项目,右键菜单选择"Open Project Folder in File Brower",将切换到 Files 标签页,找到 json11.hpp、json.cpp,结合"Ctrl 和鼠标"操作选中二者,右击,在弹出的菜单中选择"Copy to..."。

main.cpp 文件内容修改如下:

```
#include < cassert >
#include < iostream >
#include < initializer_list > //别忘了

#include "json11.hpp"

using namespace std;

int main()
```

```
{
    json11::Json json;
    assert(json.is_null());

    std::cout << json.dump() << std::endl;
}
```

运行以上代码,屏幕将输出 null。

2. 类型判定

包括前述的 is_null(),json11 提供以下 JSON 节点数据类型判断方法:

```
bool is_null()   const;  //是否空值
bool is_number() const;  //是否数值
bool is_bool()   const;  //是否布尔值
bool is_string() const;  //是否字符串
bool is_array()  const;  //是否数组
bool is_object() const;  //是否对象
```

也可以使用 type()方法直接取得当前节点的值类型。该方法原型如下:

```
Type type() const;
```

返回的 Type 是一个枚举类型,定义在 Json 类内部:

```
enum Type {
    NUL             //空值
    , NUMBER        //数值(包括实数、整数)
    , BOOL          //布尔值(true 、false)
    , STRING        //字符串
    , ARRAY         //数组
    , OBJECT        //对象
};
```

其中的"数值""布尔值"和字符串属简单类型,可以直接取值。

请新建控制台项目并命名为 json_simple_value,然后参考 hello_json,复制 "json11.hpp/cpp"文件到当前项目文件夹,并加入项目。

3. 数　值

在构造 Json 对象时,可直接以整数或实数作为入参,对应的构造方法为:

```
Json(double value);
Json(int value);
```

比如:

```
json11::Json  json_double(99.9);
json11::Json  json_int(100);
```

对应提供以下两个取数值的方法：

```
double number_value()const;
int int_value()const;
```

请将 json_simple_value 项目的 main.cpp 源文件内容修改如下：

```
#include < cassert >
#include < iostream >
#include < initializer_list >

#include "json11.hpp"

int main()
{
    json11::Json   json_double(99.9);
    json11::Json   json_int(100);

    assert(json_double.is_number());
    assert(json_int.is_number());

015 std::cout << json_double.number_value() << "\r\n";
    std::cout << json_int.int_value() << std::endl;

    std::cout << json_double.int_value() << "\r\n";
    std::cout << json_int.number_value() << std::endl;

021 std::cout << json_double.dump() << std::endl;
    std::cout << json_int.dump() << std::endl;
}
```

为了将实数数据转换为字符串，json11 调用底层 C 函数 snprintf()并指定精度为 17，因此 021 行的输出内容跟着一个长尾巴：99.900000000000006；但正如 015 行输出的内容所示，实数数据在 JSon 对象中并未失精。对"空"节点取数值，得到 0。继续添加测试代码：

```
//构造一个空节点,并取其整数值:
std::cout << json11::Json().int_value() << "\r\n";
```

4. 字符串

以下构造函数用于创建字符类型的 JSON 节点对象：

```
Json(const std::string &value); //转换构造
Json(std::string &&value);      //转移构造
Json(const char * value);       //转换构造
```

其中针对 std::string 源字符串的转移构造，主要用于特定条件下的性能优化。继续添加测试代码：

```
json11::Json json_cstr_value("hello world\r\n"); //C风格字符串
std::cout << json_cstr_value.string_value();

std::string library_name = "json11";
json11::Json json_string_value(library_name);   //std::string
std::cout << json_string_value.string_value() << std::endl;
```

说到字符串,自然会关心编码问题。json11 内部使用 std::string 存储字符串,天然支持 GBK 和 UTF8 编码。

5. 布尔值

使用布尔值作为入参构建得到的 Json 对象,其类型为布尔值。对应构造函数为:

```
Json(bool value);
```

继续添加测试代码:

```
json11::Json json_bool_false(false );
json11::Json json_bool_true(true );
json11::Json json_bool_test( (3 + 1) > 4 );

std::cout << std::boolalpha;
std::cout << json_bool_false.bool_value() << "\r\n";   //false
std::cout << json_bool_true.bool_value() << std::endl; //true
std::cout << json_bool_test.bool_value() << std::endl; //false
```

在 C++中,零、空指针可以当作假,而非零、非空指针可以当作真。json11 是不是也采用这种通融设计呢?

 【危险】: 严格的 json11 布尔值

json11 采用严格的布尔值判断。一个节点只要不是严格的布尔值(true 或 false),就被认为是 false;对应的 is_bool()调用也将返回假。

以下测试将得到的结论很重要:

```
json11::Json json_int_999(999);
json11::Json json_int_0(0);
json11::Json json_double_0(0.00);
json11::Json json_double_022(0.22);
json11::Json json_string_empty("");
json11::Json json_string_iloveu("我爱你,真的。");
json11::Json json_null_ptr(nullptr);

assert(json_int_999.bool_value() == false);
assert(json_int_0.bool_value() == false);
assert(json_double_0.bool_value() == false);
assert(json_double_022.bool_value() == false);
```

```
assert(json_string_empty.bool_value () == false);
assert(json_string_iloveu.bool_value () == false);
assert(json_null_ptr.bool_value () == false);
```

结论是:真相只有一个,假相五花八门。

14.5.6 对象节点

1. Json::object

json11 使用 std::map < std::string, Json > 类型表达"对象"类型:

```
typedef std::map < std::string, json11::Json > object ;
```

object 定义在 Json 类内部。因此定义一个 object 的对象的方法如下:

```
json11::Json::object object_1;
```

【课堂作业】: 复习 std::map 类型

请复习《语言》篇"STL 常用类型"小节中《STL 与 boost》篇的"常用容器"与"std::map"有关的内容。

因为就是 std::map < > 的别名,所以 std::map(映射)的方法就是 object 的方法。比如,现在的 object_1 是一个空的 map 容器,套用到"object(对象)"语境,应该是"这个对象没有任何成员存在"。示意代码如下:

```
cout << "object_1 节点是否为空: " << object_1.empty () << "。";
```

类似的,添加元素、查找元素、删除元素现在的语义是"添加成员""查找成员"和"删除成员"等。

新建控制台项目并命名为 json_object_value,然后参考 hello_json,复制"json11.hpp/cpp"文件到当前项目文件夹,并加入项目。main.cpp 代码:

```
# include < iostream >
# include < initializer_list >

# include "json11.hpp"

int main()
{
008 json11::Json::object obj;
009 obj["name"] = "橙橙电动牙刷";
010 obj["price"] = 180.99;
    obj["count"] = 1;
    obj["address"] = "河北省石家庄铁道大学四方学院 5 号楼";
```

```
      obj["user"] = "林海花";
      obj["paid"] = true;

016 json11::Json order (obj);
017 std::cout << order.dump() << std::endl;
}
```

008 定义 obj 对象,然后受益于它其实是一个 std::map 对象,因此很直观、方便地使用"[]"操作符添加或修改指定键名的数据。比如 009 和 010 行:

```
009 obj["name"] = "橙橙电动牙刷";
010 obj["price"] = 180.99;
```

可能会奇怪,009 行的右值是一个字符串,010 行的右值却是 double 类型,后续还有 int 类型、bool 类型,为什么各种类型的值都可以往同一个 std::map < string,Json > 对象中塞呢? 其实是上册提到的"帮,且只帮一次忙"的机制在发挥作用。json11::Json 类提供源类型为 char const * 、double、double、int、bool 的转换构造,比如:

```
Json(const char * value);
Json(double value);
```

当前 map 容器所需的值类型是 Json,我们给的却是"const char * "或 double 类型的数据,不过编译器发现"正好"存在从这些类型到达 Json 类型的转换方法,并且仅需一步,于是编译器就帮了这么一次忙,过程示意如图 14 - 45 所示。

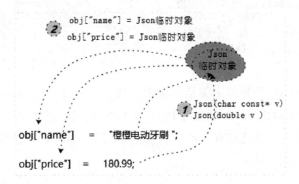

图 14 - 45 "只帮一次忙"原理应用

【危险】:不存在 unsigned 等类型到 Json 类型的转换构造

在数值方面,json11 仅提供从 int 或 double 到 Json 类的转换构造,没有 unsigned int、long long、int64_t、uint64_t 等类型到 Json 类型的转换构造。这不仅仅意味着针对这些数据编译器无法提供"一次帮忙",也意味着采用 json11::Json 对象存储以上数据时，存在失去精度、数值溢出的可能。

把一堆类型各异的数据塞给 obj 对象之后，我们得到的只是一个 std::map 对象，虽然它有一个好听的类型别名叫 Json::object。016 行定义了一个真正的 JSON 对象 order，并以 obj 作为构造入参。终于我们有了一个 json11::Json 对象。它复制了 obj 的内容，将它的内容全部打印出来吧，这正是紧随的 017 行做的事。json11 尚未提供"美化"输出内容的方法，经我手动美化的输出结果是：

```
{
    "address": "河北省石家庄铁道大学四方学院 5 号楼",
    "count": 1,
    "name": "橙橙电动牙刷",
    "paid": true,
    "price": 180.90000000000001,
    "user": "林海花"
}
```

2. 删除节点的"怪方法"

假设我们发现 paid 这一项其实不需要，想删除掉，怎么办呢？能不能从源头数据 obj 删除该节点呢？此时需要用到 std::map 的查找（find）和删除（erase）方法。请向现有测试代码追加以下代码：

```
    ......
019 auto it = obj.find("paid"); //查找
020 obj.erase(it);   //删除
    //再次输出 order
022 std::cout << order.dump() << std::endl;
}
```

019 行通过 find()找到指定键值元素的迭代器，020 行使用 erase()通过迭代器删除元素，022 重新输出 order 的数据内容，一气呵成但非常可笑。这是在"刻舟求剑"，因为 obj 和 order 早就没有关系了。想让 obj 对 order 重新起作用，只能重新将整个 obj 对象赋值给 order：

```
019 auto it = obj.find("paid"); //查找
020 obj.erase(it);   //删除
021 order = obj;     //相当于 order = Json(obj)
    //再次输出 order:
    std::cout << order.dump() << std::endl;
}
```

为了删除一个节点，不得不重新赋值"整棵树"，这样的操作显然很低效，能不能直接在目标对象 order 身上删除呢？比如：

```
auto it = order.find("paid");
order.erase(it);
```

order 的类型是 Json,但该类除了前面提到的"重新赋值"之外,就再也没有什么可以修改本类成员数据的方法了。换一个方向表达:除了构造、赋值、析构以及静态的 parse()、parse_multi() 方法以外,Json 类的其他方法都是常量成员函数。比如,有一个方法叫 object_items,可以返回一个 object 的引用,但请注意,那是一个"常量引用":

```
object const & object_items () const;
```

等一下! C++不是有 const_cast 操作,可以将一个常量 CAST 转成非常量吗?想到它,有人脸上露出了邪恶的笑容……动手吧!

```
//调用 object_names(),得到一个常量引用:
json11::Json::object const & cref_obj = order.object_items();
//上 const_cast,强行得到一个非常量引用
json11::Json::object & ref_obj
            = const_cast < json11::Json::object & >(cref_obj);
//开始查找
auto it = ref_obj.find("paid");
//终于达到删除一个节点的目的
ref_obj.erase(it);

//现在输出 order 的内容,你将发现 paid 节点消失了
std::cout << order.dump() << std::endl;
```

编译、运行,一看结果……啊! 大声欢呼吧! 打开香槟庆祝吧! 我们达到目的了! 我们直接在 JSON 对象 order 身上删除了 paid 节点! 我们冲破 json11 库作者的种种恶意阻挠,利用我们扎实的 C++技术,勤勤恳恳、兢兢业业、历经九九八十一难,终于……脸! 都! 被! 丢! 光! 了!

 【重要】: 尝试理解他人,看到更大的世界

成年人不能像小屁孩那样以破坏为荣,更不能像青春期那样叛逆,总感觉包括所有第三方库在内的全世界都在迫害或阻挠我们。一碰上用得不顺的 API 二话不说就想搞点"黑技术"攻克它。这样的情商要么学不到知识,要么会走歪路。

正确的做法是,遇上自己觉得奇怪的设计时,先别急着否定。先假定对方是对的,然后分析、理解,特别是那些明显比我们有经验的同行做出的设计。

3. 通过"[]"访问成员

json11::Json 为什么被设计为一个近乎"只读"的类呢? 我们把问题留在此处,

先将 json11::Json 类中和 object 有关的另一个接口讲完。json11::Json 还提供"[]"操作符,用于通过指定的成员名,得到对应的成员值。该操作符重载函数原型为:

```
const Json &operator[](const std::string &key) const;
```

比如,通过 order 对象取它的 name 成员的值:

```
cout << order["name"].string_value(); //输出:橙橙电动牙刷
```

注意,"order["name"]"将得到一个 Json 对象,它无法直接输出,由于我们知道它是一个字符串节点,所以此处使用 string_value()方法。再来输出价格,这回该用 number_value():

```
cout << order["price"].number_value(); //输出:180.9
```

最后输出 paid 成员的值:

```
cout << order["paid"].bool_value();
```

如果该成员已删除,输出 0,否则在本例中它应该输出 1。

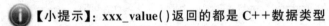 【小提示】: xxx_value( )返回的都是 C++数据类型

除非你使用 std::boolalpha 操控符,否则流在输出 bool_value()的返回值时,默认采用 0 或 1 表达。因为 bool_value()返回值就是 C++的 bool 数据,而非 JSON 规范中表达布尔值的方法。作为对比,dump()方法才是依据 JSON 数据规范以生成的字符串,因为使用 true 或 false 表达布尔值。

最后,不管是 object_items()方法还是"[键名]"操作符,都要求当前 JSON 对象应当是 object 类型,否则前者返回一个空的 std::map < > 对象,后者总是返回空的 JSON 对象。

4. 对象嵌套

对象可以嵌套对象。假设这是程序要生成的 JSON 数据:

```
{
    "begin" : {"x" : 30, "y" : 0 },
    "end"   : {"x" : 0, "y" : -30 }
}
```

生成代码如下:

```
json11::Json::object pt_beg, pt_end;

pt_beg["x"] = 30;
pt_beg["y"] = 0;
```

```
    pt_end["x"] = 0;
    pt_end["y"] = -30;

    json11::Json::object line;
    line["begin"] = pt_beg;
    line["end"] = pt_end;

    json11::Json json_line = line;
    std::cout << json_line.dump() << std::endl;
```

实际输出：

```
{"begin": {"x": 30, "y": 0}, "end": {"x": 0, "y": -30}}
```

14.5.7 数组节点

1. Json::array

jsonll::Json::array 的定义：

```
typedef std::vector < Json > array;
```

std::vector <T> 的方法，Json::array 自然都有，比如：

① 使用 empty() 判断当前数组对象是否没有包含任何元素；

② 使用 size() 取得数组中元素的个数；

③ 使用 push_back() 在尾部追加元素；

④ 使用 insert() 在指定迭代器位置插入元素；

⑤ 使用 erase() 在指定迭代器位置删除元素；

⑥ 使用迭代器遍历所有元素；

⑦ 使用 at(index) 或 [index] 访问元素；

甚至可以使用 std::sort() 方法对元素进行排序。

新建控制台项目并命名为 json_array_value，然后参考 hello_json，复制"json11.hpp/cpp"文件到当前项目文件夹，并加入项目。源文件 main.cpp 内容修改如下：

```
# include < iostream >
# include < initializer_list >

# include "json11.hpp"

int main()
{
008 json11::Json::array ary {"Tom", "Mike", "Rose" };
    json11::Json names (ary);
    std::cout << names.dump() << std::endl;
}
```

187

【小提示】：初始化 std::vector 对象

请注意 008 行，或许人类强大的直觉会误导你写下这样的代码：

```
//直觉的误导力量：
json11::Json::array ary["Tom", "Mike", "Rose"];
```

但是，C++ 11 新标引入的 initializer_list 初始语法不区分容器的类型，一致使用花括号"{}"。

屏幕输出：

```
["Tom", "Mike", "Rose"]
```

Json 类提供 array_items()方法以返回内部的 array 对象。原型是：

```
array const & array_items() const;
```

和 object_items()类似，返回的是 std::vector < Json > 对象的常量引用，不方便修改数据，但很方便遍历读取。继续添加测试代码：

```
for (auto const& json : names.array_items())
{
    std::cout << json.string_value() << std::endl;
}
```

编译、运行，现在测试程序的全部输出如图 14 - 46 所示。

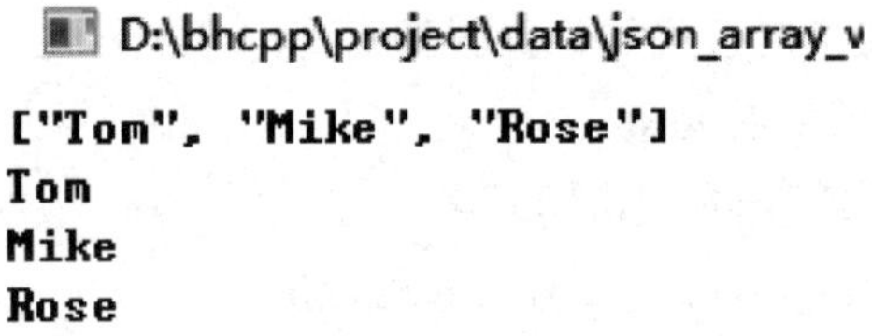

📊 D:\bhcpp\project\data\json_array_v

```
["Tom", "Mike", "Rose"]
Tom
Mike
Rose
```

图 14 - 46　dump 内容和遍历输出内容

循环中对每次遍历的 json 变量调用 string_value()方法，这是因为我们知道 names 中每个元素都是字符串类型。

2. 下标访问元素

同样可以直接在 Json 对象上，使用"[]"操作符访问每一个数组的元素。该操作符重载函数原型：

```
Json const & operator[](size_t i) const;
```

下标访问使用示例：

```
for(size_t i = 0; i < names.array_items().size(); ++i)
{
    std::cout << i << ")"
                << names[i].string_value() << std::endl;
}
```

取数组尺寸仍然需要借助 array_item()，但读取数组的每个元素可以直接在 Json 数组对象 names 上操作。不管是下标还是通过 array_itemb() 返回值访问，都要求当前 JSON 数据是数组类型，否则前者返回一个空的 std::vector < Json > 对象，后者返回一个空的 Json 对象。通过 Json 对象的"[]"操作符访问数组元素时，如果下标发生越界，同样返回一个空的 Json 对象。

3. 异构数组

不管是 JSON 的规范，还是 json11 库的实现，都不会阻挠我们创建一个内部元素类型不一样的数组：

```
json11::Json::array ary2 {"Linda", 22, true, 90.5};
json11::Json json_ary2(ary2);
std::cout << json_ary2.dump() << std::endl;
```

新增输出：

```
["Linda", 22, true, 90.5]
```

异构让数组有了一点对象的味道，只不过对象的每个成员没有名称，因此需要通过下标而非名字访问。

4. 多维数组

下例演示通过两层循环，创建一个"3 * 4"的二维数组类型的 JSON 对象：

```
json11::Json::array arr_2d;
for (size_t r = 0; r < 3; ++R)
{
    json11::Json::array arr_1d;
    for(size_t c = 0; c < 4; ++c)
    {
        arr_1d.push_back(static_cast < int >(r * c));
    }

    arr_2d.push_back(arr_1d);
}
json11::Json json_arr_2d(arr_2d);
std::cout << json_arr_2d.dump() << std::endl;
```

新增输出内容：

```
[[0, 0, 0, 0], [0, 1, 2, 3], [0, 2, 4, 6]]
```

注意例中的"**static_cast** < int > (r * c)"的转换必须存在,否则将编译失败。请各位思考其原因。提示:"r"和"c"都是"size_t"类型,在当前编译环境下实质上是 unsigned int 类型。

【课堂作业】:三维数组

在完成上述二维数组例子之后,自行设计一个三维数组的例子。

5. 复杂类型元素

假设程序希望得到这样一个数组类型的 JSON 数据:

```
[
    {"x" : 30, "y" : 0},
    {"x" : 0, "y" : - 30 }
]
```

即数组内是两个对象类型的 JSON 数据。示例代码如下:

```
json11::Json::object pt1 { {"x", 30}, {"y", 0} };
json11::Json::object pt2 { {"x",0}, {"y", - 30} };
json11::Json::array line {pt1, pt2};
json11::Json json_line(line);
std::cout << json_line.dump() << std::endl;
```

屏幕新增输出:

```
[{"x": 30, "y": 0}, {"x":0, "y": - 30}]
```

6. 数组作为成员

目标 JSON 数据内容为:

```
{
    "name" : "Cindy",
    "height" : 1.72,
    "BWH" :[89, 62, 86]
}
```

这是一道作业,请编写代码构建一个 JSON 对象,数据内容如上。

14.5.8 从 C++结构到 JSON

通过直接操作 Json::object(实质是 map < string, Json >)对象以及 Json::array(实质是 vector < Json >)对象,我们可以像拼积木一样,组装各式各样结构的 JSON 数据。比如前一小节的作业,实现方法之一是:

```
json11::Json::object cindy_obj;
cindy_obj["name"] = "Cindy";
cindy_obj["height"] = 1.72;

json11::Json::array bwh {89, 62, 86};
cindy_obj["BWH"] = bwh;
json11::Json json_cindy(cindy_obj);
std::cout << json_cindy.dump() << std::endl;
```

组装过程可以描述为：①先准备一个 object 对象；②为其加入两个简单类型的成员数据；③准备一个 array 对象，并初始化其元素数据；④将 array 对象作为 object 对象的成员之一加入；⑤将 object 对象作为最终 Json 对象的构造入参。屏幕输出：

```
{"BWH": [89, 62, 86], "height": 1.72, "name": "Cindy"}
```

如此"拼装"的代码不直观，毕竟是在 map < string, Json > 身上模拟"对象"的相关操作，在 vector < Json > 身上模拟数组的相关操作。后一项听起来似乎问题不大？因为 vector <T> 本来就是用来模拟数组的啊？请注意 vector < Json > 和 vector <T> 的区别。如果是整数数组，我们希望是 vector < int >；如果是坐标点数组，我们希望是 vector < Point >；如果是字符串数组，我们希望是 vector < string >。现在的情况却是：不管是什么类型的数组，我们都使用 vector < Json >。另外，就算是要表达"数组"，也不一定要使用 vector 啊？或许我们想用 array 或"set/list/queue"等，甚至就是 C 语言中的裸数组。

【重要】：在什么山头，唱什么山歌

有同学说，能够用一个具体的 vector < Json > 类型，表达所有类型数据的数组，这难道不是强大的一种表现吗？确实，甚至会有一大票语言中的数据系统，就是以这种思路设计的。但是现在我们位于 C++ 的山头，我们必须重视数据的类型，因为 C++ 是一门强调数据类型区分的编程语言，它的大量语言特性、设施、库以及编程思想，哪怕是看似非常不在乎类型的泛型编程模式，或者直接以它的类型体系作为支撑，或者各种特性环环相扣。

俗话说得好，婆婆妈妈，请给代码；千言万语，不如一比。请看对比代码，如表 14-19 所列。

肉眼能看到的关键区别是：现有方式以容器（map、vector）作为拼装操作的主体，理想方式是以具体的 C++ 结构为操作主体。json11 实现了理想。

表 14 - 19 两种拼装 JSON 数据的对比

现有方式	理想方式

Json::object cindy_obj;
cindy_obj["name"] = "Cindy";
cindy_obj["height"] = 1.72;
Json::array bwh {89, 62, 86};
cindy_obj["BWH"] = bwh;
 	
Json json_cindy(cindy_obj);
	Contestant cindy;
	cindy.name = "Cindy";
	cindy.height = 1.72;
	cindy.bwh = {89, 62, 86};
	
	Json json_cindy(cindy);

新建控制台项目并命名为 struct_to_json,然后参考 hello_json,复制"json11.hpp/cpp"文件到当前项目文件夹,并加入项目。我们需要先定义一个"Contestant (选手)"结构,通常这并不是为了创建 JSON 数据而做的额外工作。我们写的系统可能是一个"选美大赛"的管理系统,它需要对"选手"这一业务对象做各种管理,因此代码中已经有 Contestant 定义是很正常的:

```
struct Contestant
{
    std::string name;              //姓名
    int height;                    //身高
     std::array < int, 3 > bwh;    //呵呵呵,这个例子挺 LOW 的
};
```

请别光注意成员 bwh 的注释内容,请注意它的类型是 std::array < T, N >。真正要为 JSON 数据转换额外做的工作是,得为 Contestant 结构添加一个 to_json() 方法,原型为:

```
json11::Json to_json()const ;
```

在这个方法中,为当前结构数据生成一个 JSON 数据并返回:

```
struct Contestant
{
    std::string name;
    int height;
    std::array < int, 3 > bwh;

    json11::Json to_json() const
    {
        json11::Json::object o
        {
            {"name", name},
            {"height", height},
            {"BWH", json11::Json::array {bwh[0], bwh[1], bwh[2]}}
```

```
        };

        json11::Json r(o);
        return r;
    }
};
```

　　函数先是创建并初始化一个 Json::object 变量 o,再以变量作为入参构造出 Json 变量 r,然后返回。基于"只帮一次忙"的原则,以上过程可以简化成"创建并初始化一个匿名的 Json::object 变量并返回":

```
……
    json11::Json to_json() const
    {
        return json11::Json::object
        {
            {"name", name},
            {"height", height},
            {"BWH", json11::Json::array {bwh[0], bwh[1], bwh[2]}}
        };
    }
……
```

　　完整的 main.cpp 代码如下:

```
# include < iostream >
# include < initializer_list >
# include < array >

# include "json11.hpp"

struct Contestant
{
    std::string name;
    int height;
    std::array < int, 3 > bwh;

    json11::Json to_json() const
    {
        return json11::Json::object
        {
            {"name", name},
            {"height", height},
            {"BWH", json11::Json::array {bwh[0], bwh[1], bwh[2]}}
        };
    }
};

int main()
```

```
{
    Contestant contestant;
    contestant.name = "Cindy";
    contestant.height = 172;
    contestant.bwh = {89, 63, 86};

    json11::Json json_contestant(contestant);
    std::cout << json_contestant.dump() << std::endl;
}
```

编译、运行,嗯,这一次的 JSON 数据输出,不知为何看上去特别漂亮:

```
{"BWH": [89, 63, 86], "height": 172, "name": "Cindy"}
```

 【小提示】:把繁琐的转换过程函数化

必须承认,随着原始 C++数据结构的复杂化,对应的 to_json()方法可能无法像例子那样简捷、漂亮地仅仅使用一句 initializer list 初始化语法,可能也少不了有一些繁琐的"拼装"语句。尽管如此,将这些操作封装成一个函数也是正确的做法。

一个大赛不可能只有一位选手。程序可能使用某种容器以便存储多个 Contestant 对象,假设用的是 std::list。让我们将 main()函数再改改:

```
# include < list >

......

int main()
{
    std::list < Contestant > contestant_lst;

    //选手 1
    Contestant contestant_1;
    contestant_1.name = "Cindy";
    contestant_1.height = 172;
    contestant_1.bwh = {89, 63, 86};
    contestant_lst.push_back(contestant_1);

    //选手 2
    Contestant contestant_2;
    contestant_2.name = "Linda";
    contestant_2.height = 175;
    contestant_2.bwh = {90, 69, 87};
    contestant_lst.push_back(contestant_2);

043 json11::Json json_contestant(contestant_lst);
    std::cout << json_contestant.dump() << std::endl;
}
```

043 行直接以一个 std::list < > 类型的对象 contestant_lst 作为 Json 对象的构造入参,从而得到一个数组类型的 JSON 数据。输出结果是:

```
[
    {"BWH": [89, 63, 86], "height": 172, "name": "Cindy"},
    {"BWH": [90, 69, 87], "height": 175, "name": "Linda"}
]
```

14.5.9 数据主战场

“当数据需要在 C++程序模块“流通”时,需要尽快让它变成标准的、通行的数据类型,以达到项目中的其他模块和其他成员都认识的目的。哪怕就是我们自己写的模块,也应尽量避免或缩短一份数据使用多个类型系统表达的周期。”这是在 MySQL++课程中说的。

在学习 redisclient 时,我们则提到“信二定律”:“若无付出特殊代价的维护,信息在系统模块间流动的过程中,总是趋向于散失类型、结构和自我描述的清晰度和准确性;并且程序不可能对单一信息源加工使之完全恢复原有的清晰度和准确性。”

尽管说“婆婆妈妈,请给代码;千言万语,不如一比”,但有些道理还得靠悟。这两段话合起来想说的意思是:在通常情况下,当我们从外部取数据时,请尽快、尽量将相关数据转换成我们定义的数据结构、类型,并加以校验。因为后者才是一个负责业务逻辑的 C++程序处理数据的主战场。

我们每做一件事,都会有一个主战场,比如本书就主要面向编程初学者的入门教程。当我们采用 C++语言写一个偏向后台业务逻辑的程序,代码中将会有各式各样的数据类型体系,或轮番上场或同场作战,笼统地称呼都是“数据”和“数据结构”。对数据仅作如此粗略的分析,很难设计出一个好程序。请看“数据作战区域图”,如图 14－47 所示。

不同的兵种适应不同的战役、战区。不同的数据格式、数据结构及数据表达也有各自擅长的作战区域。以图 14－47 为例:

① 运输兵团:将数据视为或组织为字符系列、字节流,便于在网络层传输;

② 通信兵团:使用 JSON、XML 等规范组织数据,有利于在跨模块跨进程跨语言的系统间规范表达数据;

③ 主战兵团:实现系统主要业务逻辑时,使用特定编程语言特性所表达的数据结构;

④ 装备兵团:特定编程语言为方便程序自定义数据结构而预置的基础数据结构;

⑤ 外援兵团:为了和外部存储系统读写数据,依据外部系统所需定义的特定数据结构。

为什么 json11 将 Json 类设计成一个近乎是只读的类?原因就在于 JSON 数据重点用于通信。我们对数据的任何因业务需要而发起的操作,比如添加、删除、修改一个数据,排序一系列数据,都应当在“主战区”中使用 C++定义的数据完成。如果恰好这份数据需要传递出去,并且恰巧我们选择使用 JSON 规范,那就一次性生成

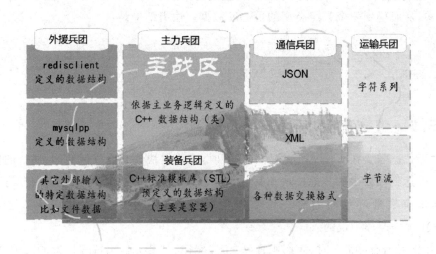

图 14-47　数据作战区域图

JSON 数据。请想象自己在战地上发电报。请认真组织待发送的内容(汉字),然后使用电报码发出,千万不要在电报码身上涂涂改改。

结论:数据主战场就是程序处理数据的主要环境。从外部取得数据后,程序尽快尽量将它转换为依据业务逻辑所定义的数据结构,而当程序需要以 JSON 规范发出数据时,尽在依据业务逻辑所定义的数据结构上处理,然后一次性生成 JSON 对象。以 MySQL++和"json11"库为例,示意如图 14-48 所示。

图 14-48　在"主战场"处理数据

14.5.10　性能小技巧

发现系统性能很差,响应很慢?大多数情况下代码花在生成或解析 JSON 数据的时长,不会是整个系统性能低下的罪魁祸首。毕竟我们对 JSON 数据的处理,基本就是一头一尾两项操作:解析和生成。因此,想要提升系统的性能,应先到别的地方去找,不建议对 JSON 数据处理的代码大动干戈。本节仅讲两个小小的技巧。

1. 异构数组的使用

这是之前示例程序生成的 JSON 数据之一:

```
[
    {"BWH": [89, 63, 86], "height": 172, "name": "Cindy"},
    {"BWH": [90, 69, 87], "height": 175, "name": "Linda"}
]
```

三个成员各自重复两次,如果是一百条记录,就得出现三百次成员名称,这是一种浪费,如果数据记录确实很多,可以考虑用上异构数组等特性:

```
{
fields: ["name", "BWH", "height"],
records:[
    ["Cindy", [89, 63, 86], 172],
    ["Linda", [90, 69, 87], 175]
    ]
}
```

【课堂作业】:异构数组的使用

结合上例,请自行设计实现一个项目,要求使用含有异构、多维数组的 JSON 数据表达。

2. 直接"转移"

创建 Json 对象时,该类支持针对某些数据类型使用"转移"语义,实现转移构造。下面是之前的一个案例:

```
json11::Json::object obj;
obj["name"] = "橙橙电动牙刷";
obj["price"] = 180.99;
obj["count"] = 1;
obj["address"] = "河北省石家庄铁道大学四方学院 5 号楼";
obj["user"] = "林海花";
obj["paid"] = true;

016 json11::Json order(obj);
std::cout << order.dump() << std::endl;
```

016 行使用的"复制语义",将具体数据从 obj 身上复制到 order 身上。多数情况下,该 obj 对象在 016 行之后就不再有存在的意义,因此可以考虑使用 C++ 11 的"转移"语义,将它身上的数据内容所占用的内存所有权直接转交给 Json 类对象 order,避免复制内存:

```
016 json11::Json order(std::move(obj));
```

14.5.11 扩展和增强

1. 处理注释

JSON 规范中未对注释做定义,但不少人习惯按 C++ 风格为 JSON 数据添加注

释,比如:

```
{
fields:["name", "BWH", "height"], //字段名:姓名,三围,身高
records:[        //记录数据
    ["Cindy", [89, 63, 86], 172],
    ["Linda", [90, 69, 87], 175]
    ]
}
```

要正确解析带有注释的 JSON 文本串,需要为 Json::parse()静态方法提供第三个入参,用于标示解析方法。该入参为枚举类型:

```
enum JsonParse
{
    STANDARD//严格按规范解析(不支持注释)
    , COMMENTS //支持注释
};
```

示例:

```
std::string s = R"(
        {"x": 29, "y": -30}//a point
    )";

    std::string err;
    json_xy = json11::Json::parse(s, err, json11::COMMENTS);
```

2. 连贯解析

当程序从网络上接收报文时,有些设计场景会出现同一个连接上有连续多个请求,或者一次请求包含多个 JSON 数据,此时两个 JSON 数据会前后"粘"在一起。json11支持读取一个大报文,并对所有连续的 JSON 数据挨个儿进行解析,再返回多个 Json 对象。该方法名为 parse_multi(),有两个版本:

```
//版本一
static std::vector < Json > parse_multi(
    const std::string & in,
    std::string::size_type & parser_stop_pos,
    std::string & err,
    JsonParse strategy = JsonParse::STANDARD);
//版本二
static inline std::vector < Json > parse_multi(
    const std::string & in,
    std::string & err,
    JsonParse strategy = JsonParse::STANDARD);
```

返回值为 std::vector < Json >,依次存放解析后得到 Json 对象。版本一比版本二多一个 parser_stop_pos,用于返回解析完成后,停止在"in"字符串的位置。在

"in"字符串不仅含有多个连续 JSON 报文、其后还有其他内容的情况下，程序可从该位置开始往后继续处理报文。

3. 编译为库

可以将 json11 编译为动态或静态库，以便在复杂系统中供多个编译模块共同使用。以静态库为例，在 Code∷Blocks 中通过新建项目，向导第一步选择 Static library 分类，如图 14-49 所示。

图 14-49　选择静态库分类

在后续步骤中将项目命名为 libjson11。打开默认生成的 main.c 源文件，删除其内全部内容。将 json11.hpp 和 json11.cpp 复制到项目文件夹，并加入项目。编译项目的 Debug 和 Release，将在项目文件夹下的"bin/Debug"和"bin/Release"，各自生成调试版和发行版的 libjson11.a 文件，将调试版本改名为 libjson11d.a。在《准备》篇创建的 C++扩展库目录下，创建"json11-master\include\json11"子目录，将 json11.hpp 文件复制到该目录下。在《准备》篇创建的 C++扩展库目录下，创建"json11-master \lib"子目录，将 libjson11.a 和 libjson11d.a 两个文件复制到该目录下。

以我准备的 C++扩展库目录"D:\cpp\cpp_ex_libs"为例，以上操作生成的目录结构如图 14-50 所示。

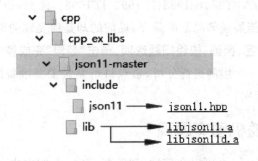

图 14-50　json11 库部署结构

通过主菜单打开 Code∷Blocks 全局路径变量配置对话框，在 d2school 集合下新建 json11 变量，做如下设置：

① base 项:"D:\cpp\cpp_ex_libs\json11 − master";

② include 项:"D:\cpp\cpp_ex_libs\json11 − master\include";

③ lib 项:"D:\cpp\cpp_ex_libs\json11 − master\lib"。

后续项目中使用 json11 库时,需要在链接库中加上 json11。源代码包含 json. hpp 头文件时,需要加上相对路径,如:

```
#include < json11/json11.hpp >
```

14.6　实例分析

《数据》篇接近尾声。现在我们可以在一个程序中借助 mysqlpp 读写 MySQL 中的数据;借助 redisclient 读写 redis 中的缓存;可以通过 boost. asio 和前端或其他进程实现网络连接,从网络对端读出 JSON 报文并通过 json11 解析;或者由 json11 生成 JSON 字符串,写到网络对端或者 redis、MySQL。以设计中的"体育用品商城"的登录页面为例,我们仅分析三个用例,以期对整个系统"管中窥豹"。

用例 1:用户打开登录页面,看到随机的体育图文

比如,某次登录页面展现一张郭晶晶站在冠军席上接受金牌的图片,并附以下文字说明:"2008 年北京奥运第 9 天,郭晶晶获得女子 3 米跳板冠军。郭晶晶是中国女子跳水队的领军人物,在 2004 年和 2008 年包揽了四枚三米板金牌。1988 年在河北保定训练基地开始跳水训练,教练是李芳。1992 年入选国家跳水队,教练是于芬,1998 年师从钟少珍。"

用例 2:登录输入区域显示一道随机校验问题及备选项

比如,随机的校验问题:"是哪一年,在河北保定训练基地,郭晶晶开始参与跳水训练?"对应备选项为:A 1987、B 1988、C 1992、D 1998。注意,该问题必须和用例 1 展现的图文相关。不能展现郭晶晶的简介,提问的却是何雯娜的事。

用例 3:填写用户名、密码、校验问题选项,单击"登录"完成登录

后续课程对以上三个用例进行分析,重点讲解系统需要准备的数据以及每个用例涉及的数据组织、流向。

14.6.1　用例:随机图文展现

实际 WEB 项目中,网页可以在前端(浏览器)以 ajax 的方式向后台拉取数据,完成页面布局、样式、内容的最终呈现,称作"前端渲染"。不过,实际项目中,更多采用的方式是"后端渲染",即通过 PHP、JSP、Node. JS 或本书官网提供的 da4qi4 等框架,在服务端将网页组织所需的布局、数据、样式以及脚本内容等信息主体,全部确定并完成组织,交给浏览器后,浏览器只需负责展现。

　　用例要求每次收到请求后返回随机的图片和配套内容,因此请求报文不需要传递额外信息。假设该用例的请求报文为:

```
{
    "id": "id_001",
    "jsonrpc"  : "2.0",
    "method"   : "shop/publicity_image", //请求宣传图片
    "params":  ["98340ADF87234FD1DB2"]  //一个 Cookie 串
}
```

　　之所以要求前端传入一个有时效长度的 Cookie 串,是考虑今后可以依据 Cookie 串识别用户,从而做某些优化。比如,我们希望同一个用户在 10s 内刷新页面,看到同一套图片和文字说明。后台 C++程序收到该请求,先到 redis 查找以该"Cookie 串"(通常需加前缀,后称"Cookie KEY")作为键名的数值项是否存在;如果不存在,需要组织、返回随机的图文。

　　之前 redis 课程的"数据流动:从库到缓存"小节,我们已经实现了将 2008 奥运会冠军记录变成缓存,文字内容在 redis 中多个 LIST 数据。图片则存储在 nginx 中的"html\shop\image\cache"子文件夹。后台 C++程序通过随机函数取得一个次序号,对应数据表中的 abs_index,加上前缀"db_champions_2008_id_"作为键名,尝试使用 reids 的 LINDEX 命令读出该键下的所有数据,然后以"Cookie KEY"作为键名,次序号作为值,以 10s 为有效期写入 redis;同时组织 JSON 数据报文返回给浏览器。结果报文设计为:

```
{
    "id": "id_001",
    "jsonrpc"  : "2.0",
    "result" :
    {
        "photo" :
        "shop/image/cache/db_champions_2008_id_35.jpg",
        "abs_index" : 35,
            "name" :"郭晶晶",
            "item" :"跳水－女子 3 米跳板",
            "memo" :"郭晶晶是中国女子跳水队的领军人物,在 2004 年和 2008 年包
揽了四枚三米板金牌。1988 年在河北保定训练基地开始跳水训练,教练是李芳。1993 年进入河
北省跳水队,1992 年入选国家跳水队,教练是于芬,1998 年师从钟少珍。"
    }
}
```

14.6.2　用例:校验问题与备选项

　　需要先在数据库中准备校验问题及选项数据。建表语句如下:

```
CREATE TABLE 'verify_questions' (
id int(10) unsigned NOT NULL AUTO_INCREMENT COMMENT 'ID',
abs_index int(10) NOT NULL DEFAULT 0 COMMENT '对应的图文记录 ID',
question varchar(200) NOT NULL COMMENT '问题',
answer int(1) NOT NULL DEFAULT 0 COMMENT '正确选项',
answer_a varchar(100) NOT NULL DEFAULT '' COMMENT '选项 a',
answer_b varchar(100) NOT NULL DEFAULT '' COMMENT '选项 b',
answer_c varchar(100) NOT NULL DEFAULT '' COMMENT '选项 c',
answer_d varchar(100) NOT NULL DEFAULT '' COMMENT '选项 d',
  PRIMARY KEY ('id'),
KEY index_abs_index (abs_index)
) ENGINE = InnoDB
AUTO_INCREMENT = 1 DEFAULT CHARSET = utf8 COMMENT = '校验问题表';
```

一张图片(及配套文字)最好对应多个问题,比如同样是郭晶晶的领奖图,还可以提出她在哪一年进入国家队等问题。

在数据表中,正确答案默认是 A,因此字段 answer 显得多余,它的默认值是 0,同样代表 A 选项。可能会想让正确答案不要固定是 A 选项,从而让 answer 发挥作用。但本例程提供更安全的做法:将再次利用 redis 的缓存功能,实现哪怕是同一个问题,针对每一次请求都返回的打乱次序的四个选项。一句话:正确选项在数据表中固定是 A,但在每次请求时,正确选项排的位置可能变成 B、C、D。

校验问题数据存入 redis 时,仍然以之前提到的"Cookie 串"作为键,只是加上不同的前缀,同样需要有 10 s 或更短的有效时长。用户如果超出有效时长才输入,就必须重新刷新登录页面的图文和校验问题。这样做一来有利于加强安全性,二来也可以避免在 redis 中残留一堆打乱选项次序的校验问题。

 【危险】:防君子,更要防小人

尽管做了打乱选项位置的操作,但如果非法用户非要"扒"下所有问题和选项,进行文字内容上的匹配,那么验证码仍然可能被恶意程序破解。解决方法是问题库应足够大。

正如之前提到的,验证问题必须和显示的图文匹配,因此请求报文中需要带有图文记录的唯一 IDabs_index 作为入参,以及对应的"Cookie 串":

```
{
        "id": "id_002",
        "jsonrpc"   : "2.0",
        "method"    : "shop/verify_question", //请求校验问题
        "params":  ["98340ADF87234FD1DB2", 33]
}
```

C++程序收到该请求后,将从数据表中读出 abs_inde 值为 33 的所有校验问题

记录,再随机抽取一条,打乱选项位置并记录打乱后正确选项的编号,组织成 Set 数据,以 Cookie 作源串生成键名,存入 redis 中;然后将问题组织成 JSON 报文,发送给浏览器,当然,返回报文中不能有"哪一个是正确选项"的信息。响应报文:

```
{
    "id": "id_002",
    "jsonrpc"  : "2.0",
    "result" :
    {
        "question" : "……?",
        ["回答 1", "回答 2", "回答 3", "回答 4"]
    }
}
```

14.6.3　用例:登录

登录过程可描述为:前端发送用户名、密码、验证问题选项等信息,后端判断各项信息是否正确,如果正确则在后端生成用户登录会话信息。登录请求报文设计如下,注意 JsonRPC 支持入参采用数组或对象类型,本次使用的是后者:

```
{
    "id" : "id_003",
    "jsonrpc"  : "2.0",
    "method"    : "shop/login", //登录
    "params":
    {
        "condition" : {
                "user" : "dog egg", //用户名
                "password" : "123456", //密码
                "verify_answer" : 2, //选择 C
        },
        "cookie" : "98340ADF87234FD1DB2"
    ]
}
```

⚠️ 【危险】:保护用户密码

用户登录时需要填写密码,不管是以明文方式,还是将密码在浏览器中进行某种变换处理(比如 MD5 摘要),只要是直接使用 HTTP 传输,都容易泄露。实际项目中,强烈建议改用 HTTPS 协议处理。

C++程序收到登录请求后,将依据其中的"Cookie 串"先在 redis 中查找校验问题是否存在,如果不存在说明该问题已经过期,需刷新页面;如果存在则读出问题并判断用户的选择是否正确。通过问题校验后,再从 MySQL 用户表检索指定"用户名

＋密码"的用户是否存在,不存在说明用户名和密码输入有误,同样使用 JSONRPC 规范组织报文,返回出错信息。

一切校验成功,将在 redis 中生成并维护该用户本次登录的会话数据。请参见 redis 课程中的"典型应用:缓存会话数据"等章节。响应报文设计如下:

```
{
    "id" : "id_003",
    "jsonrpc"  :"2.0",
    "result" :
        {
            "sid" : "session:user:4ID:876",
            "login":  "2017 年 05 月 08 日 08 点 30 分 11 秒",
            "last":"2017 年 05 月 01 日 20 点 19 分 02 秒"
        }
}
```

14.6.4　da4qi4 框架简介

一个完整的 WEB 电子商城实现,涉及技术包括:前端页面设计、数据库设计、缓存设计、会话管理、业务报文解析等,以上事项在本书均有或深或浅的讲解。本书还未提及的还有:访问路由处理、文件上传下载、页面 Cookie 处理、静态文件处理和前端页面缓存处理等等;还有用于处理商城的业务逻辑,比如购物车、结算、秒杀和拼购等,功能需求近乎无边无际。

更丰富、全面、便捷的 C＋＋WEB 开发知识,可通过本书作者的开源项目"da4qi4 大器"学习和实践。该项目整合全球范围内多个著名、优秀的 C＋＋组件,帮助 C＋＋入门者快速搭建、实现多种 WEB 系统的后台程序,包括桌面端网站、移动端网站、移动端原生应用、微信公众号和小程序等。欢迎进入 WWW.d2school.com 网站获取免费的视频课程(该网站后台完全基于大器框架开发),结合本书所学,让你的 C＋＋知识跳出书本进入实战。

第 **15** 章

乐　趣

不是图开心，干嘛学编程？

15.1　开心最重要

　　我们干嘛学编程？因为学会编程可以找工作，找到工作可以赚到一点钱，赚到一点钱以后可以赚到更多的钱，赚到更多更多的钱以后虽然还不知道能干什么，但想想就很开心。

　　如果仅仅把编程当成一门求职的技能，那还真的不一定就能开心。两个原因，一是从学会编程到赚到很多很多的钱，还有很长很长的距离；二是就算有很多很多的钱，也不等于很开心。你看这行业中的有钱人，有人连自己老婆身上的漂亮都发现不了，有人声称创办了巨赚钱的企业后却"很是后悔"。

　　总之呢，做人也好，写程序也好，最重要的还是开心。大家辛辛苦苦学习《白话 C++》已近尾声，已经可以写不少程序了，找到一份工作也不算难；但是答应我：不要只为老板写程序，不要只为老板写程序，不要只为老板写程序。

15.2　桌面玫瑰

　　需求：情人节、母亲节、父亲节、生日，相识纪念日、结婚纪念日、吵架和解日……不管啥日子想秀恩爱时，可以事先写一个程序，安装在对方电脑上，一到指定日子，就在桌面上弹出玫瑰花朵和一段消息，如图 15-1 所示。

　　看到重点了吧？图中的玫瑰花并非是电脑桌面背景图，而是一个程序的主窗口。

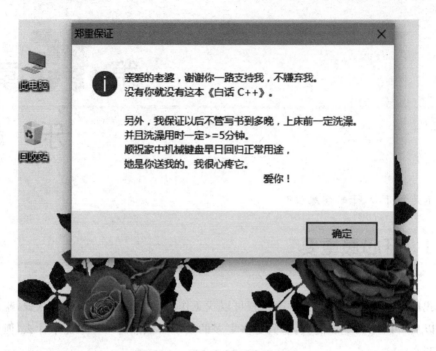

图 15-1 "玫瑰窗口"应用示例

15.2.1 创建项目

步骤 1:启动 Code::Blocks 项目向导,选择 wxWidgets 项目,如图 15-2 所示。

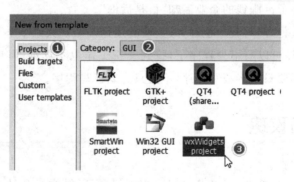

图 15-2 选择 wxWidgets project

步骤 2:单击 Go 按钮,后续需要选择库版本,请选择 wxWidgets 2.8.x。

步骤 3:在"project title(项目标题)"中输入 wish_window。

步骤 4:本项目**无需**使用 GUI 设计器,因此请在 GUI Builder 步骤中选择"None","Application Type(应用类型)"则选"Dialog Based(基于对话框)",如图 15-3 所示。

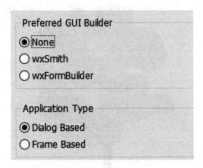

图 15 - 3　GUI 应用配置

步骤 5：这里希望程序可以独立运行，因此 wxWidgets Librarary Setting 中**不要**
选中 Use wxWidgets DLL 如图 15 - 4 所示。

图 15 - 4　不使用动态库，方便部署程序

步骤 6：一路"下一步"，直到向导结束。

15.2.2　异形窗口

1. 准备图片

普通窗口方方正正，异形窗口奇奇怪怪。通常的做法是选定图片，让程序抠掉背
景，得到一个轮廓，然后要求操作系统依据该轮廓创建异形窗口，最后在窗口的"On-
Paint(绘图)"事件中贴上图片。这就准备一张图片，最简单的方法是打开画图程序，
自行画一朵花，如图 15 - 5 所示。图片当然是长方形的，因此在图中标有颜色之外的
整片"空地"都是白色的，它们是后续将要被抠除的部分。

【危险】：你看到的白是什么白

注意，你看到的"白"不一定是白色，一不小心，它们可能就带那么一点点人类肉

图 15-5　画图,准备作为图片窗口轮廓

眼识别不到的灰度。因此,在画图程序中请保证图的背景色由纯正的红色加纯正的绿色,再加纯正的蓝色组成的纯白色。在画图程序中确保使用"纯白"的方法是打开调色板,查看所使用的白色的 RGB 分量,三者必须全部是 255(即十六进制的0xFF),如图 15-6 所示。

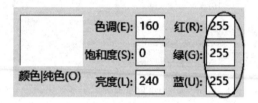

图 15-6　纯白色的组成:RGB 全部为 0xFF

　　完成绘图后将图片另存到 wish_window 项目文件夹,取名 rose. bmp;格式必须是 24 位或更高的位图。

2. 窗口类代码

　　向导生成的窗口类文件,默认带有几个按钮、横线、标签文字等,这些对本项目都是多余的。请打开头文件 wish_windowMain. h,删除无用代码,仅留如下内容:

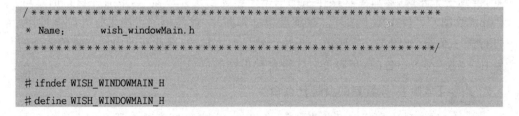

```
/************************************************************
* Name:        wish_windowMain. h
*************************************************************/

# ifndef WISH_WINDOWMAIN_H
# define WISH_WINDOWMAIN_H
```

```
# ifndef WX_PRECOMP
    # include < wx/wx.h >
# endif

# include "wish_windowApp.h"

class wish_windowDialog: public wxDialog
{
    public:
        wish_windowDialog(wxDialog * dlg, const wxString& title);
        ~wish_windowDialog();

    private:
        void OnClose(wxCloseEvent& event);
        DECLARE_EVENT_TABLE()
};

# endif // WISH_WINDOWMAIN_H
```

然后在 private 之下添加一个类成员数据,即如下粗体所在行:

```
......
    private:
        wxBitmap bmp;
        void OnClose(wxCloseEvent& event);
        DECLARE_EVENT_TABLE()
......
```

成员 bmp 将用来加载之前那张"玫瑰图"。打开窗口类的源文件 wish_window-Main.cpp,删除无用代码,仅留如下内容:

```
/ ************************************************
 * Name:      wish_windowMain.cpp
 ************************************************/

# ifdef WX_PRECOMP
# include "wx_pch.h"
# endif

# include "wish_windowMain.h"

BEGIN_EVENT_TABLE(wish_windowDialog, wxDialog)
    EVT_CLOSE(wish_windowDialog::OnClose)
END_EVENT_TABLE()

wish_windowDialog::wish_windowDialog(wxDialog * dlg
                             , const wxString &title)
```

```
    : wxDialog(dlg, -1, title)
{

}

wish_windowDialog::~wish_windowDialog()
{

}

void wish_windowDialog::OnClose(wxCloseEvent &event)
{

    Destroy();
}
```

为确保以上删除操作正确,请尝试编译、运行程序,应能看到一个普普通通、空空荡荡的对话框。为了看到"异形",请往构造函数中加入数行代码:

```
rose_windowDialog::rose_windowDialog(wxDialog * dlg
                                , const wxString &title)
    : wxDialog(dlg, -1, title)
{
018 SetWindowStyle(this ->GetWindowStyle() | wxFRAME_SHAPED);

020 bmp.LoadFile(_T("rose.bmp"), wxBITMAP_TYPE_BMP);
021 this ->SetClientSize(wxSize(bmp.GetWidth(), bmp.GetHeight()));

023 wxRegion region(bmp, * wxWHITE);
024 this ->SetShape(region);
}
```

不算空白处总共加了五行代码,此处一行行解释:

018 行:先通过 GetWindowStyle()方法取得窗口的当前样式(也称风格)。窗口样式是指窗口要不要有标题栏,要不要有边框,窗口可不可以改变大小等。在当前样式的基础上,通过"位或"运算加上**wxFRAME_SHAPED** 样式。Shaped 即为"有形状的"之意,表示允许程序为顶层窗口指定"形状",最终通过**SetWindowStyle**()完成窗口样式修改。

020 行:使用 bmp 成员打开位于项目文件夹内的 rose.bmp 位图。入参 wxBIT-MAP_TYPE_**BMP** 指明图片文件的格式,也可以传入 wxBITMAP_TYPE_ANY 让wxWidgets 库自行推测图片格式。

021 行:方法**SetClientSize**()很直白:设置客户区尺寸(Size)。为什么只是客户区而不是整个窗口? 因为在使用 wxFRAME_SHAPED 样式的情况下,窗口不再有标题栏、边框等修饰,只余下中间那块区域。该方法入参为**wxSize** 类型,例中取图片的长和宽。

023 行：构建一个 wxRegion 对象，region 是"区域、范围"之意。第一个入参是位图对象 bmp，第二个入参是在 wxWidgets 中表示"纯白色"的 wxWHITE 对象，它是 wxWidgets 事先定义的一个指针。正是这一行代码，实现了抠除指定位图中指定颜色的背景，形成"轮廓"数据，即 region 对象。

024 行：最后使用窗口类的 SetShape() 方法，将前述的"轮廓"数据应用到当前窗口。

编译、运行。注意，丑陋的"异形"即将现身！如果你确实把 rose.bmp 放到和工程文件相同的目录下，如果它确实是位图格式并且背景确实是纯白色，就能看到一个灰突突的异形窗口。请无视图 15-7 中我刻意摆在两边的"此电脑"和"回收站"图标。

图 15-7　"异形"已现！

【小提示】：使用快捷键关闭异形窗口

为了关闭这个"异形"，你或许需要用鼠标先点一下它，然后按"Alt＋F4"。这是 OnClose() 事件被保留下来的原因。

中国史上喜好编写异形窗口程序，并且掌握为异形窗口"画皮"技术的著名程序员，当然是蒲松龄。我们已经准备好了漂亮的"皮"，现在就差往窗口上画了。在窗口内画图的这事我们不陌生：正是 OnPaint() 事件。

请回到头文件 wish_windowMain.h，在 OnClose() 方法之后，加入 OnPaint() 方

法。在当前的类定义的 private 之下,添加以下加粗内容:

```
……
    private:
        wxBitmap bmp;

        void OnClose(wxCloseEvent& event);
        void OnPaint(wxPaintEvent& event); //新增的方法
    DECLARE_EVENT_TABLE()
……
```

在头文件中按 F11 切换至源文件 wish_windowMain.cpp。先在事件关联表中加入 OnPaint 事件关联:

```
……
BEGIN_EVENT_TABLE(wish_windowDialog, wxDialog)
    EVT_CLOSE(wish_windowDialog::OnClose)
    EVT_PAINT(wish_windowDialog::OnPaint)
END_EVENT_TABLE()
……
```

而后就是 OnPaint()方法的具体实现,把它放到源文件的最后面:

```
……
void wish_windowDialog::OnPaint(wxPaintEvent& event)
{
    wxPaintDC dc(this);
    dc.DrawBitmap(bmp, wxPoint(0,0));
}
```

就两行代码。更多有关窗口、绘图、OnPaint 事件的知识,建议复习《GUI》篇。编译、运行,从现在开始,谁再提"画皮"这种丑陋、虚伪的故事,谁就是我们程序员界的叛徒加小狗。

"亲爱的! 快来看我为你精心编写的一个漂亮的程序!"如图 15-8 所示。

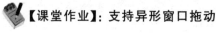 【课堂作业】: 支持异形窗口拖动

通过添加鼠标左键按下、抬起、鼠标移动等三个事件,让窗口支持鼠标拖动。如果不考虑跨平台特性,也可以考虑通过自定义 Windows 的 WM_NCHITTEST 消息处理。

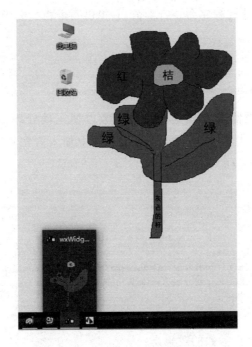

图 15 - 8 异形窗口程序运行实例

15.2.3 时间判断和消息显示

接下来有两件工作:一是提供时间判断功能,如果发现不在指定的日期范围内,程序一启动就直接退出。二是提供消息弹出功能,在异形窗口显示时,弹出一消息框,内有用户撰写的消息标题和正文。两项工作都将在"wish_windowApp. h/cpp"身上开展。

1. 命令行处理

时间和消息都通过程序运行时的命令行参数指定,格式如下:

```
wish_window.exe /b 开始日期 /e 结束日期 /t 消息标题 /m 消息正文
```

格式说明:

(1) b、e、t、m 各自代表某个入参的开始,称为命令行参数名字,前方的"/"为名字前导符。

(2) 日期格式为:YYYY - MM - DD,比如 2017 - 04 - 23;

(3) 消息标题和消息正文建议使用英文的双引号包围,以便支持内容中有斜杠和空格;

(4) 为支持更好的排版,允许在参数中使用"\n"和"\t",分别表示换行与缩进。

类 wxApp 负责处理程序命令行参数,它提供两个相关虚函数:

```
//如何初始化命令行参数
virtual void OnInitCmdLine(wxCmdLineParser& parser);
//如何处理命令行参数
virtual bool OnCmdLineParsed(wxCmdLineParser& parser);
```

wxApp 的派生类需要实现这两个虚函数以便正确处理命令行入参。请先在 wish_windowApp.h 中的 wish_windowApp 类中加入方法声明,连同原来自带的 OnInit()方法,现在该类的定义为:

```
......
class wish_windowApp : public wxApp
{
    public:
        virtual bool OnInit();
        virtual void OnInitCmdLine(wxCmdLineParser& parser);
        virtual bool OnCmdLineParsed(wxCmdLineParser& parser);
};
......
```

wxApp 处理命令行参数的逻辑是:

(1) 请先告诉我,你要的命令行参数的格式是什么?

(2) 我知道你要的命令行参数该长什么样子了,我会按这个格式去解析真实的参数。

(3) 解析好了,程序员你看看要怎么处理这些参数吧!

这个过程让我们想到写 C++ 程序时"函数形参声明"和"函数实参调用"。

OnInitCmdLine()用来告诉 wxApp 对象本程序的命令行入参应该长什么样子,包括各命令行参数名字是什么,类型是什么等。该函数入参 wxCmdLineParser 意为"命令行解析器"。我们有四个入参类型,名字为:"/b""/e""/t"和"/m",各自含义见上。其中前二者入参数据为日期类型,后二者为字符串。

wxCmdLineParser 提供 AddOption()用于添加命令行"形参":

```
void AddOption(const wxString& name    //参数的短名字
    , const wxString& lng = wxEmptyString //参数的长名字
    , const wxString& desc = wxEmptyString //参数说明
    , wxCmdLineParamType type = wxCMD_LINE_VAL_STRING //参数类型
    , int flags = 0    //参数附加标志
    );
```

AddOption()方法各入参说明:

(1) name:参数的名字,也称"短名字",比如前面举例中的"b""e""t""m";

(2) lng:参数的长名字。短名字太多用户不容易记清,因此可以有长名字,比如 begin、end、title 和 message。使用长名字时,前导符应为"--";

（3）desc：参数的详细说明；

（4）type：参数的类型。可以是："wxCMD_LINE_VAL_STRING（字符串）" "wxCMD_LINE_VAL_NUMBER（数字）" "wxCMD_LINE_VAL_DOUBLE（双精度实数）"、"wxCMD_LINE_VAL_DATE（日期）"以及"wxCMD_LINE_VAL_NONE（空）"。

（5）flags：用于指示对应命令行参数是必选或可选，是不是一个"开关项"，是否不在入参说明中出现等。详见 wxWidgets 官方文档中有关 wxCmdLineEntryFlags 等枚举类型的说明。

切换到源文件 wish_windowApp.cpp，完成 OnInitCmdLine()方法的实现。首先需要加入对"ws/cmdline.h"头文件的包含：

```
······
# include < wx/cmdline.h >
# include "wish_windowApp.h"
# include "wish_windowMain.h"
······
void wish_windowApp::OnInitCmdLine(wxCmdLineParser& parser)
{
    parser.AddOption(wxT("b"), wxT("beg"), wxT("开始日期")
                            , wxCMD_LINE_VAL_DATE);
    parser.AddOption(wxT("e"), wxT("end"), wxT("结束日期")
                            , wxCMD_LINE_VAL_DATE);
    parser.AddOption(wxT("t"), wxT("title"), wxT("标题"));
    parser.AddOption(wxT("m"), wxT("message"), wxT("消息正文"));
}
······
```

因为包含汉字，请在 Code::Blocks 中为代码文件设置 UTF-8 编码。通过 **OnInitCmdLine()**方法的调用，wxApp 对象就对当前程序的命令行参数格式了然于心，于是就可以去检测、解析实际入参，一旦解析成功，它将调用 **OnCmdLineParsed()**方法。

切换到头文件 wish_windowApp.h，为 App 类添加对应四个命令行入参的私有成员数据：

```
class wish_windowApp : public wxApp
{
    public:
        virtual bool OnInit();
        virtual void OnInitCmdLine(wxCmdLineParser& parser);
        virtual bool OnCmdLineParsed(wxCmdLineParser& parser);
    private:
        wxDateTime beg_date, end_date;
        wxString title, message;
};
```

然后在 wish_windowApp.cpp 中实现 OnCmdLineParsed()：

```cpp
bool wish_windowApp::OnCmdLineParsed(wxCmdLineParser& parser)
{
    bool found_1 = parser.Found(wxT("b"), &beg_date);
    bool found_2 = parser.Found(wxT("e"), &end_date);

    if (!found_1 || !found_2)
    {
        parser.Usage();
        return false;
    }

    wxDateTime today = wxDateTime::Today();
    if (today < beg_date || today > end_date)
        return false;

    parser.Found(wxT("t"), &title);
    parser.Found(wxT("m"), &message);

    message.Replace(wxT("\\n"), wxT("\n"));
    message.Replace(wxT("\\t"), wxT("\t"));

    return true;
}
```

注意，**OnCmdLineParsed()** 的返回值为 bool 类型，如果返回假，表明我们对本次运行的某些命令入参不满意，不允许程序运行；返回真表示认可这些入参，程序可继续启动。例中首先查找入参 b 和 e 是否存在，如果不存在，宽松的做法是认为这代表用户不想限制程序的运行时段，严格的做法是认为用户太糊涂，居然忘记设置"限行日期"。是严格一点还是宽松一点呢？我看都可以，不过下面这个小问题可以读一读。

👀【轻松一刻】

考虑这样一个情况：今天是 3 月 7 日，你想让"玫瑰开放"在 3 月 15 日，那是你女友的生日。可是你忘记在命令行中设置日期参数，结果女友第二天开机时它就弹出来了。很不幸，这个"第二天"正好是你前女友的生日……

马虎大意造成的结果，有时候还挺可怕的，还是严格点吧。查找指定名字的入参并取得其值的方法，是调用 wxCmdLineParser 类的 **Found**()方法，返回是否找到。如果没找到，程序在退出之前将弹出一个消息框，提示用户如何正确设置命令行入参，这是 wxCmdLineParser 类的 **Usage**()方法提供的。接着函数拿"beg_date(起始日期)"和"end_date(结束日期)"和 today 进行比较判断，不符合条件，返回假，这就实现了程序只能在指定日期内启动的需求。

终于到了表白的日子啦！程序继续使用 Found()方法读出消息标题和正文，然

后调用 wxString 的 Replace()方法实现将用户在消息正文写的"\n"和"\t"分别替换
为换行和缩进转义符。

2. 弹出消息

不能在**OnCmdLineParsed()**函数中弹出消息窗口,因为此时主窗口,也就是那
朵"玫瑰"还没有"开放"。并且,不管是**OnInitCmdLine()**还是**OnCmdLineParsed()**,
都由基类的 OnInit()方法调用。创建项目时,向导自动为 wish_windowApp 类生成
重新实现的 OnInit()方法,并没有调用基类的 OnInit()方法。向导自动生成的代码
如下:

```
bool wish_windowApp::OnInit()
{
    wish_windowDialog * dlg = new wish_windowDialog(0L
                 , _("wxWidgets Application Template"));
    dlg ->SetIcon(wxICON(aaaa));
    dlg ->Show();
    return true;
}
```

这个实现我们有三点不满意,一是如前所述,没有调用基类的 OnInit(),因此造
成我们辛苦写的**OnInitCmdLine()**和**OnCmdLineParsed()**都不起作用;二是它为对
话框生成的标题太丑了,三是它使用默认的应用图标也很丑。当然,最主要的一点
是:它没有弹出用户想要表达的消息。

改应用程序图标方法,请复习《GUI》篇第 11.3 小节"跨平台的 GUI 库基础"。
其他三点的实现代码如下:

```
……
bool wish_windowApp::OnInit()
{
    if (! wxApp::OnInit()) //此处将调用前面说的两个函数
        return false;        //失败,返回 false,程序退出

    wish_windowDialog * dlg = new wish_windowDialog(0L,title);
    dlg ->SetIcon(wxICON(aaaa));
    dlg ->Show();

    wxMessageBox(message, title); //这里弹出消息框
    return true;
}
……
```

编译、运行,我们什么入参也没有提供,Usage()方法得以调用,于是我们看到如
图 15-9 所示的提示。

单击 Code::Blocks 主菜单项 Project,找到"Set program's arguments"子菜单
项,在弹出的窗口内容中为 Debug 构造目标配置程序运行入参:

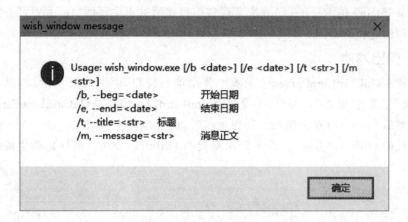

图 15－9　命令行入参使用提示

/b 2019-05-01 /e 2020-06-30 /t 出来混总是要还的！/m "小样,去年向我借的 150 元是时候还了!"

请调整入参中的时间段,运行程序以测试它们是否起作用。

15.2.4　部　署

1. 查看、修改程序依赖库

确保构建目标是 Debug 版本,然后在源代码中找一行加上断点,比如设置在 wis _windowApp∷OnInit()函数的第一行。按下 F8,或者单击工具栏上红色的小三角图标以调试方式启动,很快程序将停在断点上,如图 15－10 所示。

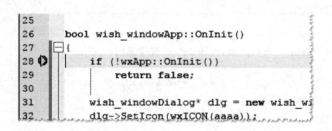

图 15－10　设置断点,以方便查看调试信息

在 Code∷Blocks 主菜单中选中 Debug → Information→Loaded libraries,将弹出列有当前程序已经加载动态库列表,如图 15－11 所示。最大化该窗口,可以看到程序加载最多的动态库来自系统 WINDOWS 目录,这些库通常在其他运行 Windows 的电脑上也会存在。

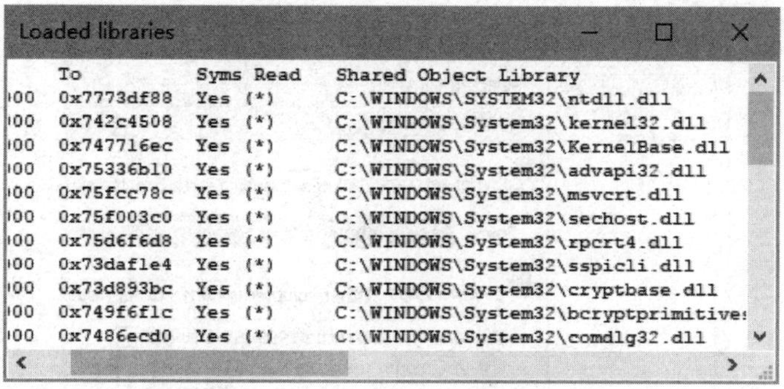

图15-11 观察程序加载库列表

![小提示] 【小提示】：怎么我的程序好像有什么脏东西跑进去了

会有一些看似不请自来奇怪的库，从名字上多半能识别出来像某公司的支付保护、某公司的输入法、某公司的电子辞典或者某些杀毒软件的库等等。

下面这几个库则来自我们安装的 mingw-w64：

```
D:\cpp\mingw-w64-32bit\mingw32\bin\libstdc++-6.dll
D:\cpp\mingw-w64-32bit\mingw32\opt\bin\libgcc_s_dw2-1.dll
D:\cpp\mingw-w64-32bit\mingw32\opt\bin\libwinpthread-1.dll
```

(1) "libstdc++-6.dll"是C++语言标准库的动态版本；

(2) "libgcc_s_dw2-1.dll"是用于支持特定异常机制的动态库；

(3) "libwinpthread-1.dll"是线程库 pthread 在 Windows 下的实现。

如果现在就将"玫瑰窗口"程序安装到女朋友的笔记本上，就得带着以上三个库。如果在项目构建选项中，将 C/C++ 设置成静态链接方式，就可以不用拖油瓶带着前两个库，只剩下 pthread 库。退出调试状态。从主菜单选择"Project → Build options..."，在弹出的项目构建配置对话框中，按如图15-12所示步骤修改配置。

左侧选中项目构建目标树根节点；选中 Compiler settings 选项页以及 Compilers 子选项页；在编译标志表中，找到并选上 Static libgcc 和 Static libstdc++ 两项。确认并退出配置对话框。按下"Ctrl + F11"重新构建项目的 Debug 目标，重复以上实验，应能看到此次加载的库少了"libstdc++-6.dll"和"libgcc_s_dw2-1.dll"。

![小提示] 【小提示】：弹出消息变成乱码

调试 wxWidgets 程序时，从命令行读入的汉字可能会变成乱码，这是 Code：Blocks 和 gdb 配合上的问题，可以不理它。

在 Code：:Blocks 中切换到 Release 构建目标，按下"Ctrl + F11"完成构建。

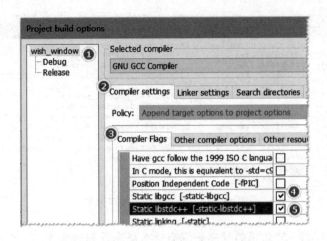

图 15－12　静态链接 C/C++ 库

2. 准备打包文件

现在我们将需要部署的文件全部放在一起,方法如下:

(1) 准备打包文件夹:在 Windows 文件管理器找个合适的位置(比如桌面上),新建一个文件夹,取名 wish_window 称为打包文件夹。

(2) 复制 Release 版本的程序可执行文件:请从 Windows 文件管理器进入项目文件夹,再进入"bin/Release",将 wish_window. exe 复制到打包文件夹。

(3) 根据之前观察到的位置找到"libwinpthread-1. dll",将它复制到打包文件夹。

(4) 将 rose. bmp 复制到打包文件夹。

现在,打包文件夹内包含有运行所需的程序文件、程序所依赖的动态库文件以及程序运行时所需要的数据文件 rose. bmp。可以将该文件夹以 U 盘复制、电子邮件传递、QQ 文件传送等方法,复制到女朋友的电脑中。

3. 在目标机器安装

现在,你需要想办法支开女朋友一段时间,并且在她离开时你能够使用她的电脑。以下操作必须在女友的电脑上进行:

(1) 进入打包文件夹,右键选中 wish_window. exe,在弹出菜单中选择"创建快捷方式",当前目录将出现 wish_window. exe -快捷方式"。

(2) 右键选中 wish_window. exe -快捷方式"(也许你想为它改个名字),在弹出菜单中选择"属性"。属性对话框的"目标"栏将是 wish_window. exe 所在的全路径,请在其后补上你需要的那些命令行参数。

最后,你可以通过 Windows 的启动菜单项、注册表或者定时任务等方式,实现开机时自动启动或定时启动上述快捷方式的目的。记得多测试,并请特别注意各类杀毒或安全程序的干扰。如有必要,将程序加入它们的安全白名单。祝你成功! 祝你们开心!

这一节都快结束了,你才想起来女友用的是苹果家的笔记本? 没事,Code::Blocks、wxWidgets、GCC 都支持苹果的 Mac OS。你可以借机测试像 Mac OS 这样眉清目秀的图形界面系统是否支持异形窗口。

15.2.5　更多有趣应用

窗口类的 GetScreenPosition(int * x, int * y)方法能得到窗口在屏幕上当前位置,Move(int x, int y)方法能移动窗口位置。结合二者就能让"玫瑰"想在哪个位置开,就开到哪个位置。不过,如果开到屏幕外面去那就不好了,因此最好能事先知道"花园"的大小,这需要用到 wxSystemSettings 类,它有一个重要方法叫 GetMetric(),可用于查询系统的许多信息:

```
static int wxSystemSettings::GetMetric (wxSystemMetric index
                                    , wxWindow * win = NULL);
```

入参 index 是枚举类型,将它指定为 wxSYS_SCREEN_X 或 wxSYS_SCREEN_Y,可用于查询屏幕的宽或高,单位为像素;返回 -1 表示失败。例如:

```
int scr_width = wxSystemSettings::GetMetric (wxSYS_SCREEN_X);
int scr_height = wxSystemSettings::GetMetric (wxSYS_SCREEN_Y);
```

wxSystemSettings 类定义在"wx/settings.h"头文件中。结合 wish_window 项目,让我们在 wish_windowDialog 的构造函数尾部加上以下代码,就能让玫瑰开在屏幕的正中央:

```
……
#include < wx/settings.h >
……

wish_windowDialog::wish_windowDialog(wxDialog * dlg
                                , const wxString &title)
    : wxDialog(dlg, -1, title)
{
…… /* 原有代码,结束在 SetShape(region); */

    int scr_width = wxSystemSettings::GetMetric(wxSYS_SCREEN_X);
    int scr_height = wxSystemSettings::GetMetric(wxSYS_SCREEN_Y);

    if (scr_width > 0 && scr_height)
    {
        int w, h;
        this->GetSize (&w, &h);
        this->Move ((scr_width - w)/2 , (scr_height - h)/2);
    }
}
```

在程序中加入一个定时器 wxTimer,我们甚至可以让玫瑰花定时地在屏幕上跑来跑去,只是感觉怪怪的。咦,为什么不写一只"虫子"在电脑桌面上爬动呢? 程序员最讨厌自己写的程序里有"虫子",但今天除外。

🔲 【课堂作业】: 屏幕上的爬虫

请写一个恶作剧程序,让程序用户桌面显示一只小爬虫,当用户尝试用鼠标单击它时,它还能随机地变换位置。

如果你不喜欢搞恶作剧,那么让一只蝴蝶飞进我们的桌面悄然停落,并且还会以呼吸的节奏扇动美丽的翅膀,你觉得如何? 你看,在我写这段文字的同时这只蝴蝶就在屏幕上,如图 15-13 所示,可惜纸上看不出它舞动的彩翼。

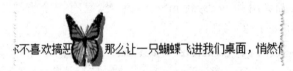

图 15-13　就像一只蝴蝶,飞到我的桌面

想要在桌面上显示蝴蝶舞翅的动画,不仅需要一个 wxTimer 对象,而且要有蝴蝶扇动翅膀过程的多张图片,如图 15-14 所示。

图 15-14　蝴蝶舞翅过程

在程序中使用一个数组存放图 15-14 所示的六张位图(wxBitmap)和各自的轮廓数据(wxRegion)。在定时器的事件上调用"this→SetShape(新的轮廓)",必要时还可以改变窗口位置;再在 OnPaint()函数中画出相应的蝴蝶图……你就拥有了另一个浪漫的程序,如果将数只舞翅飞动的蝴蝶和一株盛放的玫瑰放在一起,追债成功率必将大幅提高。

😊 【轻松一刻】: 请问程序员在年轻时都干过什么蠢事

我老了,想不出更浪漫的异形窗口应用了。不过当年我第一次遇到 SetShape()方法时,我和我的同事正年轻。我们从网上找了一些图片,又让程序隐藏运行并且定时检测鼠标是否在动,如果鼠标超过 2 分钟不动,就让程序找到当前屏幕的顶层窗口,然后图片出现,图片上的人物每隔 2s 眨一下眼。

我负责把这个程序安装在部门经理的电脑上。他看到以后一定会很开心,应该会请全部门员工去喝日本清酒。万万没想到那天副总来研发部,走到部门经理工位上和他谈工作,1 分多钟以后……

研发部的电脑从此都安装了正版杀毒软件,我们也更加爱戴部门经理了。

"轻松一刻"谈到的例子需要定时地主动得到鼠标屏幕上的位置,wxWidgets 提供的全局方法**wxGetMousePosition**(),返回 wxPoint 数据,"轻松一刻"谈到的例子还要求在程序运行时不显示窗口,如何做到请各位自学。当年我赶时间用了一个"流氓"方法:将窗口坐标设置为屏幕有效区域之外。本来不想说这种丢脸的往事,不过想到下一节还要展现几处"流氓"代码,想想还是说了吧。

15.3　俄罗斯方块

15.3.1　窗口设计

1. 界面预览

仍然是一个 wxWidets 项目,运行效果及界面主要区域简单说明如图 15 - 15 所示。

图 15 - 15　俄罗斯方块运行界面

游戏区分为图中虚线框标出的左右两大区域。左边显示正在下落的方块和已经下落并堆积的方块;右边区域显示游戏过程中多个信息,从上到下依次为:

① 游戏状态:显示当前游戏状态,如暂停、游戏中、失败等;

② 下一个方块:提示玩家下一个方块长什么样子;

③ 累计成绩:显示当前已经取得的积分,积分计算方法后面课程再说明;

④ 累计方块:显示本次游戏总共落下几个方块;

⑤ 累计用时:本次游戏总用时;

⑥ 关卡:提示当前所在关卡,以及还需累积多少分才能进入下一关;

⑦ 最后一次消除:提示你最后一次消除的行数,最少 0 行(游戏开始时),最多 4 行;

⑧ 加油/GAME OVER:依据游戏状态,显示"加油"或"GAME OVER"字样。

实际程序中不同形状的方块可以有各自的颜色。

2. 创建项目

我们需一个有标题栏、有主菜单栏、有状态栏的 wxFrame 主窗口。请打开 Code::Blocks,运行 wxWidgets 项目向导,创建名为 wxTeris 的项目,选择 wxSmith 作为界面设计器,选择"Frame Based(基于框架)"的应用类型,如图 15 - 16 所示。

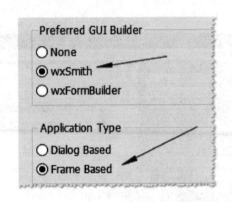

图 15 - 16 wxTeris GUI 配置

后续一路"下一步"直到结束向导。

由于本项目并不需要处理图片数据,因此在向导提示选择附加的 wxWidgets 库的步骤中,我们没有添加任何和图片格式处理有关的库。不过,向导自动生成的代码仍然会尝试初始化图片格式库,需要进行屏蔽,否则现在编译代码,就会出现链接错误。解决方法是:打开 wxTerisApp.cpp 源文件,找到并删除或注释掉"**wxInitAl-lImageHandlers**();"所在行。

3. 设计主菜单

进入 wxTeris 项目的 wxSmith 界面,先来设计主菜单。双击设计视图顶部控件栏中的菜单控件,弹出菜单编辑器,先按下表修改原有菜单的标签(Label),如表 15 - 1 所列。

表 15 - 1 菜单标签修改对应表

原菜单项标签	修改后菜单项标签
&File	游戏(&G)
Quit	退出
Help	帮助(&H)
About	关于

再通过菜单编辑器的 New 按钮和上下左右四个箭头的小按钮,创建新的菜单项,调整其上下级关系和位置次序,最终效果如图 15 - 17 所示。

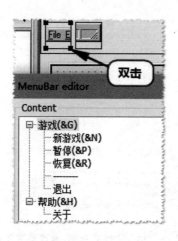

图 15 - 17 主菜单设计

各菜单项详细属性见表 15 - 2,注意"暂停"与"恢复"两菜单项的 Enable 属性需设置为假,即不打勾,如表 15 - 2 所列。

表 15 - 2 各菜单项(含主菜单项)详细属性设计表

Label 菜单标签	Options 类型	ID	Accelerator 热键	Help 说明	Enable 可用
游戏(&G)	Normal				
新游戏(&N)	Normal	ID_MENUITEM_NEWGAME	Ctrl—N	开始新一盘游戏	打勾
暂停(&P)	Normal	ID_MENUITEM_PAUSE	Ctrl—P	临时暂停游戏	不打勾
恢复(&R)	Normal	ID_MENUITEM_RESUME	Ctrl—R	恢复暂停的游戏	不打勾
———————	Separator				
退出	Normal	idMenuQuit	Alt—F4	退出游戏程序	打勾
帮助(&H)	Normal				
关于	Normal	idMenuAbout	F1	显示操作帮助	打勾

【小提示】：有关 IDE 自动转换源文件编码的提示

退出菜单编辑器时，Code::Blocks 可能会在右下角显示 Encode Changing 的消息，提示 IDE 已经自动将主窗口源文件编码修改成 UTF-8，以避免菜单项中的汉字出错。

现在，每个菜单项的 ID、标题、属性都已经设置完毕，就差为每个菜单项取个好的变量名。退出菜单编辑器之后，请改从右上部的控件树中选择菜单项，然后在控件属性表中修改其"Var name(变量名)"，如图 15-18 所示。

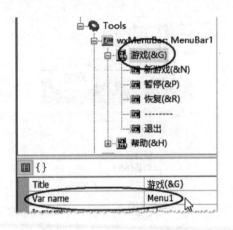

图 15-18　选择菜单项，修改其变量名

请按表 15-3 所列修改各菜单的变量名。

表 15-3　菜单标题与变量名对应表

菜单标题	变量名	附加说明
游戏(&G)	MenuGame	
新游戏(&N)	MenuItemStart	
暂停(&P)	MenuItemPause	
恢复(&R)	MenuItemResume	
退出	MenuItem1	向导创建的默认名称
帮助(&H)	MenuHelp	
关于	MenuItem2	向导创建的默认名称

各菜单项中，MenuGame 和 MenuHelp 是父级菜单，不需要挂接事件。向导生成的 MenuItem1 和 MenuItem2 对应程序"退出"和"关于"操作，向导已经为它们生成事件。现在我们需要为余下的菜单项生成事件响应函数，以"新游戏(&N)"为例，操作步骤如图 15-19 所示。

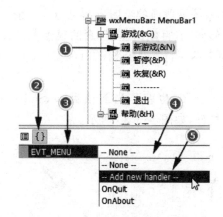

图 15 - 19　为菜单项添加事件响应函数

在控件树中选中菜单项,切换控件属性表到事件页,选择 EVT_MENU 事件,执行 Add new handler。

分别为"新游戏(&N)""暂停(&P)"和"恢复(&R)"三个菜单项执行以上操作,wxSmith 将自动生成事件响应函数体如下:

```
void wxTerisFrame::OnMenuItemStartSelected(wxCommandEvent& event)
{
}

void wxTerisFrame::OnMenuItemPauseSelected(wxCommandEvent& event)
{
}

void wxTerisFrame::OnMenuItemResumeSelected(wxCommandEvent& event)
{
}
```

4. 添加定时器

我们选择 wxWidgets 作为本游戏程序的图形界面库,是因为俄罗斯方块游戏不需有多高的画面刷新速率。

【重要】:FPS(Frames Per Second)

假设游戏画面上一只小狗从一堵墙前面跑过去,过程中狗动墙不动,但游戏程序通常需要高速地输出整个画面,包括变动的小狗和不动的墙。每输出一次称为一"Frame(帧)",平均每秒输出多少帧就称为 FPS。如果 FPS 很低,人们所看到的游戏画面就会卡顿。

很不巧,FPS 也是"First Person Shooting(第一人称射击)"类游戏的简称。

一个方块以 200ms 一行的速度坠落,普通人很难处理它,而此时所需的 FPS 不过是一秒 5 帧,使用操作系统最普通的绘图机制也绰绰有余。若改用 SDL 等作为游戏画面引擎可以达到一秒四、五百帧的速率,真的很浪费。我们使用 wxTimer 来定时刷新画面,同时让方块下落一行。一开始的时间是 550ms,随着游戏等级升高,再逐级缩短间隔时长。

(1) 切换到界面设计视图,也就是当前项目 wxSmith 界面,从底部工具栏的 Tools 页找到 wxTimer 控件,如图 15-20 所示。

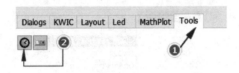

图 15-20 底部工具栏找到 wxTimer 控件

(2) 使用鼠标单击该控件图标,将为项目的主窗口添加一个定时器。添加效果可以从设计界面中窗口顶部的工具栏看到,定时器控件将被放在原有的主菜单、状态栏工具图标之后,如图 15-21 所示。

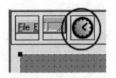

图 15-21 添加了 wxTimer 控件的效果

(3) 选中该控件之后,在 Code::Blocks 左边的控件属性表内,修改它的名称和 ID,分别设置为 GameTimer 和 ID_TIMER_GAME,如图 15-22 所示。

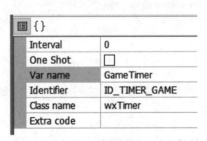

📋 {}	
Interval	0
One Shot	☐
Var name	GameTimer
Identifier	ID_TIMER_GAME
Class name	wxTimer
Extra code	

图 15-22 修改定时器属性

(4) 确保仍然选中 GameTimer 控件,单击图 15-22 中的"{}"图标,然后为定时器添加 EVT_IMER 事件的响应函数。wxSmith 将在 wxTerisMain.cpp 中添加该函数:

```
void wxTerisFrame::OnGameTimerTrigger(wxTimerEvent& event)
{
}
```

暂且让这个函数就这样空空的。

5. 添加面板

由于"wxFrame（框架）"窗口暗中在内部组合了一个滚动框，因此不方便直接绘图，需要在其上铺放一个"wxPanel（面板）"组件，程序将改为在该面板上绘图。另外，为了方便通过面板控制父窗口的尺寸，需要用到 wxBoxSizer 布局组件。

（1）再次切换回 GUI 设计视图，先从底部工具栏 Layout 页上找到 wxBoxSizer 组件，使用鼠标单击选中，随后单击设计区的框架窗口，为其加上布局控件，此时窗口将缩成小小的一块。

（2）再从底部工具栏 Standard 页上找到 wxPanel 组件，如图 15 - 23 所示。

图 15 - 23　工具栏 Standard 页上的 wxPanel 组件

以类似的操作方法，将面板组件加入刚刚添加的布局组件中，并适当地拉大它，不用太关心它的尺寸，因为后续我们将使用程序控制。

（3）在控件属性表中，将 wxPanel 组件名称从 Panel1 改为 PanelGame；再找到 PanelGame 的 Style 属性，展开列表，并取消 wxTAB_TRAVERSAL 后面的对勾，否则该面板将无法处理键盘上的方向键，如图 15 - 24 所示。

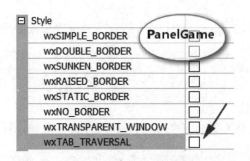

图 15 - 24　去除 PanelGame 的 wxTAB_TRAVERSAL 样式

（4）单击控件属性表的"{}"按钮，切换找到事件页。为 PanelGame 添加 EVT_PAINT、EVT_ERASE_BACKGROUND 和 EVT_KEY_DOWN 三个事件的响应函数，如图 15 - 25 所示。

wxTerisMain.cpp 中将自动生成对应的三个新的空的事件响应函数：

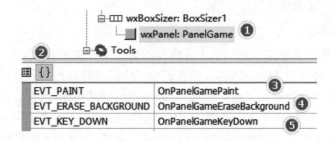

图 15 - 25　生成 PanelGame 的三个事件

```
void wxTerisFrame::OnPanelGamePaint(wxPaintEvent& event)
{
}

void wxTerisFrame::OnPanelGameEraseBackground(wxEraseEvent& event)
{
}

void wxTerisFrame::OnPanelGameKeyDown(wxKeyEvent& event)
{
}
```

wxWidgets 有个很奇怪的 BUG，如果 OnPaint 事件不做处理，会造成对应的程序窗口无法关闭，因此需要为它添加一个基本不干活的响应函数，名为 OnPanel-GamePaint()事件。

首先在 wxTerisMain.cpp 源代码顶部合适的位置加入必要的头文件包含：

```
……
# include < wx/dcclient.h >
# include < wx/dcbuffer.h >
……
```

然后在代码中找到 OnPanelGamePaint()方法，并添加一行代码：

```
void wxTerisFrame::OnPanelGamePaint(wxPaintEvent& event)
{
    wxPaintDC dc(PanelGame);
}
```

函数只是简单地为面板创建一个临时的 DC 对象。

6. 修改主窗口

我们不希望用户改变该游戏窗口的大小，但 wxFrame 类型的窗口默认允许。请在设计区域左部的控件树中选中 wxTerisFrame 之下的 wxFrame 节点，在属性表中找到 Style 并展开，选 wxDEFAULT_DIALOG_STYLE 项，去除 wxDEFAULT_FRAME_STYLE，结果如图 15 - 26 所示。

wxTerisFrame
　　wxFrame ❶
　　　wxBoxSizer: BoxSizer1
　　　　wxPanel: PanelGame

📧 {}	
Use pos from argument	☐
Use size from argument	☐
⊟ Style ❷	wxDEFAULT_DIALOG_STYLE
wxSTAY_ON_TOP	☐
wxCAPTION	☐
wxDEFAULT_DIALOG_STYLE	☑ ❸
wxDEFAULT_FRAME_STYLE	☐ ❹

图 15 - 26　修改主窗口属性,让它看起来像是一个对话对话框

最后,将窗口标题修改为"俄罗斯方块"。

15.3.2　"形状"类设计

1. 形状的数据表达

常见的俄罗斯方块有七种形状,每一种形状我们都使用 4 * 4 的二维数组表达,各类形状的二维数组表达示意如图 15 - 27 所示。

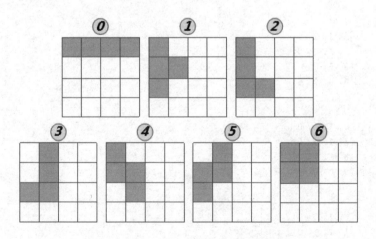

图 15 - 27　4 * 4 二维数组表达各种形状

所有形状都紧贴在左上角。这样做有三个原因:一是电脑屏幕默认坐标体系以左上角为原点;二是贴着顶部可以避免方块刚出现就往下"落"了几行;三是程序需要知道各类形状(包括它们旋转之后)的实际长宽,各方块紧贴左上角的设计下,只需去除右边的空白列就能得出宽度,去除下边空白行就能得出高度,无需坐标偏移。

0 表示空白,1 表示有方块,因此形状中的每个格子只需使用"char(字符)"类型,

一个四行四列的字符数组为：char[4][4]。高维为行，低维为列，因此图中 1 号形状使用 C++数组表达就是：

```cpp
//1号：
char shape_1[4][4] =
{
        {1, 0, 0, 0},
        {1, 1, 0, 0},
        {1, 0, 0, 0},
        {0, 0, 0, 0}
};
```

每个形状都可以旋转，尽管写一段并不复杂的算法就能动态地计算出旋转结果，但秉承"能用数据(安安静静)解决的事，就不要轻易交给(纷纷扰扰的)流程"的原则，我们决定对方块执行"升维"攻击，请看表达 1 号方块的三维数组：

```cpp
//1号形状的四种旋转态：
char shape_1[4][4][4] =
{
    {
        {1, 0, 0, 0},
        {1, 1, 0, 0},
        {1, 0, 0, 0},
        {0, 0, 0, 0}
    },
    {
        {1, 1, 1, 0},
        {0, 1, 0, 0},
        {0, 0, 0, 0},
        {0, 0, 0, 0}
    },
    {
        {0, 1, 0, 0},
        {1, 1, 0, 0},
        {0, 1, 0, 0},
        {0, 0, 0, 0}
    },
    {
        {0, 1, 0, 0},
        {1, 1, 1, 0},
        {0,0, 0, 0},
        {0, 0, 0, 0}
    }
};
```

三个关键点：一是顺时针旋转；二是旋转后的新形态仍然紧贴左上角；三是现在最高维代表四种旋转态，次维代表行，最低维代表列。

别忘了得有七种基本形状，所以这数组还得继续"升维"，数组变量的名字也该换

复数形式了,现在的数据定义是:

```
char shapes[7][4][4][4] =
{
    { //0 号形状
    { //基本态
            {1, 1, 1, 1},
            {0, 0, 0, 0},
            {0, 0, 0, 0},
            {0, 0, 0, 0}
    },
    { //右旋 90 度
            {1, 0, 0, 0},
            {1, 0, 0, 0},
            {1, 0, 0, 0},
            {1, 0, 0, 0}
    },
    { //右旋 180 度
            {1, 1, 1, 1},
            {0, 0, 0, 0},
            {0, 0, 0, 0},
            {0, 0, 0, 0}
    },
    { //右旋 270 度
            {1, 0, 0, 0},
            {1, 0, 0, 0},
            {1, 0, 0, 0},
            {1, 0, 0, 0}
    }
    },
    //1 号形状
    {
        略
    },
};
```

为方便理解,请看图 15 - 28。

用 char 表示形状中的"格子",不太自然,干脆取一个别名叫 Cell。

```
typedef char Cell ;
Cell shapes[7][4][4][4] = { / * 略 * / };
```

如果用 shape_index 表示形状的索引([0,6]),用 rotate_index 表示形状的旋转态([0,3]),用 row 表示行序([0,3]),用 col 表示列序([0,3]);那么,取得指定形状在指定旋转态下指定格子的值是 0 还是 1,函数实现如下:

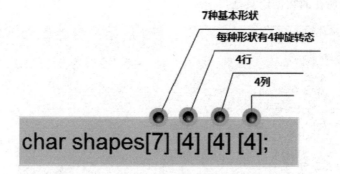

图 15 - 28   所有方块、所有旋转态的方块数据

```
Cell get_cell(int shape_index, int rotate_index
                , int row, int col)
{
    assert(shape_index >= 0 && shape_index <= 6);
    assert(rotate_index >= 0 && rotate_index <= 3);
    assert(row >= 0 && row <= 3);
    assert(col >= 0 && col <= 3);

    return shapes[shape_index][rotate_index][row][col];
}
```

到时候程序要画出特定的形状时,只需遍历它的每一个格子,是 0 跳过,是 1 画一个小方框,填上你喜欢的颜色。

2. 形状的实际宽高

游戏需要检测掉落中的特定形状方块是不是撞到右边墙了? 是不是撞到左边墙了? 是不是有可能要撞到底下堆积的方块? 所以程序必须知道每种形状的每一种旋转态的宽与高。我们应该再有一个数组来存储尺寸,这次应该是 7 * 4 * 2 的数组。不过,同一形状在 0 度和 180 度旋转态下彼此宽高一致;90 度和 270 度也一样,以 L 形状为例,如图 15 - 29 所示。

如图 15 - 29,对角线上的两种旋转态的宽高一致。另外,很容易又发现,每旋转 90 度,不过是将宽和高对调一次。所以,同一形状四种旋转状态下的宽高,实际只需记录一种状态即可。因此,这次的数组比较简单,如图 15 - 30 所示。

看着编号 0 到 6 的图就能写出各自的宽与高:

```
int shapes_size[7][2] =
{
    {4, 1}, {2, 3}, {2, 3}
    , {2, 3}, {2, 3}, {2, 3}, {2, 2}
};
```

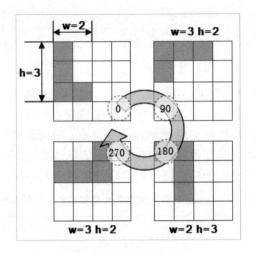

图 15 - 29　旋转带来的长宽变化

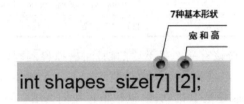

图 15 - 30　各种形状方块的长宽数据

继续用 shape_index 表示形状的索引([0,6]),用 rotate_index 表示形状的旋转态([0,3]),取指定形状指定旋转态下的宽和高,方法如下:

```
void get_shape_size(int shape_index, int rotate_index
                    , int * w, int * h)
{
    assert(shape_index >= 0 && shape_index <= 6);
    assert(rotate_index >= 0 && rotate_index <= 3);

    //取零度(未旋转)状态下宽和高
    int tmpW = shapes_size[shape_index][0];
    int tmpH = shapes_size[shape_index][1];

    //如果是 90 度或 270 度,对调宽高
    //对应 roatate_index 是 1 和 3(奇数)
    if (rotate_index % 2)
        std::swap(tmpW, tmpH);

    if (w != nullptr)
        * w = tmpW;
```

```
    if (h != nullptr)
        * h = tmpH;
}
```

3. Shape 类

就这样一直要和数组数据纠缠下去吗？不，我们还是要引入"对象"和"类"的概念，第一个出场的就是 Shape 类。"丁小明，你来说说设计思路。"丁小明："经典的俄罗斯方块有七种形状，所以我们应该先有一个 Shape 的抽象基类，然后派生七种具体类……"这就是为了类设计而设计的糟糕做法。实际情况是，在这个游戏中七种形状除了长相不一样以外，它们的功能接口以及功能实现全都一样，如表 15 - 4 所列。

表 15 - 4　Shape 类需要的对外功能和内部实现简单思路

功能接口	功能实现
取指定位置的 Cell 是 0 或是 1	见前面的**get_cell()**
取形状实际占用的行数和列数	见前面的**get_shape_size()**
顺时针或逆时针旋转	++rotate_index 或 --rotate_index
要能移动位置，包括下坠和左右移动	修改坐标位置

等等，形状方块不应该有一个很重要的功能：碰撞检测吗？包括和上下左右"四堵墙"的碰撞检测，和已经堆积的方块做检测等。不，"A 物体"和"B 物体"的碰撞检测到底是归为 A 的功能还是 B 的功能，这很值得我们纠结。除非当中有某一类物体明显具备主动的碰撞意愿。

【重要】：谁来管"碰撞"

碰撞业务发生在游戏面板上，后面会有 GameBoard 的类。它将全盘掌握和碰撞业务有关的各类对象的信息。包括墙的位置，当前下落方块位置，底部方块堆积情况等。由 GameBoard 类负责区域内各对象的碰撞检测更合理，这可提升为一个设计原则：个体归个体，关系归关系。建议重续上册《面向对象》章节提到的四项设计要素中的"理关系"；更直白地说，要避免将双边或多边关系过多地归入关系中某一边的类设计中。

Shape 类的设计：

```
class Shape
{
public:
    Shape()
        :_shape_index(0)
        , _rotate_index(0)
        , _left(0), _top(0)
    {
    }
    Shape(int shape_index, int rotate_index = 0)
```

```
        : _shape_index(shape_index), _rotate_index(rotate_index)
        , _left(0), _top(0)
    {
        this->UpdateSize();
    }

    Cell CellAt(int row, int col) const;

    int GetWidth() const { return _width; };
    int GetHeight() const {return _height; }

    int GetLeft() const { return _left; };
    int GetTop() const { return _top; };
    int GetRight() const { return _left + _width; }
    int GetBottom() const { return _top + _height; }

    void Rotate();      //旋转（顺时针）
    void UnRotate();    //逆旋转

    void MoveLeft() { -- _left; } //左移一列
    void MoveRight() { ++ _left; } //右移一列
    void MoveDown() { ++ _top; } //下移一行

    //直接设置位置
    void SetLeft(int left) { _left = left; }
    void SetTop(int top) { _top = top; }
private:
    void UpdateSize();

private:
    int _shape_index;
    int _rotate_index;
    int _left, _top;
    int _width, _height;
};
```

私有方法 UpdateSize() 用于更新 "_width" 和 "_height"，在 "形状" 对象刚创建和以后每一次旋转之后都需要调用。另外一种做法是干脆不提供 "_width" 和 "_height" 实体，每次查询宽高都调用 get_shape_size()，反正后者也只作查询，并无复杂计算。其他接口方法的名称都可以自我解释，故不赘述。

具体实现最后再给出完整代码，这里先以 Rotate 为例简要说明：

```
void Shape::Rotate()
{
    assert(_rotate_index >= 0 && _rotate_index <= 3);

    (3 == _rotate_index) ?
        _rotate_index = 0 : ++ _rotate_index;

    this->UpdateSize();
}
```

首先断言"_rotate_index"的合法性,接着判断是不是已经旋转－270 度了,是则回归零度,否则"_rotate_index"自增 1。翻转之后马上调用 UpdateSize()以刷新新旋转态下的宽和高。

15.3.3 "游戏信息"类设计

首先定义游戏状态的枚举类型:

```
enum Status
{
    not_start,              //未开始或停止
    playing,                //游戏中
    paused,                 //暂停中
    game_over               //游戏结束
};
```

游戏信息是一个简单的结构:

```
struct Information
{
    Information()
        : status(not_started)
    {
    }

    Status status;

    unsigned int total_shape;                //形状总数
    unsigned int total_seconds;              //玩了多久了(秒)
    unsigned int total_erased_line_count;    //总共消除几行
    unsigned int last_erased_line_count;     //最后一次消除的行数

    unsigned int score;                      //累计积分
    unsigned int grade;                      //当前级别(1－5)

    int distance;                            //距离下一级还需多少积分
    Shape next_shape;                        //下一个形状

    void Reset()
    {
        status = not_started;
        total_shape = 0;
        total_seconds = 0;
        total_erased_line_count = 0;
        last_erased_line_count = 0;
        grade = 0;
        score = 0;
        distance = 0;
    }
};
```

每次开始新的一盘游戏,都需要调用 Reset()方法以重置游戏信息。

15.3.4 "游戏面板"类设计

1. 行进中的碰撞检测

"GameBoard(游戏面板)"是总管,是整个游戏的"幕后推手",是游戏秩序的维护者,比如它要负责碰撞检测。注意,在俄罗斯方块游戏中,碰撞检测的目的是为了避免发生碰撞,因此必须在实际碰撞发生之前,就得知当前正在移动中的方块下一步会不会发生碰撞。请看示例,如图 15-31 所示。

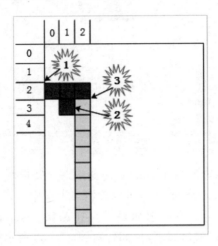

图 15-31 边缘碰撞

图 15-31 中 T 形物有三处碰撞:左边和墙碰撞,右边和柱形物的左侧碰撞,"右肩"底部和柱形物顶部碰撞,因此它将处于一个向左、向右、向下全都动弹不得的"卡死"状态。如何实现检测?以最常见的向下碰撞为例,只需遍历当前形状的每一个方块,检测各小方块往下一行是否有其他物体存在即可,如图 15-32 所示。

更具体的思路是循环每一列最底部的方块,检查它再往下一行是否存在堆积的方块。上例中第 1 列最底下的方块是{2,0},而它再下一行是{3,0},该位置上没有堆积的方块。接着是{4,1},最后找到第 3 列之下的{3,2}位置上存在碰撞。向左或向右碰撞的检测方法与此类似,只是逻辑变成找每一行的第一块往左一步,或者最后一块往右一步是否存在堆积的方块。实际实现代码,将牺牲微不足道的性能换取更简捷的代码:不区分是不是"每一列最底部"或"每一行最左边或最右边"的方块。碰撞检查方法原型如下:

```
//检测 Shape 和面板上堆积的方块的碰撞
bool TestCollisionWithCells(test_dir dir, int safe_distance);
```

test_dir 是一个枚举类型,定义如下:

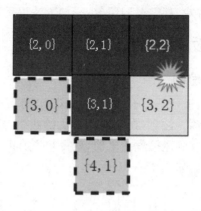

图 15-32   向下碰撞检测

```
//碰撞检测方向
enum test_dir { dir_left          //向左检测
              , dir_right         //向右检测
              , dir_bottom        //向下检测
              , dir_overlap       //重叠检测,忽略 safe_distance
              };
```

dir 指定碰撞的检测方向,safe_distance 指定两个物体距离多远为安全距离。当 dir 为 dir_bottom,safe_distance 为 1,可以检测出上图中{2,2}和{3,2}的碰撞。也可以倒过来理解:在 dir 指定的方向上如果不存在 safe_distance 个连续的空白位置,**TestCollisionWithCells()**就返回真,比如针对图 15-33 所示的情况。

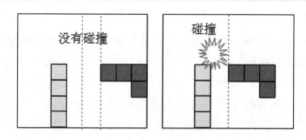

图 15-33   指定左侧安全距离为 2 的碰撞检测

若调用代码为:

```
bool r = TestCollisionWithCells(dir_left, 2);
```

则有图 15-33 中左边情况 r 值为假(无碰撞),右边情况 r 为真(有碰撞)。

【轻松一刻】:为什么需要有可以加大安全距离的碰撞测试呢

那汽车离我还有 3 米远,我就吧嗒一声倒地……难道俄罗斯方块也会"碰瓷"吗?请大家带着这个拷问人性的问题,往下阅读。

多数时候我们使用的是安全距离为 1 的碰撞测试,此时返回真表示两个碰撞物体互相贴着边,估且称为"贴边碰撞"。如果安全距离指定为 0,当碰撞测试返回真时,碰撞事故就严重了。方块之间不是贴边了,而是直接重叠在一起。俄罗斯方块程序偶尔需要做这种"重叠碰撞"测试,并且此时不关心从哪个方向撞上。为此我们特意增加一个枚举值 dir_overlap 以明确含义。

TestCollisionWithCells() 方法只检测正在下落中的形状和面板上堆积的小方块之间的碰撞,不检测方块和墙壁或地板上的碰撞。后者非常简单,不需要写成一个独立的方法。

 【课堂作业】：碰撞检测伪代码实现

请拿一张纸,试着在纸上写出 **TestCollisionWithCells()** 方法的实现。假设 shape 变量为当前行进中的方块,CellsOnBoard[BW][BH] 存储堆积的方块;面板宽度为[0,BW),高度为[0,BH)。

2. 旋转前后碰撞检测

碰撞既有可能发生在当前形状下落或横移过程,也可能发生在旋转时,如图 15 - 34 所示。

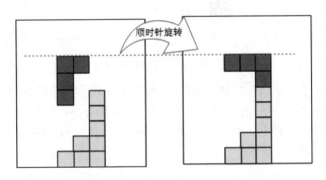

图 15 - 34　旋转后发生贴边碰撞

刚一旋转过来就立即发生**贴边**碰撞,程序将允许这种操作发生;因为这有可能是玩家想要的结果,万一不是(比如上图中的情况),我们也就尽量不要幸灾乐祸。

如果旋转过来发生的是**重叠**碰撞,那就肯定不是玩家想要的,就算他想要,我们也不能让这事情发生,这是规矩。为了简化处理这一逻辑,程序在这里要了一次"流氓":程序将先执行旋转,然后判断是否发生重叠,如果有,再"逆"旋转回去。示意代码如下:

```
this->_shape.Rotate();  //旋转
if(this->TestCollisionWithCells(dir_overlap, 0))  //测试
{
  //对不起,空间不够,转回去吧
  this->_shape.UnRotate();
}
```

执行以上"流氓"代码,尽管形状在某一瞬间顺着、逆着各转了一次,但玩家百分百看不到这个过程,玩家只会意识到此时此处无法执行旋转操作。

【危险】:如果"耍流氓"成为一种编程习惯

以上代码之所以被贬称为"耍流氓",是因为它在某一瞬间破坏了不变式:合法的游戏过程中方块间不会重叠。类的不变式往往是全人类,哦不,是全部项目群体(开发人员、测试人员、用户)的共识。也许有人会想:"我只破坏它那么一瞬间而已嘛。"然而在一个大型、复杂、正经、严肃的项目里,这一瞬间的破坏就可能埋下系统紊乱的种子。三国时期著名程序员刘备就曾说过:"勿以恶小而为之,勿以善小而不为。""那老师你为什么还要在这个程序里耍流氓呢?""哎呀,就一个俄罗斯方块,干嘛那么正经呢?"

形状发生旋转之后还有可能会发生越界,如图 15-35 所示。

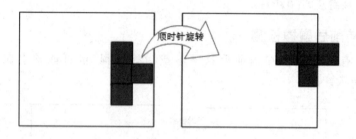

图 15-35　旋转后越界

游戏当然不允许方块有穿墙术,但此时程序不应该再简单粗暴地把形状转回去。相反,程序贴心地检查另一边是否有足够的空白,如果有,自动把形状横移过去,直到消除越界。比如上图中的 T 形物需要左移一列。不过在自动平移时,很可能又要撞上东西,如图 15-36 所示。

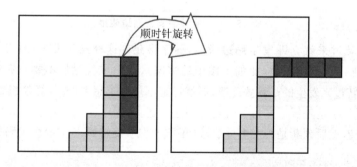

图 15-36　旋转后左移校正,但是安全距离不足

要怎么处理这种情况呢? 先旋转,试探着左移一步,再移一步,摩擦、摩擦、魔鬼的步伐……"砰"的一声撞到墙,后退一步、再退一步,逆旋转恢复原形。这样做一点

都不简单,这样做不会被骂"耍流氓",但会被骂"愚蠢",我可以容忍被骂"耍流氓",但不想被骂"愚蠢"。

【重要】:正确理解 KISS

尽管设计界有个 KISS 原则叫"Keep It Simple,Stupid.",但若有人真以为此处的 Stupid 就是"愚蠢"的话,那就让他保持愚蠢吧。

之前 **TestCollisionWithCells()** 方法的"安全距离"入参此时发挥作用了。针对图 15 - 36 所示的情况,可以指定 dir 为 dir_left,safe_distance 为 2 进行预判断。

当一个 Shape 还只是一个形状,没有走上游戏的舞台,它可以自由地旋转。记不得是哪一天,它听到自己内心深处的呼喊,一心想要走上舞台。于是在万众瞩目中它出现在舞台顶部,追光罩在脸上,它低头寻找脚下的七彩祥云,竟然没有,有的是身不由己的坠落、坠落……它向左突又向右突,撞到的不是墙就是高楼;它被迫翻转、开始变形,它很快就意识到自己手忙脚乱的翻转和变形,只是为了找到一块让自己最不"凸"出的位置"埋"起来。终于,无论这一生好或不好,它必须停下也只能停下,停在一堆看起来整齐划一并且由于它的加入而更加整齐划一的同类中。

它感觉自己的身体被固定、被检视、被算计、被拆解、被融化、被掏空。那是它以特定形状独立存在的最后一个时间周期,它看到舞台顶部又有一抹光,它猜想又一个新的方块要来了;它来不及看清后来者,也没有看的意义,眼前已经一片黑暗,唯见一块成绩板,又听到一位判官在大声地宣读:"等级 1,消除 2 行,基础分 2,附加分 30……"听完这些描述,有人领悟,"我一直以为自己在玩一个俄罗斯方块游戏,原来我们也不过是人世间的一个方块。"想到这一点,他翻到本篇的最前面冷冷地笑:"既然是图开心,我们干嘛要学编程?"

一个不合格的程序员,听完这些心生酸楚;合格的程序员听完以后对 GameShape 面板类和 Shape 形状类的关系了然于心:知道面板至少需要有代管形状对象的"旋转"和"移动"等功能的方法:

```
class GameBoard
{
    public:
        //代管 Shape 的移动
        bool MoveShapeLeft();
        bool MoveShapeRight();
        bool MoveShapeDown();

        //代管 Shape 的旋转
        bool RotateShape();
        bool UnRotateShape();
    ……
    private:
```

```
        //碰撞检测方向
        enum test_dir { dir_left          //向左检测
                     , dir_right          //向右检测
                     , dir_bottom         //向下检测
                     , dir_overlap        //重叠检测,忽略 safe_distance
                     };


    //检测 Shape 和面板上堆积的方块的碰撞
    bool TestCollisionWithCells(test_dir, int);
};
```

让形状动弹的方法,现在都返回一个布尔值表示是否成功。这个信息需要向"游乐场的老板"汇报。

【小提示】: 谁是老板

GameBoard 提供的 bool MoveShapeLeft()等方法所返回的布尔值,用于向它的老板汇报信息,它的老板是之前我们窗口设计时添加的名为 GamePanel 的 wxPanel 面板,它才是上演游戏的真正舞台。通过 GameBoard 相关方法返回的布尔值,GamePanel 得以知道当前游戏画面有没有变动,仅当在有变动的情况下它才刻意多刷新一次画面,如此至少在理论上可以降低画面闪烁。GameBoard 为什么要如此费心地减少画面刷新? 一要减小资源损耗,二要讨好玩家啊。

GameBoard 类不仅控制 Shape 的动作,也负责它们的生死,还负责死后的得分评价。面无表情的程序员们从电脑面前直起来身:"是要说到游戏的积分逻辑了吗?"

3. 消行、积分、升级、通关、GAMEOVER

俄罗斯方块玩家都喜欢零号形状,因为只有它能一次消除四行赚高分。当方块卡住动弹不得之后,程序就可以开始检查该方块可以消掉的行数。按照该方块最终位置的实际高度,检查面板上对应的行(最多四行),如果所在行每一列都有方块的"尸体"(包括当前这个方块),这一行就可以消除。

【小提示】: 更复杂的消行逻辑

有些版本的俄罗斯方块在消行之后,会检查是否有悬空的方块,有就让它往下坠落,结果可能会出现新的可消除行。作为一门入门课程,我们保持简单。

GameBoard 会有一个**EatShape**()的方法用来将卡住不动,"新鲜"形状的每一个小方块,"吃"到自己身上,化为我们一直在提的"堆积的方块"。接着,另一个方法**EraseLines**()开始工作,它删除所有填满小方块的行。它还会记录本次消除的总行数,一来是要让空行上面的所有方块统一下移指定行数,二来它需要返回本次消除总

行数。

　　有了本次消除的总行数，**UpdateScore**（）方法开始计算本次方块的价值。计算方法如下：先依据当前游戏的等级，得到一个基础分；等级越高的基础分也越高。然后消除一行 10 分，两行 30 分，三行 50 分，四行 70 分。面板会把最新成绩以及其他运行信息记录到 Information 结构，等到窗口的下一次 OnPaint（）事件，将它们"画"到成绩板上。

　　UpdateScore（）方法还负责游戏级别的增长。定义一个静态数组：

```
static int const grade_count = 5;
static unsigned int level_scores [grade_count]
                    = {755, 1566, 2500, 3333, 4188};
```

　　0～754 分为第 1 级，755～1565 为第二级，以此类推共 5 级。超过 5 级之后可以继续玩，但不再升级，并且在成绩板上打出"恭喜通关"等信息。另一可能是在通关之前就"GAME OVER"。判断方法：当新的形状刚从顶部出现，就检测它和面板上的方块是否发生重叠碰撞。

15.3.5　绘图相关

1. 绘图接口类

　　相比《GUI》篇中我们画直线、箭头、方框、圆圈和文字，俄罗斯方块程序在画图方面简单很多，只需要能画小方块和文字就行。前者用于画七种形状，后者在信息板上输出文字时用到。

　　为了避免过早掉进实际的细节，用接口来表达此程序的"绘图者"：

```
class Drawer
{
public:
    virtual ～Drawer() = 0; //纯虚析构函数
    //在指定位置上，画一个"格子"
    virtual void DrawCell(int left, int top, Cell cell) = 0;
    //在指定位置上，输出指定文字
    virtual void DrawText(int left, int top, char const * text) = 0;

    //画形状，使用指定的坐标
    void DrawShape(int left, int top, Shape const& shape);
    //画形状，使用 Shape 自身的坐标
    void DrawShape(Shape const& shape);
    //输出游戏信息
    void DrawInformation(int left, int top
                            , Information const& info);
};
```

有三个纯虚方法,其中纯虚析构函数在源文件中将有实际定义。另外两个一是"画方块"的接口,一是输出文字的接口。知道如何画一个 Cell,自然就能画出一个 Shape 的所有 Cell,这就是 DrawShape()方法要干的事。假设每个 Cell 的绘图宽度和高度都是 20 个像素,该方法的实现如下:

```cpp
voidDrawer::DrawShape(int left, int top, Shape const& shape)
{
    for (int row = 0; row < 4; ++Row)
    {
        for (int col = 0; col < 4; ++col)
        {
            Cell cell = shape.CellAt(row, col);
            if (cell > 0)
            {
                this->DrawCell(left + col * 20, top + row * 20,cell);
            } // if cell > 0
        } // 列
    } //行
}
```

DrawShape()还有一个重载版本,它使用 Shape 自身的坐标,显然适合画游戏面板上那个因为下落、平移或旋转而不断变化位置的主角。

游戏的另外一大块地盘就是成绩板(游戏信息),如何输出成绩板的内容将由**DrawInformation()**方法实现。

2. 七彩的方块

Cell 是 char 的别名,可表达 256 种值。为了让方块漂亮一些,在定义全局数组 shapes 时,是 0 的元素照样填 0,是 1 的元素可以填写不同的整数值以代表不同的颜色。为此,需要一个从字符到颜色的转换函数:

```cpp
//为不同的 cell 值映射不同的颜色
wxColour const & CellToColour(Cell cell)
{
    if (cell <= 0)
        return wxNullColour;

    static wxColourDatabase colourDb ;
    static wxColour colour_scheme [] =
    {
        * wxRED,                        //赤
        colourDb.Find(L"ORANGE"),       //橙
        * wxBLUE,                       //蓝
        * wxGREEN,                      //绿
        * wxCYAN,                       //青
```

```
        colourDb.Find(L"YELLOW"), //黄
        colourDb.Find(L"PURPLE"), //紫
    };

    return colour_scheme[ (cell - 1) % 7];
}
```

wxWidegets 库为它认为常用的颜色事先定义了几个指针变量，比如上面代码中用到的 wxRED、wxBLUE 和 wxGREEN 等，还有更多颜色没有预定义。为此 wx-Widgets 提供"**wxColourDatabase(颜色库)**"类，方便我们从特定颜色名称取得实际颜色，比如上面代码中的 ORANGE、YELLOW 和 PURPLE 等。确定了颜色，就可以通过"SetPen(颜色笔)"和"SetBrush(颜色刷)"分别设置方块的边框颜色和方块的背景填充色。

3. 基于 wxDC 绘图

因为使用 wxWidgets，所以实际绘图是通过 wxDC 类，(新版 wxWidgets 可以有更多选择)。请复习《GUI》篇的"我的小画家"例程。以下是通过 wxDC 类画小方块的方法：

```
_dc ->DrawRectangle (left, top               //方框位置
                    , cell_width_pixel        //方框宽
                    , cell_height_pixel);     //方框高
```

我在实际代码中对小方块做了一些修饰；虽然没有摆脱那些条条框框，总归是戴着脚镣不忘起舞，做了一个文艺程序员该做的。基于 wxDC 实现 Drawer 的具体类定义为：

```
class wxDrawer : public Drawer
{
public:
    wxDrawer(wxDC * dc);
    ~wxDrawer() = default;

    //两个接口的实现
    virtual void DrawCell (int left, int top, Cell cell);
    virtual void DrawText (int left, int top, char const * text);
private:
    wxDC * _dc; //实际绘图者
};
```

15.3.6　完整代码

项目完整代码包含由项目自动生成的"wxTerisApp. h/. cpp"和"wxTerisMain. h/. cpp"文件。另外还需要通过主菜单"File→Files"添加以下头文件(C/C++ header)：

① shape. hpp:定义 Shape 类;

② game_info. hpp :定义 Information 结构;

③ drawer. hpp:定义绘出游戏画面的接口类 Drawer;

④ wx_drawer. hpp :实现 Drawer 接口的派生类 wxDrawer;

⑤ game_board. hpp :定义 GameBoard 类。

在 Code::Blocks 完成某一头文件代码之后,建议在头文件中按下 F11,依据提示创建对应的源文件,game_info. hpp 除外,因为不需要 game_Info. cpp。

1. wxTerisApp. h

该头文件内容由向导生成,没有任何改动:

```
#ifndef WXTERISAPP_H
#define WXTERISAPP_H

#include < wx/app.h >

class wxTerisApp : public wxApp
{
    public:
        virtual bool OnInit();
};

#endif // WXTERISAPP_H
```

2. wxTerisApp. cpp

该代码同样由向导生成,我们注释掉了并不需要的图片格式初始化代码,即"wxInitAllImageHandlers();"这一行:

```
#include "wxTerisApp.h"

//(* AppHeaders
#include "wxTerisMain.h"
#include < wx/image.h >
//*)

IMPLEMENT_APP(wxTerisApp);

bool wxTerisApp::OnInit()
{
    //(* AppInitialize
    bool wxsOK = true;
    //wxInitAllImageHandlers();
    if ( wxsOK )
    {
        wxTerisFrame * Frame = new wxTerisFrame(0);
        Frame ->Show();
```

```
        SetTopWindow(Frame);
    }
    //*)
    return wxsOK;
}
```

3. wxTerisMain.h

除了添加 StartTimer()私有成员函数和"**_game_board**"私有成员数据以及后者所需的头文件包含之外,其余代码在设计时由 wxSmith 自动生成维护:

```
#ifndef WXTERISMAIN_H
#define WXTERISMAIN_H

//(*Headers(wxTerisFrame)
#include <wx/frame.h>
#include <wx/menu.h>
#include <wx/panel.h>
#include <wx/sizer.h>
#include <wx/statusbr.h>
#include <wx/timer.h>
//*)

#include "game_board.hpp"

class wxTerisFrame: public wxFrame
{
    public:

        wxTerisFrame(wxWindow* parent,wxWindowID id = -1);
        virtual ~wxTerisFrame();

    private:

        //(*Handlers(wxTerisFrame)
        void OnQuit(wxCommandEvent& event);
        void OnAbout(wxCommandEvent& event);
        void OnGameTimerTrigger(wxTimerEvent& event);
        void OnPanelGamePaint(wxPaintEvent& event);
        void OnPanelGameEraseBackground(wxEraseEvent& event);
        void OnPanelGameKeyDown(wxKeyEvent& event);
        void OnMenuItemStartSelected(wxCommandEvent& event);
        void OnMenuItemPauseSelected(wxCommandEvent& event);
        void OnMenuItemResumeSelected(wxCommandEvent& event);
        //*)

        //(*Identifiers(wxTerisFrame)
        static const long ID_PANEL1;
        static const long ID_MENUITEM_NEWGAME;
```

```
        static const long ID_MENUITEM_PAUSE;
        static const long ID_MENUITEM_RESUME;
        static const long idMenuQuit;
        static const long idMenuAbout;
        static const long ID_STATUSBAR1;
        static const long ID_TIMER_GAME;
        //*)

        //(*Declarations(wxTerisFrame)
        wxMenuItem* MenuItemPause;
        wxMenuItem* MenuItemResume;
        wxMenuItem* MenuItemStart;
        wxPanel* PanelGame;
        wxStatusBar* StatusBar1;
        wxTimer GameTimer;
        //*)

        DECLARE_EVENT_TABLE()

    private:
        //根据当前游戏级别,更新定时周期时长
        //再重新启动定时器
        void StartTimer();
    private:
        Terisdef::GameBoard _game_board;
};

#endif // WXTERISMAIN_H
```

请参考以上代码,检查你是否已经生成所有事件响应函数,并检查各控件名字、事件名字是否一致。

4. wxTerisMain.cpp

该文件编码须为 UTF-8。

需要手工编码的内容包括:一是构造函数中设置窗口尺寸并设定窗口在屏幕上居中显示的代码,具体见构造函数中的注释;二是各事件响应函数的实现;三是 StartTimer() 方法的实现;四是一些工具类自由函数:

```
#include "wxTerisMain.h"
#include < wx/msgdlg.h >

#include < wx/dcclient.h >
#include < wx/dcbuffer.h >

//(*InternalHeaders(wxTerisFrame)
#include < wx/intl.h >
#include < wx/string.h >
//*)
```

```cpp
#include "wx_drawer.hpp" //画方块等

//helper functions
enum wxbuildinfoformat {
    short_f, long_f };

wxString wxbuildinfo(wxbuildinfoformat format)
{
    wxString wxbuild(wxVERSION_STRING);

    if (format == long_f )
    {
#if defined(__WXMSW__)
        wxbuild << _T("-Windows");
#elif defined(__UNIX__)
        wxbuild << _T("-Linux");
#endif

#if wxUSE_UNICODE
        wxbuild << _T("-Unicode build");
#else
        wxbuild << _T("-ANSI build");
#endif // wxUSE_UNICODE
    }

    return wxbuild;
}

//(*IdInit(wxTerisFrame)
const long wxTerisFrame::ID_PANEL1 = wxNewId();
const long wxTerisFrame::ID_MENUITEM_NEWGAME = wxNewId();
const long wxTerisFrame::ID_MENUITEM_PAUSE = wxNewId();
const long wxTerisFrame::ID_MENUITEM_RESUME = wxNewId();
const long wxTerisFrame::idMenuQuit = wxNewId();
const long wxTerisFrame::idMenuAbout = wxNewId();
const long wxTerisFrame::ID_STATUSBAR1 = wxNewId();
const long wxTerisFrame::ID_TIMER_GAME = wxNewId();
//*)

BEGIN_EVENT_TABLE(wxTerisFrame,wxFrame)
    //(*EventTable(wxTerisFrame)
    //*)
END_EVENT_TABLE()

wxTerisFrame::wxTerisFrame(wxWindow* parent,wxWindowID id)
{
    //(*Initialize(wxTerisFrame)
    wxBoxSizer* BoxSizer1;
    wxMenu* MenuGame;
    wxMenu* MenuHelp;
```

```
    wxMenuBar * MenuBar1;
    wxMenuItem * MenuItem1;
    wxMenuItem * MenuItem2;

    Create(parent, wxID_ANY, _("俄罗斯方块"), wxDefaultPosition, wxDefaultSize, wxDE-
FAULT_DIALOG_STYLE, _T("wxID_ANY"));
    SetClientSize(wxSize(400,411));
    BoxSizer1 = new wxBoxSizer(wxHORIZONTAL);
    PanelGame = new wxPanel(this, ID_PANEL1, wxDefaultPosition, wxSize(207,175), 0, _T("
ID_PANEL1"));
    BoxSizer1 ->Add(PanelGame, 1, wxALL|wxALIGN_CENTER_HORIZONTAL|wxALIGN_CENTER_VERTI-
CAL, 5);
    SetSizer(BoxSizer1);
    MenuBar1 = new wxMenuBar();
    MenuGame = new wxMenu();
    MenuItemStart = new wxMenuItem(MenuGame, ID_MENUITEM_NEWGAME, _("新游戏(&N)"), wx-
EmptyString, wxITEM_NORMAL);
    MenuGame ->Append(MenuItemStart);
    MenuItemPause = new wxMenuItem(MenuGame, ID_MENUITEM_PAUSE, _("暂停(&P)\tCtrl-
P"), _("临时暂停游戏"), wxITEM_NORMAL);
    MenuGame ->Append(MenuItemPause);
    MenuItemPause ->Enable(false);
    MenuItemResume = new wxMenuItem(MenuGame, ID_MENUITEM_RESUME, _("恢复(&R)\tCtrl-
R"), _("恢复暂停的游戏"), wxITEM_NORMAL);
    MenuGame ->Append(MenuItemResume);
    MenuItemResume ->Enable(false);
    MenuGame ->AppendSeparator();
    MenuItem1 = new wxMenuItem(MenuGame, idMenuQuit, _("退出\tAlt-F4"), _("退出游戏程
序"), wxITEM_NORMAL);
    MenuGame ->Append(MenuItem1);
    MenuBar1 ->Append(MenuGame, _("游戏(&G)"));
    MenuHelp = new wxMenu();
    MenuItem2 = new wxMenuItem(MenuHelp, idMenuAbout, _("关于\tF1"), _("显示游戏帮
助"), wxITEM_NORMAL);
    MenuHelp ->Append(MenuItem2);
    MenuBar1 ->Append(MenuHelp, _("帮助(&H)"));
    SetMenuBar(MenuBar1);
    StatusBar1 = new wxStatusBar(this, ID_STATUSBAR1, 0, _T("ID_STATUSBAR1"));
    int __wxStatusBarWidths_1[1] = { -1 };
    int __wxStatusBarStyles_1[1] = { wxSB_NORMAL };
    StatusBar1 ->SetFieldsCount(1,__wxStatusBarWidths_1);
    StatusBar1 ->SetStatusStyles(1,__wxStatusBarStyles_1);
    SetStatusBar(StatusBar1);
    GameTimer.SetOwner(this, ID_TIMER_GAME);
    SetSizer(BoxSizer1);
    Layout();

    PanelGame ->Connect(wxEVT_PAINT,(wxObjectEventFunction)&wxTerisFrame::OnPanelGame-
Paint,0,this);
```

```
    PanelGame ->Connect(wxEVT_ERASE_BACKGROUND,(wxObjectEventFunction)&wxTerisFrame::
OnPanelGameEraseBackground,0,this);
    PanelGame ->Connect(wxEVT_KEY_DOWN,(wxObjectEventFunction)&wxTerisFrame::OnPanel-
GameKeyDown,0,this);
    Connect(ID_MENUITEM_NEWGAME,wxEVT_COMMAND_MENU_SELECTED,(wxObjectEventFunction)
&wxTerisFrame::OnMenuItemStartSelected);
    Connect(ID_MENUITEM_PAUSE,wxEVT_COMMAND_MENU_SELECTED,(wxObjectEventFunction)
&wxTerisFrame::OnMenuItemPauseSelected);
    Connect(ID_MENUITEM_RESUME,wxEVT_COMMAND_MENU_SELECTED,(wxObjectEventFunction)
&wxTerisFrame::OnMenuItemResumeSelected);
    Connect(idMenuQuit,wxEVT_COMMAND_MENU_SELECTED,(wxObjectEventFunction)
&wxTerisFrame::OnQuit);
    Connect(idMenuAbout,wxEVT_COMMAND_MENU_SELECTED,(wxObjectEventFunction)
&wxTerisFrame::OnAbout);
    Connect(ID_TIMER_GAME,wxEVT_TIMER,(wxObjectEventFunction)&wxTerisFrame::OnGameTim-
erTrigger);
    //*)

    //后续为手工编码
    //成绩板的宽度
    int game_score_board_width = Terisdef::board_width_pixel + 60;
    //游戏板的总宽度：游戏区域宽度 + 成绩板宽度
    int panel_total_width = Terisdef::board_width_pixel + game_score_board_width;
    PanelGame ->SetMinSize(wxSize(panel_total_width, Terisdef::board_height_pixel));
    this ->Fit();

    this ->Center();
}

wxTerisFrame::~wxTerisFrame()
{
    //(*Destroy(wxTerisFrame)
    //*)
}

void wxTerisFrame::OnQuit(wxCommandEvent& event)
{
    Close();
}

void wxTerisFrame::OnAbout(wxCommandEvent& event)
{
    wxString abt;

    abt << _T("\n☆方块控制:左右移动 - 左右方向键　翻转 - 向上方向键　快落 - 向下方向
键");
    abt << _T("\n☆游戏热键:新游戏 Ctrl - N,暂停 Ctrl - P,恢复 Ctrl - R,F1 帮助");
    abt << _T("\n☆游戏关卡:共 5 关,起始速度 550 毫秒,每关提速 70 毫秒");
    abt << _T("\n☆通关分数:755 ->1566 ->2500 ->3333 ->4188");
```

```
    abt << _T("\n☆关卡基础分:每个方块,1 级 2 分,2 级 4 分,3 级 6 分,4 级 8 分,5 级 10
分");
    abt << _T("\n☆消行附加分:1 行 10 分,2 行 30 分,3 行 50 分,4 行 70 分");
    abt << _T("\n\n 祝您玩得愉快! \n《白话 C++》课程作品\n\n\n");

    wxString msg = abt + wxbuildinfo(long_f);

    _game_board.Pause(); //自动暂停
    wxMessageBox(msg, _("关于本游戏..."));

}

//依据游戏等级,计算该使用多长的定时周期
//等级越高,周期越短,方块下落越快
int GradeToTimerInterval(int grade)
{
    return 550 - grade * 70; //550, 480, 410, 340, 270
}


void wxTerisFrame::StartTimer()
{
    int grade = _game_board.GetInformation().grade;
    int interval = GradeToTimerInterval(grade);

    //启动定时器
    //入参 one_shot(只一发)表示该定时器只执行一次
    bool one_shot = true;
    this->GameTimer.Start(interval, one_shot);
}

//定时器响应事件
void wxTerisFrame::OnGameTimerTrigger(wxTimerEvent& event)
{
    if(_game_board.GetStauts() != Terisdef::playing)
    {
        return;
    }

    //检查是不是 game over
    if(_game_board.GetStauts() == Terisdef::game_over)
    {
        this->PanelGame->Refresh();//刷新面板
        return; //游戏结束了,直接返回
    }

    //定时到了,尝试让方块向下掉一行
    if(!_game_board.MoveShapeDown(Terisdef::GameBoard::timer))
    {
        //返回假,说明画面不变,不必刷新,直接返回
        return;
```

```
    }

    //因为随着游戏的不断升级,定时器的周期会动态改变(越来越短)
    //所以每次都重新计算定时周期,然后再用新周期,重新启动定时器
    this ->StartTimer ();
    this ->PanelGame ->Refresh();//刷新面板
}

//游戏面板的绘图事件
void wxTerisFrame::OnPanelGamePaint (wxPaintEvent& event)
{
    wxPaintDC dc(PanelGame);

    wxSize fullSize = this ->PanelGame ->GetSize();

    //先在内存 DC 上画,降低画面闪烁
    wxBufferedDC bufDC (&dc, fullSize);

    //指定字体,包括大小
    static wxFont infoFont(11
                    , wxFONTFAMILY_DEFAULT
                    , wxFONTSTYLE_NORMAL, wxFONTWEIGHT_NORMAL
                    , false, wxT("宋体"));

    bufDC.SetFont(infoFont);

    //以下三行起到清空背景的作用
    bufDC.SetPen( * wxWHITE_PEN);       //白色前景(笔)
    bufDC.SetBrush( * wxWHITE_BRUSH);   //白色背景(画刷)
    //填充整个面板尺寸
    bufDC.DrawRectangle (0, 0
                , fullSize.GetWidth(), fullSize.GetHeight());

    //方块区域,显示为灰色背景
    bufDC.SetBrush( * wxGREY_BRUSH);
    bufDC.DrawRectangle (0, 0
                        , Terisdef::board_width_pixel
                        , Terisdef::board_height_pixel);

    //以上只是修饰,下面画方块和成绩板
    if (_game_board.GetStauts() != Terisdef::not_started)
    {
        Terisdef::wxDrawer drawer(&bufDC);
        _game_board.Draw(drawer);
    }
}

//游戏面板的背景刷新事件(空处理)
void wxTerisFrame::OnPanelGameEraseBackground (
                            wxEraseEvent& event)
```

```cpp
{
    //保留为空,不需要在此清空面板背景
    //会在 OnPaint()里主动清空面板背景
}


//游戏面板上的键盘事件
void wxTerisFrame::OnPanelGameKeyDown(wxKeyEvent& event)
{
    if (_game_board.GetStauts() != Terisdef::playing)
    {
        return;
    }

    //标识游戏画面是否会因为按键事件而产生变动
    bool something_changed = false;

    switch(event.GetKeyCode())
    {
        case WXK_LEFT : //尝试左移
            something_changed = _game_board.MoveShapeLeft();
            break;

        case WXK_RIGHT : //尝试右移
            something_changed = _game_board.MoveShapeRight();
            break;

        case WXK_DOWN : //尝试下移(临时加速)
            something_changed
                = _game_board.MoveShapeDown(
                        Terisdef::GameBoard::keyboard);
            break;

        case WXK_UP :   //向上键是旋转
            something_changed = _game_board.RotateShape();
            break;
    }

    if (something_changed) //游戏画面有变化才刷新
    {
        this->PanelGame->Refresh();
    }
}

//(菜单事件)开始新游戏
void wxTerisFrame::OnMenuItemStartSelected(wxCommandEvent& event)
{
    _game_board.Start();

    this->MenuItemPause->Enable(true); //游戏启动后,才能"暂停"
    this->MenuItemResume->Enable(false); //不能恢复
```

```
    this ->StartTimer();
}

//(菜单事件)暂停游戏
void wxTerisFrame::OnMenuItemPauseSelected(wxCommandEvent& event)
{
    _game_board.Pause();

    this ->MenuItemPause ->Enable(false); //暂停后不能再暂停
    this ->MenuItemResume ->Enable(true); //暂停后才可以恢复
}

//(菜单事件)恢复游戏
void wxTerisFrame::OnMenuItemResumeSelected(wxCommandEvent& event)
{
    _game_board.Resume();

    this ->MenuItemPause ->Enable(true);
    this ->MenuItemResume ->Enable(false);

    this ->StartTimer();
}
```

5．shape. hpp

```
#ifndef SHAPE_HPP_INCLUDED
#define SHAPE_HPP_INCLUDED

namespace Terisdef
{

typedef char Cell;
int const count_of_shapes_type = 7; //共有七种形状
extern Cell shapes[count_of_shapes_type][4][4][4]; //形状数据
extern int shapes_size[count_of_shapes_type][2]; //各类形状尺寸

class Shape
{
public:
    Shape()
        :_shape_index(0)
        , _rotate_index(0)
        , _left(0), _top(0)
    {
    }

    Shape(int shape_index, int rotate_index = 0)
        : _shape_index(shape_index), _rotate_index(rotate_index)
```

```
            , _left(0), _top(0)
    {
        this ->UpdateSize();
    }

    Cell CellAt(int row, int col) const;

    int GetWidth() const { return _width; };
    int GetHeight() const {return _height; }

    int GetLeft() const { return _left; };
    int GetTop() const { return _top; };
    int GetRight() const { return _left + _width; }
    int GetBottom() const { return _top + _height; }

    void Rotate();
    void UnRotate();

    void MoveLeft() { -- _left; }
    void MoveRight() { ++ _left; }
    void MoveDown() { ++ _top; }

    void SetLeft(int left) { _left = left; }
    void SetTop(int top) { _top = top; }
private:
    void UpdateSize();

private:
    int _shape_index;
    int _rotate_index;
    int _left, _top;
    int _width, _height;
};

} //Terisdef

# endif // SHAPE_HPP_INCLUDED
```

6. shape. cpp

```
# include "shape.hpp"

# include < cassert >
# include < utility > //swap

namespace Terisdef
{
```

```
Cell shapes[count_of_shapes_type][4][4][4] =
{
    { //shape_0
        {
            {1,1,1,1},
            {0,0,0,0},
            {0,0,0,0},
            {0,0,0,0}
        },

        {
            {1,0,0,0},
            {1,0,0,0},
            {1,0,0,0},
            {1,0,0,0}
        },

        {
            {1,1,1,1},
            {0,0,0,0},
            {0,0,0,0},
            {0,0,0,0}
        },

        {
            {1,0,0,0},
            {1,0,0,0},
            {1,0,0,0},
            {1,0,0,0}
        }
    },

    { //shape_1
        {
            {2,0,0,0},
            {2,2,0,0},
            {2,0,0,0},
            {0,0,0,0}
        },

        {
            {2,2,2,0},
            {0,2,0,0},
            {0,0,0,0},
            {0,0,0,0}
        },

        {
            {0,2,0,0},
            {2,2,0,0},
```

```
                {0,2,0,0},
                {0,0,0,0}
        },

        {
                {0,2,0,0},
                {2,2,2,0},
                {0,0,0,0},
                {0,0,0,0}
        }
    },

    { //shape_2
        {
                {3,0,0,0},
                {3,0,0,0},
                {3,3,0,0},
                {0,0,0,0}
        },
        {
                {3,3,3,0},
                {3,0,0,0},
                {0,0,0,0},
                {0,0,0,0}
        },
        {
                {3,3,0,0},
                {0,3,0,0},
                {0,3,0,0},
                {0,0,0,0}
        },
        {
                {0,0,3,0},
                {3,3,3,0},
                {0,0,0,0},
                {0,0,0,0}
        }
    },

    { //shape_3
        {
                {0,4,0,0},
                {0,4,0,0},
                {4,4,0,0},
                {0,0,0,0}
        },
        {
                {4,0,0,0},
                {4,4,4,0},
                {0,0,0,0},
```

```
                {0,0,0,0}
        },
        {
                {4,4,0,0},
                {4,0,0,0},
                {4,0,0,0},
                {0,0,0,0}
        },
        {
                {4,4,4,0},
                {0,0,4,0},
                {0,0,0,0},
                {0,0,0,0}
        }
},

{ //shape_4
        {
                {5,0,0,0},
                {5,5,0,0},
                {0,5,0,0},
                {0,0,0,0}
        },
        {
                {0,5,5,0},
                {5,5,0,0},
                {0,0,0,0},
                {0,0,0,0}
        },
        {
                {5,0,0,0},
                {5,5,0,0},
                {0,5,0,0},
                {0,0,0,0}
        },
        {
                {0,5,5,0},
                {5,5,0,0},
                {0,0,0,0},
                {0,0,0,0}
        }
},

{ //shape_5
        {
                {0,6,0,0},
                {6,6,0,0},
                {6,0,0,0},
                {0,0,0,0}
        },
```

```
        {
            {6,6,0,0},
            {0,6,6,0},
            {0,0,0,0},
            {0,0,0,0}
        },
        {
            {0,6,0,0},
            {6,6,0,0},
            {6,0,0,0},
            {0,0,0,0}
        },
        {
            {6,6,0,0},
            {0,6,6,0},
            {0,0,0,0},
            {0,0,0,0}
        }
    },

    { //shape_6
        {
            {7,7,0,0},
            {7,7,0,0},
            {0,0,0,0},
            {0,0,0,0}
        },
        {
            {7,7,0,0},
            {7,7,0,0},
            {0,0,0,0},
            {0,0,0,0}
        },
        {
            {7,7,0,0},
            {7,7,0,0},
            {0,0,0,0},
            {0,0,0,0}
        },
        {
            {7,7,0,0},
            {7,7,0,0},
            {0,0,0,0},
            {0,0,0,0}
        }
    }
};

Cell get_cell(int shape_index, int rotate_index
                    , int row, int col)
```

```
{
    assert(shape_index >= 0 && shape_index <= 6);
    assert(rotate_index >= 0 && rotate_index <= 3);
    assert(row >= 0 && row <= 3);
    assert(col >= 0 && col <= 3);

    return shapes[shape_index][rotate_index][row][col];
}

int shapes_size[count_of_shapes_type][2] =
{
    {4, 1}, {2, 3}, {2, 3}
    , {2, 3}, {2, 3}, {2, 3}, {2, 2}
};

void get_shape_size(int shape_index, int rotate_index
                    , int * w, int * h)
{
    assert(shape_index >= 0 && shape_index <= 6);
    assert(rotate_index >= 0 && rotate_index <= 3);

    //取零度(未旋转)状态下的宽和高
    int tmpW = shapes_size[shape_index][0];
    int tmpH = shapes_size[shape_index][1];

    //如果是 90 度或 270 度,对调宽高
    //对应 roatate_index 是 1 和 3(奇数)
    if (rotate_index % 2)
        std::swap(tmpW, tmpH);

    if (w != nullptr)
        * w = tmpW;
    if (h != nullptr)
        * h = tmpH;
}

Cell Shape::CellAt(int row, int col) const
{
    return get_cell(_shape_index
                    , _rotate_index
                    , row, col);
}

void Shape::UpdateSize()
{
    get_shape_size(_shape_index, _rotate_index
                    , & _width, & _height);
}

void Shape::Rotate()
```

```
{
    assert(_rotate_index >= 0 && _rotate_index <= 3);

    (3 == _rotate_index) ?
        _rotate_index = 0 : ++_rotate_index;

    this->UpdateSize();
}

void Shape::UnRotate()
{
    assert(_rotate_index >= 0 && _rotate_index <= 3);

    (0 == _rotate_index) ?
        (_rotate_index = 3) : --_rotate_index;

    this->UpdateSize();
}


} //namespace Terisdef
```

7. game_info. hpp

游戏信息相关数据定义都在头文件,无需 CPP 文件:

```
# ifndef GAME_INFO_HPP_INCLUDED
# define GAME_INFO_HPP_INCLUDED

# include "shape. hpp"

namespace Terisdef
{

enum Status
{
    not_started,        //已停止或未开始
    playing,            //游戏中
    paused,             //暂停状态
    game_over           //挂掉了
};

struct Information
{
    Information()
        : status(not_started)
    {
    }

    Status status;
```

```
unsigned int total_shape;    //形状总数
unsigned int total_seconds;  //玩了多久了(s)
unsigned int total_erased_line_count;  //总共消除几行
unsigned int last_erased_line_count;  //最后一次消除行数

unsigned int score;  //累计积分
unsigned int grade;  //当前级别(1～5)

int distance;    //距离下一级的积分
Shape next_shape;  //下一个形状

void Reset()
{
    status = not_started;
    total_shape = 0;
    total_seconds = 0;
    total_erased_line_count = 0;
    last_erased_line_count = 0;
    grade = 0;
    score = 0;
    distance = 0;
}
};

} //Terisdef

# endif // GAME_INFO_HPP_INCLUDED
```

8. game_board.hpp

该文件编码须为 utf-8：

```
# ifndef GAME_BOARD_HPP_INCLUDED
# define GAME_BOARD_HPP_INCLUDED

# include < ctime >

# include "shape.hpp"
# include "game_info.hpp"
# include "drawer.hpp"

namespace Terisdef
{

//CELL 格子绘图时的宽和高（像素）
int const cell_width_pixel = 20;
int const cell_height_pixel = 20;

//面板行、列数
int const board_row_number = 22;
```

```cpp
int const board_col_number = 11;

//面板绘图时宽高(像素)
int const board_width_pixel =
                    board_col_number * cell_width_pixel;
int const board_height_pixel =
                    board_row_number * cell_height_pixel;

class GameBoard
{
public:
    GameBoard();

    //开始
    void Start();
    //结束
    void Stop();

    //暂停
    void Pause()
    {
        //运行中才能暂停
        if (playing == _info.status)
            _info.status = paused;
    }

    //恢复
    void Resume()
    {
        //暂停后才有恢复
        if (paused == _info.status)
            _info.status = playing;
    }

    //游戏状态查询
    Status GetStauts() const
    {
        return _info.status;
    }

    //获取游戏完整信息
    Information const& GetInformation() const
    {
        return _info;
    }

    //代管 Shape 的移动
    bool MoveShapeLeft(); //左移
    bool MoveShapeRight(); //右移
```

```
enum MoveDownController
{
    timer,      //来自定时器的要求
    keyboard    //来自键盘向下键的要求
};

//入参 controller :  指明本次下落的原因
bool MoveShapeDown(MoveDownController controller);  //下落

//代管 Shape 的旋转
bool RotateShape();
bool UnRotateShape();

//画出整个面板(包括方块区域和分数板)
void Draw(Drawer& drawer);

private:
//清空当前堆积的所有方块
void ClearCells();

//生成随机形状新的方块
//并初始化位置、做好下落准备
Shape NewShape();

//是不是刚出现的形状(掉出一个高度前,判定为"新生形状")
bool IsNewShape() const
{
    return _shape.GetTop() <= _shape.GetHeight();
}

//碰撞检测方向
enum test_dir { dir_left        //向左检测
              , dir_right       //向右检测
              , dir_bottom      //向下检测
              , dir_overlap     //重叠检测,忽略 safe_distance
              };

//检测 Shape 和面板上堆积的方块的碰撞
bool TestCollisionWithCells(test_dir dir, int safe_distance);

//"吃掉"当前形状
//将它身上的方块复制到面板对应的位置上
void EatShape();
//消行、检测、消除,并返回可以消除的行数
int EraseLines();
//消除指定行
void EraseLine(int row);
//根据本次消除的行数,算得分
void UpdateScore(int erased_line_count);
```

```
private:
    Shape _shape;
    Information _info;

    //本次游戏开始时间
    std::time_t _start_time;

    //面板上"堆积"的方块
    Cell _cells[board_row_number][board_col_number];
};

} //Terisdef

#endif // GAME_BOARD_HPP_INCLUDED
```

9. game_board. cpp

```cpp
#include "game_board.hpp"

#include < utility >
#include < cstdlib >
#include < vector >

namespace Terisdef
{

GameBoard::GameBoard()
{
    //随机种子
    std::srand(std::time(nullptr));
}

void GameBoard::Start()
{
    this ->ClearCells(); //清空堆积的方块
    this -> _shape = this ->NewShape(); //第一个形状

    _info.Reset(); //清空信息
    _info.next_shape = this ->NewShape(); //下一个形状
    _info.status = playing; //标志游戏开始了

    _start_time = std::time(nullptr); //计时开始
}

void GameBoard::Stop()
{
    _info.status = not_started;
}
```

```cpp
bool GameBoard::MoveShapeLeft()
{
    if (playing != _info.status)
        return false;

    //撞左墙
    if (_shape.GetLeft() - 1 < 0)
        return false;

    //左侧有方块
    if (this->TestCollisionWithCells(dir_left, 1))
        return false;

    this->_shape.MoveLeft();
    return true;
}

bool GameBoard::MoveShapeRight()
{
    if (playing != _info.status)
        return false;

    //撞右墙
    if (_shape.GetRight() >= board_col_number)
        return false;

    //右侧有方块
    if (this->TestCollisionWithCells(dir_right, 1))
        return false;

    this->_shape.MoveRight();
    return true;
}

bool GameBoard::MoveShapeDown(MoveDownController controller)
{
    if (playing != _info.status)
        return false;

    //如果方块刚刚从顶部出来
    //此时用户按"向下键"不起作用
    if (controller == keyboard && this->IsNewShape())
        return false;

    //没有撞到地板或其他方块,才能继续往下
    if (_shape.GetBottom() < board_row_number
            && !this->TestCollisionWithCells(dir_bottom, 1))
    {
        //大胆往下
```

```
        this -> _shape. MoveDown();
    }
    else //不能向下了
    {
        //吃掉这个不能动的方块
        this ->EatShape();
        //吃到新方块后,尝试消行(消化掉)
        int erased_line_count = this ->EraseLines();
        //刷新分数
        this ->UpdateScore(erased_line_count);

        //"下一个"变成"这一个"
        this -> _shape = _info.next_shape;
        //再准备新的下一个
        _info.next_shape = this ->NewShape();

        //检查是否 GAME OVER
        //检查新加的方块是不是已经不能动了
        //此时检查的是"重叠"碰撞
        if (this ->TestCollisionWithCells(dir_bottom, 0))
        {
            _info.status = game_over;
        }
    }

    return true;
}


bool GameBoard::RotateShape()
{
    if (playing != _info.status)
        return false;

    /* 要流氓的代码 */
    //先旋转
    this -> _shape. Rotate();

    //是否发生重叠碰撞
    if(this ->TestCollisionWithCells(dir_overlap, 0))
    {
        this -> _shape.UnRotate();
        return false;
    }

    //是否越出右边界
    int overflow = _shape.GetRight() - board_col_number;
    if (overflow > 0)
    {
        //检测左边空白是否足够
```

```
        if(this ->TestCollisionWithCells(dir_left, overflow))
        {
            this ->_shape.UnRotate();
            return false;
        }

        //足够,左移
        _shape.SetLeft(_shape.GetLeft() - overflow);
    }

    return true;
}

bool GameBoard::UnRotateShape()
{
    if (playing != _info.status)
        return false;

    /* 耍流氓的代码 */
    //先旋转
    this ->_shape.UnRotate();

    //是否发生重叠碰撞
    if(this ->TestCollisionWithCells(dir_overlap, 0))
    {
        this ->_shape.Rotate();
        return false;
    }

    //是否越出左边界
    int overflow = 0 - _shape.GetLeft();
    if (overflow > 0)
    {
        //检测右边空白是否足够
        if(this ->TestCollisionWithCells(dir_right, overflow))
        {
            this ->_shape.Rotate();
            return false;
        }

        //足够,右移
        _shape.SetLeft(0);

    }

    return true;
}

void GameBoard::ClearCells()
```

```
{
    for (int i = 0; i < board_row_number; ++ i)
        for (int j = 0; j < board_col_number; ++ j)
            _cells[i][j] = 0;
}

Shape GameBoard::NewShape()
{
    int shape_index = std::rand() % count_of_shapes_type;
    Shape shape(shape_index);

    //初始化位置(面板左右居中)
    int left = (board_col_number - shape.GetWidth()) / 2;
    shape.SetLeft(left);
    /* Top 默认是 0,正合所需,以不需要 SetTop() */
    return shape;
}

//重要的碰撞测试方法(不包含和墙壁、地板的碰撞)
bool GameBoard::TestCollisionWithCells (test_dir dir
                                      , int safe_distance)
{
    int x_offset = 0, y_offset = 0;

    switch (dir)
    {
    case dir_left :
        x_offset = - safe_distance;
        break;
    case dir_right :
        x_offset = safe_distance;
        break;
    case dir_bottom :
        y_offset = safe_distance;
        break;
    case dir_overlap :
        break;
    }

    /* 牺牲一点可接受性能,换取大为简化的代码 */
    for(int row = _shape.GetHeight() - 1; row >= 0 ; -- row)
    {
        int row_on_board = _shape.GetTop() + row + y_offset;
        for(int col = _shape.GetWidth() - 1; col >= 0; -- col)
        {
            if (!_shape.CellAt(row, col))
                continue;

            int col_on_board = _shape.GetLeft() + col + x_offset;
            if (row_on_board >= 0
```

```
                        && row_on_board < board_row_number
                        && col_on_board >= 0
                        && col_on_board < board_col_number)
                {
                    if (_cells[row_on_board][col_on_board] != 0)
                        return true;
                }
            }
        }

    return false;
}

//把已经不动的方块，"吃"到面板上
void GameBoard::EatShape()
{
    for(int row = 0; row < _shape.GetHeight(); ++Row)
    {
        int row_on_board = _shape.GetTop() + row;

        for(int col = 0; col < _shape.GetWidth(); ++col)
        {
            Cell cell = _shape.CellAt(row, col);

            if (! cell)
                continue;

            int col_on_board = _shape.GetLeft() + col;

            if (row_on_board >= 0
                    && row_on_board < board_row_number
                    && col_on_board >= 0
                    && col_on_board < board_col_number)
            {
                _cells[row_on_board][col_on_board] = cell;
            }
        }
    }
}

//找出本次消除几行，并删除这几行
int GameBoard::EraseLines()
{
    //因为变化是由落下的形状带来的，所以并不需要在整个屏幕找可消除的行
    //只需在落下的形状所在几行中找，最多只会有 4 行（竖长条）
    int const beg_row = _shape.GetTop();
    int const end_row = _shape.GetBottom();

    //找到"满行"先存着，后面再一行行删除
    //这样做效率不算高，但直观
```

```cpp
    std::vector < int > rows_will_erased; //可删除的行

    for (int row = beg_row; row < end_row; ++Row)
    {
        bool found = true;
        for (int col = 0; col < board_col_number; ++col)
        {
            if (0 == _cells[row][col])
            {
                found = false;
                break;
            }
        }

        if(found)
            rows_will_erased.push_back(row);
    }

    for (auto row : rows_will_erased)
    {
        this->EraseLine(row);
    }

    return rows_will_erased.size();
}

//负责删除指定行
//"_cells[][]"是一个数组,不可能真的删除它的"一行",因此其实是将该行之上的其他行的数
   据,全部"挪"下来
//比如要删除第 19 行,那就是其上 0~18 行数据全往下挪一行
//提示:最底一行是 21 行,其上为第 20 行,直到第 0 行
void GameBoard::EraseLine(int row)
{
    //从底向上,从 row 开始,将上一行复制下来
    for (; row > 0; --row)
    {
        for(int col = 0; col < board_col_number; ++col)
        {
            _cells[row][col] = _cells[row - 1][col];
        }
    }
}

//自由函数:由分数、计算级别以及距离新一级别的差距分
int CalcGrade(unsigned int score, int& distance)
{
    static int const grade_count = 5;
    static unsigned int level_scores [grade_count]
                            = {755, 1566, 2500, 3333, 4188};
```

```
    for ( int i = 0; i < grade_count; i ++ )
    {
        if ( score < level_scores[i] )
        {
            distance = level_scores[i] - score;
            int grade = i + 1;
            return grade;
        }
    }

    distance = -1; //差距返回 -1,表示已经没有下一级,通关了
    return grade_count;
}


//依据本次消除的行数,计算本次各项得分,并更新到"_info"中
void GameBoard::UpdateScore(int erased_line_count)
{
    ++ _info.total_shape;
    _info.total_erased_line_count += erased_line_count;

    int this_score = _info.grade * 2; //级别基础分
    int addtion_score [] = {0, 10, 30, 50, 70};
    if(erased_line_count >= 0 && erased_line_count <= 4)
    {
        this_score += addtion_score[erased_line_count];
    }

    if (erased_line_count > 0)
    {
        _info.last_erased_line_count = erased_line_count;
    }

    _info.score += this_score;
    _info.grade = CalcGrade(_info.score, _info.distance);
    _info.total_seconds = std::time(nullptr) - _start_time;
}


//绘画游戏最新画面
void GameBoard::Draw(Drawer& drawer)
{
    //画正在下落的方块(使用"_shape"自身的坐标)
    drawer.DrawShape (this -> _shape);

    //从底向上画所有堆积在面板上的小方块
    //不过,如果碰上空行,就结束循环,因为在我们的规则中,不可能在中间夹有空行
    for (int row = board_row_number - 1; row >= 0; -- row)
    {
        bool is_empty_line = true;

        for (int col = 0; col < board_col_number ; ++ col)
```

```
        {
            Cell cell = this->_cells[row][col];
            if (cell != 0)
            {
                //有方块,说明不是空行
                if (is_empty_line)
                    is_empty_line = false;

                //画出这个小方块
                drawer.DrawCell(col * cell_width_pixel
                                , row * cell_height_pixel
                                , cell);
            }
        }

        //刚刚那一行是空行,可以不用往上找了
        if (is_empty_line)
            break;
    }

    //开始画右侧的成绩板,让它和方块面板相隔 10 个像素
    int info_board_left = board_width_pixel + 10;
    int info_board_top = 10; //顶部间隔 10
    drawer.DrawInformation(info_board_left
                            , info_board_top
                            , _info);
}

} //Terisdef
```

10. drawer.hpp

```
#ifndef DRAWER_HPP_INCLUDED
#define DRAWER_HPP_INCLUDED

#include "shape.hpp"
#include "game_info.hpp"

namespace Terisdef
{

class Drawer
{
public:
    virtual ~Drawer() = 0; //虚析构函数

    //在指定位置上画一个"格子"
    virtual void DrawCell(int left, int top, Cell cell) = 0;
    //在指定位置上输出指定文字
    virtual void DrawText(int left, int top, char const * text) = 0;
```

```
        //画形状,使用指定的坐标
        void DrawShape(int left, int top, Shape const& shape);
        //画形状,使用 Shape 自身的坐标
        void DrawShape(Shape const& shape);
        //输出游戏信息
        void DrawInformation(int left, int top
                                    , Information const& info);
};

} //Terisdef

#endif // DRAWER_HPP_INCLUDED
```

11. drawer. cpp

该文件编码须为 UTF - 8:

```cpp
#include "drawer.hpp"

#include <sstream>
#include "game_board.hpp"

namespace Terisdef
{

Drawer::~Drawer()
{
}

void Drawer::DrawShape(int left, int top, Shape const& shape)
{
    for (int row = 0; row < 4; ++Row)
    {
        for (int col = 0; col < 4; ++col)
        {
            if (Cell cell = shape.CellAt(row, col))
            {
                this->DrawCell(left + col * 20
                    , top + row * 20
                    , cell);
            }
        }
    }
}

void Drawer::DrawShape(Shape const& shape)
{
    this->DrawShape(shape.GetLeft() * cell_width_pixel
            , shape.GetTop() * cell_height_pixel
            , shape);
```

```
}

void Drawer::DrawInformation(int left, int top
                                 , Information const& info)
{
    char const * status_desc[] =
    {
        "未开始", "游戏中", "暂停(请按 Ctrl + R 恢复)", "失败 :("
    };

    if(info.distance >= 0)
        this->DrawText(left, top, status_desc[info.status]);
    else
        this->DrawText(left, top, "恭喜通关");

    if (info.status != not_started)
    {
        top += 30;
        this->DrawText(left, top, "下一个 :");
        top += 30;
        this->DrawShape(left + 20, top, info.next_shape);
    }

    std::stringstream ss;

    top += 80;
    ss << "成绩 :" << info.score;
    this->DrawText(left, top, ss.str().c_str());

    top += 30;
    ss.str("");
    ss << "累计方块 : " << info.total_shape;
    this->DrawText(left, top, ss.str().c_str());

    top += 30;
    ss.str("");
    ss << "累计消 :" << info.total_erased_line_count << "行";
    this->DrawText(left, top, ss.str().c_str());

    top += 30;
    ss.str("");
    ss << "累计用时 :" << (info.total_seconds / 60) << "分"
                       << (info.total_seconds % 60) << "秒";
    this->DrawText(left, top, ss.str().c_str());

    top += 30;
    ss.str("");
    ss << "关卡 : 第" << info.grade << "关,";
```

```
    if ( info. distance > 0)
    {
        ss << "距离下一关还需" << info. distance << "分";
    }
    else if ( info. distance < 0)
    {
        ss << "恭喜通关!";
    }


    this ->DrawText(left, top, ss. str(). c_str());

    top += 30;
    ss. str("");
    ss << "最后一次消除 : " << info. last_erased_line_count << "行";
    this ->DrawText(left, top, ss. str(). c_str());

    top += 30;
    char const * lostText[] =
    {
        "加油!", "GAME  OVER"
    };

    bool lost = info. status == game_over;
    this ->DrawText(left, top, lostText[(lost? 1 : 0)]);
}

} //Terisdef
```

12. wx_drawer. hpp

```
# ifndef WX_DRAWER_HPP_INCLUDED
# define WX_DRAWER_HPP_INCLUDED

# include < wx/dc. h >

# include "drawer. hpp"

namespace Terisdef
{

class wxDrawer : public Drawer
{
public:
    wxDrawer(wxDC * dc)
        : _dc(dc)
    {
    }
    ~wxDrawer() = default;
```

```cpp
    //两个接口的实现
    virtual void DrawCell(int left, int top, Cell cell);
    virtual void DrawText(int left, int top, char const * text);

private:
    wxDC * _dc;
};

} //Terisdef

# endif // WX_DRAWER_HPP_INCLUDED
```

13. wx_drawer.cpp

```cpp
# include "wx_drawer.hpp"

# include "game_board.hpp"

namespace Terisdef
{

//为不同的 cell 值映射不同的颜色
wxColour const& CellToColour(int cell)
{
    if (cell <= 0)
        return wxNullColour;

    static wxColourDatabase colourDb;
    static wxColour colour_scheme [] =
    {
        * wxRED,
        colourDb.Find(L"ORANGE"),
        * wxBLUE,
        * wxGREEN,
        * wxCYAN,

        colourDb.Find(L"YELLOW"),
        colourDb.Find(L"PURPLE"),
    };

    return colour_scheme[ (cell - 1) % 7];
}

void wxDrawer::DrawCell(int left, int top, Cell cell)
{
    wxPen oldPen = _dc ->GetPen();
    wxBrush oldBrush = _dc ->GetBrush();

    _dc ->SetPen( * wxWHITE_PEN);
```

```
    _dc ->SetBrush(CellToColour(cell));

    _dc ->DrawRectangle (left, top
                        , cell_width_pixel, cell_height_pixel);
    _dc ->DrawRectangle (left + 2, top + 2
                        , cell_width_pixel - 4, cell_height_pixel - 4);

    _dc ->SetBrush(oldBrush);
    _dc ->SetPen(oldPen);
}

void wxDrawer::DrawText(int left, int top, char const * text)
{
    wxString label = wxString::FromUTF8(text);
    _dc ->DrawText(label, left, top);
}

} //Terisdef
```

15.4　SDL(上)

15.4.1　简介与安装

SDL 全称为 Simple DirectMedia Layer,意为"简易的直控媒体层"。所谓的"DirectMedia(直控)"是指程序可以绕过操作系统的普通接口,直接访问、控制视频、音频媒体。先解释"DirectMedia(直控媒体)",难道是写汇编代码直接访问硬件? 当然不是,"绕过系统普通接口直接访问媒体"的功能已有成熟的开发库:DirectX 和 OpenGL。前者来自微软,主要应用在 Windows 操作系统上,涵盖音频、视频、输入设备(比如游戏杆)和网络,提供 2D、3D 的图形驱动。OpenGL 来自开源界,重点支持 2D 和 3D 的图形驱动,跨平台。

不管是 DirectX 还是 OpenGL 都具备直接访问显卡的能力,因此可以极大提高游戏画面的 FPS(每秒刷新帧数),有时还能提高绘图质量。

🛈【小提示】:为什么直接访问、控制显卡可以提升画面帧数和质量

好的独立显卡通常配备独立的显卡内存,并且有专为图形处理设计的计算单元模块,称为 GPU。可以把 CPU 理解为王国的中央政府,GPU 理解为处理显示的封疆大吏,那么游戏画面就是边疆一场战役现场。请根据以上设定,理解"直接对现场下达作战指令"的好处。

也不管是 DirectX 还 OpenGL,实际接口都相对复杂、繁琐,很多坑,直接和二者打交道难度较大。SDL 希望简化相关操作,因此就有了 Simple 这个单词。最后,

Layer 是"层"的意思。作为一个掌握 OO 设计思想的程序员，应该很容易想到"层"其实就是"封装"的一种更加优雅的说法。SDL 基于 OpenGL 和 DirectX 封装了对音频、键盘、鼠标、游戏杆、图形硬件的底层操作。并且，如果你的机器没有安装 OpenGL 和 DirectX，SDL 也能自动退回使用由系统提供接口，称为"软渲染"。

SDL 使用纯 C 风格实现以上封装操作，并且由于 1.x 到 2.x 的非兼容性的、架构级的升级之后，各接口 API 组织设计得很合理。哪怕是像我这样的 C 语言"渣"，如果使用 SDL 写小游戏，估计也不会去再做过多的封装。本课程在 SDL 之上的 C++封装，为的是进一步简化操作。可浏览 SDL 官网"https://www.libsdl.org/"以获取更多相关信息。

请从主页进入，或在地址框直接输入本课程使用的 SDL 2.0 版本下载页面网址：https://www.libsdl.org/download-2.0.php。我们需要下载它 Windows 版本的开发库 Development Libraries，如图 15-37 所示。

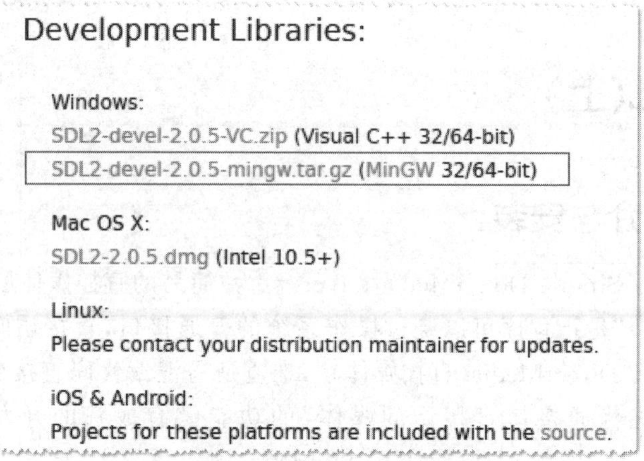

Development Libraries:

Windows:
SDL2-devel-2.0.5-VC.zip (Visual C++ 32/64-bit)
SDL2-devel-2.0.5-mingw.tar.gz (MinGW 32/64-bit)

Mac OS X:
SDL2-2.0.5.dmg (Intel 10.5+)

Linux:
Please contact your distribution maintainer for updates.

iOS & Android:
Projects for these platforms are included with the source.

图 15-37　SDL 开发库下载链接

应该很高兴看到 SDL 有 iOS & Android 版本的开发库。没错，SDL 也被大量用于移动游戏开发。本章所学知识、代码也基本适用于移动平台。

 【危险】：确认你使用的 mingw 环境正确

在《准备》篇我们要求安装 mingw-w64 版本的 mingw 环境，现在正好派上用场。SDL 所使用的 mingw 环境也只能是 mingw-w64 版本，并且 SDL 提供 32 位和64 位版本。

单击图中加方框的链接"SDL2-devel-2.0.5-mingw.tar.gz"，下载该文件。这是一个两层的压缩文件，将其内的"SDL2-2.0.5"（或更高版本）解压到《准备》篇提供的 C++第三方扩展库目录下（比如我的是"D:\cpp\cpp_ex_libs"），最终得到：D:

\cpp\cpp_ex_libs\SDL2－2.0.5。进入该目录能看到"i686－w64－mingw32"和
"x86_64－w64－mingw32"两个子目录,前者为 32 位版本,后者为 64 位版本。

打开 Code:Blocks,通过主菜单 Settings→Global variables...打开全局路径变量编辑器,在 d2school 集合下先添加 sdl32 变量并按表 15－5 所列设置它的 base、include、lib 和 bin 字段。其中的"D:\cpp\cpp_ex_libs"请修改为你准备的 C++第三库路径。

表 15－5　sdl132 变量字段设置

字段	值
base	D:\cpp\cpp_ex_libs\SDL2－2.0.5\i686－w64－mingw32
include	D:\cpp\cpp_ex_libs\SDL2－2.0.5\i686－w64－mingw32\include
lib	D:\cpp\cpp_ex_libs\SDL2－2.0.5\i686－w64－mingw32\lib
bin	D:\cpp\cpp_ex_libs\SDL2－2.0.5\i686－w64－mingw32\bin

SDL 将开发库和运行时库(DLL)分放在 lib 和 bin 两个目录,所以才既需要配置 lib 字段又需要配置 bin 字段。也许你有开发 64 位小程序的需要,因此请再添加 sdl64 变量,各字段配置内容如表 15－6 所列。

表 15－6　sdl64 变量字段设置

字段	值
base	D:\cpp\cpp_ex_libs\SDL2－2.0.5\x86_64－w64－mingw32
include	D:\cpp\cpp_ex_libs\SDL2－2.0.5\x86_64－w64－mingw32\include
lib	D:\cpp\cpp_ex_libs\SDL2－2.0.5\x86_64－w64－mingw32\lib
bin	D:\cpp\cpp_ex_libs\SDL2－2.0.5\x86_64－w64－mingw32\bin

本课程一直使用 32 位的 G++编译环境,因此后续 SDL 课程用的都是 sdl32 变量。一个原则:所使用的 SDL 库位数和所使用的 mingw 位数一致。特别提醒,当你要切换编译环境的位数时,记得在 Windows 系统配置的 PATH 中添加的 GCC 编译路径也要相应修改,并在修改之后重启 Code::Blocks,重新编译整个项目。

本课程的主要内容只需依赖 SDL 基础库,包括图片透明、声音、混声等。有关 SDL_image、SDL_mixer 和 SDL_ttf 等 SDL 扩展,仅在课程末尾加以介绍。

15.4.2　创建示例项目

尽管 Code::Blocks 提供 SDL2 的项目向导,但它不区分 32 位和 64 位版本,因此我们将讲解如何手工添加 SDL 库的相关编译配置。请像经常做的那样在 Code::Blocks 中创建一个空白的 C++控制台项目,取名 hello_sdl,然后通过主菜单"Project→ Build options..."进入项目构建配置对话框。

(1)选中构建目标树中的根节点,依序为其添加三个链接库:mingw32、

SDL2main 和 SDL2,如图 15 - 38 所示。

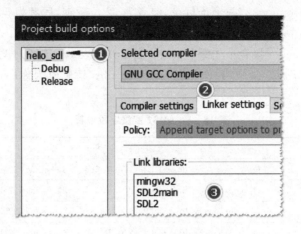

图 15 - 38　添加三个附加链接库

（2）切换到 Search directories,先在 Comiler 下添加 32 位 SDL 头文件搜索路径变量"＄(＃sdl32. INCLUDE)",配置结果如图 15 - 39 所示。

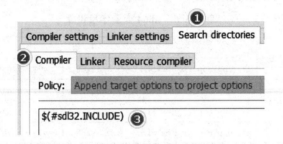

图 15 - 39　添加 SDL 头文件包含路径

（3）再进入右邻的 Linker 子标签页,加入 32 位 SDL 链接库搜索路径变量"＄(＃sdl32. LIB"和"＄(＃sdl32. BIN",配置效果如图 15 - 40 所示。

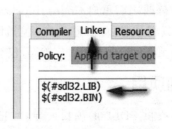

图 15 - 40　添加 SDL 链接库搜索路径

确认退出项目构建配置对话框,并保存项目。

打开 main. cpp,加入"SDL2/SDL. h"头文件,并修改 main 函数的输出内容,最终代码如下:

```
# include < iostream >

# include < SDL2/SDL.h >

using namespace std;

int main()
{
        cout << "Hello SDL !" << endl;
        return 0;
}
```

这就是所谓的"你好 SDL"? 别委屈,因为就连这样几行代码还编译不过去呢。请按"Ctrl-F9"尝试编译。如果看到出错信息报告找不到 SDL. h 头文件或找不到 SDL2 库,说明前述的项目配置有误。如果报的是如下错误倒是说明配置正确:

```
undefined reference to 'SDL_main'
```

C/C++ 程序的入口函数是 main(),不过多数平台因为要支持图形化界面(GUI),都会有特定的入口函数,比如 Windows 下就是 WinMain()入口。为了兼容不同 GUI 平台下的入口,SDL 直接使用强大而粗暴的宏定义,将 main()入口函数重定义并命名为 SDL_main,并且它要求的是带标准入参的 main()函数,而 Code::Blocks 默认生成的是不带入参的版本,这就带来了问题。解决办法倒也简单,为main()函数加上标准入参即可:

```
# include < iostream >

# include < SDL2/SDL.h >

using namespace std;

int main(int argc, char * argv[])
{
    cout << "Hello SDL!" << endl;
    return 0;
}
```

再编译并运行,是不是看到"震撼人心"的"Hello SDL!"了呢?"震撼啥,骗子!"

15.4.3　初始化 SDL

1. 全局初始化

SDL 修改 main()函数为的是一些平台相关的初始化工作,在我们使用 SDL 的某些功能时,还需要依据这些功能所属分类做一些额外的初始化工作。SDL 以"SubSystem(子系统)"的概念分组不同功能,当需要使用特定的子系统,必须调用系统初始化函数并传入对应整数值标记,各标记使用宏进行定义。以下是对应关系:

① 视频(图形):SDL_INIT_VIDEO;

② 音频:SDL_INIT_AUDIO;

③ 事件:SDL_INIT_EVENTS;

④ 游戏杆:SDL_INIT_JOYSTICK,别名 SDL_INIT_GAMECONTROLLER;

⑤ 触摸屏:SDL_INIT_HAPTIC;

⑥ 定时器:SDL_INIT_TIMER;

⑦ 以上全部:SDL_INIT_EVERYTHING。

对应的全局初始化函数:

```
int SDL_Init(Uint32 flags);
```

Uint32 是 SDL 定义的无符号 32 位整数的别名,类似还有 Uint16、Uint8 等。

编写 PC 机上的小游戏几乎都会用到视频、音频、定时器、事件等子系统。这里的 VIDEO 并不是指在电脑上播放 MP4 等格式的电影视频,而是指眼睛看到的游戏画面。AUDIO 指声音播放或录制,定时器 TIMER 相当于 wxWidgets 库中的 wxTimer 组件,请参考前面俄罗斯方块例程理解其作用。

使用 SDL_Init 一次性初始化多个子系统的方法,是使用"位或"操作组合多个标志值,比如 SDL_INIT_VIDEO | SDL_INIT_AUDIO | SDL_INIT_EVENTS | SDL_INIT_TIMER。

🛈 【小提示】:不管触摸屏了吗

我们暂不初始化"触摸屏"子系统,多数系统会将用户使用手指拖放、触摸、敲击等部分操作映射为鼠标消息,使得程序在平板电脑上仍可运作。

SDL_INIT_EVERYTHING 表示初始化全部子系统,相当于 SDL_INIT_VIDEO | SDL_INIT_AUDIO | SDL_INIT_EVENTS | SDL_INIT_JOYSTICK | SDL_INIT_HAPTIC | SDL_INIT_TIMER。SDL_Init()返回 0 表示一切正常,返回负值为出错代码。下一小节节会讲解如何获取出错描述字符串。

一旦 SDL_Init()调用成功,当程序不再需要使用 SDL,通常就是程序结束之前,需要调用 SDL_Quit()方法,该方法原型为:

```
void SDL_Quit(void);
```

修改主函数,用于全局初始化 SDL 的视频、音频、事件和定时器等子系统,获取初始化结果,并在程序退出前,调用 SDL 的全局退出函数:

```
......
int main(int argc, char * argv[])
{
    int r = SDL_Init (SDL_INIT_VIDEO
                     | SDL_INIT_AUDIO
                     | SDL_INIT_EVENTS
                     | SDL_INIT_TIMER);

    if (r < 0)
    {
        cerr << "初始化就出错,没得玩了!" << endl;
    }

    SDL_Quit();
    return 0;
}
```

编译、运行,如果你看到"……没得玩!"内容,瞪大眼检测条件判断是不是写错了?是不是"位或"操作"|"写成"逻辑或"操作"||"了?如果没有写错……恐怕要换台新电脑。

2. 临时初始化

多数情况下都是在程序启动通过"SDL_Init(...)"完成游戏所需子系统的初始化,如果确实想"按需分配",在需要时再加入某个子系统,不需要时又立刻退出该子系统,可以使用 SDL_InitSubSystem()和 SDL_QuitSubSystem():

```
//临时加入初始化特定子系统并加入
int SDL_InitSubSystem(int flags);
//临时退出特定子系统
void SDL_QuitSubSystem(int flags);
```

flags 仍然为之前的宏定义组成。"SDL_InitSubSystem(...)"成功时返回 0,出错时返回负数。

以下示意临时初始化游戏摇杆和触屏,并在使用后退出:

```
......
    int flags = SDL_INIT_JOYSTICK | SDL_INIT_HAPTIC;
    int r = SDL_InitSubSystem(flags);
    if (0 == r)
    {
......
        SDL_QuitSubSystem(flags);
    }
```

很少这么使用,以上仅为示意。

3. 判断是否已初始化

SDL_WasInit(flags)用于判断指定的一或多个子系统是否已经完成初始化。如果指定的所有子系统全都已经完成初始化,该函数返回 0,否则可使用返回的 32 位整数和具体的子系统标志做"位与"计算,以判断指定子系统是否已经完成初始化:

```
Uint32 SDL_WasInit(Uint32 flags);
```

以下示例先初始化视频、音频、事件和定时器,然后一次性检查视频、音频和摇杆是否已经初始化:

```cpp
int main(int argc, char * argv[])
{
    int r = SDL_Init(SDL_INIT_VIDEO | SDL_INIT_AUDIO
                    | SDL_INIT_EVENTS | SDL_INIT_TIMER);
    if (r < 0)
    {
        cerr << "初始化就出错,没得玩了!" << endl;
    }

    Uint32 flags = SDL_INIT_VIDEO | SDL_INIT_AUDIO
                    | SDL_INIT_JOYSTICK;
    Uint32 status = SDL_WasInit(flags);
    if(status & SDL_INIT_VIDEO)
    {
        cout << "SDL_INIT_VIDEO ... was init." << endl;
    }

    if(status & SDL_INIT_AUDIO)
    {
        cout << "SDL_INIT_AUDIO ... was init." << endl;
    }

    if(status & SDL_INIT_JOYSTICK)
    {
        cout << "SDL_INIT_JOYSTICK ... was init." << endl;
    }
    return  0;
}
```

4. C++封装

我们使用 C++的"类"封装与 SDL 初始化相关的操作,类名为 Initiator。主要的封装工作包括:

① 使用名字空间 sdl2 包含对 SDL 库的封装;

② 使用单例模式封装 SDL 的初始化操作;

③ 利用 C++类析构函数,实现对象结束时自动调用 SDL_Quit()方法;

④ 提供 bool 类型转换操作符重载,以便判断全局初始化是否成功;

⑤ 包括对临时进入并初始化子系统与临时退出子系统的封装；

⑥ 对 SDL_WasInit() 的封装，并做简化处理，仅返回是否初始化的判断；

⑦ 所有成功与否的操作改用布尔类型，不使用 C 风格的 0 或负数的返回值；

⑧ 该类还提供 GetVersion() 方法用于得到所使用的 SDL 版本；

⑨ 封装一个有趣也有用的方法：DisableScreenSaver() 用于临时禁用系统的屏幕保护，直到 SDL_Quit() 被调用。

请新建名为 **sdl_initiator. hpp** 头文件并加入 hello_sdl 项目的所有构建目标，文件内容如下：

```
#ifndef SDL_INITIATOR_HPP_INCLUDED
#define SDL_INITIATOR_HPP_INCLUDED

#include < SDL2/SDL. h >

namespace sdl2
{
struct Initiator
{
private:
    Initiator()
            : _init_result( -1)
    {
    }

public:
    static Initiator& Instance()
    {
        static Initiator instance;
        return instance;
    }

    ~Initiator()
    {
        if(_init_result == 0)
            SDL_Quit();
    }

    void GetVersion(Uint8& major, Uint8& minor, Uint8& patch)
    {
        SDL_version ver;
        SDL_GetVersion(&ver);

        major = ver.major;
        minor = ver.minor;
        patch = ver.patch;
    }
```

```
    void DisableScreenSaver()
    {
        SDL_DisableScreenSaver();
    }

    bool Init(Uint32 flags = SDL_INIT_EVERYTHING)
    {
        _init_result = SDL_Init(flags);
        return (0 == _init_result);
    }

    explicit operator bool () const
    {
        return (0 == _init_result);
    }

    bool InitSubSystem(Uint32 flags)
    {
        return (0 == SDL_InitSubSystem(flags));
    }

    void QuitSubSystem(Uint32 flags)
    {
        SDL_QuitSubSystem(flags);
    }

    bool WasInit(Uint32 flags)
    {
        return SDL_WasInit(flags) != 0;
    }
private:
    int _init_result;
};

}

#endif // SDL_INITIATOR_HPP_INCLUDED
```

5. 封装的应用

在 main.cpp 中使用 C++ 封装的初始化单例:

```
#include < iostream >

#include < SDL2/SDL.h >

#include "sdl_initiator.hpp"

using namespace std;
```

```
int main(int argc, char * argv[])
{
    //查询、打印 SDL 版本:
    Uint8 major, minor, patch;
    sdl2::Initiator::Instance().GetVersion(major, minor, patch);
    std::cout << "SDL version : ";
    std::cout << (int)major << '.' << (int)minor
              << '.' << (int)patch << endl;

    sdl2::Initiator::Instance().Init(SDL_INIT_VIDEO
                            | SDL_INIT_AUDIO
                            | SDL_INIT_EVENTS
                            | SDL_INIT_TIMER);

    if (!sdl2::Initiator::Instance()) //bool 转换符重载
    {
        cerr << "初始化就出错,没得玩了!" << endl;
    }

    return  0;
}
```

多数 SDL 操作需要在子系统初始化成功之后才能调用,不过正如代码所示,"获取版本"的操作无此需要。

15.4.4 SDL 出错信息

1. C++封装

操作出错后,SDL_GetError()方法可返回最后一次出错的描述。原型如下:

```
char const * SDL_GetError();
```

它是如此的简单,几乎没有封装的需要。不过放到统一的名字空间 sdl2 之下再改个名字还是有好处的。请在 hello_sdl 新建一头文件并命名为**sdl_error. hpp** 并加入所有构建目标,该头文件内容为:

```
#ifndef SDL_ERROR_HPP_INCLUDED
#define SDL_ERROR_HPP_INCLUDED

#include < SDL2/SDL.h >

namespace sdl2
{
char const * last_error();
};

#endif // SDL_ERROR_HPP_INCLUDED
```

再新建**sdl_error. cpp** 源文件加入项目,内容如下:

```
#include "sdl_error.hpp"

namespace sdl2
{

char const * last_error()
{
    return SDL_GetError();
}

};
```

2. 封装的应用

以下是在 main.cpp 中使用 sdl2::last_error()的示例——在初始化失败后输出失败原因:

```
……
if(!sdl2::Initiator::Instance())
{
    cerr << "初始化就出错,没得玩了!"
         << sdl2::last_error()
         << endl;
}
……
```

15.4.5 窗 口

1. 分辨率

游戏也是一个 GUI 程序,通常需要一个窗口作为上演游戏画面的"物质基础"。说到 GUI 的物质基础,最基础的应该是显示器;而说到显示器,自然要关心显示器所能支持的分辨率。

【小提示】: 屏幕大,分辨率就高吗

先说个常识:并不是越大的屏幕它的分辨率就越大。你的智能手机小小屏幕,分辨率可比台式机显示器的分辨率要高不少。

简单的理解,在屏幕上画最小的点,横向可以画 M 个点,纵向可以画 N 个点,那么此时的分辨率就是 M×N。想要画更多的点,加大屏幕似乎是一个办法,但真正的关键、技术难点以及提升价钱的方法,是让显示器画出更小更细的点。

我当前写书的台式机的屏幕分辨率是 1600×900,不是高分辨屏。很久很久以前我用的是 640×480 的屏幕,这个分辨率很低。如果在程序中画一个半径为 1 像素的小点,横着画 640 个就挤满一行,竖着画 480 个就挤满一列;或者这么想:写一个打飞机的小游戏,飞机从屏幕上飞过,就算每次只飞一个像素,680 步就飞出屏幕了,炮弹从底往上垂直打,最大射程就 480 步。飞机飞 680 步,炮弹打 480 步,还不够用吗?通常技术牛的玩家,那飞机还没飞出 10 步,就要被击中了呢。

没错,一般的小游戏通常并不需要多大的画面尺寸,低分辨率带来的问题主要是画质太差。现在拿手机拍个照,照片分辨率随便也有 4208×3120,把这样的照片压缩成 640×480,照片上漂亮的和不漂亮的人之间的先天差距立即被抹平;但低分辨率也有好处,画起来不卡。对比 1600×900 和 640×480 两种分辨率,前者每次需要画 1 440 000 个点,后者只需要画 309 200 个。为了安静地写这本书,我特意租了间不到 16 平方的小房间,为什么? 因为面积小打扫快,可以为我节省大量的时间,并且还省钱。

一个 SDL 程序要在分辨率为 1600×900 的屏幕桌面上创建一个 640×480 的游戏窗口,有三种方法:

(1) 方法一:高分辨率下创建小窗口

比如,以当前的 1600×900 分辨率直接创建一个宽 640 高 480 的窗口。此时窗口显得很小,窗口和屏幕之间的布局示意如图 15-41 所示。

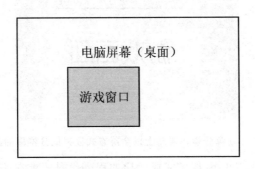

图 15-41 高分辨率下的小尺寸游戏窗口

借用 SDL 官方文档的比喻就是"桌面上一枚会动的邮票"。

(2) 方法二:降低分辨率创建全屏窗口

将屏幕的分辨率降低到 640×480,然后全屏显示游戏窗口。当然,一个物理上为 16:9 比例的屏幕,如果硬要调成 4:3,就会造成每一个像素上的点都变形,所以必须牺牲一部分屏幕,此时窗口和屏幕之间的布局示意如图 15-42 所示。

此时当前正在运行的其他程序,比如浏览器、QQ 程序等程序的窗口都要受到屏幕分辨率变低的影响,画面就像加了放大镜效果,画面颗粒度变粗,画质变粗糙(不太好验证这一点,因为如果使用"Alt + Tab"键切换到别的程序,系统会自动跟着切换分辨率)。

(3) 方法三:全屏窗口模拟低分辨率

不改变屏幕当前的高分辨率,但窗口仍然占满整个屏幕,然后由游戏程序自行计算在当前全屏的窗口上划分出一块区域用于模拟低分辨率的窗口尺寸。就以在

图 15－42　降低分辨率以全屏显示低分辨率的游戏窗口

1600×900 窗口上模拟 640×480 为例。优先处理短边,原来必须有 900 个像素点才能填满整列,现在必须用 480 个点填满,说明每个点的高度必须放大 1.875 倍,为了保证放大后的像素点不扭曲,所以横向上也只能放大 1.875 倍,得到 1200(640×1.875),此时看到的游戏画面如图 15－43 所示。

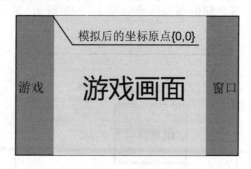

图 15－43　在高分辨率屏幕上以全屏方式模拟低分辨率的游戏窗口

整个模拟工作由 SDL 库帮忙完成。比如程序代码要求在游戏窗口的坐标原点,就是{0,0}的位置上画一个点,SDL 接到指令后将在图示的位置上画点。再如,假设坐标值超出游戏画面区域的内容将自动不显示,比如在坐标{-5,10}的位置画一个点,并不会在图中左侧的灰色区域内出现。

方法三不会影响系统中正在运行的其他窗口程序。另外,由于方法二确实是从系统层面拉低分辨率,方法三却是身处高分辨率的情况下模拟低分辨率,所以 SDL 有基础、有条件"做手脚"提升模拟画面的画质。方法一的最大特点是不需要全屏显示,适合于"挖地雷"这一类小游戏;方法二在性能上最有保障,但在画质上最一般,另外,当用户切换程序时会感受到明显的屏幕闪烁,因为系统需要切换分辨率。如果想写一个全屏的俄罗斯方块,可以考虑方法二,反正方块基本不用在意画质;方法三会比方法二在画质方面有所保障,反过来方法三会比方法二占用更多的 CPU 或 GPU资源;方法三还有个好处是不影响其他程序,游戏自身启动以及启动后和其他程序切换画面都比方法二明显快。如果你希望在画质保障和游戏性能之间取得平衡,可以考虑方法三。当然,此处提到的画质保障,无疑是以游戏的原始素材本身的画质好为前提,不可能你画一张 64×48 的"八骏图",希望经由 SDL 贴到屏幕上,你再截个图就能以 180 万起价拍卖。

说起来好像很纠结,但其实因为有 SDL 的帮助,游戏可以在启动时选择使用哪一种方法创建游戏主窗口。

2. 创建窗口

在 SDL 中,创建窗口的函数是 SDL_CreateWindow(),原型如下:

```
SDL_Window * SDL_CreateWindow(const char * title
                             , int x, int y
                             , int w, int h
                             ,Uint32 flags);
```

前五个入参直观明了:窗口标题、X 坐标、Y 坐标,宽、高,但有个细节需注意:此处的宽和高是指不含窗口边框、标题栏(通常称为"窗口客户区域")的尺寸,而坐标 x、y 起作用的位置,也是窗口客户区域的原点。第六个入参 flags 又是一个无符号的 32 位整数,这是在 SDL 中碰上的第二个 flags 入参。第一次它用于指定初始化的子系统,各项值来自宏定义;这一次它用于指定待创建的窗口的各种特征,各项值来自名为 SDL_WindowFlags 的枚举。不管是宏定义的整数值还是 C 风格枚举值,都可以通过"位或"运算组合多个选项的值。SDL_WindowFlags 几个常用的值及其含义如表 15-7 所列。

表 15-7　常用的窗口创建特性

枚举值	含义
SDL_WINDOW_FULLSCREEN	创建一个全屏幕的窗口 注:会按指定的宽高修改屏幕分辨率
SDL_WINDOW_FULLSCREEN_DESKTOP	创建一个全桌面的窗口 注:通常不改变屏幕分辨率
SDL_WINDOW_OPENGL	创建一个可用于 OpenGL 的窗口
SDL_WINDOW_HIDDEN	创建一个隐藏起来的窗口
SDL_WINDOW_BORDERLESS	创建一个没边框的窗口,这里的边框通常指系统为窗口提供的修饰
SDL_WINDOW_RESIZABLE	创建一个可以通过拉伸边框而改变大小的窗口
SDL_WINDOW_MINIMIZED	创建一个窗口之后处于最小化的状态
SDL_WINDOW_MAXIMIZED	创建一个窗口之后处于最大化的状态
SDL_WINDOW_INPUT_GRABBED	创建一个窗口之后将捕获输入焦点(用户可以直接按键输入文字)
SDL_WINDOW_ALLOW_HIGHDPI	创建一个支持高分辨屏的窗口

不指定表中前两样枚举值,只指定屏幕大小,就是上一小节提到的方法一;指定

第一个枚举值 SDL_WINDOW_FULLSCREEN 为方法二,指定第二个枚举值 SDL_WINDOW_FULLSCREEN_DESKTOP 为方法三。SDL_CreateWindow()执行成功将返回一个窗口对象的指针,窗口结构名为 SDL_Window;如果创建窗口失败则返回空指针。

在前一小节代码中,让我们为程序增加创建游戏主窗口的功能。先演示方法一,并将窗口指定为 640×480。窗口属于"视频"范畴,因此需要先在 main.cpp 中加入包含 < SDL2/SDL_video.h > 的头文件,另外为减少篇幅,删除版本查询打印的代码。main.cpp 最新代码如下:

```cpp
# include < iostream >

# include < SDL2/SDL.h >
# include < SDL2/SDL_video.h >

# include "sdl_initiator.hpp"
# include "sdl_error.hpp"

using namespace std;

int main(int argc, char * argv[])
{
    sdl2::Initiator::Instance().Init(SDL_INIT_VIDEO
                        | SDL_INIT_AUDIO
                        | SDL_INIT_EVENTS
                        | SDL_INIT_TIMER);

    if (!sdl2::Initiator::Instance())
    {
        cerr << "初始化就出错,没得玩了!"
            << sdl2::last_error() << endl;
        return -1;
    }

    //创建并在屏幕最左上角显示一个宽 640 高 480 的正常窗口
    SDL_Window * wnd = SDL_CreateWindow("hello sdl" //窗口标题
                        , 0, 0, 640, 480 //x,y,w,h
                        , 0); //flags
    if (!wnd)
    {
        cerr << "创建游戏主窗口失败了。又没得玩了。"
            << sdl2::last_error() << endl;
        return -1;
    }

    return  0;
}
```

编译、运行，眼尖的人或许能看到有什么东西在眼前一晃而过，然后程序就退出了。这是因为在 wnd 被创建之后，程序很快就执行"return 0;"。SDL 有一个用于让程序当前线程睡眠的工具函数，名为"SDL_Delay（毫秒）"，作用相当于 std::this_thread::sleep(ms)。请在"return 0;"之前加上"SDL_Delay(3000);"，让程序卡死 3s：

```
......
SDL_Delay(3000);
return 0;
}
```

按下"Ctrl＋F9"编译，先别运行！因为运行之前有一个提醒：你只有三秒时间，你需要在观测之后回答与课程内容有关的两个问题。准备好了吗？请按 F9！

第一个问题：你看到的窗口标题栏上面写着什么？

第二个问题：你是否验证过，以及使用什么办法验证这个窗口是"卡死"的？

【重要】：学习要诚信、认真、严谨、客观、不伪饰、不自欺

凡是第一个问题回答看到 hello sdl 的人，恕我直言，你要么是为人不够诚信，要么是在学习上缺失认真、严谨、客观的精神；要么就是输赢心太重，以致在学习上习惯性自我伪饰、自我欺骗。不管哪种，请自省。

当然，如果在我写书的此刻到你学习的期间，SDL 库修改了 CreateWindow() 函数的某些逻辑造成你在上述程序的运行结果中看到了标题栏，对不起！是我错怪你了。

请将代码中的窗口初始化坐标，从{0,0}改成{100,80}，再次编译、运行、观测。

3. 释放窗口

创建窗口之后，程序得到一个"SDL_Window＊"指针。指针？心中的弦条件反射般地上紧了：需不需要释放？什么时候释放？怎么释放？肯定不能使用 delete，因为 SDL 压根儿就不是 C++ 写的，那是应当使用 free() 函数吗？也不好说。C 语言写的库中，使用特定函数创建的指针，通常会匹配另一个特定函数来释放。SDL_CreateWindow() 对应的是 SDL_DestroyWindow() 函数。原型如下：

```
void SDL_DestroyWindow (SDL_Window * window);
```

传入的 window 指针所指向的资源，将在该函数内被释放。

4. C++封装

窗口通常是我们使用 SDL 时创建的第一种 SDL 资源，后续我们还会创建的 SDL 资源有：表层、纹理、渲染器、光标、定时器和声音等，并且这些资源都有可能在程序中同时存在多个。程序要怎么管理这些资源呢？这些资源都需要在不需要时被

释放,并且多数需要由我们(SDL 库的使用者)负责。

C++语言对资源管理的原则是"就近分配、就近释放",意思是需要时再创建,不需要时立刻释放。但这也许是《乐趣》篇课程最为严肃的一句话:没有什么原则是百分百适用的。将"就近分配、就近释放"用到极致,套用到游戏编程中,就会出现以下现象:玩家抢起大刀砍中妖怪,程序发现妖怪此时必须一声尖叫,于是开始加载这尖叫的声音资源。妖怪死,程序释放该声音资源;迎面又来一妖,玩家再砍,程序再加载声音资源……不仅一个声音资源,妖怪中刀通常还需要有"血花溅射"的图片资源等,如果都采用"就近分配、就近释放"的原则,必然严重影响游戏的流畅度。

大多数游戏都非常在意性能,因此,除非在当前场景中用到的概率极低,否则应该将当前场景下的相关资源预先加载进来,直到场景退出时再释放这些资源。这也正是封装 SDL 库,特别是封装游戏资源管理功能最合适的思路:创建各类全局"库"对象,比如声音库、图片(表层)库等,统一管理同类资源,使用者从库中访问资源。使用者无需负责这些资源的释放,库将在特定场景退出时统一释放,然而本课程没有使用这种封装思路。

SDL 由 C 语言写成,但无论是接口命名还是数据结构、接口间的关系组织上,都比较干净、直观、清晰(当然,文档写得很一般也是事实)。不做任何二次封装直接使用 C 接口,对一个有经验的 C++ 程序员来说也无问题,甚至乐于如此,除了一点:C++ 程序员都讨厌手工释放资源。

【小提示】:不应该是 JAVA\C#\PYTHON 等程序员讨厌手工释放资源吗

人们很难对没有亲身经历过的事物产生真实而深刻的情感,不管是喜欢还是讨厌。题中提到的语言都有 GC(垃圾回收)机制,因此使用它们的程序员很少体验需要手工释放资源的心理压力,除非他们之前是 C/C++ 程序员。

讨厌手工释放资源,又不想以前述的"库"的思路大动干戈封装(那样会影响本篇的主题发挥),对一个 C++ 程序员来说,此时的第二选择是使用 shared_ptr <T> 等智能指针,结合定制的"deleter(释放器)"(如前所述,SDL 库创建的指针不能使用 delete 释放),然而本课程又没有使用这种封装思路。

主要原因是,相比写 SDL_MaximizeWindow(window),我还是更喜欢写 window. Maximize(),特别是在现代的 IDE 中,当我输入"window.",IDE 就会依据 window 的类型定义自动列出该类的方法。看完这一段说辞,读者应该感受到本书作者的大脑已经老化到什么地步了。剩下的选择,就是使用 C++ 的 RAII 机制写一个类托管 SDL 资源的裸指针。重点包括在构造中初始化资源,在析构时释放,再为相关的 C 函数做简单封装变成类的方法。这些都只是 C++ 程序员在语法方面的基本功。

真正的设计重点在于封装后得到的对象如何复制？想到这个问题，有人开始挽起袖子写拷贝构造、赋值重载……等一等！请复习《面向对象》篇中的"进阶思考"内容，然后思考一个窗口、一个声音、一张图片真的需要被复制吗？深复制还是浅复制？SDL 没有提供复制它所创建的资源接口，这表明深复制既无需要也无可能。浅复制只是复制指针，这会造成多个 C++ 对象拥有指向同一 SDL 资源的指针，最终造成一份资源被释放多次。怎么解决多个对象拥有同一份 SDL 资源的问题？自己写一套智能指针？那为什么不直接使用标准库的智能指针？也就是前面提的第二种方法。要不，使用 C++ 11 新标中的"转移"语义？也不行，因为转移之后源对象将自动失效，这是一种适用面非常狭窄的情况。

以上就是典型的"没有问题制造问题也要解决问题"的思路怪圈。我们真正要解决的问题其实只有两个：一是不想手工释放资源，二是不想记忆和拼写纯 C 风格的函数名。至于对资源以指针的方式到处传递（而非复制），这不是问题，这是需求，在多处代码中共用同一资源的需求。不能一说到"封装某个裸指针"就马上产生把这个指针隐藏起来、保护起来的想法，隐藏和保护都不是封装。

在后面的各类 SDL 资源的"C++ 封装"小节中，你将看到两个设计特征：一是指向 SDL 资源的裸指针是公有成员；二是类的方法需要用到 SDL 资源时，入参仍然是 SDL 资源的裸指针，而不是我们封装的类。这两个特征所体现的正是前述的结论：资源以指针的方式到处传递（而非复制）不是问题，是需求。

【重要】：指针到处飞，不是一种糟糕的设计吗

不，生死未卜的指针到处飞是一件糟糕的事；并发的线程间指针到处飞是一件糟糕的事；没有生死问题，没有并发问题时指针到处飞是一件很美好的事。

以上内容也许略显抽象，但是《白话 C++》上篇讲"功"，下篇讲"武"。设计思想属于"功"的部分，但是它必须在具体的编程，比如《数据》《乐趣》等实例中加以体现和验证。2017 年发生一起太极与 MMA 对战的事，在我看来参赛的双方都是失败者，一个缺武，一个缺功。暂时没看懂也没关系，但至少要理解、树立并准备去养成这样一个思维习惯：我是一名 C++ 程序员，我看到任何事物的新生，心中升起的第一反应都是："这家伙会怎么死？"

现在就来写 sdl2::Window 类以封装 SDL 的窗口概念。首先要考虑的就是它的构造和析构。创建窗口时的特性标志来自枚举 SDL_WindowFlags，它的值项不止前表中列出的十项，但我们就对这十项进行封装。先以 SDL_WINDOW_BORDER-LESS、SDL_WINDOW_RESIZABLE 以及 SDL_WINDOW_ALLOW_HIGHDPI 为例：

```cpp
struct WindowFlags
{
    WindowFlags()
        : flags(0)
    {
    }
    WindowFlags(Uint32 flags)
        : flags(flags)
    {
    }
    WindowFlags& Borderless()
    {
        flags |= SDL_WINDOW_BORDERLESS;
        return *this;
    }
    WindowFlags& Resizable()
    {
        flags |= SDL_WINDOW_RESIZABLE;
        return *this;
    }
    WindowFlags& AllowHDPI()
    {
        flags |= SDL_WINDOW_ALLOW_HIGHDPI;
        return *this;
    }

    Uint32 flags;
};
```

WindowFlags 结构只含有一个成员数据 flags，再针对前述的三个特性提供三个成员函数，用于"位或"加入各自所需的窗口特性枚举值，并返回对象自身的引用。假设我们希望得到一个可以改变大小，并且加入 HDPI 支持的标志值，可以这样写：

```cpp
WindowFlags wnd_flags;
wnd_flags.Resizable().AllowHDPI(); //连续调用
auto wnd = SDL_CreateWindow("demo flags"
            , 0, 0, 100, 200, wnd_flags.flags);
```

有意思的是，创建窗口所需要的 x、y 坐标，也各自可以指定两个特殊的值，一为 **SDL_WINDOWPOS_UNDEFINED**，表示让系统帮忙找一个合理的显示位置，二为 **SDL_WINDOWPOS_CENTERED** 表示窗口将居中显示。为此我们提供 WindowPosition 结构，设计如下：

```
struct WindowPosition
{
    WindowPosition()
        : x(SDL_WINDOWPOS_UNDEFINED), y(SDL_WINDOWPOS_UNDEFINED)
    {
    }

    WindowPosition(int x , int y)
        : x(x), y(y)
    {
    }

    WindowPosition& Centered (bool x_centered = true
                                , bool y_centered = true)
    {
        if (x_centered)
            x = SDL_WINDOWPOS_CENTERED;
        if (y_centered)
            y = SDL_WINDOWPOS_CENTERED;
        return * this;
    }

    int x, y;
};
```

以下是 WindowPosition 使用示例,指定窗口横轴上居中显示,纵轴上使用系统默认位置:

```
WindowPosition position ;    //默认构造函数将 x 和 y 全部置为系统默认位置
position. Centered (true, false); //指定居中 X 轴位置
auto wnd = SDL_CreateWindow("demo position"
            , position. x, position. y
            , 100, 200
            , 0);
```

以上示例仍然直接使用 SDL_CreateWindow()创建窗口,另外也没有写相应的释放代码,那是因为我们还没有封装 SDL 的窗口概念。

我们使用 Window 结构封装 SDL 的窗口概念,先关心如何在构造过程创建窗口,如何判断创建是否成功,以及如何在析构时自动释放 SDL 的窗口对象:

```
struct Window
{
    Window (char const * title
            , int x, int y
            , int w, int h
            , WindowFlags const& win_flags)
```

```
{
    window = SDL_CreateWindow(title
                                , x, y
                                , w, h
                                , win_flags.flags);
}
Window(char const * title
     , WindowPosition const& win_position
     , int w, int h
     , WindowFlags const& win_flags)
{
    window = SDL_CreateWindow(title
                                , win_position.x, win_position.y
                                , w, h
                                , win_flags.flags);
}
//直接代管外部创建的 SDL_Window 裸指针
explicit Window(SDL_Window * window)
    : window(window)
{
}

Window(Window const& ) = delete ; //不让拷贝构造
operator = (Window const& ) = delete ; //不让赋值

//析构时自动释放 SDL_Window 裸指针
~Window()
{
    if (window)
        SDL_DestroyWindow(window);
}

//精确的 bool 类型转换,用于判断窗口是否创建成功
explicit operator bool() const
{
    return window != nullptr;
}

//窗口创建之后,SDL 会为它分配一个 ID
Uint32 GetID() const
{
    SDL_assert(window != nullptr);
    return SDL_GetWindowID(window);
```

```
}
//从窗口 ID 可以倒查出 SDL 的窗口对象
static SDL_Window * FromID (Uint32 id)
{
    return SDL_GetWindowFromID (id);
}


SDL_Window * window ;
};
```

现在,创建一个居中显示,支持用户改变大小,支持 HDMI 的游戏窗口的示例代码如下:

```
WindowPosition position ;
position. Centered (true, true);
Window wnd("demo Window"
        , position .x, position .y, 640, 480
        //调用构造函数直接创建一临时的 WindowFlags 对象
        . WindowFlags ().Resizable().AllowHDPI(). flags );
//判断窗口是否创建成功
if (!wnd)  //调用 Window 的 bool 转换操作符重载
{
    ......
}
```

一旦栈对象 wnd 结束生命周期,它将自动释放所持有的 SDL 窗口指针。生死大事安排妥当,就可以安心地对一个窗口做很多事情,比如:取得它的窗口特性、取得窗口的位置和尺寸、移动窗口位置、取得窗口客户区域的宽高、修改窗口客户区域的宽高、最大化窗口、最小化窗口、恢复窗口、隐藏窗口、设置窗口不透明度、取窗口标题、修改窗口标题等。常用的几个窗口操作对应的 SDL 函数如表 15 - 8 所列。

表 15 - 8　常用窗口操作 SDL 函数

窗口函数	功能描述
窗口位置尺寸	
void SDL_GetWindowPosition (SDL_Window * wnd , int * x, int * y);	获取窗口客户区域在屏幕上的坐标位置 x 或 y 为空则不获取对应数据
void SDL_SetWindowPosition (SDL_Window * wnd , int x, int);	移动窗口客户区域到指定的 x、y 坐标位置上
void SDL_GetWindowSize (SDL_Window * wnd , int * w, int * h);	取得当前窗口客户区域的宽与高,w 或 h 为空则不获取对应数据

窗口函数	功能描述
void **SDL_SetWindowSize** (SDL_Window * wnd , int w, int h);	修改窗口客户区域的宽和高
void **SDL_GetWindowBordersSize** (SDL_Window * wnd ,int * top, int * left , int * bottom, int * right);	取当前整个窗口(包含标题栏和边框)的位置和长宽 各指针均可为空,为空则不取对应数据 注意数据次序是:上、左、下、右
窗口透明度	
int **SDL_SetWindowOpacity** (SDL_Window * wnd , float opacity)	设置窗口的不透明度 注意,是"不透明度" 0 为全透明,1 为不透明 窗口默认不透明 返回 0 表示设置成功,返回负数表示失败
int **SDL_GetWindowOpacity** (SDL_Window * wnd , float * opacity);	通过 opacity 取得当前窗口的"不透明度" 返回 0 表示取值成功,返回负数表示失败
窗口显示状态	
void **SDL_MaximizeWindow** (SDL_Window * wnd);	最大化显示窗口
void **SDL_MinimizeWindow** (SDL_Window * wnd);	最小化显示窗口
void **SDL_RestoreWindow** (SDL_Window * wnd);	恢复窗口尺寸
void **SDL_HideWindow** (SDL_Window * wnd);	隐藏窗口
void **SDL_ShowWindow** (SDL_Window * wnd);	显示窗口
Uint32 **SDL_SetWindowModalFor** (SDL_Window * wnd ,SDL_Window * parent);	让窗口 wnd 成为窗口 parent 的一个模态窗口即用户必须先关闭窗口 wnd,才能继续访问窗口 parent;模态窗口通常用于要求用户在指定窗口上完成必要的操作,比如输入必要内容
窗口标题	
char * const **SDL_GetWindowTitle** (SDL_Window * wnd);	取得窗口标题内容
void **SDL_SetWindowTitle** (SDL_Window * wnd , char const * title);	修改窗口标题

这么多函数,将以"取窗口标题""修改窗口标题""取窗口客户区宽高""修改窗口客户区宽高""取窗口不透明度""修改窗口不透明度""最大化""最小化""恢复""隐

藏""显示(取消隐藏)"为例,进行封装。

　　新建**sdl_window. hpp** 文件加入 hello_sdl 项目。头文件内容先是 WindowPosition 和 WindowFlags 的定义,然后是主角 Window 结构的定义:

```
# ifndef SDL_WINDOW_HPP_INCLUDED
# define SDL_WINDOW_HPP_INCLUDED

# include < SDL2/SDL_assert.h >
# include < SDL2/SDL_video.h >

namespace sdl2
{
//窗口位置
struct WindowPosition
{
    WindowPosition() //默认构造,x、y 都使用系统默认位置
        : x(SDL_WINDOWPOS_UNDEFINED), y(SDL_WINDOWPOS_UNDEFINED)
    {
    }

    WindowPosition(int x , int y) //常规构造:指定坐标值
        : x(x), y(y)
    {
    }

    //设置为居中,注意返回当前对象的引用
    WindowPosition& Centered(bool x_centered = true
                    , bool y_centered = true)
    {
        if (x_centered)
            x = SDL_WINDOWPOS_CENTERED;
        if (y_centered)
            y = SDL_WINDOWPOS_CENTERED;
        return * this;
    }

    int x, y;
};

//窗口特性标志
struct WindowFlags
{
    WindowFlags() //默认构造,用于构建没有指定任何特性的普通窗口
        : flags(0)
    {
    }

    WindowFlags(Uint32 flags) //接受一个外部构建好的 32 位无符整数
        : flags(flags)
```

```
    {
    }

    WindowFlags& Hidden()    //指定窗口创建后处于隐藏状态
    {
        flags | = SDL_WINDOW_HIDDEN;
        return * this;
    }

    WindowFlags& FullScreen() //全屏,如有需要,会改分辨率
    {
        flags & =  ~SDL_WINDOW_FULLSCREEN_DESKTOP;
        flags | = SDL_WINDOW_FULLSCREEN;
        return * this;
    }

    WindowFlags& FullScreenDesktop() //全桌面,通常不修改分辨率
    {
        flags & =  ~SDL_WINDOW_FULLSCREEN;
        flags | = SDL_WINDOW_FULLSCREEN_DESKTOP;
        return * this;
    }

    WindowFlags& Minimized() //创建处于最小化状态的窗口
    {
        flags & =  ~SDL_WINDOW_MAXIMIZED;
        flags | = SDL_WINDOW_MINIMIZED;
        return * this;
    }

    WindowFlags& Maximized() //创建处于最大化状态的窗口
    {
        flags & =  ~SDL_WINDOW_MINIMIZED;
        flags | = SDL_WINDOW_MAXIMIZED;
        return * this;
    }

    WindowFlags& Borderless() //无边框
    {
        flags | = SDL_WINDOW_BORDERLESS;
        return * this;
    }

    WindowFlags& Resizable() //边框可用于改变窗口大小
    {
        flags | = SDL_WINDOW_RESIZABLE;
        return * this;
    }

    WindowFlags& AllowHDPI() //支持 HDPI
```

```
    {
        flags |= SDL_WINDOW_ALLOW_HIGHDPI;
        return *this;
    }

    WindowFlags& OpenGL() //可用于 OPENGL
    {
        flags |= SDL_WINDOW_OPENGL;
        return *this;
    }

    Uint32 flags;
};

//窗口
struct Window
{
    Window(char const* title
          , int x, int y
          , int w, int h
          , WindowFlags const& win_flags)
    {
        window = SDL_CreateWindow(title
                                  , x, y
                                  , w, h
                                  , win_flags.flags);
    }
    Window(char const* title
          , WindowPosition const& win_position
          , int w, int h
          , WindowFlags const& win_flags)
    {
        window = SDL_CreateWindow(title
                                  , win_position.x, win_position.y
                                  , w, h
                                  , win_flags.flags);
    }
    //直接代管外部创建的 SDL_Window 裸指针
    explicit Window(SDL_Window* window)
        : window(window)
    {
    }

    Window(Window const&) = delete; //不让拷贝构造
    operator = (Window const&) = delete; //不让赋值

    //析构时自动释放 SDL_Window 裸指针
    ~Window()
    {
        if (window)
```

```
                SDL_DestroyWindow(window);
    }

    //精确的 bool 类型转换,用于判断窗口是否创建成功
    explicit operator bool () const
    {
        return window != nullptr;
    }

    //窗口创建之后,SDL 会为它分配一个 ID
    Uint32 GetID () const
    {
        SDL_assert(window != nullptr);
        return SDL_GetWindowID(window);
    }
    //从窗口 ID 可以倒查出 SDL 的窗口对象
    static SDL_Window * FromID (Uint32 id)
    {
        return SDL_GetWindowFromID(id);
    }

    //取窗口标题
    char const * GetTitle () const
    {
        SDL_assert(window != nullptr);
        return SDL_GetWindowTitle(window);
    }
    //修改窗口标题
    void SetTitle (char const * title)
    {
        SDL_assert(window != nullptr);
        SDL_SetWindowTitle(window, title);
    }

    //取窗口客户区宽高
    void GetSize (int * w, int * h)
    {
        SDL_assert(window != nullptr);
        SDL_GetWindowSize(window, w, h);
    }
    //修改窗口客户区宽高
    void SetSize (int w, int h)
    {
        SDL_assert(window != nullptr);
        SDL_SetWindowSize(window, w, h);
    }

    //取窗口不透明度
    bool GetOpacity (float * opacity) const
    {
```

```cpp
        SDL_assert(window != nullptr);
        return 0 == SDL_GetWindowOpacity(window, opacity);
    }
    //设置窗口不透明度
    bool SetOpacity(float opacity)
    {
        SDL_assert(window != nullptr);
        return 0 == SDL_SetWindowOpacity(window, opacity);
    }

    //最大化
    void Maximize()
    {
        SDL_assert(window != nullptr);
        SDL_MaximizeWindow(window);
    }
    //最小化
    void Minimize()
    {
        SDL_assert(window != nullptr);
        SDL_MinimizeWindow(window);
    }
    //恢复窗口尺寸
    void Restore()
    {
        SDL_assert(window != nullptr);
        SDL_RestoreWindow(window);
    }

    //隐藏
    void Hide()
    {
        SDL_assert(window != nullptr);
        SDL_HideWindow(window);
    }
    //取消隐藏
    void Show()
    {
        SDL_assert(window != nullptr);
        SDL_ShowWindow(window);
    }

    SDL_Window* window;
};

} //sdl2
#endif // SDL_WINDOW_HPP_INCLUDED
```

【小提示】: SDL_assert( )是什么

代码中大量用到 SDL_assert(条件),作用与标准库的定义断言"assert(条件)"相当,要求条件必须成立,否则程序将因断言失败而退出。在 sdl2::Window 结构的封装中,窗口对象的多数操作,必须依赖于底层的 SDL 窗口指针有效的前提。

5. 封装的应用

完成 sdl2::Window 封装,请打开 main.cpp,下面演示如何使用该类。修改后 main.cpp 最新内容如下:

```cpp
#include < iostream >

#include < SDL2/SDL.h >
#include < SDL2/SDL_video.h >

#include "sdl_initiator.hpp"
#include "sdl_error.hpp"
#include "sdl_window.hpp"

using namespace std;

int main(int argc, char * argv[])
{
    sdl2::Initiator::Instance().Init(SDL_INIT_VIDEO
                        | SDL_INIT_AUDIO
                        | SDL_INIT_EVENTS
                        | SDL_INIT_TIMER);

    if (!sdl2::Initiator::Instance())
    {
        cerr << sdl2::last_error() << endl;
        return -1;
    }

    //创建并居中显示宽 640 高 480 的游戏窗口
    sdl2::Window wnd("hello sdl"
                    , sdl2::WindowPosition().Centered(true, true)
                    , 640, 480
                    //使用空的特性标志
                    , sdl2::WindowFlags());

    if (!wnd)
    {
        cerr << sdl2::last_error() << endl;
        return -1;
    }

    //输出窗口 ID
```

```
        cout << wnd.GetID() << endl;

        wnd.SetOpacity(0.5);  //设置不透明度 0.5,也就相当于一半的透明度
        SDL_Delay(3000);
        wnd.Hide();
        SDL_Delay(1000);
        wnd.Show();
        SDL_Delay(1000);
        return  0;
}
```

编译、运行。在前三秒内,请仔细观察窗口是不是有点透明? 然后会看到窗口隐藏不见了,再过 1 秒窗口重新出现,最后程序退出。

15.4.6 事 件

1. 事件循环

为避免 SDL 程序启动后马上退出,可以使用一个“死循环”不断地从 SDL 的事件系统中拉取未处理的事件。比如:

```
//外循环
while(true)
    {
        SDL_Event event;
        //内循环
        while(SDL_PollEvent(&event))
        {
            //内循环工作
            /* 处理拉取到的新事件 */
        }

        //外循环工作
        /* 处理游戏的其他事情,比如在窗口出画出最新的游戏画面等 */
    }
```

可以简单地认为 SDL 内部维护一个事件队列,队列中不一定时时刻刻都有事件;但如果队列中有事件,就应该尽量将所有事件处理完,这是一个基本原则。这也正是**内循环**所做的事:反复调用**SDL_PollEvent()**从队列中取事件,直到队列空。反过来,程序只会在某一瞬间发现无事件可处理之后,才会跳出内循环,开始代码上注释为“**外循环**工作”的代码;并且会在处理完之后,再次进入**内循环**。通常在处理外循环工作时,会产生新的事件堆积在事件队列中。

无论是内循环还是外循环,都是在同一线程下执行一段代码。如果处理内循环的工作耗时太久,就会影响外循环工作的完成;反过来,处理外循环的工作耗时太久,就会影响内循环工作的完成。因此,尽管原则和代码结构都以保障内循环工作,也就是“事件处理”为主,但事实上二者必须有君子之约:谁都不会过于拉长循环的某一次

过程。SDL_PollEvent()的原型如下:

```
int SDL_PollEvent(SDL_Event * event);
```

取得的事件信息存储在入参 event 内,返回 1 表示本次成功从队列拉取到新事件,0 表示本次没有从队列中发现事件,意即事件队列暂时为空。

2. 事件类型

从队列中拉取到的事件数据类型为 SDL_Event,这是一个联合体 union,定义如下:

```
union SDL_Event
{
    Uint32 type;                              /* * < 事件类型标志 */
    SDL_CommonEvent common;                   /* * < 通用事件数据 */
    SDL_WindowEvent window;                   /* * < 窗口事件数据 */
    SDL_KeyboardEvent key;                    /* * < 键盘事件数据 */
    SDL_TextEditingEvent edit;                /* * < 文字编辑事件数据 */
    SDL_TextInputEvent text;                  /* * < 文字输入事件数据 */
    SDL_MouseMotionEvent motion;              /* * < 鼠标移动事件数据 */
    SDL_MouseButtonEvent button;              /* * < 鼠标按键事件数据 */
    SDL_MouseWheelEvent wheel;                /* * < 鼠标滚动事件数据 */
    SDL_JoyAxisEvent jaxis;                   /* * < 游戏摇杆轴事件数据 */
    SDL_JoyBallEvent jball;                   /* * < 游戏摇杆球事件数据 */
    SDL_JoyHatEvent jhat;                     /* * < 游戏摇杆方向帽事件数据 */
    SDL_JoyButtonEvent jbutton;               /* * < 游戏摇杆按钮 */
    SDL_JoyDeviceEvent jdevice;               /* * < 摇杆驱动变化事件数据 */
    SDL_ControllerAxisEvent caxis;            /* * < 游戏控制器轴事件数据 */
    SDL_ControllerButtonEvent cbutton;        /* * < 游戏控制器按钮事件数据 */
    SDL_ControllerDeviceEvent cdevice;        /* * < 游戏控制器设备事件数据 */
    SDL_AudioDeviceEvent adevice;             /* * < 音频设备事件数据 */
    SDL_QuitEvent quit;                       /* * < 程序退出请求事件数据 */
    SDL_UserEvent user;                       /* * < 用户自定义事件数据 */
    SDL_SysWMEvent syswm;                     /* * < 系统相关的窗口事件数据 */
    SDL_TouchFingerEvent tfinger;             /* * < 触摸板事件数据 */
    SDL_MultiGestureEvent mgesture;           /* * < 多点手势事件数据 */
    SDL_DollarGestureEvent dgesture;          /* * < 手势事件数据 */
    SDL_DropEvent drop;                       /* * < 拖放事件数据 */

    Uint8 padding[56]; //仅用于支持跨编译器下的二进制接口兼容,无业务意义
};
```

因为日常编程很少用到,所以我们在《语言》篇中并未提到"union(联合体)"。普通"struct(结构体)"中,各成员数据占用各自独立的内存,如图 15 - 44 所示。成员数据 a、b、c 的内存地址各不相同,可简单地理解为依序排列,各成员占用的内存也依据其类型而各有大小。如果换成 union,成员 a、b、c 将占用同一块内存,如图 15 - 45 所示。

联合体的所有成员共用同一块内存,但不同成员"胖""瘦"不一(占用的内存大小

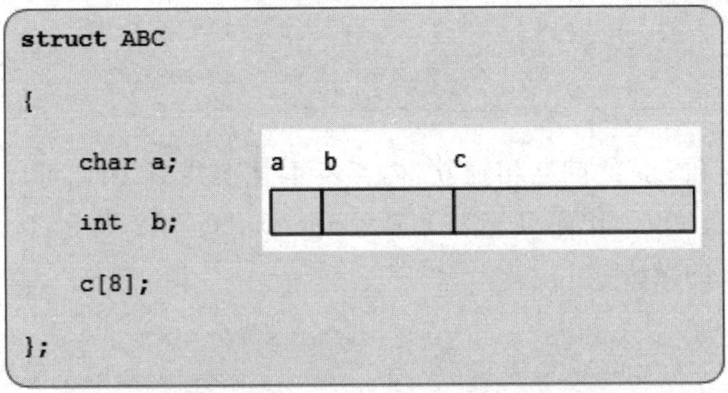

```
struct ABC
{
    char a;          a  b        c
    int  b;
    c[8];
};
```

图 15－44 结构体 ABC 包含三个独立的成员 a、b、c

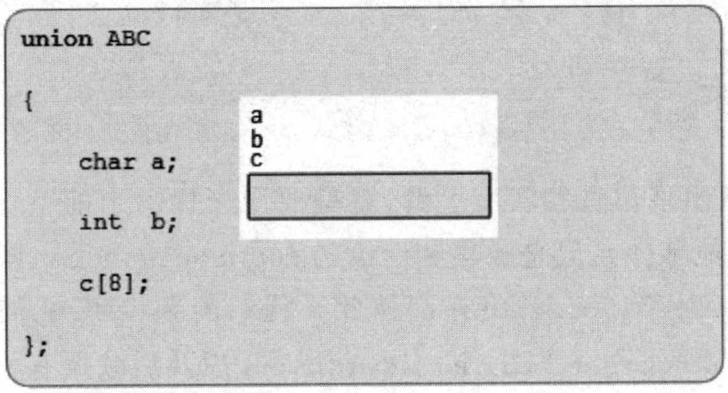

```
union ABC
{                    a
    char a;          b
                     c
    int  b;
    c[8];
};
```

图 15－45 联合体 ABC 包含三个成员 a、b、c

不一样)怎么办？没关系,就按最"胖"的成员的需求分配内存。联合体的所有成员共用一块内存,那修改其中一个成员,岂不同时破坏了其他成员的值？没错,就是这样,比如：

```
ABC abc;
abc.a = 'A';
abc.b = 2017; //此时 abc.a 肯定不是 A
abc.c[0] = 'a'; //此时 abc.b 肯定不是 2017,而 abc.a 的值是 a
```

联合体看起来有多个成员,但某一时刻,程序只能将它视为只有其中某个成员。到底视为哪个成员呢？一种做法是在外面再套一层结构,然后增加一个独立的成员作标志,比如：

```
union ABC
{
    char a;
    int  b;
    c[8];
};

struct ABC_Struct
```

```
{
    int flag;
    ABC abc;
};
```

此时,flag 和 abc 之间互相独立,内存不重叠不共享,因此可以放心地使用 flag 来标示如何解读 abc。比如 flag 为 1 表示 abc.a,flag 为 2 表示 abc.b 等。另一种就是 SDL_Event 的做法:

```
union SDL_Event
{
    Uint32 type;                        /* * < 事件类型标志 */
    SDL_CommonEvent common;             /* * < 通用事件数据 */
    SDL_WindowEvent window;             /* * < 窗口事件数据 */
    SDL_KeyboardEvent key;              /* * < 键盘事件数据 */

    ……略……
};
```

成员 type 从出现位置和名字上看,就是要用来标示当前事件到底是通用事件、窗口事件还是其他事件。但它确实和后续的 common、window、key 等成员同处一个联合体,占用同一内存,怎么解决它们彼此干扰的问题? 解决方法:SDL_Common-Event、SDL_WindowEvent、SDL_KeyboardEvent 以及后续所有事件结构体,它们的第一个成员都是 Uint32 type。

换句话说,就是所有事件结构体,在语言层面上,都将内存中最前面的 4 个字节理解为 Uint32 类型;在语义层面上,都将这个 Uint32 理解为事件类型的标志。有了 type 成员,就能知道 SDL_PollEvent()函数取到的事件到底是什么类型,之前的事件循环可以写得更具体一些:

```
while(true)
{
    SDL_Event event;
    while (SDL_PollEvent(&event))
    {
        //内循环工作
        switch (event.type)
        {
            case SDL_QUIT :
                /* 处理用户要求程序退出的事件 */
                break;
            case SDL_MOUSEMOTION :
                /* 处理鼠标移动事件 */
                break;
            case SDL_KEYDOWN :
                /* 处理用户按下某个按键的事件 */
                break;
```

```
                ......
            }
        }

    //外循环工作
    /* 处理游戏的其他事情,比如在窗口上画出最新的游戏画面等 */
}
```

SDL_QUIT、SDL_MOUSEMONTION 和 SDL_KEYDOWN 都是 SDL 库定义的 SDL_EventType 枚举类型的枚举值,分别代表"请求程序退出"事件、"鼠标移动"事件和"键盘被按下"事件。更多的事件分类标志以及对应的事件结构体,我们在需要时再说明。

3. 退出事件

是时候解决程序只能以"卡"住的姿式存活于世的问题了。我们要的只是 SDL_QUIT 这个事件分类。思路是在内层循环不断通过 SDL_PollEvent() 拉取新事件,一旦检测到分类为 SDL_QUIT 的事件,就结束外层循环:你知道吗? 当你理解了这个思路,你距离一个武林高手已然近了。

进入 main.cpp 文件,整部《白话 C++》最能提升各位内力的代码来了! 一定要调通它:

```cpp
#include <iostream>

#include <SDL2/SDL.h>
#include <SDL2/SDL_video.h>

#include "sdl_initiator.hpp"
#include "sdl_error.hpp"
#include "sdl_window.hpp"

using namespace std;

int main(int argc, char* argv[])
{
    sdl2::Initiator::Instance().Init(SDL_INIT_VIDEO
                        | SDL_INIT_AUDIO
                        | SDL_INIT_EVENTS
                        | SDL_INIT_TIMER);

    if (!sdl2::Initiator::Instance())
    {
        cerr << sdl2::last_error() << endl;
        return -1;
    }

    //创建并居中显示宽 640 高 480 的游戏窗口
    sdl2::Window wnd("hello sdl"
```

```
                , sdl2::WindowPosition().Centered(true, true)
                , 640, 480
                //使用空的特性标志
                , sdl2::WindowFlags());

    if(!wnd)
    {
        cerr << sdl2::last_error() << endl;
        return -1;
    }


    //事件循环
    bool Q = false;
    while(!Q) //一直循环,直到 Q 为真
    {
        SDL_Event event;
        while(SDL_PollEvent(&event))
        {
            //内循环工作
            switch(event.type)
            {
            case SDL_QUIT:
                Q = true;
                break;
            }
        }
        /* 外循环暂时无事可做 */
    }
    return 0;
}
```

😃 **【轻松一刻】**：就在刚才,我们已是武林高手

"内循环"是为"小周天","外循环"是为大周天,在内循环中修改变量 Q 的值,在外循环中检测该值,最后结束循环。这就在不知不觉之间,一股真气借由 Q 变量由内而外喷薄而出……我们打通了大小周天！哈哈,想到经常被产品经理欺压,我决定现在就找他去……。

明明已打通大小周天,还是没有干过产品经理。被他胖胖的身躯压在地上数秒钟,感觉我和他已经是一个"联合体"。不管怎样,学习还得继续。请编译、运行,先别急着测试"退出"功能,大家看为师我是如何一边止鼻血一边试着拖动窗口。看,之前卡住、拖不动的窗口活过来了！

尽管我们的代码并没有处理窗口的拖放等事件,但只要让事件循环起来,不堆积,这些日常的窗口事件会由 SDL 提供默认处理。至于为什么"程序退出",为什么不被视为日常的窗口事件呢？因为这个事件会造成整个游戏突然结束,当然要交给程序员确认后才能处理,哪能说退就退呢。虽然没用到,还是看一眼"退出"事件的结

构体：

```
struct SDL_QuitEvent
{
    Uint32 type;          /* * < ::SDL_QUIT */
    Uint32 timestamp;
};
```

正如前述，事件结构的第一个成员必须是统一的 Uint32 type。对于 SDL_QuitEvent 它被设定为 SDL_QUIT 这个枚举值。另一个成员是一个"时间戳"，记录事件发生的时间点，可视作 std::time_t 处理，这其实也是各类事件共有的。就这两样，"SDL_QuitEvent（退出事件）"再没有其他数据了。

4. 鼠标事件

鼠标事件需细分为鼠标移动事件、鼠标按键事件和鼠标滚轮事件，其中鼠标按键又可分为按钮按下和按钮抬起如表 15-9 所列。

表 15-9　鼠标事件细分

事件分类枚举值	事件结构体	SDL_Event 成员	说明
SDL_MOUSEMOTION	SDL_MouseMotionEvent	motion	鼠标移动事件
SDL_MOUSEBUTTONDOWN	SDL_MouseButtonEvent	button	鼠标按键按下事件
SDL_MOUSEBUTTONUP	SDL_MouseButtonEvent	button	鼠标按键抬起事件
SDL_MOUSEWHEEL	SDL_MouseWheelEvent	wheel	鼠标滚动事件

假设从队列中取得事件 event，如果它是鼠标移动事件，通常关心当前鼠标移动到什么位置：

```
cout << event.motion.x << ',' << event.motion.y << endl;
```

如果 event 是鼠标按键事件，要关心的事比较多。什么位置？哪个键？按下还是抬起？单击还是双击？这些信息都在 SDL_MouseButtonEvent 结构中：

```
//哪个键
switch(event.button.button)
{
    case SDL_BUTTON_LEFT : cout << "左键" << endl; break;
    case SDL_BUTTON_MIDDLE : cout << "中键" << endl; break;
    case SDL_BUTTON_RIGHT : cout << "右键" << endl; break;
}
//是因为用户按下鼠标,还是因为用户松开鼠标触发的事件
switch(event.button.state)
{
    case SDL_PRESSED : cout << "按下" << endl; break;
    case SDL_RELEASED : cout << "松开" << endl; break;
}
//单击还是双击
```

```
switch(event.button.clicks )
{
    case 1: cout << "单击" << endl; break;
    case 2: cout << "双击" << endl; break;
}
```

多数时候不需要判断 event. button. state,因为 SDL 已经将鼠标按下和抬起区分为两种事件类型, SDL _ MOUSEBUTTON**DOWN** 和 SDL _ MOUSEBUTTON**UP** 。如果是鼠标滚轮滚动信息,尽管 SDL_MouseWheelEvent 结构体也含有 x 和 y 成员,但它们不是鼠标的当前位置坐标,而是滚轮在横向和纵向上的滚动量。0 表示该方向没有发生滚动,正数表示发生正向滚动,负数表示发生负向滚动。

现在有两个和方向有关的问题。方向性问题一:大多数鼠标的滚轮是前后滚,那么"前后"对应的是"上下"方向还是"左右"方向? 直觉的反应是"上下",但是要看鼠标底下的窗口怎么解释。在 Windows 操作系统下,一个既没有横向滚动条也没有上下滚动条的窗口,它就会把普通鼠标滚轮的前后滚动解释为水平方向的滚动;体现到 SDL_MouseWheelEvent 结构体,就是其 y 值为 0,x 值为正数或负数。

🏆 【重要】: 到底如何解释鼠标滚轮滚动时的 x、y 值

游戏当然也有上下或左右滚动窗口内容的需要,但很少"土"到直接使用窗口原生滚动条来实现,因此到底要如何解释 x 或 y 的滚动量,还得由游戏程序自身来决定。比如,用户在键盘上连续按"向右"方向键,表意很明确,于是游戏的人物通常会先让脸朝右,然后开始向右走几步。接下来用户嫌按键盘累,开始使用鼠标的滚轮,向前滚,此时就可以解释为让人物继续向右走,当它走到窗口最右边时,就可以让游戏背景整个儿向左移,以产生人物在继续向右走的场景。

没点方向感和画面想象能力,这课程还真学不下去。

方向性问题二:什么是"正向滚动"? 什么是"负向滚动"? 一般来讲,向前、向上、向右是正向,向后、向下、向左是负向。这其中的"左负右正"和屏幕坐标 X 轴朝向相符;而"上正下负"和屏幕坐标 Y 轴朝向相反,但是和我们生活中的坐标系相符。是和屏幕的坐标系相符好? 还是和生活中的坐标系相符好? 据说这两派已经发展到互不通婚的局面,一些图形化操作系统只好当起骑墙派,提供一个全局设置,用户爱设置成怎样就怎样吧。

😊 【轻松一刻】: 千变万变,都是在给程序员制造不便

我国大元朝著名程序员曾为这种争斗赋诗一首,诗曰:"望西都,意踟蹰。伤心秦汉经行处,宫阙万间都做了土。兴,程序员苦;亡,程序员苦"。话里话外说的就是:"我望向游戏画面上西边的京都,心里却犹豫不定(因为我不知道往西是正向滚动还是负向滚动)。我很伤心秦汉两代程序员用程序构建起来的万间宫阙都不能运行了

（因为它们连坐标体系都不兼容）。"

这位程序员已经走了近 700 年，痛心的是，数百年间因标准缺失而给程序员增添各种麻烦、痛苦的事层出不穷。比如，曾经有个标准缺失的浏览器流行起来了，但结果程序员很苦。后来这个浏览器衰亡了，程序员还是很苦。此刻重读诗中最后的呐喊："兴，程序员苦；亡，程序员苦。"仍然具有深刻的现实意义。

SDL 库正是受害者之一，它不得不在 SDL_MouseWheelEvent 结构体中加入一个 Uint32 类型的 direction 成员，并定义两个宏：SDL_MOUSEWHEEL_NORMAL 和 SDL_MOUSEWHEEL_FLIPPED。如果 direction 的值为前者，表示向上为正向滚动。如果为后者则正好相反，此时程序必须 x 或 y 值都乘以 −1。除非用户在游戏过程临时调整系统在此方面的配置，否则在整个游戏过程中 direction 值应当都不会变。

打开 main.cpp，我们添加和鼠标事件相关的一些测试代码，出于篇幅控制，只给出鼠标键按下事件和滚轮滚动事件的处理代码：

```
……
//内循环工作
switch (event.type)
{
    case SDL_QUIT :  Q = true; break;
    case SDL_MOUSEBUTTONDOWN :
        cout << "mouse button down: ";
        switch (event.button.button)
        {
            case SDL_BUTTON_LEFT : cout << "left"; break;
            case SDL_BUTTON_MIDDLE : cout << "middle"; break;
            case SDL_BUTTON_RIGHT : cout << "right"; break;
            default : cout << "others"; break;
        }
        cout << "\r\n" << event.motion.x   << ","
                                        << event.motion.y << endl;
        break;
    case SDL_MOUSEWHEEL :
        cout << "mouse wheel : " << event.motion.x << ","
                                << event.motion.y << endl;
        break;
}
……
```

5. 键盘事件

公司曾经来过一位跨国交换实习生，实习生的爸爸德国人，妈妈韩国人。说到这里大家会想到什么？多数人都是想到这位混血儿肯定长得很好看。唯有像我这样沉迷于学习的人会第一时间想到："地球村"现象越来越普遍，程序的国际化很重要啊！当天中午，我就和这位实习生一起吃饭并热烈讨论这一问题。可惜他听不太懂我的英文。后来,他好像因为学习 Python 遇到了困难,我及时伸出国际援助之手,一直伸到他自带的笔记本的键盘之上,我的天啊! Z 键和 Y 键为什么要对调? 那是一个德国键盘,用着它,我这个老程序员,也一直在犯打字错误。

　　SDL 库的作者也许有类似的经历,所以他在官方文档中总结得很好,两个注意点:第一,不要使用键盘事件用于游戏中的文字输入,因为那几乎没办法完成国际化文字比如中文的输入。

(i)【小提示】: 应该如何处理游戏中的文本输入

应当使用 SDL_TEXTINPUT 类型的事件以及对应的结构体 SDL_TextInputEvent 和 SDL_TextEditingEvent 处理文字输入。限于篇幅,本课程没有详细讲解文字输入的内容。

　　第二,SDL 官方文档强调:当你使用"键按下"或"键抬起"事件,就把键盘当作是一个有 101 个(或更多)按键的超大型游戏控制器,这也是本小节的重点。很多小游戏支持双人单机对打,但键盘只有一套方向键,怎么办? 程序员看了一下键盘,发现 I、J、K、L 的布局很适合拿来充当"上、左、下、右"。这是一个很聪明的发现,唯一要注意的是在程序中不要使用字母 I、J、K、L 判断用户按下哪个键。那应该如何判断呢?

SDL_KeyboardEvent

键盘事件分类也区分为"SDL_KEY**DOWN**(键按下)"和"SDL_KEY**UP**(键抬起)",二者使用同一个事件结构体**SDL_KeyboardEvent**。该结构体稍作简化后的定义为:

```
struct SDL_KeyboardEvent
{
    Uint32 type;            // 事件类型 SDL_KEYDOWN 或 SDL_KEYUP
    Uint32 timestamp;       // 事件发生的时间戳
    Uint32 windowID;        // 拥有键盘输入焦点的窗口 ID
    Uint8 state;            // 按下或抬起 SDL_PRESSED 或 SDL_RELEASED
    Uint8 repeat;           // 因用户长按而产生的重复次数,无重复时为 0
    SDL_Keysym keysym;      // 用于描述当前键的数据内容的一个结构体
};
```

　　(1) type 和 timestamp:含义见前。

　　(2) windowID:键盘输入事件通常发生在特定窗口上,windowID 用于指定该窗口。有关窗口 ID 请参看 sdl2::Window 类封装代码。不仅键盘输入事件,鼠标事件也有该成员。当游戏中同时存在多个窗口,可考虑通过该成员识别目标窗口。

　　(3) state:值为 SDL_PRESSED 表示键被按下,值为 SDL_RELEASED 表示键被松开。

　　(4) repeat:当用户长按某键不放,键盘将自动重复输入该键,该值记录重复次数。因为是 Uint8,因此最大值为 255。射击类游戏中,该值可用于连续发射子弹。

　　(5) "keysym":真正记录相关键信息的结构数据,说明见下。

SDL_Keysym

SDL_Keysym 包含以下有用成员数据：

（1）"scancode"：键的物理位置编码，也称"扫描码"。键盘布局中物理位置相同的键盘，会被映射到相同的扫描码，不管是哪一国的键盘。另外，同一实体键上有多个字母时，它们的扫描码一致，比如数字 1 和英文感叹号。扫描码的具体值项见 SDL 官方文档中 SDL_Scancode 枚举类型的定义；

（2）sym：键的虚拟编码，即键帽上写着的字母，但其中的字母仅以英文字母为准，具体值项见 SDL 官方文档中 SDL_Keycode 枚举类型的定义。

（3）mod：用户按下复合键时的扩展键。比如按下"Ctrl－A"，Ctrl 即为扩展键，也称"key modifier（修正键）"。类型为 Uint16，可以是多个扩展键的组合（使用位或组合），具体值项见 SDL 官方文档 SDL_Keymod 枚举类型的定义。

扫描码

SDL 定义 SDL_Scancode 枚举以表示键的扫描码，不过 SDL 的作者"偷懒"了，他直接以英美语系布局的键盘（以下简称英美键盘）上的字母或字符来命名对应的扫描码，比如英美键盘字母区左下角那个键盘，键盘上写着 z。SDL 为此位置的扫描码所定义的枚举值就叫 SDL_SCANCODE_Z，这意味着法国或德国程序员如果不在边上摆着一把英美键盘恐怕很难用好 SDL 定义的扫描码。幸好这其实是一个伪问题，因为 C/C++ 程序员，不管哪国人，基本上只能用英美键盘写 C/C++ 程序，原因在于 C/C++ 语言用到的一些字符可能在某些国家的键盘上根本不存在。中国人呢？中国程序员怎么办？这就更不成问题了，本来就没有"中国键盘"，我们用的就是英美键盘。事情变得很简单，请记住：

（1）字母键：SDL_SCANCODE_A 到 SDL_SCANCODE_Z 就是美术键盘上 26 个英文字母所在按键的扫描码；

（2）数字键：SDL_SCANCODE_0 到 SDL_SCANCODE_9 就是主键盘区 0 到 9 按键的扫描码；

（3）功能键：SDL_SCANCODE_F1 到 SDL_SCANCODE_F12 是各功能键的扫描码；

（4）方向键：上下左右方向键分别是 SDL_SCANCODE_UP、SDL_SCANCODE _DOWN、SDL_SCANCODE_LEFT 和 SDL_SCANCODE_RIGHT；

（5）扩展键：左右 Ctrl 键是 SDL_SCANCODE_L**CTRL** 和 SDL_SCANCODE_R**CTRL**，Alt 和 Shift 键盘命名规则类似；

（6）GUI 键：Windows 键盘的小旗键或苹果键盘上的 COMMAND 键，在 SDL 中统称 GUI 键，左右两个小旗键的扫描码分别是 SDL_SCANCODE_LGUI 和 SDL_ SCANCODE_RGUI。

虚拟码

也会有需要使用虚拟编码的时候，比如希望用户按下 Q 字母键盘时退出程序，

此时 Q 有 Quit 之意,示例代码如下:

```
if(event.key.keysym.sym == SDLK_q)
{
    //用户按下键后的操作
}
```

SDLK_a 到 SDLK_z 为 26 个英文字母键的虚拟码,SDLK_0 到 SDLK_9 为 10 个数字键盘的虚拟码。

修正键

假设用户是类似"Ctrl+A"的方式按下组合键盘,此时的扩展键并不使用扫描码判断,而是使用**SDL_Keymod**定义枚举值,并且不能简单以"=="判断相等,而应使用"&"进行"位与"计算。

常用的修正键盘:KMOD_CTRL、KMOD_SHIFT、KMOD_ALT 和 KMOD_GUI,分别对应 Ctrl 键、上档键、Alt 键、和 GUI 键,均不区分左右。如需区分左右需分别在"KMOD_"之后加上 L 或 R,比如 KMOD_LCTRL。要判断当前用户按下的是不是"Ctrl+M",代码为如下:

```
if (event.key.keysym.scancode == SDL_SCANCODE_M
        && (event.key.keysym.mod & KMOD_CTRL))
{
        //用户按下 Ctrl + A 时做的工作(A 键不区分大小写)
}
```

注意,除了常见的扩展键之外,大小写切换键盘、小键盘中"数字/方向"切换键也是修正键盘,而这两个键最大的特点是:它们是一种状态键,用户并不需要一直按着它们。一旦处于打开状态,在后续每次键盘事件中程序都可以检测得到。

实例演示

接下来,我们演示在用户按下"Ctrl+M"组合键后弹出一个消息框;按下 Q 时关闭窗口(不关心是否有修正键)。为了弹出消息框,需要用到 ShowSimpleMessageBox()函数,原型为:

```
int SDL_ShowSimpleMessageBox(Uint32 flags
            , const char * title
            , const char * message
            , SDL_Window * window);
```

flags 可以是宏 SDL_MESSAGEBOX_ERROR、SDL_MESSAGEBOX_WARNING 或 SDL_MESSAGEBOX_INFORMATION,表示这是一个出错消息框、警告消息框或提示消息框;title 和 message 分别是消息标题和正文。windows 为消息框的父窗口,可为空指针。请打开 main.cpp,在事件处理中,加入以下 case 段:

```
......
case SDL_KEYDOWN :
    if(event.key.keysym.sym == SDLK_q ) //使用 sym,虚拟编码
    {
        Q = true;
    }
    else if (event.key.keysym.scancode == SDL_SCANCODE_M
        && (event.key.keysym.mod & KMOD_CTRL)) //使用"&"运算
    {
        SDL_ShowSimpleMessageBox (
                        SDL_MESSAGEBOX_INFORMATION
                        , "消息框"
                        , "您按下了 Ctrl - M"
                        , wnd.window); //当前窗口作为消息框的父窗口
    }
    break;
......
```

用户自定义事件

程序可以主动、直接地向事件循环队列中添加自定义的事件,添加自定义事件的本质作用是将一个比较大的任务,切割为多个步骤排队处理。还记得《网络》篇中提到的一个原则吗?线程有限,所以要避免一个大任务长期占用某个线程。SDL 的事件循环通常就在主线程中运行,要避免在主线程中长时间连续执行某个任务有两个方法,一是使用新线程,将事情交给后台线程处理;二是此处提到的,将大任务切割成多个小任务,然后在后续循环中一次只做一个任务(有没有想起 asio?);这两种方法都需要用到用户自定义事件。

(1)在方法一中使用自定义事件:当后台线程完成指定的事件任务,通常需要及时通知主线程;此时就可以由后台线程主动往事件队列中添加一个自定义事件,后续主线程读到该事件时,即可了解该事件的处理结果,并依据结果做出新的安排。

(2)在方法二中使用自定义事件:在执行完成大事情的第一个步骤之后,将本步骤执行状态打包为事件数据,并主动向事件队列添加该事件,后续从事件队列中取出该事件时,再执行下一步骤。

本节以方法二为主,讲解如何使用自定义事件。用户自定义事件结构体为 SDL_UserEvent,对应事件类型编号的宏定义是 SDL_USEREVENT。SDL_UserEvent 结构体定义:

```
struct SDL_UserEvent
{
    Uint32 type;                 //事件类型编号,必须为 SDL_USEREVENT
    Uint32 timestamp;            //时间戳
    Uint32 windowID;             //对应的窗口 ID,如果该事件和特定窗口相关

    Sint32 code;                 //用户自定义的事件码
```

```
    void * data1;        //指向用户自定义的第一个事件数据
    void * data2;        //指向用户自定义的第二个事件数据
};
```

type、timestamp、解释见前面课程,另有三个成员全部用于存储用户自定义数据,包括一个 32 位整数 code 和两个 void 类型的指针,具体要传递什么数据只有创建事件的人才知道。事实上用户数据只需一个"void *"指针就能打包一切(请回忆 libcurl 课程的回调),这里提供三个成员,只是为了处理起来更方便。不过,程序中通常不止一种自定义事件,所以惯用法是先通过 SDL_USEREVENT 判断这是一个用户自定义事件,再用 code 的值区分到底是哪一类业务的用户自定义事件。

ⓘ **【小提示】**:能不能真正自定义事件类型

事件结构体 SDL_Event 的第一个成员是 type;本问题的意思是,能不能生成全局唯一的 type(Uint32 类型)。如果确实想从 type 上区分用户自定义事件的类型,可以学习 SDL_RegisterEvents()函数。

一旦准备好 SDL_UserEvent 数据,要将它"推"进事件队列只需调用 SDL_PushEvent()函数,原型为:

```
int SDL_PushEvent(SDL_Event * event);
```

首先注意入参类型是 SDL_Event 结构体指针,SDL_UserEvent 是它众多类型的联合体之一,名为 user 因此在实际使用时,方便的写法是先定义前者,再初始化后者:

```
    SDL_Event evt;
    evt.type = SDL_USEREVENT;
    evt.user.code = 1;
    evt.user.data1 = ...
```

其次请注意,返回 1 表示将自定义的事件成功加入队列,返回 0 表示该事件因为某些原因被过滤掉,返回"-1"表示消息队列已满,或者有其他错误发生。最后,再回到入参,虽然入参类型是 SDL_Event 结构体指针,但函数内部将复制(浅复制)该结构体内容,因此调用者无需关心该入参的生命周期,需要关心的是其内部 data1 和 data2 必须保持一直有效,直到事件从队列中取出使用之后。

我们设计案例需求是:分若干步骤,每步打印一行字幕。字幕相关的字符串使用预定义的字符串数组存储,因此一直有效。因为只有一种类型的用户自定义事件,所以 code 使用 1;data1 用来存储当前行数,data2 用来指向当前行的内容。显然在本例中,data2 是可要可不要的。

输出第一行之后,就创建下一个自定义事件以输出第二行;输出第二行之后,就创建下一个自定义事件以输出第三行(再问一次:有没有想起 asio?)……那么,第一个自定义事件由谁来发起? 干脆由键盘事件触发吧,如果用户按下字母 p,就开始输出。带有事件示例的最新 main.cpp 代码应为：

```cpp
#include < iostream >

#include < SDL2/SDL.h >
#include < SDL2/SDL_video.h >

#include "sdl_initiator.hpp"
#include "sdl_error.hpp"
#include "sdl_window.hpp"

using namespace std;

int const lines_count = 6;
char const * lines[lines_count] =
{
    "～史诗级巨著《狗熊联萌》～"
    , "作者:程知网 - 第 2 学堂学生"
    , "音乐:贝多不分"
    , "画面:毕家没锁"
    , "武术指导:张六丰"
};

//往队列中添加用户自定义事件
//line_index : 下一次要显示的行数
bool SendLinesEvent (unsigned int line_index)
{
    SDL_Event event;
    event.type = SDL_USEREVENT; //固定
    event.user.code = 1; //固定为 1

    if (line_index >= lines_count)
        return false;

    event.user.data1 = (void * )(line_index);
    event.user.data2 = (char * )(lines[line_index]);

    return 1 == SDL_PushEvent (&event);
}

int main(int argc, char * argv[])
{
    sdl2::Initiator::Instance().Init(SDL_INIT_VIDEO
                            | SDL_INIT_AUDIO
                            | SDL_INIT_EVENTS
                            | SDL_INIT_TIMER);

    if (!sdl2::Initiator::Instance())
```

```cpp
{
    cerr << sdl2::last_error() << endl;
    return -1;
}

//创建并居中显示宽 640 高 480 的游戏窗口
sdl2::Window wnd("hello sdl"
                , sdl2::WindowPosition().Centered(true, true)
                , 640, 480
                //使用空的特性标志
                , sdl2::WindowFlags());

if (!wnd)
{
    cerr << sdl2::last_error() << endl;
    return -1;
}

//事件循环
bool Q = false;
while (!Q) //一直循环,直到 Q 为真
{
    SDL_Event event;
    while (SDL_PollEvent(&event))
    {
        //内循环工作:
        switch (event.type)
        {
        case SDL_QUIT :
            Q = true; break;

        case SDL_MOUSEBUTTONDOWN :
            cout << "mouse button down: ";
            switch (event.button.button)
            {
                case SDL_BUTTON_LEFT : cout << "left"; break;
                case SDL_BUTTON_MIDDLE : cout << "middle"; break;
                case SDL_BUTTON_RIGHT : cout << "right"; break;
                default : cout << "others"; break;
            }
            cout << "\r\n" << event.motion.x << ","
                    << event.motion.y << endl;
            break;

        case SDL_MOUSEWHEEL :
            cout << "mouse wheel : " << event.motion.x << ","
                << event.motion.y << endl;
            break;

        case SDL_KEYDOWN :
```

```
            if(event.key.keysym.sym == SDLK_q) //使用 sym,虚拟编码
            {
                Q = true;
            }
            else if (event.key.keysym.scancode == SDL_SCANCODE_M
                && (event.key.keysym.mod & KMOD_CTRL)) //使用"&"运算
            {
                SDL_ShowSimpleMessageBox(
                        SDL_MESSAGEBOX_INFORMATION
                        , "消息框"
                        , "您按下了 Ctrl - M"
                        , wnd.window); //当前窗口作为消息框的父窗口
            }
            else if (event.key.keysym.sym == SDLK_p) //按下 p
            {
                SendLinesEvent(0);
            }
            break;

        case SDL_USEREVENT :
            if (event.user.code == 1)
            {
                int line_index = (int)(event.user.data1);
                if (line_index < lines_count)
                {
                    auto line = (char const * )(event.user.data2);
                    cout << line << "\r\n";
                    SendLinesEvent ( ++ line_index);
                }
            }
        }//switch
    }
    /* 外循环暂时无事可做 */
    }
    return  0;
}
```

⚠ **【危险】: 编码问题**

以上代码有一点小问题：要往控制台输出汉字，该汉字在代码中应以 GBK 编码，但代码中弹出的消息框也有汉字，它却要求用汉字使用 utf8 编码，此时我们需要一个类似 libconv 的编码转换库。各位可到第二学堂查看本书的附加课程。

15.4.7　表　层

1. 概念和示例

如果说窗口是一堵墙,那么游戏就是墙面上演的一出戏。这出戏不需请"小鲜肉"也不需请"老戏骨",因为一切都是"画"出来的,不过很少有程序员会在窗口上一笔一画勾勒奔驰的骏马。原因有二:一是如果有这本事,他早就换行当"体面"的美工了;二是现场一笔一划地画太慢! 正确的方法是事先请大师画好骏马图,游戏上演时直接往墙上一贴就了事。

又有个问题,游戏画面是会动的,比如骏马从画面左边跑到右边,要怎么实现呢? 还是贴图,让大师为骏马的奔跑过程画二十张图,然后找一个手快的人挨个儿往墙上贴,就有动画效果了。在骏马奔驰而过的过程中,远处有一座青山,山顶上白云朵朵,悠悠地飘。这时有两个选择:一是让大师在每一张骏马图上都画着青山白云,二是骏马、青山、白云分开画,最终得到二十张骏马图、一张青山图、五张白云图,再到现场拼装。

以上比喻中的"墙面"和"画纸"都对应 SDL 2.0 库中的 Surface 概念。Surface 意为"表面、表层"。先取"表面"之译以强调其平整性,方便在上面作画;再取"表层"之译以强调 Surface 和 Surface 之间可以层叠。比如,青山如泼墨晕宣纸,白云似蝉翼附越罗,骏马……骏马……它接不下去啊! 骏马就画在毛玻璃上。现在,骏马不仅要从山前的路跑过去,还要一跃而起,跨越高山,到达云端,成为一匹掌握云计算技术的马,层叠效果如图 15 - 46 所示。

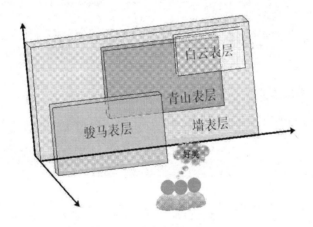

图 15 - 46　多个"Surface(表层)"重叠上映

为了表述方便,以下就称 Surface 为"表层",取得窗口"表层"的 SDL 函数名称非常直观:SDL_GetWindowSurface(),原型为:

```
SDL_Surface * SDL_GetWindowSurface(SDL_Window * window);
```

在之前的代码中正好有一个 SDL_Window 的指针,它是 wnd 对象的成员数据 window,所以马上就能得到一个 Surface:

```
SDL_Surface * wnd_surface = SDL_GetWindowSurface(wnd.window);
```

传入一个 SDL_Window 指针,取得一个 SDL_Surface 指针。"这个指针需不需我们来释放?"我这样的老 C++ 程序员心中马上产生该问题,并迅速伸出手指开始摸屏幕上的函数名。嗯,函数名用的动词是 Get 而非 Create,这么说应该是不用调用者释放它返回的指针,但需不需要"Release(归还)"呢? 嗯,我再摸摸看……此时我的心理活动和脸部表情像极了一个摸到新牌不直接看牌面非要用手指摸索半天的麻将老手。通常这时候坐我对面新来的程序员会露出敬仰的神情。达到目的之后我才打开 **SDL_GetWindowSurface()** 函数的文档,那上面写得清清楚楚:"This surface will be freed when the window is destroyed. Do not free this surface. (这个'表层'将在 window 对象销毁时释放。不要去释放它。)"

👄【轻松一刻】: 坚持阅读英语文档,你就可以"装"

我的英语不是一般差,而是很差。只是当年为了学习 Windows 编程,天天翻看 MSDN 文档,结果英文阅读能力比编程能力提升得更快。

上面那个函数的说明文档,我刚打开页面,对面的小伙子就起身;当他走到我电脑前时,我已经关闭页面,并且删除浏览历史,而后我优雅地转动头保持 45 度角望向左前方,倦倦地对他说:"像这样的函数,基本不用看它的说明,只需看一眼名字,再结合对整个 SDL 代码风格的理解,我判断这个 surface 不需要我们释放。当然,年轻人,程序员做事一定要严谨,'大胆假设,小心论证'嘛,我们这就来看看它的文档。"

年轻的程序员拉着椅子坐在我边上,我知道这下伪装不了,必须露一手让他看看老程序员的真才实干! 我迅速通过热键打开"画图"程序,娴熟地泼墨挥毫,很快画出一张骏马图,如图 15 - 47 所示。

图 15 - 47　奔驰的宝马

大家在学画这张图时,传统国画技艺中要注意的骨架、皮相、气韵和神采等基本功我不多说,仅仅强调几点心得:一是图的背景色一定要正,因为再往后的几节课程需要透明显示该图,建议使用纯白。请回忆写"桌面的玫瑰"程序的相关要求;二是不要太大,我的是"468×350"就很合适,图太大在窗口上不好显示;三是记得以 24 位或更高色深的 BMP 格式,保存到 hello sdl 项目目录下,文件取名 sdl. bmp。

SDL 中有一个函数(其实是个宏)可以方便地将磁盘上的一张 BMP 格式的图片转换成程序代码中的 Surface 指针,它就是"SDL_LoadBMP(文件名)",原型为:

```
SDL_Surface * SDL_LoadBMP (char const * filename);
```

这回是传入一个磁盘文件的名称(绝对或相对路径),该函数就返回一个 SDL_Surface 指针。"这个指针要不要调用者负责释放呢?"坐在边上的年轻人问我。"从名字中的'Load'来看,我估计必须由我们来释放的可能性很大。"我回答,"并且我猜释放'表层'的函数应该叫'**SDL_FreeSurface**(SDL_Surface *)'。"

有窗口的"表层",有图片的"表层",接下来需要一个函数,将后者"贴"到前者身上。"贴表层"的函数叫 SDL_BlitSurface。原型为:

```
int SDL_BlitSurface (SDL_Surface *       src        //源表层
                   , SDL_Rect const * src_rect      //源表层区域
                   , SDL_Surface *       dst        //目标表层
                   , SDL_Rect *          dst_rect); //"贴"到目标表层的区域
```

本例中,源是"bmp_surface(位图表层)",目标是"wnd_surface(窗口表层)",这就解决了第一和第三个入参。另两个入参都是 SDL_Rect 的指针。SDL_Rect 是 SDL 中用于表示"区域"的结构体,采用"坐标+长宽"的方式表达(而非"左上+右下"坐标的方式)。

窗口的大小 640×480,我画的图大小 468×350,图比窗口小,放得下。源表层区域可以设置为空指针表示使用整个源表层。目标表层区域可以简单地使用{0,0,468,350},或稍作改进,让图片可以在窗口居中显示,那就是{86,65,468,350}。最后得到的贴图函数调用为:

```
SDL_Rect dst_rect {86, 65, 468, 350};
SDL_BlitSurface (bmp_surface //源表层
               , nullptr    //复制源图全部区域
               , wnd_surface //目标表层
               , &dst_rect); //目标区域
```

骏马就会在我们的程序中出现了吗? 还不能,因为图片只是被贴到窗口的表层,而非窗口之上。贴完之后还需调用"SDL_UpdateWindowSurface(窗口)"方法,确保窗口在绘画时更新,该方法原型为:

```
int SDL_UpdateWindowSurface (SDL_Window * window);
```

注意,入参是"SDL_Window(窗口)"的指针,而不是 SDL_Surface 的指针。同样,返回 0 表示执行正常,负数为出错码。

　　还记得前一小节写的事件处理需要两层循环吗？内循环全力处理队列中当前积累的所有事件，然后进入外循环。外循环通常用于依据当前游戏的最新状态画出游戏画面。我们的游戏暂时没有什么变化的状态，就一匹骏马，画出它就是。出于简化代码，下面删除 SDL_QUIT 之外的所有事件处理，再于外循环中加入贴图代码。所需的源表层会在事件循环开始之前就准备好，并会在事件循环之后负责任地释放。目标表层则在每次需要用到时再获取，原因在后面的课程讲解。

　　打开 main.cpp，以下为它的最新代码。请重点关注从 SDL_LoadBMP()开始的所有加粗函数的调用：

```cpp
# include < iostream >

# include < SDL2/SDL.h >
# include < SDL2/SDL_video.h >

# include "sdl_initiator.hpp"
# include "sdl_error.hpp"
# include "sdl_window.hpp"

using namespace std;

int main(int argc, char * argv[])
{
    sdl2::Initiator::Instance().Init(SDL_INIT_VIDEO
                        | SDL_INIT_AUDIO
                        | SDL_INIT_EVENTS
                        | SDL_INIT_TIMER);

    if (!sdl2::Initiator::Instance())
    {
        cerr << sdl2::last_error() << endl;
        return -1;
    }

    //创建并居中显示宽 640 高 480 的游戏窗口
    sdl2::Window wnd("hello sdl"
                    , sdl2::WindowPosition().Centered(true, true)
                    , 640, 480
                    //使用空的特性标志
                    , sdl2::WindowFlags());

    if (!wnd)
    {
        cerr << sdl2::last_error() << endl;
        return -1;
    }
```

```cpp
//输出窗口 ID
cout << wnd.GetID() << endl;

//加载图片表层
SDL_Surface * bmp_surface = SDL_LoadBMP("sdl.bmp");
if (!bmp_surface)
{
    cerr << sdl2::last_error() << endl;
    return -1;
}

//事件循环
bool Q = false;
while (!Q) //一直循环,直到 Q 为真
{
    SDL_Event event;
    while (SDL_PollEvent(&event))
    {
        //内循环工作
        switch (event.type)
        {
        case SDL_QUIT :
            Q = true;
            break;
        }
    }//内循环结束

    /* 外循环:贴骏马图 */
    //需要时再取窗口表层:
    SDL_Surface * wnd_surface
                = SDL_GetWindowSurface(wnd.window);
    if (wnd_surface)
    {
        SDL_Rect dst_rect {86, 65, 468, 350};
        if (0 == SDL_BlitSurface(bmp_surface
                , nullptr   //复制源图全部区域
                , wnd_surface
                , &dst_rect))
        {
            SDL_UpdateWindowSurface(wnd.window);
        }
    }
}//外循环结束
SDL_FreeSurface(bmp_surface); //释放位图表层
return 0;
}
```

运行效果如图 15-48 所示。

这效果一点都不震撼？别关闭程序,让它跑个五六分钟,很快就能听到电脑因它

图 15-48 "骏马图"运行结果

而发出万马奔腾的声音呢!

【小提示】:为什么我的电脑 CPU 风扇呼呼地响

该程序多运行一段时间,会听到电脑内置风扇呼呼地响。因为当前在事件循环中做的事情太少,造成运行效果类似一个玩命儿转的"空循环"。暂时的,有点"要流氓"的解决方法是:在外循环中添加一行"SDL_Delay(1);"。

2. 窗口表层

窗口表层绑定特定窗口,也由特定窗口管理生命周期,窗口表层的生命周期小于或等于它所绑定的窗口。没错,不是"等于"而是"小于等于"。窗口有时会重新生成表层,之前的表层指针就失效了,听起来像是明星和经纪人的关系,平日里好好的,突然有一天明星就把经纪人解雇了。

当以特定窗口作为入参调用 GetWindowSurface(),该函数将判断当前窗口表层是否已经失效,是的话就释放原表层再重新生成一个。窗口会在什么情况下认定原来的表层已经失效呢?很大的一种可能就是窗口的尺寸发生变化。和一个已经失效的表层打交道让程序很尴尬,尴尬到它可能会崩溃,为了避免这局面,强烈建议仅在需要时才通过 GetWindowSurface()获取指定窗口的表层,避免长时间持有一个窗口表层。

相比其他表层数据,窗口表层还有一个特殊之处:它是最终呈现整个游戏画面的那一层。上面例子只在窗口表层上贴了"骏马表层"。按理应该先贴"青山表层"再贴

"白云表层"最后才贴"骏马表层"。为了避免用户看到"贴"的过程,窗口表层上的内容默认不会直接显示到窗口上,必须调用"**SDL_UpdateWindowSurface(窗口指针)**"才能生效让用户看到。有时候窗口只有部分区域发生变动,比如骏马跑出画面之后,只余白云在天空的右上角来回移动,这种情况下可以改为调用 SDL_UpdateWindowSurfaceRects()函数,它将仅对指定的区域进行刷新,提升画面刷新性能,并且降低画面闪烁:

```
int SDL_UpdateWindowSurfaceRects (SDL_Window * window
                                , SDL_Rect const * rects
                                , int num_rects);
```

rects 必须是一个 SDL_Rect 数组,num_rects 指定该数组大小。如果只需要更新一个区域,使用示例如下:

```
SDL_Rect rect {……}; //指定待刷新区域:x、y、w、h
SDL_UpdateWindowSurfaceRects(window, &rect, 1);
```

3. 图片表层

创建与释放

调用"LoadBMP(图片文件名)",传入事先在磁盘上准备的图片文件,格式限定为".BMP",就能得到一个图片表层指针。这个指针需要函数调用者负责释放:

```
//创建
SDL_Surface * bmp = LoadBMP ("sdl.bmp");

//判断是否加载成功
if (!bmp)
{
    cerr << sdl2::last_error() << endl;
    return -1;
}

/* 使用图片表层 */

//释放
SDL_FreeSurface (bmp);
```

不使用扩展库,SDL 只支持加载位图(".bmp")格式的图片。

颜色表达

位图记录组成一张图的每一个点的颜色。假设有一张 4×4 大小的位图,示意如图 15-49 所示。

假设 1 表示白色,0 表示黑色,示意图就是一个黑底白点的 L 形图片。一个字节有八个位,每个位不是 0 就是 1;所以如果要将上图存储成磁盘文件需要 2 个字节,比如:1000100011000000。提两个问题:第一,1 为什么就是白色? 0 为什么是黑色?

反过来不行吗？或者 1 代表红色、0 代表绿色不行吗？第二,例中使用二进制的一个"bit"代表一种颜色,那就非零即一,只能表达两种颜色,如果想表达万紫千红怎么办？

1	0	0	0
1	0	0	0
1	1	0	0
0	0	0	0

图 15－49　位图数据示意

　　这两个问题都涉及颜色在计算机中的表达方法。通常使用四个字节表达一个颜色值,其中三个字节用来表示三元色:红、绿、蓝,简称 RGB;剩余一个字节称为 Alpha 通道,用于表示三元色的透明度。先不理会 Alpha 通道。任何一种颜色都可以通过三元色组合而成,因此红绿蓝又称为"颜色分量"。由于采用字节表示,所以每一个颜色分量都有 256 级的强度。比如:最不红的红色,最不绿的绿色,最不蓝的蓝色都用 0 表示,而最红的红、最绿的绿和最蓝的蓝都使用 255(十六进制的 0xFF)表示。

　　组合"最不红""最不绿"和"最不蓝"得到纯正的黑色。组合"最红""最绿"和"最蓝"得到纯正的白色。怎么组合呢？红、绿、蓝三个分量谁占高字节、谁占低字节、谁夹在中间并无标准,需要约定。如果就以"R、G、B"的次序排列,那么黄色是 0xFFFF00,因为在初中的美术课上,老师就告诉过我们"红＋绿＝黄"。想要暗黄色,请使用 0x7F7F00。想要紫色？0xFF00FF,因为"红＋蓝＝紫"。想要暗紫？请使用 0x7F007F。

　　【课堂作业】:颜色"搭配"练习

　　(1) 请给出"青""橙""浅灰""深灰""棕"等颜色的 RGB 分量,必要时可以借助"画图"程序的"颜色编辑"功能。

　　(2) 每次使用画图保存图片时,都会提到请选择"24 位位图"格式,请结合刚刚学习的,回答为什么是"24 位"？

　　颜色由三种分量组成,每种分量又都有 256 种可能,可以表达 256×256×256 合计一千六百七十七万七千两百一十六种颜色,足够多了！所以,最后一个字节所表达的 Alpha 通道,并不是用来继续扩大颜色范围,而是用在两张图片(在 SDL,也指表层)发生层叠时,前一层图片如何与后一层图片混色以达到某种透明效果。Alpha 通道也占用一字节,可以简单地认为 0 表示完全不透明、255 表示完全透明,127 就是半透明效果。具体如何实现以及实现了怎样的透明效果,和具体程序的处理方法也有关系,我们统一放到下一小节"透明效果"中讲解。

　　使用一千六百七十七万七千两百一十六种颜色表达我国的传统水墨画,有些浪费。比如画一幅水墨红玫瑰,枝干、叶子都靠墨水的浓淡表达,假设用到了 200 种灰度,唯有顶上的玫瑰使用到红色,又需要 56 种深浅不同的红色,合计也才需要 256 种颜色。这就有了表达位图中各点颜色的第二种方案:基于"调色板"的色彩表达。在位图数据中先保存一张"颜色对照表",表中从 0 到 255 依序存放 200 种灰度和 56 种

红色;然后,使用序号而非颜色值来表达图中的每个点。由于序号最大为 255,正好
没超过一个字节的表达范围,所以每个点只需占用一字节。使用调色板方案的表达,
很容易转换为使用 RGB 分量表达。

SDL 使用 SDL_Color 结构体记载一个颜色的 RGB 分量以及 Alpha 通道值:

```
struct SDL_Color
{
    Uint8 r, g, b;
    Uint8 a;
};
```

使用 SDL_Palette 表示"调色板"数据,其重点就是所用到的颜色数组:

```
struct SDL_Palette
{
    int ncolors; //有几种颜色,即 colors 指向的数组元素个数
    SDL_Color * colors; //指向一个颜色数组
};
```

以上重点讲了 RGB 分量和"调色板"两种颜色表达方案,现实中的位图数据格式
还有不少细节差异。比如 RGB 分量除了 24 位方案以外,还有 8 位、15 位、16 位、32
位方案;再如三种分量的次序也可以不同等。SDL 使用 **SDL_PixelFormat** 结构体记
载相关信息,称为"象素格式"。"表层"结构体 SDL_Surface 拥有一个 SDL_Pixel-
Format 成员 format。类似:

```
struct SDL_Surface
{
    ......
    SDL_PixelFormat    format ;
    ......
};
```

图片表层用 format 成员描述自己以何种格式描绘图中的点;窗口表层则用它来
声明自己适合表达何种格式的点。假设我们的程序运行在缺少色彩、只有灰度的墨
水屏上,而 SDL 又能经由操作系统检测相关信息,那么程序通过调用函数 GetWin-
dowSurface()所得到那个 SDL_Surface 对象的 SDL_PixelFormat 成员,应该会在颜
色配置上对墨水屏有所体现。

透明效果

SDL 库提供两种图片叠加的透明效果,并且两种效果可以混用。第一种透明效
果和"桌面玫瑰"例程中讲到的"抠图"是一个原理:设置一个"透明色",程序绘图时自
动跳过位图中该颜色的所有点。

SDL 将"透明色"称为 Color Key,对应函数"SDL_SetColorKey(surface, SDL_
TRUE, key)"可为表层指定透明色,原型为:

```
int SDLCALL SDL_SetColorKey(SDL_Surface * surface //指定图片表层
                          , int flag   // SDL_TRUE
                          , Uint32 key); //透明色
```

参数一 surface 指定要设置透明色的图片表层;参数二 flag 指定为宏定义 SDL_TRUE 表示允许透明色发挥作用,如为 SDL_FALSE 表示不允许使用透明色;参数三 flag 是使用无符号 32 位整数表达的透明色。

24 位的 RGB 分量加上 8 位的 Alpha 值正好是 32 位,可是使用什么次序组装这四个字节呢? 答案必须从 surface 的 format 成员找。为方便将 RGB 分量以及 Alpha 值以指定的格式组装成颜色值,SDL 又提供 SDL_MapRGBA()函数。原型为:

```
Uint32 SDL_MapRGBA(const SDL_PixelFormat * format   //指定像素格式
               , Uint8 r, Uint8 g, Uint8 b          //RGB 分量
               , Uint8 a);                          //Alpha 通道值
```

因此,如果透明色是黄色,可以通过如下调用得到指定表层的 Color Key:

```
Uint32 key = SDL_MapRGBA(surface->format, 0xFF, 0xFF, 0, 0);
```

我们为骏马图预备的透明色是纯白色,所以,好像也无所谓用不用 SDL_MapRGBA()。请打开 main. cpp,在 bmp_surface 加载成功之后,事件循环开始之前,让小马驹边上的白色消失,请注意以下加粗行:

```
……
    SDL_Surface * bmp_surface = SDL_LoadBMP("sdl.bmp");
    if (!bmp_surface)
    {
        cerr << sdl2::last_error() << endl;
        return -1;
    }

    //指定白色为 bmp_surface 的透明色
    Uint32 key = SDL_MapRGBA(bmp_surface->format
                           , 0xFF, 0xFF, 0xFF, 0);
    SDL_SetColorKey(bmp_surface, SDL_TRUE, key);

    //事件循环
    bool Q = false;
……
```

运行效果如图 15-50 所示。

这里没有"刷"窗口背景,造成窗口背景一片漆黑,而小马驹的轮廓也是黑色。一匹日行千里的马现在只能夜行八百了。性能下降竟达百分之二十,不可接受,我要马上画一张青山作为背景,尺寸和窗口一样是 640×480,以"24 位位图"格式保存到项目目录下,取名 bkgnd. bmp。

main. cpp 中,在事件循环开始之前加载该背景图,得到新的 SDL_Surface 指针

图 15 - 50 骏马图的白色背景去除效果之一

bkgnd_surface。在外层循环中,增加贴背景图到窗口表层的代码,注意应该先贴背
景图,再贴骏马图,并在程序退出前记得释放该表层指针:

```
......
//指定白色为 bmp_surface 的透明色
Uint32 key = SDL_MapRGBA(bmp_surface->format
                              , 0xFF, 0xFF, 0xFF, 0);
SDL_SetColorKey(bmp_surface, SDL_TRUE, key);

//加载背景图
SDL_Surface * bkgnd_surface = SDL_LoadBMP("bkgnd.bmp");
if (!bkgnd_surface)
{
    cerr << sdl2::last_error() << endl;
    return -1;
}

//事件循环
bool Q = false;
while (!Q) //一直循环到 Q 为真
{
    SDL_Event event;
    while (SDL_PollEvent(&event))
    {
        //内循环工作
```

```
        switch (event. type)
        {
        case SDL_QUIT :
            Q = true;
            break;
        }
    }//内循环结束

    /*外循环:贴骏马图*/
    //需要时再取窗口表层
    SDL_Surface* wnd_surface
                    = SDL_GetWindowSurface(wnd.window);

    if (wnd_surface)
    {
        //先贴背景
        SDL_BlitSurface(bkgnd_surface, nullptr
                        , wnd_surface, nullptr);

        SDL_Rect dst_rect {86, 65, 468, 350};
        if (0 == SDL_BlitSurface(bmp_surface
                    , nullptr  //复制源图全部区域
                    , wnd_surface
                    , &dst_rect))
        {
            SDL_UpdateWindowSurface(wnd.window);
        }
    }
    SDL_Delay(1); //避免 CPU 占用太高的"流氓"做法
}//外循环结束

SDL_FreeSurface(bkgnd_surface); //释放背景图表层
SDL_FreeSurface(bmp_surface); //释放位图表层
return 0;
}
```

运行效果如图 15 - 51 所示。

蓝天、红日、青山、白路,骏马昂首阔步。如果只追求五毛钱的特效,这就够了,但我们心中始终有一块钱的特效梦想,所以必须讲一讲另一种透明效果。另一种特效可以让我们透过前景图,隐隐看到背景,类似透过纱窗、毛玻璃、墨镜看风景。实现方法是将前景图的颜色和背景图的颜色进行"blend(混合)"。怎么混合呢? 先以直观的方法——平均法理解。比如,前景纯红(255,0,0),背景纯绿(0,255,0),求平均值后得到的颜色是暗黄(127,127,0)。再如,半杯纯牛奶(255,255,255)混入半杯墨汁(0,0,0)就得到一杯有文化的巧克力牛奶(127,127,127)。

可不可以根据用户的需要来决定多倒点牛奶还是多掺点墨汁呢? 当然可以。比如,牛奶占 70%,那么墨汁就占余下的 30%,得到的颜色就是"牛奶色×0.7+墨汁色×0.3",因此一杯侧重营养成份的巧克力牛奶的三元色分量应该是(178,178,178),

图 15 – 51   骏马图的白色背景去除效果之二

这就是"加权求平均值"的方法嘛。在 SDL 中,使用这种方法混色时,权值来自前景图表层的 Alpha 值,背景表层的 Alpha 不起作用。设置前景表层的 Alpha 值为 178,除以 255 得到的 0.7 就是前景表层颜色在混色时的权重,背景表层颜色的权重则为 0.3。

SDL 定义 **SDL_BlendMode** 枚举类型以表示多种混色方法。设 Src 为前景色,Dst 为背景色,weight 为前景色的权值(也就是前景色的 Alpha 除以 255 得到的小数),各混色计算方法及简要说明如表 15 – 10 所列。

表 15 – 10   混色方法解释

枚举值	说明	计算方法
SDL_BLENDMODE_NONE	不混色 (直接贴前景色)	Dst = Src
SDL_BLENDMODE_BLEND	混色 (加权求平均)	Dst = Src * weight + Dst * (1 − weight)
SDL_BLENDMODE_ADD	累加混色 (背景色更重)	Dst = Src * weight + Dst
SDL_BLENDMODE_MOD	调色 (颜色相乘后取模)	Dst = Src * Dst

使用 SDL_BlitSurface()叠加两个表层时,默认不混色。为指定混色方法,需调

用 SDL_SetRenderDrawBlendMode()方法,原型为:

```
int SDL_SetSurfaceBlendMode(SDL_Surface *   surface
                          , SDL_BlendMode blendMode);
```

返回 0 表示为 surface 指定的表层设置混色方法成功。为追求更昂贵而复杂的混色效果,可以为图片中的每一个点设置各自的权值,因为在计算机的颜色表达中,本来就为每一个点预留了一个字节的 Alpha 通道,著名的 PhotoShop 软件就是这么做的。我们写个游戏不想玩这么大,通常都是对整张图设置一个 Alpha 值。SDL 提供的"SDL_SetSurfaceAlphaMod(表层,Alpha)"函数就起这个作用。原型为:

```
int SDL_SetSurfaceAlphaMod(SDL_Surface * surface, Uint8 alpha);
```

返回 0 表示为 surface 指定的表层设置混色时使用的 alpha 值成功,alpha 值越大图片越不透明。

我们准备让天空上飘着两朵白云,白云遮盖青山,山顶若隐若现,画一张尺寸为 156×78 的白云,使用纯正的红做透明色。画好后以"24 位位图"格式保存到项目目录下,取名 cloud. bmp,图片如图 15 - 52 所示。

图 15 - 52　白云图"cloud. bmp"

最新的 main. cpp 现在是:

```cpp
# include < iostream >

# include < SDL2/SDL. h >
# include < SDL2/SDL_video. h >

# include "sdl_initiator. hpp"
# include "sdl_error. hpp"
# include "sdl_window. hpp"

using namespace std;

int main(int argc, char * argv[])
{
    sdl2::Initiator::Instance().Init(SDL_INIT_VIDEO
                        | SDL_INIT_AUDIO
                        | SDL_INIT_EVENTS
                        | SDL_INIT_TIMER);

    if (!sdl2::Initiator::Instance())
    {
        cerr << sdl2::last_error() << endl;
```

```
            return -1;
    }

    //创建并居中显示宽 640 高 480 的游戏窗口
    sdl2::Window wnd("hello sdl"
                    , sdl2::WindowPosition().Centered(true, true)
                    , 640, 480
                    //使用空的特性标志
                    , sdl2::WindowFlags());

    if (!wnd)
    {
        cerr << sdl2::last_error() << endl;
        return -1;
    }

    //准备背景图表层
    SDL_Surface * bmp_surface = SDL_LoadBMP("sdl.bmp");
    if (!bmp_surface)
    {
        cerr << sdl2::last_error() << endl;
        return -1;
    }

    //指定白色为 bmp_surface 的透明色
    Uint32 key = SDL_MapRGBA(bmp_surface->format
                                , 0xFF, 0xFF, 0xFF, 0);
    SDL_SetColorKey(bmp_surface, SDL_TRUE, key);

    //准备白云图表层
    SDL_Surface * cloud_surface = SDL_LoadBMP("cloud.bmp");
    if (!cloud_surface)
    {
        SDL_FreeSurface(bmp_surface); //释放之前加载的骏马表层
        cerr << sdl2::last_error() << endl;
        return -1;
    }

    //白云的透明色是红色
    key = SDL_MapRGBA(cloud_surface->format, 0xFF, 0, 0, 0);
    SDL_SetColorKey(cloud_surface, SDL_TRUE, key);

    //白云有更高级的透明效果
    SDL_SetSurfaceBlendMode(cloud_surface, SDL_BLENDMODE_BLEND);
    SDL_SetSurfaceAlphaMod(cloud_surface, 188); //alpha 188

    //加载背景图
    SDL_Surface * bkgnd_surface = SDL_LoadBMP("bkgnd.bmp");
    if (!bkgnd_surface)
```

```
{
    SDL_FreeSurface(bmp_surface); //释放之前加载的骏马表层
    SDL_FreeSurface(cloud_surface); //释放之前加载的白云表层
    cerr << sdl2::last_error() << endl;
    return -1;
}


//事件循环
bool Q = false;
while (!Q) //一直循环,直到 Q 为真
{
    SDL_Event event;
    while (SDL_PollEvent(&event))
    {
        //内循环工作
        switch (event.type)
        {
        case SDL_QUIT :
            Q = true;
            break;
        }
    }//内循环结束

    /*外循环:贴骏马图*/
    //需要时再取窗口表层
    SDL_Surface * wnd_surface
                = SDL_GetWindowSurface(wnd.window);
    if (wnd_surface)
    {
        //先贴背景
        SDL_BlitSurface(bkgnd_surface, nullptr
                        , wnd_surface, nullptr);

        //贴第一朵白云
        SDL_Rect cloud_rect_1{200, 20, 156, 78};
        SDL_BlitSurface(cloud_surface, nullptr
                        , wnd_surface, &cloud_rect_1);
        //贴第二朵白云
        SDL_Rect cloud_rect_2{340, 6, 156, 78};
        SDL_BlitSurface(cloud_surface, nullptr
                        , wnd_surface, &cloud_rect_2);

        //贴骏马
        SDL_Rect dst_rect {86, 65, 468, 350};
        if (0 == SDL_BlitSurface(bmp_surface
                    , nullptr   //复制源图全部区域
                    , wnd_surface
                    , &dst_rect))
        {
            SDL_UpdateWindowSurface(wnd.window);
```

```
        }
      }
    SDL_Delay(1);
  }//外循环结束

  SDL_FreeSurface(cloud_surface); //释放白云表层
  SDL_FreeSurface(bkgnd_surface); //释放背景图表层
  SDL_FreeSurface(bmp_surface); //释放位图表层
  return  0;
}
```

运行效果如图 15-53 所示。

图 15-53　半透明的白云

【课堂作业】: 钢板中弹混色练习

设游戏中有一块钢板(RGB 分量：178，178，178)，因为遭到炮弹攻击于是变红。请按以下思路实现其变色效果：准备一张红色实心圆，由圆心向外红色逐渐减弱，使用 SetSurfaceAlphaMod( )等函数，将红色实心圆叠加到钢板被炮弹击中的位置。

剪裁、缩放

游戏中的精灵在走动时，经常会伴有一些动作，比如儿时玩的"吃豆"游戏中的小精灵，就是一边"走路"一边张嘴闭嘴，如图 15-54 所示。

图 15 - 54 吃豆游戏精灵动画过程分解

我们并不需要因此准备四张图,惯用法是将以上动画过程全部画在一张图上,并确保均匀分布,然后利用 SDL_BlitSurface()函数的第二个入参 src_rect 指定贴图的源区域,即可实现只显示动画过程的某一幅。假设"吃豆"小精灵每一幅宽高都是78,图中第一幅的 src_rect 是 {0,0,78,78},第二幅是{78,0,78,78},后续以此类推。个别情况下,将源图贴到目标区域时,希望略微缩小或放大。这时候需要使用 SDL_BlitScaled()函数来贴图,原型为:

```
int SDL_BlitScaled(SDL_Surface * src
        , const SDL_Rect * src_rect
        , SDL_Surface * dst
        , SDL_Rect * dst_rect);
```

各入参及返回值都和 SDL_BlitSurface()一样,含义也相近。只是 ,如果 dst_rect 比 src_rect 大小不一,SDL_BlitScaled()函数将自动对图片进行缩放,而非剪裁或留空。

创建空表层

除了基于窗口或 BMP 图片得到 Surface 之外,有时候也需要创建一个空的表层,就好像创作时需要一张空白的纸。SDL_CreateRGBSurface()创建一个使用 RGB 分量作为像素格式的表层数据。原型为:

```
SDL_Surface * SDL_CreateRGBSurface(Uint32 flags,
                        , int     width
                        , int     height
                        , int     depth
                        , Uint32 Rmask
                        , Uint32 Gmask
                        , Uint32 Bmask
                        , Uint32 Amask);
```

各入参说明:

① flags:预留以后扩展功能使用,当前必须设置为 0;

② width、height:指定表层面宽与高;

③ depth:指定颜色"深度"(占用几位),可以是 4、8、16、24、32 等,如果是 4 或 8,将创建一个空的"调色板",大于 8 的色深使用 RGB+Alpha 方案。假设创建后的 SDL_Surface 指针名为 surface,则该值存储于"surface→format→BitsPerPixel"。

④ Rmask、Gmask、Bmask、Amask：用于确定 RGB 和 Alpha 四字节的组合次序，依赖于目标设备的字节序，如果使用大端序，四个参数应顺序取值"0xff000000""0x00ff0000""0x0000ff00""0x000000ff"；如果是小端序，次序正好对调。

通过 SDL_Surface 结构体可以直接读取或修改表层的每一个像素的数据：

```
struct SDL_Surface
{
......
    void * pixels ;        //像素数据
......
};
```

使用 SDL_CreateRGBSurface()生成的 SDL_Surface 对象此时就像一张空白的布，等着你用各种颜色的线、一针一线、一板一眼地在上面描绘。可是为什么要这么辛苦呢？不是可以让美工事先画好图片，简单地调用一次 LoadBMP()就得到整张图吗？这是因为有些图片，不，应该叫图形，难以人工绘制。相反，它们应当使用程序代码借助特定的数学算法，自动生成。举个例子，各位可在网上通过"数学＋分形"等关键字搜索图片，就能看到一些复杂、精美、由程序代码动态生成的图。

另一种需要空白表层的常见情况，是需要在程序运行时依据其他图片，生成新的图片。假设我们就在写"吃豆"游戏，之前我们已经画了一张一行四列的"吃豆"精灵图。游戏有一个"帮助"功能用于向用户介绍游戏玩法。出于格调考虑，我们希望在所有帮助画面的左上角显示一个小图标(和电视画面上那个电视台的徽标一个意思)这个图标其实只是将之前的精灵图先缩小，然后重新排列成两行两列，如图 15-55 所示。

图 15-55　重新排列的小精灵图

这种情况下，可以不手工画这张图，而是在程序中创建一个合适大小的、像素格式与现有精灵图一致的空白表层；再由程序通过将现有精灵图以"剪裁""缩放"的方式"贴"到新表层，最终生成所需图片。SDL 提供 SDL_CreateRGBSurfaceWith-Format()函数，专用于以现有表层像素格式为样板，创建新的空表层。该函数原型为：

```
SDL_Surface * SDL_CreateRGBSurfaceWithFormat(Uint32 flags
                                    , int    width
                                    , int    height
                                    , int    depth
                                    , Uint32 format);
```

前四个入参解释请参考 SDL_CreateRGBSurface(...)函数,format 入参通常来自另一个表层,使用示例:

```
SDL_Surface * bmp_surface = LoadBMP("demo.bmp");
SDL_Sufrace * new_surface = SDL_CreateRGBSurfaceWithFormat(
                    0  //固定值
                    , 78, 78, 24 //宽、高、色深
                    ,bmp_surfae->format->format );
```

注意最后一个入参是现有表层对象的成员 format 结构体中的 format 成员(Uint32 类型)。

【课堂作业】: 图片剪裁、缩放、重组新表层练习

创建一个工程,并准备好课程中提到一行四列的小精灵图,先使用 LoadBMP()加载得到源表层;再使用 SDL_CreateRGBSurfaceWithFormat()参照源表层像素格式创建大小合适的新表层,最后通过两次调用 SDL_BlitScaled()函数,生成两行两列的新小精灵图。

除了创建完全空白的表层之外,也可以从现有的数据创建出新表层,对应的 SDL 函数为 CreateRGBSurfaceFrom()和 SDL_CreateRGBSurfaceWithFormatFrom()。当程序已经准备好一个图形的全部素数据,希望从这些数据创建出 SDL 库可接受和理解的图层时,可以使用这两个函数。CreateRGBSurfaceFrom()用于从指定像素数据创建新表层,原型为:

```
SDL_Surface * SDL_CreateRGBSurfaceFrom(
                    void *  pixels //指定的像素点数据
                    , int   width//宽
                    , int   height  //高
                    , int   depth   //色深(使用位数)
                    , int   pitch   //占用字节数
                    , Uint32 Rmask //红色分量掩码
                    , Uint32 Gmask  //绿色分量掩码
                    , Uint32 Bmask); //蓝色分量掩码
```

SDL_ CreateRGBSurfaceWithFormatFrom()用于从指定像素数据和指定像素格式创建新表层,原型为:

```
SDL_Surface * SDL_CreateRGBSurfaceWithFormatFrom(
        void *  pixels //指定的像素点数据
        , int  width//宽
        , int  height  //高
        , int depth    //色深(使用位数)
        , int  pitch    //占用字节数
        , Uint32 format); //指定像素格式枚举
```

本课程的相关实例均未用到这两个函数,后续封装工作也不处理二者。

4. C++封装

窗口表层

我们将"获取窗口表层""更新窗口表层"等操作放到之前封装的窗口类,请打开 sdl_window. hpp,找到 sdl2∷Window 类定义,加入四个新方法:

```cpp
//窗口
struct Window
{
    ……

    SDL_Surface * GetSurface()
    {
        SDL_assert(window != nullptr);
        return SDL_GetWindowSurface(window);
    }

    bool UpdateSurface()
    {
        SDL_assert(window != nullptr);
        return 0 == SDL_UpdateWindowSurface(window);
    }

    bool UpdateSurfaceRect(SDL_Rect const& rect)
    {
        SDL_assert(window != nullptr);
        return 0 == SDL_UpdateWindowSurfaceRects(window
                                                , &rect, 1);
    }

    bool UpdateSurfaceRect(SDL_Rect * rects, size_t num_rects)
    {
        SDL_assert(window != nullptr);
        return 0 == SDL_UpdateWindowSurfaceRects(window
                                                , rects, num_rects);
    }

    SDL_Window * window;
};
```

自由表层

我们称不绑定窗口的表层为"自由表层",这类表层由我们创建也由我们负责释放。创建自由表层有两套方法,一是创建空表层,二是加载图片文件而得。封装时前者将作为基类 sdl2::Surface,后者作为派生类 sdl2::BitmapSurface。主要封装功能包括:创建表层、释放表层、两种透明效果、把一个表层"贴到"另一个表层等等,基本都是之前课程讲过的内容,唯一新增的操作是在表层上的"色块填充":使用指定颜色对整个表层或指定的方块区域进行填充。

请在 hello_sdl 项目新建 **sdl_surface. hpp** 文件并加入所有构建目标,内容如下:

```cpp
#ifndef SDL_SURFACE_HPP_INCLUDED
#define SDL_SURFACE_HPP_INCLUDED

#include < SDL2/SDL_assert.h >
#include < SDL2/SDL_surface.h >

namespace sdl2
{

//表层
struct Surface
{
    //构造空白表层:
    Surface (int width, int height, int depth
        , Uint32 r_mask, Uint32 g_mask
        , Uint32 b_mask, Uint32 a_mask)
        : surface(SDL_CreateRGBSurface(
                    0, width, height, depth
                    , r_mask, g_mask, b_mask, a_mask))
    {
    }
    //构造空白表层,基于指定格式
    Surface (int width, int height, int depth, Uint32 format)
            : surface(SDL_CreateRGBSurfaceWithFormat(
                    0, width, height, depth, format))
    {
    }
    //代管外部创建好的 surface 指针
    explicit Surface (SDL_Surface * surface)
            : surface(surface)
    {
    }

    //屏蔽拷贝、赋值
    Surface(Surface const& ) = delete;
    Surface& operator = (Surface const& ) = delete;
```

```cpp
//析构时自动释放裸指针
virtual ～Surface()
{
    if (surface)
        SDL_FreeSurface(surface);
}
//重载 bool 转换
explicit operator bool () const
{
    return surface != nullptr;
}


//查询透明色
bool GetColorKey(Uint32 * key) const
{
    SDL_assert(surface != nullptr);
    return 0 == SDL_GetColorKey(surface, key);
}
//启用指定的透明色
bool EnableColorKey(Uint32 key)
{
    SDL_assert(surface != nullptr);
    return 0 == SDL_SetColorKey(surface, SDL_TRUE, key);
}


//启用指定的透明色(使用 RGB 分量)
bool EnableColorKey(Uint8 r, Uint8 g, Uint8 b, Uint8 a)
{
    SDL_assert(surface != nullptr);
    Uint32 key = SDL_MapRGBA(surface->format, r, g, b, a);
    return 0 == SDL_SetColorKey(surface, SDL_TRUE, key);
}
//禁用透明色
bool DisableColorKey()
{
    SDL_assert(surface != nullptr);
    return 0 == SDL_SetColorKey(surface, SDL_FALSE, Uint32(0));
}


//查询 Alpha 通道值
bool GetAlphaMod(Uint8 * alpha) const
{
    SDL_assert(surface != nullptr);
    return 0 == SDL_GetSurfaceAlphaMod(surface, alpha);
}
//设置 Alpha 通道值
bool SetAlphaMod(Uint8 alpha)
{
    SDL_assert(surface != nullptr);
```

```
        return 0 == SDL_SetSurfaceAlphaMod(surface, alpha);
}
//查询 Alpha 混色模式
bool GetBlendMode(SDL_BlendMode * mode) const
{
    SDL_assert(surface != nullptr);
    return 0 == SDL_GetSurfaceBlendMode(surface, mode);
}


//设置 Alpha 混色模式
bool SetBlendMode(SDL_BlendMode const& mode)
{
    SDL_assert(surface != nullptr);
    return 0 == SDL_SetSurfaceBlendMode(surface, mode);
}


//色块填充
bool FillRect(SDL_Rect const& rect, Uint8 r, Uint8 g, Uint8 b)
{
    SDL_assert(surface != nullptr);
    Uint32 color = SDL_MapRGB(surface->format, r, g, b);
    return 0 == SDL_FillRect(surface, &rect, color);
}
//色块填充(整个区域)
bool Fill(Uint8 r, Uint8 g, Uint8 b)
{
    SDL_assert(surface != nullptr);
    Uint32 color = SDL_MapRGB(surface->format, r, g, b);
    return 0 == SDL_FillRect(surface, nullptr, color);
}


//贴图标志
enum class blit_flag
{
    clip    //剪裁
    , scaled //缩放
};


//将本表层贴到入参指定的表层
bool BlitTo(SDL_Surface * dst_surface
            , SDL_Rect const * src_rect
            , SDL_Rect * dst_rect
            , blit_flag scaled_flag = blit_flag::clip)
{
    SDL_assert(surface != nullptr);
    SDL_assert(dst_surface != nullptr);

    return (scaled_flag == blit_flag::scaled)?
        0 == SDL_BlitScaled(surface, src_rect
```

```
                                    , dst_surface, dst_rect)
            : 0 == SDL_BlitSurface(surface, src_rect
                                    , dst_surface, dst_rect);
    }
    //将入参指定的表层贴到本表层
    bool BlitFrom(SDL_Surface * src_surface
            , SDL_Rect const * src_rect
            , SDL_Rect * dst_rect
            , blit_flag scaled_flag = blit_flag::clip)
    {
        SDL_assert(surface != nullptr);
        SDL_assert(src_surface != nullptr);

        return (scaled_flag == blit_flag::scaled)?
            0 == SDL_BlitScaled(src_surface, src_rect
                                    , surface, dst_rect)
            : 0 == SDL_BlitSurface(src_surface, src_rect
                                    , surface, dst_rect);
    }

    SDL_Surface * surface;
};

//来自位图的表层
struct BitmapSurface : public Surface
{
    explicit BitmapSurface(char const * filename)
        : Surface(SDL_LoadBMP(filename))
    {
    }
    //将表层上的图形,保存为位图文件
    bool SaveBMP(char const * filename)
    {
        SDL_assert(surface);
        SDL_assert(filename && * filename);
        return 0 == SDL_SaveBMP(surface, filename);
    }
};

} //sdl2

#endif // SDL_SURFACE_HPP_INCLUDED
```

5. 封装的应用

切换到 main.cpp 文件,相同的运行效果,但使用 C++ 封装的 Surface 的最新实现代码如下:

```cpp
#include < iostream >

#include < SDL2/SDL.h >
#include < SDL2/SDL_video.h >

#include "sdl_initiator.hpp"
#include "sdl_error.hpp"
#include "sdl_window.hpp"
#include "sdl_surface.hpp"

using namespace std;

int main(int argc, char * argv[])
{
    sdl2::Initiator::Instance().Init(SDL_INIT_VIDEO
                            | SDL_INIT_AUDIO
                            | SDL_INIT_EVENTS
                            | SDL_INIT_TIMER);

    if (!sdl2::Initiator::Instance())
    {
        cerr << sdl2::last_error() << endl;
        return -1;
    }

    //创建并居中显示宽 640 高 480 的游戏窗口
    sdl2::Window wnd("hello sdl"
                    , sdl2::WindowPosition().Centered(true, true)
                    , 640, 480
                    //使用空的特性标志
                    , sdl2::WindowFlags());

    if (!wnd)
    {
        cerr << sdl2::last_error() << endl;
        return -1;
    }

    //准备背景图表层
    sdl2::BitmapSurface bmp_surface("sdl.bmp");
    if (!bmp_surface)
    {
        cerr << sdl2::last_error() << endl;
        return -1;
    }

    //指定白色为 bmp_surface 的透明色
    bmp_surface.EnableColorKey(0xFF, 0xFF, 0xFF, 0);

    //准备白云图表层
```

```cpp
sdl2::BitmapSurface cloud_surface("cloud.bmp");
if (!cloud_surface)
{
    cerr << sdl2::last_error() << endl;
    return -1;
}

//白云的透明色是红色
cloud_surface.EnableColorKey(0xFF, 0, 0, 0);

//白云有更高级的透明效果
cloud_surface.SetBlendMode(SDL_BLENDMODE_BLEND);
cloud_surface.SetAlphaMod(188); //alapha

//加载背景图
sdl2::BitmapSurface bkgnd_surface("bkgnd.bmp");
if (!bkgnd_surface)
{
    cerr << sdl2::last_error() << endl;
    return -1;
}

//事件循环
bool Q = false;
while (!Q) //一直循环,直到 Q 为真
{
    SDL_Event event;
    while (SDL_PollEvent(&event))
    {
        //内循环工作
        switch (event.type)
        {
        case SDL_QUIT :
            Q = true;
            break;
        }
    }//内循环结束

    /* 外循环:贴骏马图 */
    //需要时再取窗口表层
    SDL_Surface * wnd_surface = wnd.GetSurface();
    if (wnd_surface)
    {
        //贴背景→窗口
        bkgnd_surface.BlitTo(wnd_surface, nullptr, nullptr);

        //贴第一朵白云
        SDL_Rect cloud_rect_1{200, 20, 156, 78};
        cloud_surface.BlitTo(wnd_surface, nullptr
                                    , &cloud_rect_1);
```

```
        //贴第二朵白云
        SDL_Rect cloud_rect_2{340, 6, 156, 78};
        cloud_surface.BlitTo(wnd_surface, nullptr
                                    , &cloud_rect_2);
        //贴骏马
        SDL_Rect dst_rect {86, 65, 468, 350};
        if (bmp_surface.BlitTo(wnd_surface, nullptr
                                    , &dst_rect))
        {
            wnd.UpdateSurface();
        }
    }
    SDL_Delay(1);
}///外循环结束
return  0;
}
```

15.4.8 纹 理

1. 概 念

你身上有纹身吗？请思考:刺在身体上的图案,和画在纸上贴到身体的图案,二者有什么区别?

尽管不同的表层可能有不同的位图数据格式,并且各自的数据格式也可能体现了当前硬件的某些特点,但 Surface 终归是在计算机内存中描述图形数据,它不依赖也不使用特定硬件表达数据。程序运行后,游戏画面数据最终被送到当前机器的输出设备上,比如说显卡。显卡需要以自身的"硬件语言"对它所要处理的图形数据重新描述一番,然而不同机器使用的显卡可能天差地别,因此需要有 Surface 存在。如前所述,Surface 始终是在计算机主存中描述图形数据,主存供 CPU 读写;CPU 虽然也有多种型号,但像 C 这样的编程语言通过抽象,封装了其间的差异。

截止到现在,我们一直在使用 Surface 描述、处理图形数据,因此每一次将某一图片表层数据"贴"到窗口表层之后,机器都需要将这些来自内存的数据转换为当前机器的显卡所需的数据,才得以显示到屏幕上。能不能事先将表层数据转换成显卡所需的数据格式,避免每次刷新窗口都重新转换一次呢? SDL 使用 Texture 来表达图形渲染驱动所需的数据,对应的 C 结构体为 SDL_Texture。SDL_Texture 和 SDL_Surface 一样包含不少成员数据用于描述图形的基础信息,比如长、宽、像素点格式等;不过现在我们更感兴趣的是二者的不同之处。

第一个不同之处来自代码层面。SDL_Surface 声明于头文件 SDL_video. h,因此可以访问它的成员。SDL_Texture 却定义在 SDL 库的某个源文件中,因此我们无法直接访问它的成员。第二个不同是二者作用不同,SDL_Texture 使用特定的图形渲染驱动(OpenGL、Direct3D 等)创建、表达、处理图形数据,这些数据可以直接送到显存,可以被 GPU 处理。最后一个不同在于各自的像素数据的可访问性不同。表层拥有的像素数据总是可被读写(为避免并发冲突进行加锁的情况不在此讨论),包括整批更新数据或改写部分像素数据。然而,当图形数据以纹理的形式存在,要不要改动它就是一件很严肃的事情。想一想吧,你让人往胸口上纹猛虎下山图;针扎了半天,师傅拿出砂纸:"有三条腿画错了,我得磨掉它们。"

不要因为上面这个玩笑而紧张过度。纹理数据当然可以修改,不然我们怎么创建一个有图片数据内容的纹理呢?这里的"修改"特指在创建之后,再去改动纹理所拥有的像素数据。这也正是我们对纹身师傅合情合理的要求:请一次性刺好图案,不能把图案扎出来了,再回头去改动它们,也不要因此觉得受到了很大的限制。其实,我们本来就很少直接修改图形的像素数据。纹理通常来自表层,表层通常来自图片。从图片到表层再到纹理的过程中,出于业务、技术、社会科学等原因,我们确实很少直接修改图片数据,深入的分析如图 15-56 所示。

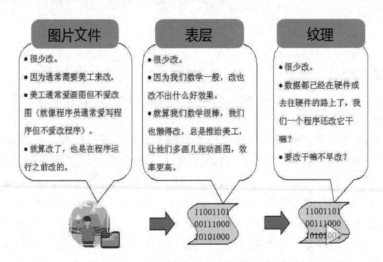

图 15-56 没错,我们本来就很少直接修改现有图形的数据。

话说到这份上,SDL 其实支持在创建之后再去修改它的数据,前提是在创建纹理时,指定某个特定的标志,以标识这是一个"流式"的纹理。除"流式"标识以外,还有另两个标识为"静态"和"可作为渲染目标",解释如下:

(1)静态:枚举值 SDL_TEXTUREACCESS_STATIC,表示纹理创建出来之后其数据极少被修改。

(2)流式:枚举值 SDL_TEXTUREACCESS_STREAMING;表示纹理创建出来之后,会被持续地修改。如果程序存在对该纹理数据的并发访问,应考虑加锁。

(3)可作为渲染目标:枚举值 SDL_TEXTUREACCESS_TARGET,表示该纹理在创建时会交给一个渲染器进行修改;相关操作将由渲染器负责处理。此时基本是上将纹理当成表层使用。

SDL 推荐以"静态"的方式使用纹理。"流式"纹理的"流",个人理解是指纹理创建之后,程序还可以往里不断地"灌"入新数据,"冲"掉老数据。听起来很高级,但至少在 SDL 的实现上,这种方式性能很差;只是因为一些有名的传统游戏(比如 Doom 或 Duke Nukem 3D 等)以前使用这种方式,造成不少程序员习惯用之,SDL 故而加以保留。至于"可作为渲染目标"的纹理,如果确实有由程序作画的需求,建议还是以表层为目标(画板)作画,画完后再一次性更新到目标纹理上。

后续课程仅使用"静态"纹理,不再讲解其他两种方式。

2. 创建纹理

SDL_Texture 在创建时,就必须依赖特定的图形渲染驱动。当前支持 Direct 3D、OpenGL、OpenGL ES 以及基于程序图形化环境所提供的 GUI 编程接口,后者也称"软驱动/软渲染"。

一个游戏程序通常只使用一种图形渲染驱动(或辅以"软驱动"),但往往需要很多 Texture。如果每次创建纹理或使用纹理都需要直接处理驱动相关的事,会很麻烦。因此 SDL 使用 Renderer 统一负责驱动相关的工作。比如,要创建纹理,必须先有 Renderer。渲染器的结构体为 SDL_Renderer,本节暂时以 renderer 指代一个已经确定底层采用何种图形驱动的渲染器。

前一小节已经说过,纹理数据通常基于表层数据创建,对应的函数是 SDL_CreateTextureFromSurface(),原型为:

```
SDL_Texture * SDL_CreateTextureFromSurface(
                    SDL_Renderer * renderer      //渲染器,下一节讲
                    , SDL_Surface * surface);    //表层数据
```

从表层创建出来的纹理,自动带着"静态"标志。一旦从表层数据创建出纹理数据,纹理数据就可以独立存在;如果后续不需要用到表层,可以立刻释放它。

3. 透明、剪裁、缩放

除了所处的位置不同之外,纹理和表层确实有大量功能是重叠的,比如也可以针对一个纹理设置它的 Alpha 通道以取得透明效果等。不过,基于已经设置透明效果的表层而创建的纹理,也自带透明效果,因此我们建议在表层阶段就设置好透明、裁剪、缩放等效果,等到生成纹理以后就不要再动它了。

4. 信息查询

当程序拥有一个 SDL_Surface,可以访问它的 w 和 h 成员以得知该表层多宽多高;然而,如前所述,我们无法访问 SDL_Texture 的成员。假设手上有一个纹理数据,因为需要把它"贴"到屏幕上去,所以想知道它的尺寸,怎么办? 第一种方法是回头找表层数据。可是,表层数据可能被释放了,这时可以使用第二种方法,调用 SDL_QueryTexture()函数以查询指定纹理数据的宽、高、标志(静态、流式等)、像素格式等信息。该函数原型为:

```
int SDL_QueryTexture (SDL_Texture * texture        //待查询信息的纹理
                    , Uint32 * format              //用于返回像素格式的枚举
                    , int * access                 //返回标识
                    , int * w                      //返回宽度
                    , int * h);                    //返回高度
```

用于返回查询结果信息的四个入参都是指针形式,调用时都可以设置为空指针,以示不关心该项信息。函数返回 0 表示查询成功,返回负数为出错码。

5. 释放纹理

使用 SDL_DestroyTexture()函数,原型为:

```
void SDL_DestroyTexture (SDL_Texture * texture);
```

传入的 texture 指针所指向的纹理资源,将在该函数被释放。

6. C++封装

在 hello_sdl 项目中新建头文件**sdl_texture. hpp** ,并加入项目所有构建目标。sdl_texture. hpp 头文件内容如下。

```cpp
# ifndef SDL_TEXTURE_HPP_INCLUDED
# define SDL_TEXTURE_HPP_INCLUDED

# include < SDL2/SDL_assert.h >
# include < SDL2/SDL_surface.h >
# include < SDL2/SDL_render.h >

namespace sdl2
{

struct Texture
{
    //默认构造一个空的纹理
    Texture()
        :texture(nullptr)
    {}

        Texture (SDL_Renderer * renderer, SDL_Surface * surface)
        : texture(SDL_CreateTextureFromSurface (renderer, surface))
    {
    }

    explicit Texture (SDL_Texture * texture)
        : texture(texture)
    {
    }

    Texture(Texture const& ) = delete;
    Texture& operator = (Texture const& ) = delete;
```

```
~Texture()
{
    if (texture)
        SDL_DestroyTexture(texture);
}

void Reset(SDL_Texture * new_texture)
{
    if (new_texture == texture)
        return;
    if (texture)
    {
        SDL_DestroyTexture(texture);
    }
    texture = new_texture;
}

SDL_Texture * Release()
{
    SDL_Texture * t = texture;
    texture = nullptr;
    return t;
}
explicit operator bool() const
{
    return texture != nullptr;
}

bool GetSize(int * w, int * h) const
{
    SDL_assert(texture != nullptr);
    return 0 == SDL_QueryTexture(texture
                        , nullptr, nullptr, w, h);
}

SDL_Texture * texture;
};

} //sdl2

#endif // SDL_TEXTURE_HPP_INCLUDED
```

重点说明：

（1）构造：第一个构造函数的入参是一个"SDL_Renderer *"和一个"SDL_Surfae *"，我们暂时还没有深入学习前者；

（2）析构：析构时释放所持有的 SDL_Texture 指针；

（3）重置：Reset()方法可将释放原来持有的 SDL_Texture 指针，然后改为托管入参指定的新的 SDL_Texture 指针；

（4）释放：Release()的名字也许应该为"放手"。因为它并不是要释放当前持有的 SDL_Texture 指针指向的内容，而是将它返回给调用者，不再负责它的释放。

请打开 main. cpp，加入对 sdl_texture. hpp 的引用，然后编译项目，确保通过编译。我们将在下一节再使用 Texture。

15.4.9 渲染器

1. 概　念

Renderer 是画家，并且是实战派画家。有的画家一心苦练如何在书房里使用宣纸画，有的画家则钟情于在街头的墙面上画；意思是：渲染器贴近、依赖特定的图形驱动，以求更好的性能。渲染器和纹理是工作上的一对好伙伴。比如说一个纹理要"贴"到另一个纹理身上，必须由渲染器来完成。不像更早前学习的表层，可以自行贴过去。

虽然号称画家，可是 SDL 渲染器的画艺着实令人无语，和程咬金一样只有三板斧：画点、画直线、画方块（色块填充）。画点和画线时甚至不能设置点或线的粗细，这功夫差 wxWidgets 库中的 wxDC 类真是十万八千里，这也是我们不理会"可作为渲染目标"纹理的原因：渲染器太弱了。所以，渲染器的称号只能改为"贴图"专家，准确地说是"贴纹理"的专家，所以渲染器原来就是那位会纹身的师傅？ SDL 提供的渲染器是大隐隐于市的真正专家还是行走江湖的骗子？

2. 渲染器驱动

一台机器可能既支持 OpenGL 也支持 Direct 3D 等图形渲染驱动，SDL 提供 SDL_GetNumRenderDrivers()函数用于取得当前设备所支持图形渲染驱动的总数，原型为：

```
int SDL_GetNumRenderDrivers();
```

函数返回零表示所运行的电脑太过时，可考虑丢掉。从相识到相知再到相爱相伴多年的电脑，是就此别过相忘江湖，还是涸泽以沫避免剁手？打开 hello_sdl 项目的 main. cpp 文件，在主函数之后加入这么一行：

```
int main(int argc, char * argv[])
{
    cout << SDL_GetNumRenderDrivers() << endl;
    ……
```

SDL_GetNumRenderDrivers()不依赖 SDL 的初始化，可以上来就调用。编译、执行，然后观察控制台窗口的输出内容。在我电脑上输出"4"，在你的电脑上如果输出的是 1，我有点怀疑你是不是把代码中的 SDL_GetNumRenderDrivers ()写成 SDL _GetNumRenderDrivers 了。

都有哪些驱动呢？接下来可使用 SDL_GetRenderDriverInfo()函数查询指定编

号的驱动信息。驱动信息将以结构体 SDL_RendererInfo 存储,该函数原型为:

```
int SDL_GetRenderDriverInfo(int index, SDL_RendererInfo * info);
```

index 从 0 开始,返回 0 表示调用成功。结构体 SDL_RendererInfo 定义如下:

```
struct SDL_RendererInfo
{
    const char * name;                  //驱动名称
    Uint32 flags;                       //驱动能力标志
    Uint32 num_texture_formats;         //支持几种纹理
    Uint32 texture_formats[16];         //有效的纹理个数
    int max_texture_width;              //最大支持多宽的纹理
    int max_texture_height;             //最大支持多高的纹理
};
```

通常我们关心的是 flags,即该驱动支持哪些能力。我们晚一点再讲解,现在先输出各驱动的名称。请把主函数 main()的开始内容修改如下:

```
int main(int argc, char * argv[])
{
    int renderer_driver_count = SDL_GetNumRenderDrivers();
    cout << renderer_driver_count << endl;

    SDL_RendererInfo info;
    for (int i = 0; i < renderer_driver_count; ++ i)
    {
        SDL_zero(info);
        if(0 == SDL_GetRenderDriverInfo(i, &info))
        {
            cout << info.name << endl;
        }
    }
    ......
```

SDL_zero 是 SDL 定义的宏,用于将入参指定的对象(不是指针)的值清零。以上程序在我的电脑上输出如下内容:

```
4
direct3d
opengl
opengles2
software
```

最后一个 software 正是指由 Windows 操作系统的图形编程接口提供支持的"软"渲染器。

3. "软"渲染器

SDL_CreateSoftwareRenderer()函数用于从一个表层创建出一个渲染器。从表层创建的渲染器只需也只能软渲染,原型为:

```
SDL_Renderer * SDL_CreateSoftwareRenderer (SDL_Surface * surface);
```

除非需要借助渲染器的"三板斧"功能(后续很快讲到)在某个表层上直接画点、线、面,否则不太需要创建软件渲染器。

4. 创建渲染器

窗口是一堵墙,游戏是墙面上演的一出戏。渲染器想当实战派画家,一方面要选好它的画具,是购买 OpenGL 牌还是 Direct3D 牌? 另一方面它得熟悉那堵墙,所以用于创建渲染器的函数 SDL_CreateRenderer()原型长这样子:

```
SDL_Renderer * SDL_CreateRenderer (SDL_Window * window
                                 , int index
                                 , Uint32 flags );
```

第一个入参指定窗口,第二个入参指定渲染器的编号(见前一小节)。考虑到多数程序员要么是"选择困难综合症"患者,要么是"懒癌"晚期,建议将 index 设置为 -1,然后通过第三个入参 flags 指定希望选中的渲染驱动具备哪些能力特征,该函数就能自动完成选择。可以指定的"能力标志"也不多,它来自枚举 **SDL_RendererFlags** 的定义,如表 15-11 所列。

表 15-11　渲染器能力特性值

枚举值	解释
SDL_RENDERER_SOFTWARE	希望就用"软渲染",这要求比较少见
SDL_RENDERER_ACCELERATED	希望具备硬件渲染驱动,比如 OpenGL、D3D 等
SDL_RENDERER_PRESENTVSYNC	希望渲染频率和屏幕刷新频率能同步
SDL_RENDERER_TARGETTEXTURE	希望渲染支持在纹理上作画

上述这些值可以组合,不过多数情况下,我们要一个 SDL_RENDERER_ACCELERATED 就够了,因此创建渲染器可以简化成这样的调用:

```
SDL_Renderer * renderer = SDL_CreateRenderer (window
                        , -1, SDL_RENDERER_ACCELERATED );
```

5. "三板斧"画图

画点

第一板斧,画点函数:SDL_RenderDrawPoint(),原型为:

```
int SDL_RenderDrawPoint (SDL_Renderer * renderer, int x, int y);
```

使用 renderer 指定的渲染器在"x、y"坐标画一个点,目标当然是当初创建该渲染器的窗口;返回 0 表示画点成功,-1 表示出错。当有多点需要画时,可以使用复数(plural)版的画点函数:

```
int SDL_RenderDrawPoints (SDL_Renderer * renderer
                               , SDL_Point const * points
                               , int count);
```

count 指定 points 所包含的点数。

画线

第二板斧,画直线函数:SDL_RenderDrawLine(),原型为:

```
int SDL_RenderDrawLine (SDL_Renderer * renderer
                           , int  x1, int y1, int x2, int y2);
```

使用 renderer 指定的渲染器以"x1、y1"坐标为起点,"x2、y2"为终点画一条直线;返回 0 表示画点成功,-1 表示出错。也有复数版:

```
int SDL_RenderDrawLines (SDL_Renderer *    renderer
                            , SDL_Point const * points,
                            , int count);
```

直觉反应是该函数用于一次性画多条线,count 是直线条数,但其实该函数会将 points 所包含的点按次序连起来,因此通常用来画折线。count 仍然表示 points 所包含的点数。

色块填充或画框

第三板斧,画方块:SDL_RenderFillRect(),原型为:

```
int SDL_RenderFillRect (SDL_Renderer * renderer
                               , SDL_Rect const * rect);
```

使用 renderer 指定的渲染器填充 rect 指定的方框;返回 0 表示画点成功,-1 表示出错。复数版:

```
int SDL_RenderFillRects (SDL_Renderer * renderer
                            , SDL_Rect const * rects, int  count);
```

如果所要填色的范围是整个窗口,可以使用 SDL_RenderClear()方法简化操作,原型为:

```
int SDL_RenderClear (SDL_Renderer * renderer);
```

如果只是需要画框,不想填充,可以使用 SDL_RenderDrawRect()函数,原型为:

```
int SDL_RenderDrawRect (SDL_Renderer * renderer
                               , const SDL_Rect * rect);
```

对应的复数版:

```
int SDL_RenderDrawRects (SDL_Renderer * renderer
                            , const SDL_Rect * rects, int count);
```

设置颜色和混色方法

点、线、框或方块的色彩,都需在画之前通过 SDL_SetRenderDrawColor()函数

设置,该函数原型为:

```
int SDL_SetRenderDrawColor (SDL_Renderer * renderer
                          , Uint8 r, Uint8 g, Uint8 b, Uint8 a);
```

色彩通过 RGB 三分量表示。Alpha 值一般设置为 255 表示完全不透明,可使用宏定义 SDL_ALPHA_OPAQUE 代替。如果需要在底图上画具有某种透明效果的点、线、框,请使用 SDL_SetRenderDrawBlendMode()函数。该函数原型为:

```
int SDL_SetRenderDrawBlendMode (SDL_Renderer * renderer
                              , SDL_BlendMode blendMode);
```

blendMode 解释见本篇"表层/图片表层"小节。

两个函数返回 0 均表示执行成功,返回负数为出错代码。两个函数均有对应的 Get 函数。SDL_GetRenderDrawColor()用于取得当前渲染器所使用的颜色,包括填充色,SDL_GetRenderDrawBlendMode()用于取得画点线框时的混色模式,二者原型为:

```
//取渲染器画点线框,包括填充时的颜色
int SDL_GetRenderDrawBlendMode (SDL_Renderer *  renderer
                              , SDL_BlendMode * blendMode);
//取渲染器画点线框时,所使用的混色模式
int SDL_GetRenderDrawColor (SDL_Renderer * renderer
                          , Uint8 *  r, Uint8 * g, Uint8 *  b, Uint8 *  a);
```

6. 贴图、旋转、翻转

只有数学家才敢基于点、线、面画出整个游戏画面,这话说得有些绝对,如果是"俄罗斯方块",我们也行。总之还是要学习如何使用渲染器贴图,这次负责承载图像数据的是 Texture,而不是 Surface;负责贴图的是 Renderer 而不是纹理自身;另外,贴图目标只能是当前渲染器绑定的窗口的表层。首席贴图函数是 SDL_RenderCopy(),原型为:

```
int SDL_RenderCopy (SDL_Renderer * renderer
                                  , SDL_Texture * texture,
                                  , SDL_Rect const * src_rect,
                                  , SDL_Rect const * dst_rect);
```

将 texture 纹理上 src_rect 区域上的内容,贴到 renderer 绑定的窗口或表层的目标区域 dst_rect 上。如果目标区域小于源区域,界外内容则被剪裁。src_rect 和 dst_rect 都可以设置为空指针,表示使用源或目标的全区域。

如果需要缩放图片,应该在图片处于表层阶段时使用 SDL_BlitScaled()预处理。看起来渲染器的贴图功能也不强大啊,还好有个增强版的 SDL_RenderCopyEx()函数提供图片翻转和图片旋转功能:

```
int SDL_RenderCopyEx(SDL_Renderer * renderer
                , SDL_Texture * texture          //源纹理
                , SDL_Rect const * src_rect       //源区域
                , SDL_Rect const * dst_rect       //目标区域
                , double angle,                   //旋转角度
                , SDL_Point const * center,       //旋转圆心
                , SDL_RendererFlip flip);         //翻转标志
```

入参 src_rect 和 dst_rect 同样用于指定源图区域和目标区域,如果尺寸不一,同样将发生剪裁或留空操作;如果指定为空指针,同样代表源或目标使用全区域。入参 angle 用于指定旋转角度(0°~360°),center 用于指定旋转圆心的坐标,如果为空指针,则自动使用图片宽高对半处的坐标,作为圆心。再看翻转,SDL_RendererFlip 枚举类型包含如表 15 - 13 所列的枚举值。

表 15 - 13   "SDL_RendererFlip/翻转标志"枚举值

取值	翻转效果
SDL_FLIP_NONE	无翻转
SDL_FLIP_HORIZONTAL	水平翻转(左右翻)
SDL_FLIP_VERTICAL	垂直翻转(上下翻)

结合按位操作和强制类型转换,也可实现既水平又垂直的翻转。如:

```
auto flip_flags = static_cast < SDL_RendererFlip >
                  (SDL_FLIP_HORIZONTAL | SDL_FLIP_VERTICAL );
SDL_RenderCopyEx(renderer, texture, nullptr, nullptr
          , 0 //不旋转
          , nullptr //不旋转,所以无圆心
          , flip_flags);
```

渲染器的两个贴图返回 0 表示执行成功,-1 表示出错。最后,"三板斧"画图中提到的渲染时的混色设置,对贴图操作同样起作用。

7. 渲染呈现

不管画点、线、面还是贴图,最终效果要在窗口上出现,需要调用渲染器的"呈现"函数 SDL_RenderPresent(),原型为:

```
void SDL_RenderPresent(SDL_Renderer * renderer);
```

总结一下"渲染器"的使用套路:创建一个渲染器("硬的""软的")→加载一张图得到 Surface→在 Surface 做必要操作(剪裁、缩放、贴上其他表层等)→使用渲染器将 Surface 转变成 Texture→如有必要,全清当前渲染器的目标 →利用渲染器把 Texture 贴到目标 →呈现。

8. 画板逻辑尺寸

传统的全屏游戏通常使用本篇窗口小节提到的方法二,即以指定的大小,比如 640×480 直接修改屏幕分辨率。如果不想修改屏幕分辨率,就需要以"全桌面"的标志创建游戏主窗口,此时似乎可以不需要指定窗口大小,比如:

```
sdl2::Window window("hello sdl"
        , sdl2::WindowPosition() //默认位置
        , -1, -1     //使用-1表示不指定具体窗口大小
        , sdl2::WindowFlags().FullScreenDesktop()); //全桌面
```

可以将"FullScreenDesktop(全桌面)"解读成"请创建一个全屏幕的窗口,但不允许改变当前电脑桌面的分辨率"。假设张三的电脑桌面分辨率是 1280×768,李四家的是 1440×900,王五家的是 1920×1080,以上代码在这三人的电脑上运行得到的窗口虽然都是全屏,但尺寸甚至比例并不统一。这个游戏上来就要为窗口贴一张背景图,这张图应该画成多大呢? 请选择:(A) 1280×768;(B) 1440×900;(C) 1920×1080;(D) 以上都不对。

很多时候我们会选择 D。因为选了任何一个分辨率,都无法适应另外两种,更别说这世上还有很多使用其他分辨率的个人电脑。有人问,能不能有一个选项 E 是"以上都要",或者"全世界所有分辨率都要"? 这得问美工愿意不愿意准备这么多尺寸的图片。就算他们愿意,程序员自己也不愿意,因为和分辨率相关的游戏参数可不仅仅是图片尺寸这么简单,物体的运动范围、碰撞测试、移动速度等,全都和分辨率有关,我们得多写多少行代码,多解决多少个 BUG 才能支持五花八门的分辨率啊? 好吧,就算我们同意了,测试工程师也会拦住我们:"这些分辨率都不小啊! 很影响性能的!"还是为窗口指定一个合理尺寸比较好,回到 640×480 的世界吧,但是全屏幕这个指标必须保留!

ℹ️ 【小提示】:为什么有时候"全屏"是必选项

之前在"窗口/分辨率"小节已经说过,高分辨率的桌面上显示一个小尺寸的游戏,会让游戏界面显得"像一枚会动的邮票。举一个具体例子:假设我们给学前儿童写一个需要用到鼠标的游戏,不使用全屏的话,小朋友基本上控制不了鼠标,甚至无法集中精力,还容易伤害视力。

使用全屏幕,又不改变实际分辨率,又要指定窗口大小为 640×480,代码应该是:

```
sdl2::Window window("hello sdl"
    , sdl2::WindowPosition()    //默认位置
    , 640, 480              //指定大小
    , sdl2::WindowFlags().FullScreenDesktop()); //全桌面
```

可惜,除非你的电脑分辨就是 640×480,否则以上代码得不到指定大小的窗口。

"全屏且不改变分辨率"和"指定大小"在逻辑上就互相矛盾逻辑上的问题还得靠逻辑来解决,这个责任落在 Renderer 身上,SDL 提供的函数 SDL_RenderSetLogicalSize()用于设置目标窗口的逻辑尺寸。所谓"逻辑尺寸",即本章"窗口/分辨率"小节提到的通过放大像素点的尺寸,在高分辨率屏幕上模拟低分辨率窗口:

```
int SDL_RenderSetLogicalSize(SDL_Renderer * renderer
                                    , int w, int h);
```

返回 0 表示设置成功,负数为出错代码。因此,前述需求的实现方法是:

```
//创建全桌面窗口(不改变分辨率)
sdl2::Window window("hellosdl"
        , sdl2::WindowPosition()
        , -1,-1   //可以不指定窗口大小
        , sdl2::WindowFlags().FullScreenDesktop());

    //依据窗口,创建渲染器
    SDL_Renderer * renderer = CreateRenderer(window.window
                        , -1, SDL_RENDERER_ACCELERATED);
    //修改窗口逻辑尺寸:
    SDL_RenderSetLogicalSize(renderer , 640, 480);
```

假设你的电脑实际分辨率是 1280×960,那么设置逻辑尺寸为 640×480 之后,相当于屏幕的横向或纵向上相邻的每两个点结合成一个点。

 【危险】:哪怕允许修改屏幕分辨率,也可能必须设置逻辑尺寸

指定窗口大小,并设置窗口使用"全屏(且允许修改屏幕实际分辨率)"的情况下,也可能需要主动设置逻辑尺寸。因为屏幕所支持的实际分辨率的宽与高并不能任意组合。比如,设置窗口大小为 786×517,但多数屏幕无法支持这样的分辨率,因而改用某种接近的尺寸,造成坐标位置和你所要的不一致。结论是:只要是全屏,就总是明确调用,比如 SDL_RenderSetLogicalSize(786, 517)。

对应有 SDL_RenderGetLogicalSize()函数可查询当前目标渲染窗口的逻辑尺寸,原型为:

```
void SDL_RenderGetLogicalSize(SDL_Renderer * renderer
                                    , int * w, int * h);
```

类似的函数还有 SDL_RenderSetScale()用于直接设置每个点在横向和纵向上的缩放比例等。既然涉及缩放,就存在倾向性能还是倾向质量的选择,SDL 提供 SDL_SetHint()函数用于调整系统配置,原型为:

```
SDL_bool SDL_SetHint(const char * name, const char * value);
```

函数返回 SDL_TRUE 表示设置成功,返回 SDL_FALSE 表示失败。name 为配置项名称,value 为值,二者都是常量字符串指针,但名称都有对应的宏定义。涉及缩

放质量控制配置项名称宏定义为 SDL_HINT_RENDER_SCALE_QUALITY,可选择的值有:

① nearest:也可设置成 0,仅依靠相邻的点进行缩放。质量最差性能最好。

② linear:也可设置成 1,线性计算。质量和性能中等,支持底层采用 D3D 或 OpenGL。

③ best:也可设置成 2。最好质量的缩放,性能最差,仅支持底层采用 D3D。

9. 释放渲染器

注意,我们一直在说"Create(创建)"渲染器,所以其释放工作也需要我们负责。相关函数为 SDL_DestroyRenderer(),原型为:

```
void SDL_DestroyRenderer (SDL_Renderer * renderer);
```

10. C++封装

在 hello_sdl 项目中新建头文件**sdl_renderer. hpp**,并加入项目所有构建目标。sdl_renderer. hpp 头文件内容如下:

```
# ifndef SDL_RENDERER_HPP_INCLUDED
# define SDL_RENDERER_HPP_INCLUDED

# include < SDL2/SDL_assert. h >
# include < SDL2/SDL_hints. h >
# include < SDL2/SDL_render. h >

namespace sdl2
{

//渲染驱动(方法均为静态)
struct RendererDriver
{
    static int Count ()
    {
        return SDL_GetNumRenderDrivers ();
    }
    static bool GetDriverInfo (int index, SDL_RendererInfo * info)
    {
        SDL_zero( * info);
        return 0 == SDL_GetRenderDriverInfo (index, info);
    }
    static bool HintScaleQuality (char const * quality = "linear")
    {
        return SDL_SetHint (SDL_HINT_RENDER_SCALE_QUALITY , quality);
```

```
    }
};

//渲染器
struct Renderer
{
    //创建渲染器(通常是"硬"的)
    Renderer (SDL_Window * window, int index_of_driver = -1)
        : renderer(SDL_CreateRenderer (window, index_of_driver
                                    , SDL_RENDERER_ACCELERATED))
    {
    }
    //创建软渲染器
    explicit Renderer (SDL_Surface * surface)
        : renderer(SDL_CreateSoftwareRenderer (surface))
    {
    }
    //托管外部创建的渲染器裸指针
    explicit Renderer (SDL_Renderer * renderer)
        : renderer(renderer)
    {
    }

    //禁止复制和赋值
    Renderer(Renderer const& ) = delete;
    operator = (Renderer const& ) = delete;

    //析构时自动释放裸指针
    ~Renderer()
    {
        if (renderer)
            SDL_DestroyRenderer (renderer);
    }

    //布尔类型转换重载
    explicit operator bool () const
    {
        return renderer != nullptr;
    }

    //三板斧之画点
    bool DrawPoint (int x, int y)
    {
        SDL_assert(renderer != nullptr);
        return 0 == SDL_RenderDrawPoint (renderer, x, y);
    }
    //三板斧之画线
    bool DrawLine (int x1, int y1, int x2, int y2)
    {
        SDL_assert(renderer != nullptr);
```

```
        return 0  == SDL_RenderDrawLine (renderer, x1, y1, x2, y2);
    }
    //三板斧之色块填充(全区域)
    bool Fill ()
    {
        SDL_assert(renderer != nullptr);
        return 0  == SDL_RenderClear (renderer);
    }
    //三板斧之色块填充(指定区域)
    bool FillRect (SDL_Rect const& rect)
    {
        SDL_assert(renderer != nullptr);
        return 0  == SDL_RenderFillRect (renderer, &rect);
    }
    //三板斧之画框(不填充)
    bool DrawRect (SDL_Rect const& rect)
    {
        SDL_assert(renderer != nullptr);
        return 0  == SDL_RenderDrawRect (renderer, &rect);
    }


    //设置画点线图使用的颜色
    bool SetColor (Uint8 r, Uint8 g, Uint8 b)
    {
        SDL_assert(renderer != nullptr);
        return 0  == SDL_SetRenderDrawColor (renderer
                                , r, g, b, SDL_ALPHA_OPAQUE);
    }
    //取颜色
    bool GetColor (Uint8 * r, Uint8 * g, Uint8 * b)
    {
        SDL_assert(renderer != nullptr);
        Uint8 a = 0;
        return 0  == SDL_GetRenderDrawColor (renderer, r, g, b, &a);
    }


    //设置混色模式
    bool SetBlendMode (SDL_BlendMode const& mode)
    {
        SDL_assert(renderer != nullptr);
        return 0  == SDL_SetRenderDrawBlendMode (renderer, mode);
    }
    //查询混色模式
    bool GetBlendMode (SDL_BlendMode * mode) const
    {
        SDL_assert(renderer != nullptr);
        return 0  == SDL_GetRenderDrawBlendMode (renderer, mode);
    }


    //设置逻辑尺寸
```

```
bool SetLogicalSize (int w, int h)
{
    SDL_assert(renderer != nullptr);
    return 0 == SDL_RenderSetLogicalSize (renderer, w, h);
}
//取得逻辑尺寸
void GetLogicalSize (int * w, int * h)
{
    SDL_assert(renderer != nullptr);
    SDL_RenderGetLogicalSize (renderer, w, h);
}

//贴图
bool CopyFrom (SDL_Texture * src_texture
            , const SDL_Rect * src_rect = nullptr
            , const SDL_Rect * dst_rect = nullptr)
{
    SDL_assert(renderer != nullptr);
    SDL_assert(src_texture != nullptr);
    return 0 == SDL_RenderCopy (renderer
                                , src_texture, src_rect, dst_rect);
}
//贴图(支持旋转、翻转)
bool CopyFromEx (SDL_Texture *   src_texture
              , const SDL_Rect * src_rect = nullptr
              , const SDL_Rect * dst_rect = nullptr
              , double angle = 0
              , SDL_Point * center = nullptr
              , SDL_RendererFlip const flip = SDL_FLIP_NONE)
{
    SDL_assert(renderer != nullptr);
    SDL_assert(src_texture != nullptr);
    return 0 == SDL_RenderCopyEx (renderer
                    , src_texture, src_rect, dst_rect
                        , angle, center, flip);
}

//最终呈现
void Present ()
{
    SDL_assert(renderer != nullptr);
    SDL_RenderPresent (renderer);
}

SDL_Renderer * renderer;
};

} //sdl2

# endif // SDL_RENDERER_HPP_INCLUDED
```

11. 封装的应用

也许你需要备份 hello sdl 项目当前的 main. cpp 文件,因为我们马上就要对它
改头换面。主要变化来自于基于表层的贴图都将换成基于渲染器和纹理的贴图,同
时游戏窗口将设置成全桌面,物理尺寸改变,不过逻辑尺寸仍然是 640×480。最新
的 main. cpp 内容:

```cpp
#include < iostream >

#include < SDL2/SDL.h >
#include < SDL2/SDL_video.h >

#include "sdl_initiator.hpp"
#include "sdl_error.hpp"
#include "sdl_window.hpp"
#include "sdl_surface.hpp"
#include "sdl_texture.hpp"
#include "sdl_renderer.hpp"

using namespace std;

//加载图片为纹理、不透明、不混色
SDL_Texture * LoadBMPTexture(SDL_Renderer * renderer
                        , char const * filename)
{
    sdl2::BitmapSurface bmp(filename);
    if (!bmp)
    {
        return nullptr;
    }
    return sdl2::Texture(renderer, bmp.surface).Release();
}

//加载图片为纹理,并设置透明色
SDL_Texture * LoadBMPTexture(SDL_Renderer * renderer
        , char const * filename
        , Uint8 key_r, Uint8 key_g, Uint8 key_b)
{
    sdl2::BitmapSurface bmp(filename);
    if (!bmp)
    {
        return nullptr;
    }

    bmp.EnableColorKey(key_r, key_g, key_b, 0);
    return sdl2::Texture(renderer, bmp.surface).Release();
}

//加载图片为纹理,并设置透明色和混色
```

```cpp
SDL_Texture * LoadBMPTexture(SDL_Renderer * renderer
                , char const * filename
                , Uint8 key_r, Uint8 key_g, Uint8 key_b
                , Uint8 alpha_mod
                , SDL_BlendMode blend_mode = SDL_BLENDMODE_BLEND)
{
    sdl2::BitmapSurface bmp(filename);
    if (!bmp)
    {
        return nullptr;
    }

    bmp.EnableColorKey(key_r, key_g, key_b, 0);
    bmp.SetAlphaMod(alpha_mod);
    bmp.SetBlendMode(blend_mode);
    return sdl2::Texture(renderer, bmp.surface).Release();
}

int main(int argc, char * argv[])
{
    sdl2::Initiator::Instance().Init(SDL_INIT_VIDEO
                            | SDL_INIT_AUDIO
                            | SDL_INIT_EVENTS
                            | SDL_INIT_TIMER);

    if (!sdl2::Initiator::Instance())
    {
        cerr << sdl2::last_error() << endl;
        return -1;
    }

    //全桌面(全屏但不改分辨率)
    sdl2::Window wnd("hello sdl"
                    , sdl2::WindowPosition()
                    , -1, -1
                    , sdl2::WindowFlags().FullScreenDesktop());

    if (!wnd)
    {
        cerr << sdl2::last_error() << endl;
        return -1;
    }

    //准备窗口的渲染器
    sdl2::Renderer renderer(wnd.window);
    if (!renderer)
    {
        cerr << sdl2::last_error() << endl;
        return -1;
    }
```

```cpp
//重要! 修改缩放质量配置
sdl2::RendererDriver::HintScaleQuality();
//重要! 设置虚拟大小
renderer.SetLogicalSize(640, 480);

//准备背景图(不需要透明和混色)
sdl2::Texture bkgnd(LoadBMPTexture(renderer.renderer
                                , "bkgnd.bmp"));
if (!bkgnd)
{
    cerr << sdl2::last_error() << endl;
    return -1;
}


//准备小马图,透明色为白色
sdl2::Texture horse(LoadBMPTexture(renderer.renderer
                        , "sdl.bmp"
                        , 0xFF, 0xFF, 0xFF));
if (!bkgnd)
{
    cerr << sdl2::last_error() << endl;
    return -1;
}

//准备白云图纹理,透明色为红色,不透明度188(0~255)
sdl2::Texture cloud(LoadBMPTexture(renderer.renderer
                        , "cloud.bmp"
                        , 0xFF, 0, 0, 188));
if (!cloud)
{
    cerr << sdl2::last_error() << endl;
    return -1;
}

//事件循环
bool Q = false;
while (!Q) //一直循环,直到Q为真
{
    SDL_Event event;
    while (SDL_PollEvent(&event))
    {
        //内循环工作
        switch (event.type)
        {
        case SDL_QUIT :
            Q = true;
            break;
        }
    }//内循环结束
```

```
/ * 外循环:贴骏马图 * /
//贴背景→窗口
renderer.CopyFrom(bkgnd.texture);

//贴第一朵白云
SDL_Rect cloud_rect_1{200, 20, 156, 78};
renderer.CopyFrom(cloud.texture, nullptr, &cloud_rect_1);
//贴第二朵白云
SDL_Rect cloud_rect_2{340, 6, 156, 78};
renderer.CopyFrom(cloud.texture, nullptr, &cloud_rect_2);

//贴骏马
SDL_Rect dst_rect {86, 65, 468, 350};
renderer.CopyFrom(horse.texture, nullptr, &dst_rect);
renderer.Present();

SDL_Delay(1);
}//外循环结束

return  0;
}
```

有没有办法让小马走动起来呢?

15.4.10 定时器

1. 概　念

狗是人类的好朋友,定时器是程序员的好朋友。我们写后台网络服务程序需要定时,所以有 boost::aiso::steady_timer;写前端 GUI 界面需要定时,所以有 wx-Widgets::wxTimer;写游戏时需要定时,所以有 SDL 也自有一套定时器机制。到处都有定时器不是幸福,幸福是程序员到处都有定时器,却不用为要不要吃定时器而争吵。

直到那天,新来的广东同事坐我边上,在我输入"SDL_Timer……"时一把抓住我的手叫:"同学,唔能轻易食定时器!"声音不大,但整个办公区至少有十个同事惊慌地抬头,有的抓着一只定时器正往浅碟上蘸酱油,有的仰头张嘴,正往嘴里送一只定时器,有的嘴角露着一只定时器还在抽动的腿。新同事稍作镇定,用尽量标准的普通话继续:"知道吗? 产自 boost.asio 或 wxWidgets 库的定时器,和我们生活在同一个时空下,可以安全食用。但是 SDL 产区提供的定时器,来自另一个平行时空,不要随便吃它!"

"说人话行吗?""我的意思是,SDL 提供的定时器,来自主线程之外的线程,定时一到,是另一个线程在回调函数,很容易和主线程的数据发生并发冲突,要慎用。"原来他担心这个! 我低头从肚兜里掏出一把锅,看!"平行时空推送锅具",盖上刻着

SDL_PushEvent();再看这个! "平行时空穿越盒饭包",上书 SDL_UserEvent。有这两大法宝,把另外一个线程产生的定时器事件切换回主线程时空,安全又便捷。众人虚惊一场,一阵嘲笑后又各吃各的。新同事还是有些不服,低声说"反正吃这东西要小心就是。"下班经过他身边,我还是忍不住问了:"你真系广东人?"

2. 定时回调

SDL 使用"SDL_AddTimer()"函数新建一定时器:

```
SDL_TimerID SDL_AddTimer(Uint32 interval //定时多长? 毫秒
                     , SDL_TimerCallback callback //回调函数指针
                     , void * param);
```

返回值并不是定时器的结构体,而是定时器的内部编号,"SDL_TimerID"是 int 的类型别名。如果返回 ID 是 0,表示创建定时器失败。入参 interval 指定从现在开始多长时间以后开始回调,单位为 ms;入参 callback 是定时到点后要调用函数的类型。回调函数原型:

```
Uint32 SDL_TimerCallback(Uint32 interval, void * param);
```

回调时,本次定时时长 interval 和添加定时器的最后一个入参 param 都将回传给目标函数。param 入参类型为"void *",正如 libcurl 等纯 C 库,这是用来传递任何类型的数据的惯用法。回调函数如果返回 0,表示就此结束,不再产生下一个定时。如果返回大于 0 的整数,表示启动新的一次定时,并且将返回值作为距离下一次定时到点的时长。

新同事的提醒非常重要:你在 A 线程(通常就是主线程)调用 SDL_AddTimer() 函数,但定时到点后,对应的 callback 的调用却在另外一个线程中发起。假设程序正好在主线程的事件循环里处理某个表层或纹理数据,而当下这个 callback 函数也正处理同一表层或纹理数据,有很大可能会发生并发冲突。

先演示 **SDL_AddTimer()** 函数的用法与效果。请打开 hello sdl 最新的 main. cpp 文件,先加入对 < SDL2/SDL_timer.h > 的包含,接着准备回调函数 timer_callback(),将它写在主函数上面:

```
......
Uint32 timer_callback(Uint32 interval, void * / * param * /)
{
    cout << "hello sdl timer\r\n" ;
    return interval;
}

int main(int argc, char * argv[])
{
    ......
```

回调的第二个入参 param 被注释掉,因为暂时不需要传递附加数据。回调做的

事情非常简单,就输出一句问候。回调返回原来的定时长度,方便函数的调用者
(SDL 库)继续以该时长发起下一次定时。

上一节我们将游戏窗口设置成全桌面,现在把它改回来,因为我们需要在程序运
行时观察它的控制台输出:

```
//恢复普通窗口大小
sdl2::Window wnd("hello sdl"
                , sdl2::WindowPosition()
                , 640, 480              //恢复指定大小
                .sdl2::WindowFlags());//去除原来的全屏标志
```

在主函数的事件内层循环中,加上对按键 t 的事件响应,以产生新的定时,代码
如下:

```
……
    SDL_Event event;
    while (SDL_PollEvent(&event))
    {
        //内循环工作
        switch (event.type)
        {
        case SDL_QUIT :
            Q = true;
            break;
            case SDL_KEYDOWN :
            if (event.key.keysym.sym == SDLK_t) //按键 t
            {
                SDL_AddTimer(2000, timer_callback, nullptr);
            }
            break;
        }
    }//内循环结束
……
```

编译、运行,然后在显示着骏马的窗口内按下 t 键;控制台将在两秒后输出第一
行问候语。

【危险】:小心创建一堆的定时器

你多按 t 键几次,程序内部将产生一堆的定时器各行其是并各行其时(不过这
些定时器通常会在同一个线程内运行),于是会看到控制台的输出密度加大了。过多
的定时器除了浪费资源,更多的问题是容易搞乱逻辑。

timer_callback()和 main()真的不在同一个线程中运行吗?请在代码加入标准
库 < thread >头文件,然后利用 std::this_id::get_id()函数证明这一点。

3. 移除定时器

尽管让定时回调函数返回 0,即可停止后续定时,但有时候直接取消一个定时器

会更方便。这是 SDL_RemoveTimer()的作用,原型为:

```
SDL_bool SDL_RemoveTimer (SDL_TimerID id);
```

其入参就是创建时得到定时器 ID,返回 SDL_TRUE 表示成功移除。

4. 转成定时事件

是时候使用"平行时空推送锅具"和"平行时空穿越盒饭包"了。我们要通过用户自定义事件机制,在主循环中定时(500ms)发起特定事件,简称"定时事件"。该定时事件的响应比较有意思:我们想让骏马从屏幕左边往右慢慢走,直到走出屏幕。事件在定时回调函数中创建并加入队列:

```cpp
Uint32 timer_callback (Uint32 interval, void * /* param */)
{
    cout << "hello sdl timer\r\n";

    SDL_Event event;
    event.type = SDL_USEREVENT;
    event.user.code = 1;
    event.user.data1 = event.user.data2 = nullptr;
    SDL_PushEvent (&event);
    return interval;
}
```

入参 param 还是没有用,回调也将继续输出信息。新增的工作是:准备好"平行时空穿越盒饭包",再通过"平行时空推送锅具"将它送到主线程的事件循环中。后者将如何处理这个源于"外太空"的事件呢?

以下是 main.cpp 主函数中,两层事件循环的最新代码,新增或变动处理以加粗方式显示:

```cpp
......
//定时器创建标志
SDL_TimerID timer_id = 0;
//小马的宽度
int w = 0;
horse.GetSize(&w, nullptr);
//小马的起始位置,靠左侧站立
SDL_Rect horse_rect { -w, 65, 468, 350};

//事件循环
bool Q = false;
while (!Q) //一直循环,直到 Q 为真
{
    SDL_Event event;
    while (SDL_PollEvent(&event))
    {
        //内循环工作
```

```
        switch (event.type)
        {
        case SDL_QUIT :
            Q = true;
            break;
        case SDL_KEYDOWN :
            if (event.key.keysym.sym == SDLK_t && 0 == timer_id)
            {
                timer_id = SDL_AddTimer(500, timer_callback, 0);
            }
            break;
        case SDL_USEREVENT : //定时事件(用户自定义事件)
            if (event.user.code == 1)
            {
                if (horse_rect.x <= 640)
                    horse_rect.x += 15;
                else //出了最右边
                    SDL_RemoveTimer(timer_id); //移除
            }
            break;
        }
    }//内循环结束

    /*外循环:贴骏马图*/
    //贴背景→窗口
    renderer.CopyFrom(bkgnd.texture);

    //贴第一朵白云
    SDL_Rect cloud_rect_1{200, 20, 156, 78};
    renderer.CopyFrom(cloud.texture, nullptr, &cloud_rect_1);
    //贴第二朵白云
    SDL_Rect cloud_rect_2{340, 6, 156, 78};
    renderer.CopyFrom(cloud.texture, nullptr, &cloud_rect_2);

    //贴骏马
    renderer.CopyFrom(horse.texture, nullptr, &horse_rect);
    renderer.Present();
    SDL_Delay(1);
}//外循环结束
……
```

　　用户按下 t 键后,代码增加对定时器 ID 的判断,仅在它为零时才创建。每当收到定时事件,程序让骏马的目标位置在横向上自增 15 个像素,直到完全"走"出窗口右侧,调用 SDL_RemoveTimer(timer_id)以结束定时器。编译、运行,按下 t 键,骏马终于动起来了;请观察当它走出窗口时,定时器是否被移除。

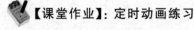【课堂作业】:定时动画练习

　　作业:让白云也动起来,要求是随机地左右飘移;

379

附加题:再画一张大小一样的骏马图,但四腿形状有变动,让小马走动过程更逼真。

5. 自实现定时逻辑

由于事件循环总是在不断地转圈,所以它天生就是一个定时器的底层驱动,并且它在主线程。

假设把"骏马"视为一个对象思考,假设它有一个 StartRun()即"开跑"的方法,调用它时,记录此刻的时间,称为"开跑时间"。StartRun()方法运行时,仅是记录开跑的时间,并不会真的让骏马跑起来。因此需要再为它添加一个 OnTime 方法。并在外层事件循环中调用。在该方法中再次读取当前时间,和之前记录的"开跑时间"相减,如果发现已经等于或超过 500 ms,就改变骏马图的坐标。这是广东新同事的做法,很聪明的做法。我们会在后面"宝岛保卫战"的游戏案例中,将"自实现定时逻辑"和 SDL 库的定时器结合起来使用。

6. C++封装

广东同事的做法我们先不理,以下是对 SDL 定时逻辑的简单封装,它的重点是将定时回调函数固定设置成类的某个静态方法,在该方法内直接添加定时事件。请为 hello_sdl 项目添加**sdl_timer. hpp** 头文件,代码如下:

```
#ifndef SDL_TIMER_HPP_INCLUDED
#define SDL_TIMER_HPP_INCLUDED

#include < SDL2/SDL_timer.h >
#include < SDL2/SDL_events.h >

namespace sdl2
{

struct Timer
{
    Timer()
        : timer_id(0)
        , interval(0)
        , event_code(0)
        , user_data(nullptr)
    {
    }

    ~Timer()
    {
        if (timer_id != 0)
        {
            SDL_RemoveTimer(timer_id);
        }
```

```
    }

    explicit operator bool() const
    {
        return timer_id != 0;
    }

    Timer(Timer const& ) = delete;
    Timer& operator = (Timer const& ) = delete;

    //开始(创建)内部定时器
    bool Start(Uint32 interval
              , Sint32 event_code = 0
              , void * data = nullptr)
    {
        if (timer_id != 0) //已经创建过了
            return false;

        this->user_data = data;
        this->interval = interval;
        this->event_code = event_code;

        //添加定时器
        timer_id = SDL_AddTimer(interval
                               , &Timer::Callback //回调
                               , this);   //定时器用户数据固定为 this

        return (timer_id != 0);
    }

    //结束(移除)内部定时器
    void Stop()
    {
        if (timer_id != 0)
        {
            SDL_RemoveTimer(timer_id);
            timer_id = 0;
        }
    }

    //重新开始
    bool Restart()
    {
        Stop();
        return Start(interval, event_code, user_data);
    }

    //顺便封装 SDL_Delay(),静态方法
    static void Delay(Uint32 ms)
```

```
        {
            SDL_Delay(ms);
        }

    Uint32 GetInterval() const
        {
            return interval;
        }
    Sint32 GetEventCode() const
        {
            return event_code;
        }
    void * GetUserData() const
        {
            return user_data;
        }
private:
    static Uint32 Callback(Uint32 interval, void * param)
        {
            Timer * self = static_cast < Timer * > (param);
            if (!self)
                return 0;

            SDL_Event event;
            event.type = SDL_USEREVENT;  //
            event.user.code = self ->event_code; //事件二级分类
            //注意,事件的 data 被征用
            //总是被用于记录定时器对象
            event.user.data1 = self;
            //data2 才是用户自定义事件数据(可有可无)
            event.user.data2 = self ->user_data;

            if (1 != SDL_PushEvent (&event))
            {
                self ->timer_id = 0;
                return 0; //添加事件失败,结束定时
            }
            return interval;
        }
private:
    SDL_TimerID timer_id;
    Uint32 interval;
    Sint32 event_code;
    void * user_data;
};
} //sdl2
# endif // SDL_TIMER_HPP_INCLUDED
```

7. 封装的应用

打开 main. cpp，改用 sdl2::Timer 实现骏马走动的代码如下：

```
#include < iostream >

#include < SDL2/SDL.h >
#include < SDL2/SDL_video.h >

#include "sdl_initiator.hpp"
#include "sdl_error.hpp"
#include "sdl_window.hpp"
#include "sdl_surface.hpp"
#include "sdl_texture.hpp"
#include "sdl_renderer.hpp"
#include "sdl_timer.hpp"

using namespace std;

//加载图片为纹理，不设置透明色
SDL_Texture * LoadBMPTexture(SDL_Renderer * renderer
                            , char const * filename)
{
    sdl2::BitmapSurface bmp(filename);
    if (!bmp)
    {
        return nullptr;
    }
    return sdl2::Texture(renderer, bmp.surface).Release();
}

//加载图片为纹理，并设置透明色
SDL_Texture * LoadBMPTexture(SDL_Renderer * renderer
                 , char const * filename
                 , Uint8 key_r, Uint8 key_g, Uint8 key_b)
{
    sdl2::BitmapSurface bmp(filename);
    if (!bmp)
    {
        return nullptr;
    }
    bmp.EnableColorKey(key_r, key_g, key_b, 0);
    return sdl2::Texture(renderer, bmp.surface).Release();
}

//加载图片为纹理，并设置透明色和混色
SDL_Texture * LoadBMPTexture(SDL_Renderer * renderer
                 , char const * filename
                 , Uint8 key_r, Uint8 key_g, Uint8 key_b
```

```
                        , Uint8 alpha_mod
                        , SDL_BlendMode blend_mode = SDL_BLENDMODE_BLEND)
{
    sdl2::BitmapSurface bmp(filename);
    if (!bmp)
    {
        return nullptr;
    }
    bmp.EnableColorKey(key_r, key_g, key_b, 0);
    bmp.SetAlphaMod(alpha_mod);
    bmp.SetBlendMode(blend_mode);
    return sdl2::Texture(renderer, bmp.surface).Release();
}

int main(int argc, char * argv[])
{
    sdl2::Initiator::Instance().Init(SDL_INIT_VIDEO
                            | SDL_INIT_AUDIO
                            | SDL_INIT_EVENTS
                            | SDL_INIT_TIMER);

    if (!sdl2::Initiator::Instance())
    {
        cerr << sdl2::last_error() << endl;
        return -1;
    }

    //普通大小窗口
    sdl2::Window wnd("hello sdl"
                        , sdl2::WindowPosition()
                        , 640, 480
                        , sdl2::WindowFlags());
    if (!wnd)
    {
        cerr << sdl2::last_error() << endl;
        return -1;
    }

    //准备窗口的渲染器
    sdl2::Renderer renderer(wnd.window);
    if (!renderer)
    {
        cerr << sdl2::last_error() << endl;
        return -1;
    }
```

```
//准备背景图(不需要透明和混色)
sdl2::Texture bkgnd(LoadBMPTexture(renderer.renderer
                                 , "bkgnd.bmp"));
if (!bkgnd)
{
    cerr << sdl2::last_error() << endl;
    return -1;
}

//准备小马图,透明色为白色
sdl2::Texture horse(LoadBMPTexture(renderer.renderer
                                 , "sdl.bmp"
                                 , 0xFF, 0xFF, 0xFF));
if (!bkgnd)
{
    cerr << sdl2::last_error() << endl;
    return -1;
}

//准备白云图纹理,透明色为红色,不透明度为188
sdl2::Texture cloud(LoadBMPTexture(renderer.renderer
                                 , "cloud.bmp"
                                 , 0xFF, 0, 0, 188));
if (!cloud)
{
    cerr << sdl2::last_error() << endl;
    return -1;
}

//定时器
sdl2::Timer timer;
//小马的宽度
int w = 0;
horse.GetSize(&w, nullptr);
//小马的起始位置,靠左侧站立
SDL_Rect horse_rect {-w, 65, 468, 350};

//事件循环
bool Q = false;
while (!Q) //一直循环,直到Q为真
{
    SDL_Event event;
    while (SDL_PollEvent(&event))
```

```
        {
            //内循环工作
            switch (event.type)
            {
            case SDL_QUIT :
                Q = true;
                break;
            case SDL_KEYDOWN :
                if (event.key.keysym.sym == SDLK_t && !timer)
                {
                    int const horse_run_timer_code = 1;
                    timer.Start(500, horse_run_timer_code);
                }
                break;
            case SDL_USEREVENT :
                if (event.user.code == 1)
                {
                    if (horse_rect.x <= 640)
                        horse_rect.x += 15;
                    else //出最右边了
                        timer.Stop();
                }
                break;
            }
        }//内循环结束

        /*外循环:贴骏马图*/
        //贴背景→窗口
        renderer.CopyFrom(bkgnd.texture);

        //贴第一朵白云
        SDL_Rect cloud_rect_1{200, 20, 156, 78};
        renderer.CopyFrom(cloud.texture, nullptr, &cloud_rect_1);
        //贴第二朵白云
        SDL_Rect cloud_rect_2{340, 6, 156, 78};
        renderer.CopyFrom(cloud.texture, nullptr, &cloud_rect_2);

        //贴骏马
        renderer.CopyFrom(horse.texture, nullptr, &horse_rect);

        renderer.Present();
        sdl2::Timer::Delay(1);
    }//外循环结束
    return 0;
}
```

运行效果如图 15-57 所示。

目送骏马走出游戏窗口,再见,小马。

图 15 - 57　刚刚走进画面的的骏马

15.4.11　碰撞检测

1. 基本概念

写游戏少不得做碰撞检测,比如赛车游戏要检查车是不是还在车道区域内跑,射击游戏要检查子弹是否击中目标等。最常碰上的碰撞检测有:两个方块是否存在重叠? 某个点是否在某个方块范围内? 某条线段是否和某个方块存在交接等。SDL提供用于碰撞检测的常用函数有:

① SDL_HasIntersection():检测两个方块是否重叠;

② SDL_PointInRect():检测指定点是否在指定方块之内;

③ SDL_IntersectRectAndLine():取得指定线段和指定方块存在重叠的子段;

④ SDL_RectEmpty():判断一个方块是否为空(宽或高小于等于零);

⑤ SDL_RectEquals():两个方块是否相等(位置、宽高都必须相等);

⑥ SDL_UnionRect():取两个方块的并集,即取可以同时包含指定的两方块的最小方块。

这些函数都在头文件 < SDL2/SDL_rect. h > 中声明。

2. C++封装

重点封装以下碰撞测试:

（1）点和线碰撞检测：即指定点是否在指定线之上？SDL 没有该类检测函数，我们使用线和面的碰撞加以模拟，即把点变成一个宽度 1 高度 1 的方框，然后让它和指定线进行碰撞。如果存在碰撞，再检测碰撞位置是否在原来的点上；正规做法应该是求出线的方程式，然后代入点。

（2）点和面碰撞检测：即指定点是否在指定面之内。

（3）线和面碰撞检测：即指定线是否"穿过"指定面，如果有，可以返回穿过时线和面的边框交叉的两个端点位置。

（4）面和面碰撞检测：即两个方块是否存在部分重叠。

线和线，以及 SDL 提供的其他和 SDL_Rect 有关的操作，课程暂不作封装。

请在 hello_sdl 项目中新建头文件 **sdl_collision. hpp**，并加入所有构建目标。头文件添加内容如下：

```
#ifndef SDL_COLLISION_HPP_INCLUDED
#define SDL_COLLISION_HPP_INCLUDED

#include < SDL2/SDL_rect.h >

namespace sdl2
{
namespace Collision
{

//点与线碰撞检测
bool HasCollision(SDL_Point const& point
                    , int x1, int y1, int x2, int y2);

//点与面碰撞检测
bool HasCollision(SDL_Point const& point, SDL_Rect const& rect);

//线与面碰撞检测
bool HasCollision(SDL_Rect const& rect, int x1, int y1, int x2, int y2);

//线与面碰撞检测,并返回交叉点
bool HasCollision(SDL_Rect const& rect
                    , int * x1, int * y1, int * x2, int * y2);

//面与面碰撞检测
bool HasCollision(SDL_Rect const& a, SDL_Rect const& b);

} //Collision
} //sdl2

#endif // SDL_COLLISION_HPP_INCLUDED
```

在该头文件中按 F11，创建对应的源文件 **sdl_collision. cpp** 并加入 hello _sdl 项目所有的构建目标，源文件内容如下：

```cpp
#include "sdl_collision.hpp"

namespace sdl2
{
namespace Collision
{
//点与线碰撞检测
//SDL 并没有直接提供点是否在线上的检查
//使用面与线碰撞检测进行模拟(结果仅为近似)
bool HasCollision(SDL_Point const& point
                , int x1, int y1, int x2, int y2)
{
    //先把点变成面
    SDL_Rect r {point.x, point.y, 1, 1}; //宽 1,高 1 的面

    //指定线是否和该面有交叉
    SDL_bool b = SDL_IntersectRectAndLine(&r, &x1,&y1, &x2, &y2);
    //如果有交叉,现在的{x1,y1}和{x2,y2}会变成
    //线段和方块的边框相交的两个点
    return (b == SDL_TRUE
            && ((point.x == x1 && point.y == y1)
                || (point.x == x2 && point.y == y2)));
}


//点与面碰撞检测
//检查点 point 是否和方块 rect 存在重叠
//即点是否在指定面上:
bool HasCollision(SDL_Point const& point, SDL_Rect const& rect)
{
    return SDL_TRUE == SDL_PointInRect(&point, &rect);
}


//线与面碰撞检测
bool HasCollision(SDL_Rect const& rect, int x1, int y1, int x2, int y2)
{
    return SDL_TRUE == SDL_IntersectRectAndLine(&rect
                    , &x1, &y1, &x2, &y2);
}


//线与面碰撞检测,并返回交叉点
bool HasCollision(SDL_Rect const& rect
                , int * x1, int * y1, int * x2, int * y2)
{
        return SDL_TRUE == SDL_IntersectRectAndLine(&rect
                            , x1, y1, x2, y2);
}
```

```
//面与面碰撞检测
bool HasCollision(SDL_Rect const& a, SDL_Rect const& b)
{
    return SDL_TRUE == SDL_HasIntersection(&a, &b);
}


} //Collision
} //sdl2
```

重新编译项目,确保新加入的代码文件没有编译警告或错误。

15.5 宝岛保卫战

15.5.1 游戏剧情

公元一三零四年,河外星系遭外族屠杀,部分族人流落地球,机缘巧合下被大明朝武当派开山鼻祖张三丰收留并修习太极奥义。公元一四五八年,张三丰长寝。外族人一分为二,部分以河洛太极图为原型修建飞碟,离开地球;部分潜入太平洋深处与世隔绝,独自生存。

公元二四七七年,勤劳、勇敢、善良的我国工人在太平洋某海域借助大自然的鬼斧神工填海造岛,突遭周边敌国战机轰炸;同时,我国情报机构收到海底神秘生物的信号表明有不明飞行物(以下简称飞碟)正在靠近该海域,可能对人类发起攻击!报信的生物正是千年前留在海底的外星人,已经进化为神秘的鲸鱼,简称神鲸。值此全人类生死存亡之际,我方对敌国发出信令:停止人类内战,一致对外!万万没有想到该国政府、军队等人员因遭多年核辐射,一夜之间全部变成鸭子正在飞往人工岛……

历史选择了你!此刻你驾驶"神龙"号潜艇前往现场,而海底神秘生物也在等你,它们是敌是友?人类能否得救?游戏就此拉开序幕。

15.5.2 游戏规则

敌方有飞碟、鸭子和飞机,各自以一定规律出现,从不同高度、以不同姿势从东往西飞,并在飞行过程发射子弹攻击我方。我方包括宝岛、潜艇和神鲸,宝岛只能被攻击,潜艇和神鲸以各自的方式发起攻击;其中潜艇受控玩家键盘操作,神鲸则自行游动。

飞碟的攻击目标是潜艇和神鲸,可能是因为岛下水域有他们之前留下的设备,所以除非气急败坏,否则外星人不主动攻击宝岛。奇怪的是他们会攻击鸭子!令人百思不得其解,直到一被捕外星人供述,才知外星人看到了鸭子的变异过程,认定这种变态肯定不是好东西,留着恐成为整个星系的后患。

鸭子和飞机都只能攻击宝岛和潜艇,无法攻击海底的神鲸,因为它们发出的子弹落水就"哑"了。我方潜艇平时半露水面,如需要紧急躲避鸭子和飞机的攻击,可使用下潜功能。

神鲸从深海发射"太极弹",太极弹有两大特点:一是阴阳相济,既可以攻击敌方,也可以为我方潜艇补充生命力;二是力道绵延,当击中某一目标之后,如果还有能量,太极弹将穿透该目标,继续飞行,攻击下一个目标。其他的包括潜艇发射的子弹都因为过于刚烈,会在击中时和目标物体一起爆炸。

【轻松一刻】:老师你在吹牛吗

随便上网搜索"太极大师"的视频,就知道此处对"太极弹"的描述有多谦虚。

宝岛具备自愈能力,每过 1 秒自增 10 点生命力。受到攻击则减少生命力;减至零,全岛崩塌,外星人将和岛下设备连通,并下达引爆地核的指令。

潜艇只有一艘,可以借助神鲸恢复生命力。如果生命力为零或负数,鸭子将占领宝岛,但它们同样会被外星人消灭,地球仍将被引爆。神鲸也只有一头,不具备自愈能力。如果被攻击至死,我方将独自抗战且无法续命,这种情况下要击败飞碟基本上是一件不可能完成的任务。

飞碟也只有一架,具有恐怖的超高生命力,并且每过 1 分钟自我恢复 500 点生命力。除了对抗各方以外,游戏中还有一些围观群众,主要是海里的小鱼小虾,它们不会受到攻击,也不会发起攻击,只是在海里游啊游,提醒参战的各方,和平是多么的珍贵。

15.5.3 战前准备

1. 准备项目

在 Code::Blocks 中通过向导创建空的控制台项目,命名 Island_Defense。进入基本构建配置对话框,选中左边构建目标树的根节点,右边 Linker settings 页内加入链接库 mingw32、SDL2main 和 SDL2。切换到 Search directories 页,为 Compiler 加入 " $(\#$ sdl32. INCLUDE)", Linker 加入 " $(\#$ sdl32. LIB)" 和 " $(\#$ sdl32. BIN)"。

打开 main. cpp 文件,修改主函数的入参列表,最后内容如下:

```
#include < iostream >

using namespace std;

int main(int argc, char * argv[])
{
    cout << "Hello world!" << endl;
    return 0;
}
```

在之前 hello_sdl 项目文件夹中,找到以下 10 个文件,如表 15 - 14 所列。

表 15 - 14　来自 hello_sdl 项目的 SDL 封装源文件列表

文件名	备　注
sdl_collision. hpp 和 sdl_collision. cpp	各类碰撞检测的函数封装
sdl_error. hpp 和 sdl_error. cpp	获取 SDL 最后一次操作出错信息的简单封装
sdl_initiator. hpp	初始化 SDL
sdl_renderer. hpp	渲染器
sdl_surface. hpp	表层
sdl_texture. hpp	纹理
sdl_timer. hpp	定时器
sdl_window. hpp	窗口

将它们复制到 Island_Defense 文件夹内,回到 Code::Blocks,将复制后的文件加入当前项目。保存项目,并确保项目编译通过。

2. 窗口、背景

进入项目文件夹下创建子文件夹 images,我们将把游戏所需的图片都存储在此处。首先准备整个游戏的背景图,打开 Windows 的画图程序,设置画布大小为 786×587,图的内容就是几条色块,各色块高度以及作用说明如图 15 - 58 所示。

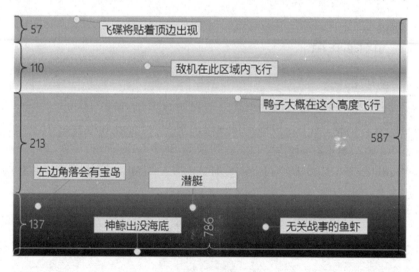

图 15 - 58　游戏背景以及区域划分

底部占用 137 像素高度的区域是自顶向下由浅至深的蓝色,以示大海。我承认渐变效果不是用画图程序画的,敌机飞行区域也不是。也许你也想借助其他工具程序画一张逼真的战场,建议还是先别花这个时间,等程序完成后再美化。将该图以

24 位色深的位图格式保存到 images 目录下,命名 bkgnd. bmp。

打开 main. cpp 文件,加入创建窗口、创建渲染器、事件循环、背景绘制等内容的代码。为方便调试,窗口暂时不设置成全屏,大小就是 786×587:

```cpp
#include <iostream>

#include "sdl_error.hpp"
#include "sdl_initiator.hpp"
#include "sdl_window.hpp"
#include "sdl_surface.hpp"
#include "sdl_texture.hpp"
#include "sdl_renderer.hpp"

using namespace std;

//加载图片为纹理,不设置透明色
SDL_Texture * LoadBMPTexture(SDL_Renderer * renderer
                            , char const * filename)
{
    sdl2::BitmapSurface bmp(filename);

    if (!bmp)
    {
        return nullptr;
    }

    return SDL_CreateTextureFromSurface(renderer, bmp.surface);
}

int main(int argc, char * argv[])
{
    //初始化 SDL 库
    sdl2::Initiator::Instance().Init();
    //创建窗口
    sdl2::Window wnd("Island Defense"
                    , sdl2::WindowPosition()
                    , 786, 517
                    , sdl2::WindowFlags());

    if (!wnd)
    {
        cerr << sdl2::last_error() << endl;
        return -1;
    }

    //创建渲染器
    sdl2::Renderer renderer(wnd.window);
    if (!renderer)
    {
```

```
        cerr << sdl2::last_error() << endl;
        return -1;
    }
    //设置缩放质量
    sdl2::RendererDriver::HintScaleQuality();
    //设置逻辑尺寸
    renderer.SetLogicalSize(786, 517);

    //加载背景图
    sdl2::Texture bkgnd(LoadBMPTexture(renderer.renderer
                            , "images//bkgnd.bmp"));
    if(!bkgnd)
    {
        cerr << sdl2::last_error() << endl;
        return -1;
    }

    //事件循环
    bool quit(false);
    while(!quit)
    {
        SDL_Event e;
        while( SDL_PollEvent( &e ) != 0 )
        {
            switch(e.type)
            {
                case SDL_QUIT :
                {
                    quit = true;
                    break;
                }
            }
        }
        //贴背景图
        renderer.CopyFrom(bkgnd.texture);
        renderer.Present();
    }

    return 0;
}
```

编译、运行,所见就是那张背景图。

3. 纹理库

TextureLibrary 类

游戏需要用到不少图片,上面代码中的 LoadBMPTexture( )会被大量使用。我
们还需要准备一个"TextureLibrary(纹理库)"的单例类,以管理所有纹理、同时封装
如何生成纹理的操作。

现有的 LoadBMPTexture()函数就用于从图片文件生成纹理,不过它生成的纹理既不透明,也无混色,依据高中学习的排列组合知识,我们知道应该还有其他三种可能:透明但不混色、不透明但混色、既透明又混色;四样操作都将归为 TextureLibrary 的方法。四样操作的流程很相似,比如流程一:"加载图片得到一个表层 → 让表层透明 → 从表层生成纹理";再如流程二:"加载图片得到一个表层 → 让表层混色 → 从表层生成纹理"。一头一尾的处理完全相同,只是中间操作不同,因此后续封装会写一个函数将中间操作当作入参处理,所有四样操作都基于此函数实现。

要有心理准备,"宝岛保卫战"项目不简单,表现之一是:不可能将所有代码都写在 main.cpp 文件中。不少代码需要用到同一个渲染器,我们把渲染器也扔到纹理库类中。听起来有些不对,但其实也很合情合理,因为渲染器和纹理本来就需要紧密配合。这里提到的纹理库是管理"宝岛保卫站"这个游戏所有纹理的库,而不是通用的纹理管理库,因此它将位于 Game 名字空间下,而不是之前使用的 sdl2。

新建头文件 texture_library.hpp 并加入项目构建目标,编辑其内容如下:

```cpp
#ifndef TEXTURE_LIBRARY_HPP_INCLUDED
#define TEXTURE_LIBRARY_HPP_INCLUDED

#include < functional >

#include "sdl_surface.hpp"
#include "sdl_texture.hpp"
#include "sdl_renderer.hpp"

namespace Game
{

//整个游戏的纹理库
class TextureLibrary
{
private:
    TextureLibrary() = default;
    TextureLibrary(TextureLibrary const& ) = delete;
public:
    static TextureLibrary& Instance()
    {
    static TextureLibrary instance;
        return instance;
    }

    //初始化游戏所需的所有纹理
    bool Init(sdl2::Renderer * renderer);

    //得到渲染器
    sdl2::Renderer * GetRenderer()
```

```
    {
        return _renderer;
    }

    //得到背景纹理
    sdl2::Texture * GetBkgnd()
    {
        return &_bkgnd;
    }

public:
    //加载图片为纹理,不透明、不混色
    bool LoadBMPTexture(char const * filename
                        , sdl2::Texture& texture);
    //加载图片为纹理,透明、不混色
    bool LoadBMPTexture(char const * filename
                        , sdl2::Texture& texture
                        //指定透明色
                        , Uint8 r, Uint8 g, Uint8 b);
    //加载图片为纹理,不透明、混色
    bool LoadBMPTexture(char const * filename
                        , sdl2::Texture& texture
                        //指定混色(不透明度)
                        , Uint8 a);
    //加载图片为纹理,透明、混色
    bool LoadBMPTexture(char const * filename
                        , sdl2::Texture& texture
                        //指定透明色
                        , Uint8 r, Uint8 g, Uint8 b
                        //指定混色(不透明度)
                        , Uint8 a);
private:
063 typedef std::function < void(sdl2::Surface& ) > BmpOperator;
064 bool LoadBMPTexture(char const * filename
                        , sdl2::Texture& texture
                        , BmpOperator bmp_operator);

private:
    sdl2::Renderer * _renderer; //渲染器

    sdl2::Texture _bkgnd; //背景纹理
};

}

# endif // TEXTURE_LIBRARY_HPP_INCLUDED
```

063 行将入参为 Surface,返回值为 void 的 function 定义成一个类型别名,将它作为 064 行的 LoadBMPTexture()函数的最后一个入参,用于为函数中生成的临时图片表层做透明、混色相关的加工处理。从 063 行往上看，有四个同名函数，它们都将基于该函数实现。

Init()函数并不仅仅将入参中的"sdl2::Renderer(渲染器)"赋值给私有成员数据"_renderer"，它还需要借助该渲染器，反复调用各个版本的 LoadBMPTexture()，将本游戏所需的图片都加载成对应的纹理。如果因为某张图片不存在或格式有误等原因造成加载失败，Init()将返回假，令整个游戏退出。当前我们需要加载的只有一张背景图，背景图使用私有成员 sdl2::Texture _bkgnd 存储，可通过 GetBkgnd()返回其指针。

在项目中创建并加入对应的 **texture_library. cpp** 源文件，代码如下：

```cpp
# include "texture_library. hpp"

# include < SDL2/SDL_assert. h >

namespace Game
{

bool TextureLibrary::Init (sdl2::Renderer * renderer)
{
    SDL_assert(renderer != nullptr);
    this -> _renderer = renderer;

    //(1)加载背景,不透明、不混色
    if (!LoadBMPTexture("images/bkgnd. bmp", _bkgnd))
    {
        return false;
    }

    /*
        后面将加载更多纹理
    */

    return true;
}

bool TextureLibrary::LoadBMPTexture (char const * filename
                    , sdl2::Texture& texture
                    , BmpOperator bmp_operator)
{
    sdl2::BitmapSurface bmp(filename);
    if (!bmp)
    {
        return false;
    }

    bmp_operator(bmp);//这里加工图片表层
```

```cpp
    sdl2::Texture tmp(_renderer->renderer, bmp.surface);
    texture.Reset(tmp.Release());
    return (nullptr != texture.texture);
}


bool TextureLibrary::LoadBMPTexture(char const * filename
                                   , sdl2::Texture& texture)
{
    auto do_nothing = [](sdl2::Surface& b) {}; //空操作
    return LoadBMPTexture(filename, texture, do_nothing);
}

bool TextureLibrary::LoadBMPTexture(char const * filename
                                   , sdl2::Texture& texture
                                   , Uint8 r, Uint8 g, Uint8 b)
{
    //变透明
    auto make_transparent = [r, g, b](sdl2::Surface& bmp)
    {
        bmp.EnableColorKey(r, g, b, 0);
    };
    return LoadBMPTexture(filename, texture, make_transparent);
}

bool TextureLibrary::LoadBMPTexture(char const * filename
                                   , sdl2::Texture& texture
                                   , Uint8 a)
{
    //混色
    auto blend = [a](sdl2::Surface& bmp)
    {
        bmp.SetBlendMode(SDL_BLENDMODE_BLEND);
        bmp.SetAlphaMod(a);
    };
    return LoadBMPTexture(filename, texture, blend);
}


bool TextureLibrary::LoadBMPTexture(char const * filename
                                   , sdl2::Texture& texture
                                   , Uint8 r, Uint8 g, Uint8 b
                                   , Uint8 a)
{
    //又透明又混色
    auto transparent_blend = [r, g, b, a](sdl2::Surface& bmp)
    {
        bmp.EnableColorKey(r, g, b, 0);
        bmp.SetBlendMode(SDL_BLENDMODE_BLEND);
        bmp.SetAlphaMod(a);
```

```
    };
    return LoadBMPTexture(filename, texture, transparent_blend);
}

} //Game
```

对图片表层的加工处理全部使用 lambda 表达式完成。

使用 TextureLibrary

有了纹理库类,main.cpp 文件将变简单一些,最新代码如下:

```
#include < iostream >

#include "sdl_error.hpp"
#include "sdl_initiator.hpp"
#include "sdl_window.hpp"
#include "texture_library.hpp"

using namespace std;

int main(int argc, char * argv[])
{
    //初始化 SDL 库
    sdl2::Initiator::Instance().Init();
    //创建窗口
    sdl2::Window wnd("Island Defense"
                , sdl2::WindowPosition()
                , 786, 517
                , sdl2::WindowFlags());

    if (!wnd)
    {
        cerr << sdl2::last_error() << endl;
        return -1;
    }

    //创建渲染器
    sdl2::Renderer renderer(wnd.window);
    if (!renderer)
    {
        cerr << sdl2::last_error() << endl;
        return -1;
    }
    //设置缩放质量
    sdl2::RendererDriver::HintScaleQuality();
    //设置逻辑尺寸
    renderer.SetLogicalSize(786, 517);

    //通过纹理库实始化所有纹理
    auto& lib = Game::TextureLibrary::Instance();
```

```
    if(!lib.Init(&renderer))
    {
        cerr << sdl2::last_error() << endl;
        return -1;
    }

    //事件循环
    bool quit(false);
    while(!quit)
    {
        SDL_Event e;
        while( SDL_PollEvent( &e ) != 0 )
        {
            switch(e.type)
            {
                case SDL_QUIT :
                {
                    quit = true;
                    break;
                }
            }
        }
        //贴背景图
        renderer.CopyFrom(lib.GetBkgnd()->texture);
        renderer.Present();
    }

    return 0;
}
```

请编译运行,确保运行正常。

4. 配置项

像游戏窗口宽高,海平面高度,在代码中的很多地方都需要这些数据。比如在海中显示自由自在的小鱼,如果不知道窗口的宽度,就可能出现小鱼从左往右游出窗口就此(不见)了的情况;更有甚者,如果不知道海平面在哪,就容易出现小鱼游出水面,跑到天空中飞翔的情况。

新建**game_settings.hpp**头文件并加入 Island_Defense 项目,文件内容如下:

```
#ifndef GAME_SETTINGS_HPP_INCLUDED
#define GAME_SETTINGS_HPP_INCLUDED

namespace Game
{
namespace Settings
{

//屏幕宽高
```

```
const int window_width = 786;
const int window_height = 517;

//海平面
const int sea_y = 380;

} //namespace Settings

} //namespace Game


#endif // GAME_SETTINGS_HPP_INCLUDED
```

15.5.4　战争序幕

1. 场　景

电影有片头片尾,游戏通常在开始前也会有一个介绍游戏剧情、规则的过程;在游戏结束时,需要显示用户是通关还是失败的结果,同时让用户选择再来一把或退出;加上游戏过程本身,就是三个相对独立的过程,通常以"Scene(场景)"称之,比如"序幕场景""游戏场景"和"结局场景"。复杂的游戏还有可能再细分出更多的场景,场景之间相对独立是因为场景在时间线上有前后之分,说人话就是两个场景可以交错出现,但不会同时进行。对应地,游戏程序通常会为每一个场景使用独立的事件循环,这样可以有效地简化代码逻辑。

以本项目为例,当玩家按下空格键,在序幕场景中用于翻页,在游戏场景中用于发射炮弹,在"结局场景"中不做处理。如果三个场景使用同一个事件处理结构,光处理空格键按下这个事件,就需要多出一堆判断逻辑。

> 😀【轻松一刻】: 不要人为地制造混乱
>
> 有些程序员有一种误解,认为用一段代码解决尽量多的问题才是真本事,事实上这是人为地在代码中制造混乱。
>
> 我曾经就有这样的同事,总爱在我面前吹嘘他写的函数像瑞士军刀一样带有多少种功能,思路这么奇葩我可以忍。但这家伙后来同时谈两个女友,并且一直在单身同事面前吹嘘,三观这么不正大家也忍了。关键是有一次公司举办活动,人家居然让两个女友都来参加,两个女生很快就发现不对,他被合伙揍了。之后三个月,他一直在向我们阐述一个观点:让两个女生合揍是一种高效的设计,能够承受两个女生的合揍而存活下来,是一种高超技能,常人做不到。"燕雀安知鸿鹄之志",他不屑地说。

我们还是活得简单一些比较好。序幕场景要做的两件事,一是为用户提供 4 页的剧情介绍,介绍页面会定时地自动向后翻页,如果用户按下空格键,则马上进入下一页。如果已经是最后一页,用户又按下空格键,结束序幕场景开始战斗,即进入游戏场景。

二是为用户提供任务帮助说明。在以上过程中,用户按下 F1 键,进入帮助页面。在帮助页面用户按下空格键,则退回之前的剧情介绍页面;如果用户不按空格,八秒之后也会自动回到剧情页。

【课堂作业】:分析序幕场景需要处理的事件类型

请依据以上需求描述,归纳出在序幕场景中,除 SDL_QUIT 之外还需要处理哪些事件?

2. 准备素材

此时又要准备一张 786×517 的图片,以半透明的方式贴到之前的背景上,形成序幕场景的新背景。文件名 prelue_board.bmp,色深 24 位,后同,内容如图 15-59 所示。

图 15-59 序幕背景图

图 15-59 正中央是一块 387×211 的空白。四页的剧情介绍和一页的帮助文档会以完全不透明的方式,贴到这个位置上,坐标是{199,137}。之所以使用"完全不透明"的方式贴图,是为了保证让用户看到清晰的文字,尽管有超过八成的玩家根本不看任何说明。下面就是四张游戏剧情说明和一张帮助文档,每一张图的尺寸都是 387×211:

(1) 游戏剧情说明第一页,文件 prelue_text_1.bmp,如图 15-60 所示。

(2) 游戏剧情说明第二页,文件 prelue_text_2.bmp,如图 15-61 所示。

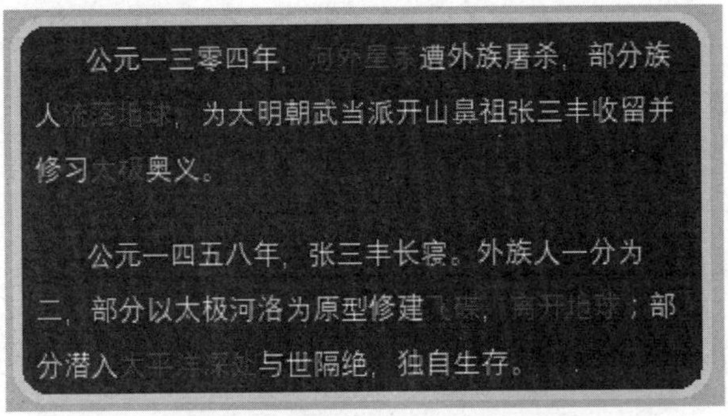

图 15 - 60　剧情说明第一页

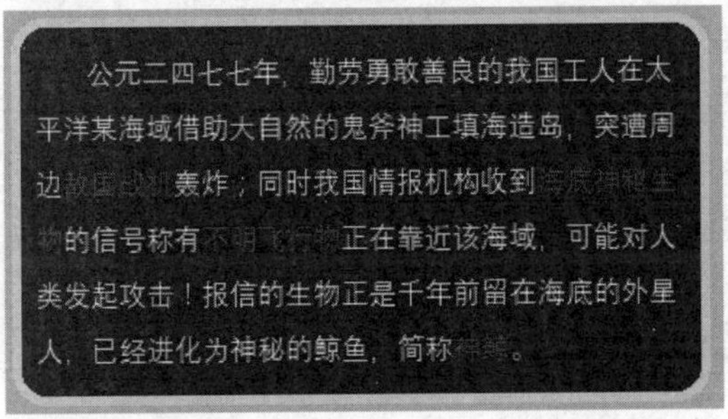

图 15 - 61　剧情说明第二页

（3）游戏剧情说明第三页，文件 prelue_text_3.bmp，如图 15 - 62 所示。

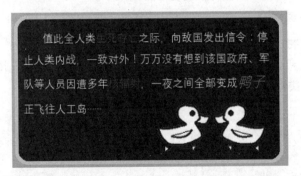

图 15 - 62　剧情说明第三页

（4）游戏剧情说明第四页，文件 prelue_text_4.bmp，如图 15 - 63 所示。

（5）游戏操作帮助说明，文件 help.bmp，如图 15 - 64 所示。

正如你看到的，所有说明文字都事先写在图片上。要到"SDL（下）"章节才能学到如何动态地在游戏运行画面上"画"出文字。将事先可确定的文字以图片的方式提供，这也是游戏编程的惯用法。

准备好以上六张图，使用文中要求的文件名将它们都保存到项目内的 images 目

图 15 - 63 剧情说明第四页

图 15 - 64 帮助说明画面

录中,然后就可以编代码让它们呈现在序幕场景下。

3. 序幕场景

加载序幕素材

首先需要将新画的六张序幕图加入纹理库。先打开 texture_library. hpp,再为 TextureLibrary 类添加私有成员数据,即以下代码黑体部分:

```
      ……
private:
    sdl2::Renderer * _renderer; //渲染器

    sdl2::Texture _bkgnd; //背景纹理

    sdl2::Texture _prelude_board;//序幕背景贴图
    static int const prelude_pages = 4;              //序幕页数
    sdl2::Texture _prelude_text[prelude_pages]; //序幕说明图
    sdl2::Texture _help;//帮助文字
};
```

还需在类中加入获取序幕相关信息的公开方法:

```
//整个游戏的纹理库
class TextureLibrary
{
    ……

    //得到背景纹理
    ……

    //得到序幕说明背景(面板)
    sdl2::Texture * GetPreludeBoard()
    {
        return&_prelude_board;
    }
    //得到序幕页数
    size_t GetPreludePageCount() const
    {
        return prelude_pages;
    }
    //得到序幕说明指定页
    sdl2::Texture * GetPreludePage(size_t index)
    {
        return (index < prelude_pages)?
                &_prelude_text[index]: nullptr;
    }
    //得到帮助页
    sdl2::Texture * GetHelpPage()
    {
        return &_help;
    }
}
```

再打开源文件 texture_library.cpp,加入对标准字符串和字符串流的包含:

```
……
#include < string >
#include < sstream >
……
```

然后找到 Init()方法的实现,加入加载新图片的代码:

```
……
bool TextureLibrary::Init(sdl2::Renderer * renderer)
{
    ……

    //(1)加载背景,不透明、不混色
    ……

    //(2)加载序幕背景贴图,不透明,50%混色
    if (!LoadBMPTexture("images/prelue_board.bmp"
                    , _prelude_board
                    , 178)) //178 是 255 的一半,半透明混色
```

```
    {
        return false;
    }
```

//(3)加载五张剧情说明图片,不透明、不混色
```
for (int i = 0;i < prelude_pages ; ++ i)
{
    //组装图片文件名
    std::stringstream ss;
    ss << "images/prelue_text_" << (i + 1) << ".bmp";
    std::string filename = ss.str();

    if (!LoadBMPTexture(filename.c_str(), _prelude_text[i]))
    {
        return false;
    }
}
```

//(4)加载帮助画面,同样不透明、不混色
```
if (!LoadBMPTexture("images/help.bmp", _help))
{
    return false;
}

    return true;
}
```

编译、确保代码无误并能在运行时加载相应图片。

序幕场景函数

新建头文件**scene_prelude.hpp**并加入项目,代码如下:

```
# ifndef SCENE_PRELUDE_HPP_INCLUDED
# define SCENE_PRELUDE_HPP_INCLUDED

namespace Game
{

//序幕场景
//返回值
//真:要进入下一场景
//假:用户直接关闭窗口,要结束程序
bool scene_prelue ();

} //Game

# endif // SCENE_PRELUDE_HPP_INCLUDED
```

在该头文件中按 F11,创建**scene_prelude.cpp** 源文件,代码如下:

```cpp
#include "scene_prelude.hpp"

#include < SDL2/SDL_assert.h >

#include "sdl_timer.hpp"
#include "texture_library.hpp"

namespace Game
{

//序幕业务数据
struct PreludeData
{
    PreludeData()
        : _lib(TextureLibrary::Instance())
    {
        FirstPage(); //构造时自动到第一页
    }

    //进入剧情介绍第一页
    void FirstPage()
    {
        _is_help_page = false;
        _current_page_index = 0;
        _texture = _lib.GetPreludePage(0);
    }

    //进入剧情介绍下一页或回到剧情页
    bool NextPage()
    {
        //如果当前是帮助页,不实质翻页
        //只是回到原来剧情说明页
        if (_is_help_page)
        {
            _is_help_page = false;
            _texture = _lib.GetPreludePage(_current_page_index);
            return true;
        }

        //如果已经是最后一页,不往下翻
        int last_page_index = _lib.GetPreludePageCount() - 1;
        if (_current_page_index == last_page_index)
        {
            return false;
        }

        //前进
        ++_current_page_index;
        _texture = _lib.GetPreludePage(_current_page_index);
        return true;
```

```
        }

        //进入帮助页
        void HelpPage ()
        {
            if (!_is_help_page)
            {
                _texture = _lib.GetHelpPage();
                _is_help_page = true;
            }
        }

        //得到当前要显示的纹理
        sdl2::Texture * GetTexture ()
        {
            return _texture;
        }

private:
    TextureLibrary& _lib;
    SDL_Texture * _texture; //当前页的纹理

    //当前页码
    int _current_page_index;
    bool _is_help_page; //是否帮助页面
};

//序幕场景函数
bool scene_prelue ()
{
    //创建并初始化序幕业务数据
    PreludeData data ;

    //需要定时器,定时翻页
    sdl2::Timer timer;
    const int timer_code = 1; //定时器的事件子编码
    timer .Start(8000, timer_code); //8s 一页

    bool quit = false;
    while(!quit)
    {
        SDL_Event e;
        while( SDL_PollEvent( &e ) != 0 )
        {
            switch(e.type)
            {
                case SDL_QUIT :
                {
                    quit = true;
                    break;
```

```
        }
        case SDL_USEREVENT :
        {
            //定时器自定义事件
            if (e.user.code == timer_code)
            {
                data.NextPage();
            }
            break;
        }
        case SDL_KEYUP :
        {
            if (e.key.keysym.sym == SDLK_SPACE)
            {
                //用户按下空格键
                //不管定时到不到,直接进下一页
                if (data.NextPage())
                {
                    //定时器要重新开始,为什么
                    //因为是用户手工(按键)进入新的一页面
                    //如果定时器不重新开始
                    //新页面会不到8s就自动翻篇
                    timer.Restart();
                }
                else
                {
                    //进入下一页失败? 说明这就是最后一页
                    //此时用户按下空格键,是要开始战斗了
                    return true;
                }
            }
            else if (e.key.keysym.sym == SDLK_F1)
            {
                //用户按下F1,进入帮助页
                data.HelpPage();
            }
            break;
        }
    }// switch
}// while events

TextureLibrary& lib(TextureLibrary::Instance());
sdl2::Renderer * renderer = lib.GetRenderer();
//我都在循环里了,还没准备好渲染器吗
SDL_assert(renderer != nullptr);

//显示游戏的背景
renderer->CopyFrom(lib.GetBkgnd());

//显示序幕的面板
```

```
            renderer ->CopyFrom(lib.GetPreludeBoard());

            //显示当前页(剧情介绍或帮助文档)
            SDL_Texture * page = data.GetTexture();
            //到现在还没搞清楚要显示哪一页吗
            SDL_assert(page != nullptr);

            //目标区域(x, y, w, h):
            SDL_Rect page_rect {199, 137, 387, 211};
            renderer ->CopyFrom(page, nullptr, &page_rect);

            //上演
            renderer ->Present();
        }// while scene

        //用户按下 Alt + F4 或者直接关闭游戏窗口
        //触发 SDL_QUIT 事件,到达此处,返回 false
        //表示不用进入下一场景
        return false;
    }

} //Game
```

阅读以上代码,要能看出它的一个重要思路:将业务相关的逻辑从事件循环框架中剥离出来,放到独立的数据结构中,即本例中的 PreludeData 结构。main.cpp 这次简化得很到位:

```
# include < iostream >

# include "sdl_error.hpp"
# include "sdl_initiator.hpp"
# include "sdl_window.hpp"
# include "texture_library.hpp"
# include "scene_prelude.hpp"

using namespace std;

int main(int argc, char * argv[])
{
    //初始化 SDL 库
    sdl2::Initiator::Instance().Init();
    //创建窗口
    sdl2::Window wnd("Island Defense"
                , sdl2::WindowPosition()
                , 786, 517
                , sdl2::WindowFlags());
```

```
        if (!wnd)
        {
            cerr << sdl2::last_error() << endl;
            return -1;
        }

        //创建渲染器
        sdl2::Renderer renderer(wnd.window);
        if (!renderer)
        {
            cerr << sdl2::last_error() << endl;
            return -1;
        }
        //设置缩放质量
        sdl2::RendererDriver::HintScaleQuality();
        //设置逻辑尺寸
        renderer.SetLogicalSize(786, 517);

        //通过纹理库初始化所有纹理
        auto& lib = Game::TextureLibrary::Instance();
        if (!lib.Init(&renderer))
        {
            cerr << sdl2::last_error() << endl;
            return -1;
        }

        //开始序幕场景
        bool go_next_scene = Game::scene_prelue();
        if (!go_next_scene)
        {
            return 0;
        }

        /*暂时也没有下一场景…… */
        return 0;
    }
```

这次的运行效果值得看一眼,如图 15-65 所示。

请在主函数中的"if (! go_next_scene)"行设置断点,然后分别测试变量 go_next_scene 为真和为假的情况。

15.5.5　角色设计

1. 角色 MVC 设计

在序幕场景中,轮番登场的"演员"是"五虎将":四页剧情说明和一页帮助文档。同样是图片,为什么却不称那两张背景图为"演员"呢?通常我们将事件循环的开始视为一场游戏或一幕场景的开始,将事件循环的结束视为游戏或场景的结束,那

图 15 - 65　序幕场景运行画面

些会在事件循环中发生变化的一个或一组图片,才有可能被称为"演员/角色"。

序幕场景还为我们演示了游戏"角色"的"表演之道":角色的数据(包括行为)被剥离成独立结构的角色对象,通常在内层的事件循环中,通过事件驱动、控制、修改角色对象的数据,最后在外层循环中展现角色的最新状态。三者正好构造"model(模型)"—"view(视图)"—"controller(控制器)"设计(简称 MVC),示意如图 15 - 66 所示。

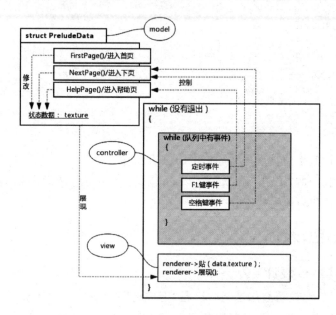

图 15 - 66　游戏中角色"上演"所使用 MVC 设计

很快,我们就要让游戏中的大海里出现一只自由自在游泳的小鱼,套用 MVC 的设计,首先要定义一个 Fish 类,并为它添加 Swimming()方法,该方法会修改小鱼图片的坐标数据,这是 model。接着要在事件处理的内层循环中响应某个定时器的事件,定时地调用"鱼"的"游泳"方法,这是 controller,最后在外层循环中借助渲染器将"鱼"在新的坐标位置上画出来,这是 view。

🕹 【课堂作业】: MVC 设计练习

请参考前面有关"PreludeData(序幕数据)"的 MVC 设计示意,画出 Fish 游泳的 MVC 设计示意图。

实际实现时,小鱼游泳的定时间隔要设置多长才合适呢? 这得看这条鱼会怎么游泳。如果希望看到一条惊慌失措的鱼,那么定时间隔可以短一些,同时每次改变的坐标偏移大一些;如果希望看到一条悠哉悠哉的鱼,那么定时器间隔可以长一些,同时每次改变坐标偏移小一些。如果海面下有两条鱼,一条惊慌失措,0.5s 就动一下,一条悠哉悠哉,1.5s 才动一下,怎么办? 广东籍同事提供的思路可以用在此处:使用最小的时间隔离,比如 500ms,惊慌的"鱼对象"每响应一次定时事件就动一下,悠哉的"鱼对象"则响应三次事件才实际动一下。

ⓘ 【重要】: 如果部分事件改在外部循环处理,就是在破坏 MVC 设计吗

如果让广东籍同事来设计,他或许会去掉定时器,改为在外部循环中自行计时以模拟定时器,虽然这样会让响应定时的代码变成在外部循环,但很显然,这只是定时器底层实现的机制不同而已,和 MVC 分工设计并无本质区别。

2. 角色类系设计

"保卫宝岛"的游戏中有岛屿、小鱼、潜艇、鲸鱼、飞机、飞碟、鸭子等众多角色,其中小鱼和鲸鱼可以"游泳",但飞碟、飞机就没有此功能,岛屿甚至动都不能动。为了方便以"多态"的方式统一处理,我们设计所有角色的共同基类为 Character,并提供 OnTimer(int interval)接口,表示又一次定时到了,入参 interval 是本次定时的间隔时长。具体的角色对象可自行判断是否更新状态,以及如何更新状态。

除了定时更新状态,所有角色还要提供的另一个功能接口,就是如何显示自己,对应接口为 OnShow()。角色对象会有相应的 Texture(同样在"TextureLibrary(纹理库)"中统一保存管理),再加上有"渲染器",因此将它显示出来是再简单不过的一件事。借助我们所学的知识,除了在指定位置显示角色图片之外,我们还懂得如何让图片上下倒立、左右翻转、缩放和旋转等。出于简化,本游戏中的各类角色都不倒立、不缩放、不旋转,但需要保留左右翻转的功能,因为小鱼和潜艇都有"调头"功能,向左前进就头朝左,向右前进就头朝右。另外,还需要为角色添加"隐藏"功能,因为 UFO 的飞行是神出鬼没的。

在更复杂的游戏中,会有"非可视"角色存在,"保卫宝岛"所有角色都可视,因此直接在基类 Character 加入以上谈及的各类和显示相关的功能。

Fish 是 Character 的一个派生类。在我们的设计中,小鱼是吃瓜群众,它们很安全,不会中弹,而岛屿、鲸鱼、潜艇、飞机、鸭子、飞碟都有可能被各类子弹命中,命中以后有各自的表现。为此,我们在 Character 之下再划分出"Target(目标)"作为可被子弹攻击的角色,目标被击中的基本操作是"LifePower(生命力)"减少。

真的只有小鱼、岛屿、潜艇、鲸鱼、飞机、飞碟、鸭子这些角色吗?我们漏掉了重要的角色:Bullet(子弹)。子弹其下还需细分出"DuckShit(鸭屎蛋)""PlaneBomb(飞机炸弹)"、"UFONucleus(UFO 核弹)""SubmarineMissile(潜艇导弹)"以及赫赫有名的"WhaleTaiji(神鲸太极弹)"。

最后,我们还需要一个用于显示子弹击中物体之后的"五毛"爆炸效果,称为 Exploding。

综上所述,"保卫宝岛"游戏的角色类系图,其中各类的方法仅为示意,如图 15 - 67 所示。

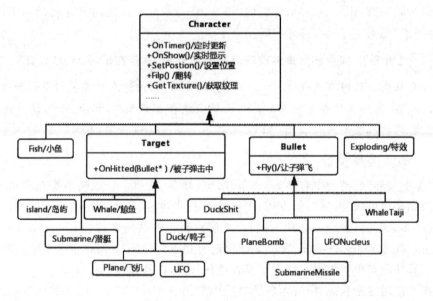

图 15 - 67　游戏角色类系图

3. Character 类

请新建**character. hpp** 头文件并加入当前项目,文件内容如下:

```cpp
# ifndef CHARACTER_HPP_INCLUDED
# define CHARACTER_HPP_INCLUDED

# include "sdl_texture.hpp"
```

```cpp
namespace Game
{

//游戏中的角色分类
enum class Role
{
    none            //小鱼(路人)
    , island        //岛屿
    ,submarine      //潜艇
    , whale         //鲸鱼
    , plane         //飞机
    , duck          //鸭子
    , UFO           //飞碟
};

//角色基类
class Character
{
public:
    Character (Role role, sdl2::Texture * texture)
                : _role(role)
                , _texture(texture)
                , _horizontal_filp(false)
    {
        SDL_assert(texture != nullptr);

        //构造时设置默认区域
        SetSrcRect(nullptr);
        SetDstRect(nullptr);
    }

    virtual ~Character () {};

    Role GetRole () const
    {
        return _role;
    }

    sdl2::Texture * GetTexture ()
    {
        return _texture;
    }

    //定时更新数据,纯虚函数
    virtual void OnTimer (int interval) = 0;

    //"秀"状态
    virtual void OnShow ()
    {
        //默认就是画出自己,前提是没有隐身
```

```cpp
    if (this->IsVisible()) //可视(没有隐身)
    {
        this->Draw();
    }
}

//取贴图的来源区域
SDL_Rect * GetSrcRect()
{
    return & _src_rect;
}
//取贴图的目标区域
SDL_Rect * GetDstRect()
{
    return & _dst_rect;
}
//设置贴图的来源区域
void SetSrcRect(SDL_Rect * rect)
{
    if (rect)
    {
        _src_rect = * rect;
        return;
    }

    //不指定实际区域时,默认使用整张源图
    int w = 0, h = 0;
    _texture->GetSize(&w, &h);
    _src_rect = {0, 0, w, h};
}
//设置贴图的目标区域
void SetDstRect(SDL_Rect * rect)
{
    if (rect)
    {
        _dst_rect = * rect;
        return;
    }

    //不指定时,采用和源区域一样的大小
    _dst_rect = _src_rect;
}

//设置位置
void SetPosition(int x, int y)
{
    _dst_rect.x = x;
    _dst_rect.y = y;
}
```

```
    //取得当前位置
    SDL_Point GetPosition () const
    {
        return {_dst_rect.x, _dst_rect.y};
    }

    //当前是否可见
    virtual bool IsVisible () const
    {
        return true; //默认总是可见
    }

    //是否水平翻转
    bool IsHorizontalFlipped () const
    {
        return _horizontal_filp;
    }
    //启用水平翻转
    void EnableHorizontalFlipped ()
    {
        _horizontal_filp = true;
    }
    //取消水平翻转
    void DisableHorizontalFlipped ()
    {
        _horizontal_filp = false;
    }

protected:
    virtual void Draw (); //画出自身
private:
    Role _role;
    sdl2::Texture * _texture;
    SDL_Rect _src_rect, _dst_rect;
    bool _horizontal_filp;
};

} //namespace Game

# endif // CHARACTER_HPP_INCLUDED
```

　　首先看枚举 Role，定义了游戏中各种演员的角色。小鱼们因为只是群众演员，所以只落个"none"的类别。接下来看 **Character** 类的五个私有成员数据：

　　① 角色类型/_role：如前所述，用于表明所出演的角色类别；

　　② 纹理/_texture：一个指针，指向该角色对应的图片纹理；

　　③ 源区域/_src_rect：有些角色在不同状态下的不同图像会画在同一张图上，这时需要使用源区域区分；

　　④ 目标区域/_dst_rect：角色图像"贴"到游戏窗口上位置和大小；

⑤ 是否水平翻转/_horizontal_filp：为真时，表示图片贴到窗口时会左右对调。

再看非虚的成员函数：

① 构造函数需要指定所要创建的角色类别，以及它使用的图片纹理；

② **GetRole()** 取得角色类别；

③ **GetTexture()** 返回角色对应的图片纹理；

④ **EnableHorizontalFlipped()**、**DisableHorizontalFlipped()** 用于启用和禁用水平翻转；**IsHorizontalFlipped()** 查询启用或禁用状态；

⑤ **GetSrcRect()** 和 **GetDstRect()** 取得贴图源区域和目标区域。返回的都是 SDL_Rect 指针，并且不带 const 修饰，意味着调用者可以直接修改指定区域的坐标和尺寸，并立即生效。

⑥ **SetSrcRect()** 和 **SetDstRect()** 的入参也是指针，请特别注意当指定空指针时，二者各自采用默认值；源区域将直接使用整张图片的大小，目标区域将直接使用源区域；

⑦ 有时候会只关心角色在游戏窗口上的位置，这是 **GetPostion()** 和 **SetPosition()** 的作用。

最后是虚函数：

① Character 类被视为"接口"类使用，因此带有虚析构函数，这是我们身为 C++ 程序员必备的基本素质；

② **OnTimer()** 是纯虚函数，因为一个未确定身份的演员，不知道该如何定时更新自己；

③ **OnShow()** 是虚函数，但有默认实现。show 已经非常普遍地被翻译为"秀"，也就是"出演"()不管什么角色的演员，想要"秀"的话，最基本的行为就是请在片场出现()；

④ **Draw()** 是一个 protected 成员，该方法对应"角色出场"这么一个简单的行为，在游戏中表现为"在游戏窗口的目标区域内贴纹理"；它也是一个虚函数，派生类可以定制，比如有些演员到达片场时，需要二十个助理前呼后拥。

⑤ 最后，不要忽略 **IsVisible**()，它也是一个虚函数；它默认返回"真"，表示角色总是可见的。

Draw() 方法没有在头文件中实现。请新建 **character. cpp** 源文件并加入项目的所有(Debug 和 Release)构建目标，编辑内容如下：

```
# include "character.hpp"

# include "texture_library.hpp"

namespace Game
```

```
{
//画出自身
void Character::Draw()
{
    auto renderer = TextureLibrary::Instance().GetRenderer();
    SDL_assert(renderer != nullptr);

    SDL_RendererFlip flip = (_horizontal_filp)
                ? SDL_FLIP_HORIZONTAL : SDL_FLIP_NONE;

    renderer->CopyFromEx(_texture->texture
                        , &_src_rect, &_dst_rect
                        , 0, nullptr          //不旋转
                        , flip);
}

} //namespace Game
```

所做的事就是调用渲染器的 CopyFromEx()方法,并确保正确传入如何翻转的标志,即代码中的 flip 枚举值。

15.5.6 自在的小鱼

1. 准备素材

对大家学会 C++编程这件事我很有信心,但眼前这件事各位莫强求,因为它真的需要有一些天赋。不管怎样,反正我是做到了。请再次打开 Windows 自带的画图程序画出表 15-15 所列的三只小鱼,我真没使用其他工具。

表 15-15 小鱼图片

图片			
文件名	fish1. bmp	fish2. bmp	fish3. bmp
尺寸	84×59	55×63	44×44

图的背景色全部为纯正的蓝。然后以 24 位色深的位图格式,保存到项目文件夹下的 images 子文件夹内,注意文件命名。打开 texture_library. hpp 文件,为 TextureLibrary 类添加新的私有成员数据:

```
……
//整个游戏的纹理库
class TextureLibrary
{
……
```

```
private:
......

    static int const fish_texture_count = 3;
    sdl2::Texture _fishes[fish_texture_count]; //三种小鱼纹理
};
```

然后添加访问小鱼纹理信息的两个公开方法：

```
......
//整个游戏的纹理库
class TextureLibrary
{
......
public:
......

    //得到小鱼纹理个数
    int GetFishTextureCount() const
    {
        return fish_texture_count;
    }
    //得到小鱼纹理
    sdl2::Texture * GetFish(size_t index)
    {
        return (index < fish_texture_count)?
        &_fishes[index] : nullptr;
    }
......
```

切换到源文件 texture_library.cpp，在 Init()方法内加入加载小鱼图片纹理的代码：

```
bool TextureLibrary::Init(sdl2::Renderer * renderer)
{
......

    //(1)加载背景,不透明、不混色
......

    //(2)加载序幕背景贴图,不透明、50％混色
......

    //(3)加载五张剧情说明图片,不透明、不混色
......

    //(4)加载帮助画面,同样不透明不混色
......

//(5)加载各类小鱼的图片纹理,透明、略加混色
```

```
for (int i = 0; i < fish_texture_count; ++i)
{
    std::stringstream ss;
    ss << "images/fish" << (i+1) << ".bmp";
    std::string filename = ss.str();
    if (!LoadBMPTexture(filename.c_str()
                        , _fishes[i]
                        , 0, 0, 0xFF    //透明色：蓝色
                        , 178)) //略为透明：178/255
    {
        return false;
    }
}

return true;
}
```

请尝试编译，确保代码书写无误。

2. Fish/小鱼

作为围观群众，小鱼的日常活动就是每隔半秒钟动一动。首先检查自己是头朝左还是头朝右。朝左减小 x 坐标，朝右加大 x 坐标；移动的像素是随机的，控制在 0 到小鱼的半个身长之间。y 坐标也会随机变动，控制在 −4 到 4 个像素之间。垂直方向移动之后，会检查小鱼已经浮到水面还是在天上飞翔，或者已经沉入海底消失了。发生这种情况时，会自动带小鱼回归到某个基准水平位置，它也是小鱼创建时的初始水平位置。请打开 game_settings. hpp 头文件，加入新常量 fishes_y：

```
……
//小鱼活动的基准水平位置
const int fishes_y = (window_height + sea_y) / 2;
……
```

最后要判断小鱼是否转身。有三个机会：一是向左游出窗口，二是向右游出窗口，三是有百分之十的概率随机转身。

请新建**character_fish. hpp** 头文件并加入项目，文件内容暂时如下：

```
#ifndef CHARACTER_FISH_HPP_INCLUDED
#define CHARACTER_FISH_HPP_INCLUDED

#include < cstdlib > //rand()
#include < list > //后面定义"海洋"类时才需用到，先写上

#include "texture_library.hpp"
#include "game_settings.hpp"
#include "character.hpp"

namespace Game
{
```

```cpp
struct Fish : public Character
{
    Fish(sdl2::Texture * texture)
        : Character(Role::none, texture)
    {
    }


    //定时更新
    //每 0.5s 鱼动一下
    void OnTimer(int interval) override
    {
        _total_interval += interval;
        if (_total_interval < 500) //时间未到
            return;  //不动
        _total_interval = 0;

        //小鱼是往左还是往右(翻转)
        bool left_ahead = !this->IsHorizontalFlipped();

        //小鱼当前位置
        SDL_Rect * dst = this->GetDstRect();
        SDL_assert(dst->w > 0 && dst->h > 0);

        //水平方向:每次随机前进 0 到 半个身长
        int dx = std::rand() % (dst->w / 2);
        //垂直方向,随机上下起伏 -4 ~ 4 个像素
        int dy = 4 - (std::rand() % 9);

        //开始移动
        dst->x += (left_ahead)? -dx : dx;
        dst->y += dy;

        //避免小鱼飞出海平面或完全沉入海底
        if (dst->y < Settings::sea_y
                || dst->y > Settings::window_height)
        {
            dst->y = Settings::fishes_y - dst->h/2;
        }

        //检测是否转身
        bool will_flip =
                //1)往右游,但跑出窗口右边了
                (!left_ahead && dst->x >= Settings::window_width)
                //2)往左游,但跑出窗口左边了
                ||(left_ahead && dst->x <= 0)
                //3) 10% 的概率任性转身
                ||(std::rand() % 100 < 10);
        if(will_flip)
        {
```

```
        left_ahead ? this ->EnableHorizontalFlipped()
                   :  this ->DisableHorizontalFlipped();
        }
    }
private:
    //从上次清零开始,累计已经过去多长时间
    int _total_interval = 0;
};

} //namespace Game

#endif // CHARACTER_FISH_HPP_INCLUDED
```

请编译以确保代码无语法错误。

3. Sea/海洋

海里不只有一条鱼,所以要再写一个类叫 Sea,负责创建多条鱼,并使用 std::list < Fish > 存储。大海只有一个,因此这是一个单例。不需要创建新文件,直接在 character_fish.hpp 内加入 Sea 的定义:

```
…… / * 前面是 Fish 类定义 * / ……
//大海
class Sea
{
public:
    static Sea& Instance()
    {
        static Sea instance;
        return instance;
    }

    void OnShow()
    {
        for (auto& fish: _fishes)
        {
            fish.OnShow();
        }
    }

    void OnTimer(int interval)
    {
        for (auto& fish: _fishes)
        {
            fish.OnTimer(interval);
        }
    }

private:
    Sea()
```

```
{
    auto& lib = TextureLibrary::Instance();
    int fish_type = lib.GetFishTextureCount();

    //先创建三条形状各异的小鱼
    for (int i = 0; i < fish_type; ++i)
    {
        MakeFish(i);
    }

    //再随机创建一条重复的小鱼
    int i = std::rand() % fish_type;
    MakeFish(i);
}

Sea(Sea const& ) = delete;

void MakeFish(int index)
{
    sdl2::Texture * t
        = TextureLibrary::Instance().GetFish(index);
    SDL_assert(t != nullptr);

    Fish fish(t);

    int fish_h = fish.GetSrcRect()->h; //鱼身高
    //设置鱼的位置
    int x = std::rand() % Settings::window_width;
    int y = Settings::fishes_y - fish_h/2;
    fish.SetPosition(x, y);

    _fishes.push_back(fish);
}

private:
    std::list < Fish > _fishes;
};
```

······ /*后面是名字空间、头文件结束行 */ ······

Sea 在构造函数内先创建三条类型各异的小鱼,然后再随机挑一种类型再创建一条。MakeFish()在构造新的一个 Fish 对象之后,还负责为它设置一个初始的位置。尽管 Sea 不是 Character 的派生类,不过它也有 OnShow()和 OnTimer()方法,二者都将动作调用转给海中的每条小鱼。海洋是小鱼的"工厂",负责"生产"还负责"初始化"。

4. 战争场景

说起来很残酷,要看到小鱼们自由自在地游泳,就得先把战争场景搭起来。请新

建 scene_war. hpp 头文件并加入项目, 编辑该文件内容如下:

```
#ifndef SCENE_WAR_HPP_INCLUDED
#define SCENE_WAR_HPP_INCLUDED

namespace Game
{

enum class WarResult { quit, win, lost };

//战争场景
//返回值 :临时退出、胜利或失败
WarResult scene_war();

} //namespace Game

#endif // SCENE_WAR_HPP_INCLUDED
```

再创建对应的 **scene_war. cpp** 源文件并加入项目。框架和之前的 scene_prelude()
接近, 同样是在事件循环中刷新数据, 在外循环中显示。因为暂时只有定时器事件需要处
理, 再加上整个 model 都交由 Sea 单例托管, 所以现在的代码比序幕场景还要简单:

```
#include "scene_war.hpp"

#include < ctime >   //time
#include < cstdlib > //rand, srand

#include "sdl_timer.hpp"
#include "character_fish.hpp"

namespace Game
{

//战争场景
WarResult scene_war()
{
    WarResult r = WarResult::quit;

    //随机种子
    std::srand(std::time(nullptr));

    sdl2::Timer timer;
    const int timer_code = 1; //定时器的事件子编码
    const int timer_interval = 50;  //50ms 一轮
    timer.Start(timer_interval, timer_code);

    bool quit = false;
    while(!quit)
    {
```

```
            SDL_Event e;
            while(SDL_PollEvent(&e) != 0)
            {
                switch(e.type)
                {
                    case SDL_QUIT :
                    {
                        quit = true;
                        break;
                    }
                    case SDL_USEREVENT :
                    {
                        //定时器自定义事件
                        if (e.user.code == timer_code)
                        {
                            //定时刷新大海中小鱼们的状态
                            Sea::Instance().OnTimer(timer_interval);
                        }
                        break;
                    }
                }
            }

            TextureLibrary& lib (TextureLibrary::Instance());
            sdl2::Renderer * renderer = lib.GetRenderer();
            SDL_assert(renderer != nullptr);

            //显示游戏的背景
            renderer ->CopyFrom(lib.GetBkgnd( ) ->texture);
            //大海(画出各条小鱼)
            Sea::Instance().OnShow();
            renderer ->Present();

            sdl2::Timer::Delay(1);
        }

        return r;
    }

} //namespace Game
```

    scene_war()返回类型是 WarResult 枚举,有三种可能:赢、输、不玩了。暂时只能返回默认的"quit(不玩了)",因为游戏还不能玩。虽然如此,但在战争开始之前,看一眼和平的世界、自由自在的小鱼们,也算是一件有情怀的事。再合理想象一下将来这个游戏全部完成,万一成为东半球最好的游戏……不说了,请打开 main.cpp 文件,加入下面加粗的代码行:

```
# include < iostream >

# include "sdl_error.hpp"
# include "sdl_initiator.hpp"
# include "sdl_window.hpp"
# include "texture_library.hpp"
# include "scene_prelude.hpp"
# include "scene_war.hpp" //战争场景

using namespace std;

int main(int argc, char * argv[])
{
    //初始化 SDL 库
    sdl2::Initiator::Instance().Init();
    ……
    //开始序幕场景
    bool go_next_scene = Game::scene_prelude();
    if (!go_next_scene)
    {
        return 0;
    }

    //进入战争场景
    Game::WarResult r = Game::scene_war();
    /* ……后面将是结局场景 …… */
    return 0;
}
```

编译、运行,在序幕场景连续按空格键,最后出现的游戏画面如图 15 - 68 所示。

图 15 - 68   这里的黎明静悄悄

看着这画面,思绪良多,猛然间意识到我们只是做好了本职工作,可那些游戏巨头却因此而不可避免地要走向衰败……心情平添一份沉重。

15.5.7 五毛的特效

1. 准备素材

当子弹击中目标,依据不同情况,需要有三种特效:一是击中目标,但反倒让目标增长了生命力,这是太极弹击中潜艇后有可能发生的效果;二是击中目标造成目标生命力降低但不致死亡;三是击中目标造成目标死亡(生命力为零或负数),各自效果如图 15 - 69 所示。

图 15 - 69 子弹爆炸的效果,文件 exploding. bmp

图片以纯白为背景色,宽 366,高 89。三个效果使用同一图片文件,各占 122 像素;画好后以 24 位色深的位图格式保存到 images 文件夹下,取名 exploding. bmp。

当子弹落入水面或者"太极弹"穿出水面,海面上有浪花一朵朵。单独用一张图画浪花,如图 15 - 70 所示。图片以纯红为背景色,尺寸为 84×66。请以 24 位色深的位图格式保存到 images 文件夹下,取名 waterspray. bmp。

图 15 - 70 浪花四溅的效果,文件 waterspray. bmp

打开 texture_library. hpp 头文件,先定义爆炸效果分类,请在 TextureLibrary 类定义的上面加入枚举类型 **ExplodingType** 的定义:

```
……
//爆炸效果分类个数
int const exploding_type_count = 3;
//爆炸效果分类
enum class ExplodingType
{
    power_increased    //生命力增长了
    , power_deccreased //生命力减少但不致死
    , power_off        //生命力减少并且致死
};

//整个游戏的纹理库
class TextureLibrary
{
……
```

接着进入 TextureLibrary 类，为它加入和特效纹理相关的私有成员数据：

```
//整个游戏的纹理库
class TextureLibrary
{
......
private:
......
    int _exploding_w, _exploding_h; //单个爆炸效果宽高
    sdl2::Texture _exploding;        //爆炸效果纹理(3 合 1)
    sdl2::Texture _waterspray;       //水花
};
```

除了两个（而非四个）纹理之外，有一对整数用于记录单一爆炸效果的宽与高，它们可以避免代码中出现 122 和 89 两个神秘的数值，两个变量将在 Init() 方法得到初始化。再接着是对应的公开方法：

```
//整个游戏的纹理库
class TextureLibrary
{
    ......

    //得到三种爆炸效果共用的纹理以及对应的源区域
    sdl2::Texture * GetExploding(ExplodingType type
                                     , SDL_Rect * rect)
    {
        if (rect)
        {
            size_t index = static_cast < size_t >(type);
            int x = index * _exploding_w;
            * rect = {x, 0, _exploding_w, _exploding_h};
        }

        return & _exploding;
    }
    //得到水花
    sdl2::Texture * GetWaterspray()
    {
        return & _waterspray;
    }

};
```

方法**GetExploding()**除需指定特效类型之外,还需传入一个 SDL_Rect 指针,用于返回对应的源区域。最后是初始化,请打开 texture_library.cpp 源文件,找到 Init()方法,在尾部加入以下加粗代码行:

```
bool TextureLibrary::Init(sdl2::Renderer * renderer)
{
......

    //(6)加载爆炸效果,透明,略加混色
    if (!LoadBMPTexture("images/exploding.bmp"
                        , _exploding       //爆炸
                        , 0xFF,0xFF,0xFF //透明色:纯白
                        , 178))
    {
        return false;
    }
    //计算单一效果的宽度
    _exploding.GetSize(&_exploding_w, &_exploding_h);
    _exploding_w /= exploding_type_count; //均分宽度

    //(7)加载水花,透明、50%混色
    if (!LoadBMPTexture("images/waterspray.bmp"
                        , _waterspray //水花
                        , 0xFF,0,0    //透明色:纯红
                        , 127))
    {
        return false;
    }

    return true;
}
```

通过混色达成的透明效果,水花会比爆炸更透明一些。请按 Ctrl+F9,确保编译无误。

2. Exploding/爆炸效果

子弹砸在水面造成水花四溅,可以认为是水花爆炸,这么一来总共四种爆炸效果,不过各种效果在本游戏中除形状不一样以外,行为几乎没有区别,从生到死都这么单调:出现,持续显示一段时间,消失。因此,和 Fish 一样,我们只为它们设计一个类。新建头文件**character_exploding. hpp** 并加入项目,编辑代码如下:

```cpp
#ifndef CHARACTER_EXPLODING_HPP_INCLUDED
#define CHARACTER_EXPLODING_HPP_INCLUDED

#include < list >    //后面才会用到,先加入

#include "character.hpp"
#include "texture_library.hpp"

namespace Game
{

//爆炸效果(包括水花)
struct Exploding : public Character
{
    //duration :持续显示的时长(ms)
    Exploding (sdl2::Texture * t, int duration)
        : Character(Role::none , t)
        , _duration(duration)
    {
    }

    //定时更新状态
    //就是减少显示时长
    void OnTimer (int interval) override
    {
        _duration -= interval;
    }

    //检查是否可视
    bool IsVisible () const override
    {
        return _duration > 0;
    }

private:
    int _duration ;
};

} //namespace Game

#endif // EXPLODING_HPP_INCLUDED
```

　　如果说小鱼是路人甲,那么特效就是匪兵乙,所以它的身份也是 Role::none。战场上销烟四起,炮声隆隆,在同一时间段内可能会有许多特效要同时呈现,因此我们再定一个类叫"ExplodingProvider(特效提供者)",又将是一个单例。理论上这家伙内部应该有一个特效记数,回头好按五毛一个结算费用。

在 character_exploding.hpp 文件内，Exploding 类定义下面，加上"特效提供者"类的定义：

```
……

//特效提供者
class ExplodingProvider
{
    ExplodingProvider() = default;
    ExplodingProvider(ExplodingProvider const& ) = delete;

public:
    static ExplodingProvider& Instance()
    {
        static ExplodingProvider instance;
        return instance;
    }

    //在指定位置添加指定时长的水花特效
    void AddWaterspray(int x, int y, int duration);
    //在指定位置添加指定类型、指定时长的爆炸特效
    void AddExploding(ExplodingType type
                        , int x, int y, int duration);
    //直接添加已经创建好的特效
    void AddExploding(Exploding const& exploding)
    {
        _explodings.push_back(exploding);
    }

    //显示所有特效
    void OnShow();
    //定时更新所有特效状态，并删除已经过期的特效
    void OnTimer(int interval);

private:
    std::list < Exploding > _explodings;
};
……
```

在头文件中按下 F11 生成 **character_exploding.cpp** 源文件，并加入工程。文件代码如下：

```
#include "character_exploding.hpp"

namespace Game
{

void ExplodingProvider::AddWaterspray(int x, int y, int duration)
{
    auto& lib = TextureLibrary::Instance();
```

```
        Exploding w(lib.GetWaterspray(), duration);
    w.SetPosition(x, y);

    _explodings.push_back(w);
}


void ExplodingProvider::AddExploding(ExplodingType type
                                    , int x, int y, int duration)
{
    auto& lib = TextureLibrary::Instance();

    SDL_Rect src_rect;
    Exploding e(lib.GetExploding(type, &src_rect), duration);
    e.SetSrcRect(&src_rect); //设置源区域

    SDL_Rect dst_rect = {x, y, src_rect.w, src_rect.h};
    e.SetDstRect(&dst_rect);  //同步修改目标区域

    _explodings.push_back(e);
}

void ExplodingProvider::OnShow()
{
    for (auto& e : _explodings)
    {
        e.OnShow();
    }
}


void ExplodingProvider::OnTimer(int interval)
{
    for (auto& e : _explodings)
    {
        e.OnTimer(interval);
    }

    //定时删除已隐藏的特效,避免越积越多
    _explodings.remove_if(
        [](Exploding const& e) ->bool
        {
            return !e.IsVisible();
        });
}

} //namespace Game
```

编译,确保新添代码语法无误。

3. 远处的炮声

不用等到有子弹以后再来看子弹落水特效和子弹爆炸特效。打开 scene.cpp 源文件,以下粗体部分用于添加特效的测试数据,并且实现特效的定时更新和显示。现在,scene.cpp 的完整代码如下:

```cpp
# include "scene_war.hpp"

# include < ctime >   //time
# include < cstdlib > //rand, srand

# include "sdl_timer.hpp"
# include "character_fish.hpp"
# include "character_exploding.hpp"

namespace Game
{

//战争场景
WarResult scene_war()
{
    WarResult r = WarResult::quit;

    //随机种子
    std::srand(std::time(nullptr));

    sdl2::Timer timer;
    const int timer_code = 1; //定时器的事件子编码
    const int timer_interval = 50;  //50ms 一轮
    timer.Start(timer_interval, timer_code);

    //特效提供者
    ExplodingProvider& ep = ExplodingProvider::Instance();
    /////准备水花效果测试数据//////
    for (int i = 0; i < 5; ++i)
    {
        int x = 10 + i * 50;
        int y = Settings::sea_y - 50; //水花在海平面之上
        int d = 5000;
        ep.AddWaterspray(x, y, d);
    }
    /////准备爆炸效果测试数据//////
    ep.AddExploding(ExplodingType::power_increased
                            , 100, 50, 8000);
    ep.AddExploding(ExplodingType::power_deccreased
                            , 180, 150, 10000);
    ep.AddExploding(ExplodingType::power_off
                            , 250, 200, 15000);
```

```
bool quit = false;
while(!quit)
{
    SDL_Event e;
    while(SDL_PollEvent(&e) != 0)
    {
        switch(e.type)
        {
            case SDL_QUIT :
            {
                quit = true;
                break;
            }
            case SDL_USEREVENT :
            {
                //定时器自定义事件
                if (e.user.code == timer_code)
                {
                    //定时刷新大海中小鱼们的状态
                    Sea::Instance().OnTimer(timer_interval);

                    //五毛特效定时更新状态
                    ep.OnTimer(timer_interval);
                }
                break;
            }
        }
    }

    TextureLibrary& lib (TextureLibrary::Instance());
    sdl2::Renderer * renderer = lib.GetRenderer();
    SDL_assert(renderer != nullptr);

    //显示游戏的背景
    renderer ->CopyFrom(lib.GetBkgnd()->texture);
    //大海(画出各条小鱼)
    Sea::Instance().OnShow();
    //显示五毛特效
    ep.OnShow();
    renderer ->Present();

    sdl2::Timer::Delay(1);
}

    return r;
}

} //namespace Game
```

编译、运行,一切正常的话,将看到如图 15 - 71 所示的画面。

图 15 - 71 特效测试效果

天空中没有子弹飞过,我们却看到爆炸的火焰。海面上没有子弹落下,我们却看到大海不安的咆哮。只有小鱼们还在悠闲地游啊游……山雨欲来风满楼,战争的恶魔真的要降临了吗?

 【课堂作业】:验证特效对象最终被删除

耐心等上 15s,直到海面回归平静,说明代码基本是对了。不过特效是否被正确删除呢? 这是你的作业,请想办法验证特效最终被删除,而非仅仅隐藏。

15.5.8 呼啸的子弹

1. 准备素材

来吧,让我们一口气画五种子弹:鸭屎弹、炮弹、核弹、导弹、太极弹,规格如表 15 - 16 所列。

表 15 - 16　各类子弹图片素材

名称	文件名	图	尺寸	透明色	发射方
鸭屎弹	shit. bmp		26×32	纯蓝	鸭子

续表 15 - 16

名称	文件名	图	尺寸	m 透明色	发射方
炮弹	bomb. bmp		64×34	纯蓝	敌机
核弹	nucleus. bmp		30×47	纯蓝	飞碟
导弹	missile. bmp		24×42	纯蓝	潜艇
太极弹	taiji. bmp		30×48	纯红	神鲸

画好并保存到 images 文件夹内。打开 texture_library. hpp 头文件，先在 ExplodingType 枚举定义之后，加上子弹类型的枚举定义：

```
……

//子弹纹理的类型
enum class BulletType
{
    shit = 0          //翔
    , bomb            //炸弹
    , nucleus         //核弹
    , missile         //导弹
    , taiji           //太极弹
};

……
```

接着进入 TextureLibrary 类，添加和子弹有关的私有成员数据：

```
……
//整个游戏的纹理库
class TextureLibrary
{
……

    //各类子弹纹理
    static int const bullet_texture_count = 5;
    sdl2:;Texture _bullets[bullet_texture_count];
};
```

再添加相应的公开方法，用于获取指定类型的子弹纹理：

```
……
//整个游戏的纹理库
class TextureLibrary
{
……

    //得到指定类型子弹的纹理
    sdl2::Texture * GetBullet(BulletType type)
    {
        size_t index = static_cast < size_t >(type);
        return (index < bullet_texture_count)
                    ? &_bullets[index] : nullptr;
    }
```

最后打开 texture_library.cpp 源文件,找到 Init()方法的实现,加入加载子弹纹理的代码:

```
bool TextureLibrary::Init(sdl2::Renderer * renderer)
{
    ……

    //(8)加载各类子弹,透明但不混色(除鸭屎蛋混色外)
    if (!LoadBMPTexture("images/shit.bmp" //鸭屎弹
                , _bullets[static_cast < int >(BulletType::shit)]
                ,0,0,0xFF //透明色:纯蓝
                , 127))
    {
        return false;
    }
    if (!LoadBMPTexture("images/bomb.bmp" //炸弹
                , _bullets[static_cast < int >(BulletType::bomb)]
                ,0,0,0xFF )) //透明色:纯蓝
    {
        return false;
    }
    if (!LoadBMPTexture("images/nucleus.bmp" //核弹
                , _bullets[static_cast < int >(BulletType::nucleus)]
                ,0,0,0xFF )) //透明色:纯蓝
    {
        return false;
    }
    if (!LoadBMPTexture("images/missile.bmp" //导弹
                , _bullets[static_cast < int >(BulletType::missile)]
                ,0,0,0xFF )) //透明色:纯蓝
    {
        return false;
    }
    if (!LoadBMPTexture("images/taiji.bmp" //太极弹
                , _bullets[static_cast < int >(BulletType::taiji)]
                , 0xFF,0,0 )) //透明色:纯红;画风突变,红色
```

```
    {
        return false;
    }

    return true;
}
```

编译并运行程序,虽然看不到任何子弹,但如果相应的图片加载失败,程序会退出,并在控制台输出对应的图片文件名。

2. Bullet/子弹

我们将有五种子弹,它们的身份全都是 Role::none。这太不公平了吧!子弹必然影响输赢,为什么不给它们一个正式的身份?身份这种东西,仅在需要区分的时候才有用,一旦某种事物需要被打上一个标签,以示与其他事物的区别,就说明在它之上有一个管理者正在企图统一操控它和另外那些事物。因此,被贴上标签,特别是这标签还是"其他"(相当于此处的 Role::none)确实很受辱,如果 Bullet 有自尊心的话。

比如说举办智能手机市场占有率评测,别人家的手机排前三,若有一位企业家的手机长期混在"其他"组里,看似脸上无光,但如果换一个思路,该企业家没必要在意和攀比市场,生产手机是为了满足设计上的自我满足——我写程序时要把美工绑在椅子上,坚持由我自己来画程序的每一个图标,就是这种心理,太有同感了!万一这手机卖疯了,咱也初心不忘:不过是为自家老婆而造,大家沾了我夫人的光(虽然还不清楚夫人到底喜欢多大的屏幕)。从这个角度看,是不是觉得这位企业家很有品?

"阿 Q 心理啦!"同学们的回答懒洋洋的。没错!差劲就承认差劲,做什么事都不能自我麻醉,但是在程序的世界里,"子弹"之所以设定为 Role::none 身份,并非程序员主观上的不尊重,而是因为子弹需要和其他类型的角色混在一起统一操控的逻辑,客观上就比较少。简单一句话:在当前程序的设计里,Bullet(子弹)是相对独立的一种类型。这么一解释,有自尊的子弹一定会因为拥有 Role::none 角色而倍觉光荣。如果想给 Bullet 类更好的尊重,或许可以将它设计为和 ExplodingProvider 以及 Sea 一样不沾 Character 类,但那样我们的代码要改不少,算了吧。

【轻松一刻】: 有人说使用 C++ 语言写程序容易纠结

纠结什么呢?有人说是因为 C++ 这门语言特性多、潜规则(惯用法)多、可优化的空间大,所以有讲究的程序员就容易纠结。这是 C++ 程序员成长中的一个阶段,多加努力,很快就可度过。优秀的程序员不在"术"的层面纠结,而是在诸如人伦、道义、爱、美、自由等方面纠结。光为了挑出这五个词,我就深思了大半个夜晚。

虽然 Bullet 使用 Role::none 身份,但和 Fish、Exploding 不同,Bullet 自身需要一个类系。以鸭屎弹和"太极弹"为例,它们之间的行为差异很大,但又需要被统一管理,因此我们需要"多态"的帮助。先来搞定基类 Bullet,它是子弹的上层管理者看到的接口。

请新建**character_bullet. hpp** 头文件并加入项目,代码中先只有 Bullet 类定义:

```cpp
# ifndef CHARACTER_BULLET_HPP_INCLUDED
# define CHARACTER_BULLET_HPP_INCLUDED

# include < list >
# include < memory >

# include "game_settings. hpp"
# include "character. hpp"
# include "character_exploding. hpp"
# include "texture_library. hpp"

namespace Game
{

//定义子弹可攻击的目标分类
enum BulletTarget
{
    target_empty = 0            //没有攻击目标
    , target_island = 1         //岛屿
    , target_submarine = 2      //潜艇
    , target_whale = 4          //鲸鱼
    , target_plane = 8          //敌机
    , target_duck   = 16        //鸭子
    , target_UFO = 32           //飞碟
};

//可攻击的目标类型组合(使用"位或")
typedef int BulletTargetFlag ;

//子弹基类
class Bullet : public Character
{
public:
        Bullet (BulletType type                  //类型
        , BulletTargetFlag target                //目标
        , int x, int y                           //位置
        , int x_speed, int y_speed               //速度
        , int power                              //杀伤力
        )
        : Character(Role::none
            , TextureLibrary::Instance().GetBullet(type))
            , _type(type)
            , _target(target)
```

```
        , _x_speed(x_speed)
        , _y_speed(y_speed)
        , _power(power)
{
    SetPosition(x, y);
}


BulletType GetType() const
{
    return _type;
}


//检查指定的 target 是不是
//当前子弹可攻击的目标类型之一
bool HasTarget(BulletTarget target)
{
    return 0 != (_target & target);
}


//取横向速度
int GetXSpeed() const { return _x_speed; }
//取纵向速度
int GetYSpeed() const { return _y_speed; }
//改横向速度
void SetXSpeed(int speed) { _x_speed = speed; }
//改纵向速度
void SetYSpeed(int speed) { _y_speed = speed; }
//同时改变横向和纵向的速度
void SetSpeed(int x_speed, int y_speed)
{
    _x_speed = x_speed;
    _y_speed = y_speed;
}


//取当前杀伤力
int GetPower() const { return _power; }
//修改当前杀伤力
void SetPower(int power) { _power = power; }
//增加杀伤力
void IncPower(int inc_power) { _power += inc_power; }
//消减杀伤力
void DecPower(int dec_power) { _power -= dec_power; }
//当击中某物之后
//入参 life_power 是被击中目标的生命力
//返回目标,因为此次击中必须扣减生命力
virtual int OnTargetHitted(int target_life_power)
{
    //默认行为:扣除目标的全部生命力
    //除非当前子弹的杀伤力不足
    int dec_power = std::min(_power, target_life_power);
```

```
        //默认行为:不管打到什么目标,不管对目标损耗多少生命力
        //子弹的杀伤力都归零(因为子弹爆炸了嘛)
        _power = 0;
        return dec_power;
    }


    //默认的定时更新
    void OnTimer(int interval) override
    {
        Fly();
    }


    //本子弹是否可以进入水下
    virtual bool CanRunUnderwater() const
    {
        return false; //默认不能
    }
    //让子弹飞
    virtual void Fly()
    {
        GetDstRect()->x += _x_speed;
        GetDstRect()->y += _y_speed;
    }
    //落水或出水时生成水花
    virtual Exploding CreateWaterspray();
    //击中目标后生成爆炸效果
    virtual Exploding CreateExploding(ExplodingType type);

private:
    BulletType _type;
    BulletTargetFlag _target;
    int _x_speed, _y_speed;
    int _power;
};

} //namespace Game

#endif // CHARACTER_BULLET_HPP_INCLUDED
```

同样先看私有成员数据:

① _type:子弹的类型,见之前在 texturelibray.hpp 中定义的枚举类型 BulletType;比如,如果是鸭屎弹,那么"_type"值就是 shit。

② _target:整数,是本文件 BulletTarget 枚举值的位或组合,表示子弹可攻击目标的类型组合。如果子弹可以攻击潜艇和岛屿,那么"_target"的值就是"target_island | target_submarine"。

③ _x_speed、_y_speed:横向和纵向上子弹前进的速度。注意,如果子弹带有往

左飞的速度分量,则"_x_speed"为负数,如果子弹带有向上飞的速度分量,则"_y_speed"为负数;

④ _power:子弹的杀伤力。

最后看构造函数,正好就是指定子弹类型、攻击目标、速度、杀伤力以及初始坐标。不需要显式指定子弹对应的图片纹理,因为可以通过"TextureLibrary(纹理库)"取得指定子弹类型的纹理。

成员函数中,有一大部分用于查询子弹类型、可攻击目标,查询或修改子弹速度、杀伤力等方法。再看几个虚函数:

① OnTargetHitted(int target_life_power):该子弹击中某个目标之后,子弹该如何处理? 函数入参 target_life_power 是被击中物当前的生命力。函数返回本次中弹后目标物应该扣除的生命力,默认是子弹当前杀伤力和目标物剩余生命力中的较小者;另外,因为本次击中目标,子弹杀伤力默认将直接归零。

② CanRunUnderwater():该类型子弹是否可以入水运行? 默认不允许入水。后续将看到 UFO 发射的核弹、潜艇发射的导弹、神鲸发射的太极弹可以在水下运行。

③ Fly():依据"_x_speed"和"_y_speed"让子弹移动,提供默认实现。出于简化,后续并没有哪个子弹重新实现飞行的方法。

④ CreateWaterspray():当子弹落入水面或飞出水时,可以使用该方法创建一朵水花。默认实现是通过子弹的位置计算水花的位置,通过子弹落水时的杀伤力计算水花持续的时长;

⑤ CreateExploding():当子弹击中目标时,可以使用方法创建一个爆炸效果。真实的爆炸效果需要同时考虑子弹和被命中物,比如说导弹打中鸭子应是血肉模糊,而鸭屎打中潜艇应是绿肥红瘦……嗯? 可我们只有五毛特效,不用想太多;

Bullet 是一种 Character,又是所有具体的子弹类型的接口类,夹在中间的它为所有子弹提供了 OnTimer() 的默认实现:就是让子弹飞。我已经看到底下的子弹类纷纷表示不屑,并且很快就能看到没有一个具体的子弹简单采用该默认实现。中层干部很难做人啊! 创建水花和创建爆炸效果的实现,我们写到源文件中去。请新建对应的源文件**character_bullet.cpp** 并加入项目,编辑其内容如下:

```cpp
#include "character_bullet.hpp"

namespace Game
{

Exploding Bullet::CreateWaterspray()
{
    TextureLibrary& lib = TextureLibrary::Instance();
    sdl2::Texture * t = lib.GetWaterspray();
    SDL_assert(t != nullptr);

    int duration = 500; //水花显示 0.5s
```

```cpp
    Exploding exploding(t, duration);

    SDL_Rect * bullet_rect = GetDstRect();
    SDL_Rect * exploding_rect = exploding.GetSrcRect();

    int x = bullet_rect ->x + bullet_rect ->w/2
                        - exploding_rect ->w/2;

    int y = bullet_rect ->y + bullet_rect ->h/2
                        - exploding_rect ->h/2;

    exploding.SetPosition(x, y);
    return exploding;
}

Exploding Bullet::CreateExploding (ExplodingType type)
{
    TextureLibrary& lib = TextureLibrary::Instance();

    SDL_Rect src_rect;
    sdl2::Texture * t = lib.GetExploding(type, &src_rect);
    SDL_assert(t != nullptr);

    int duration = 800; //爆炸效果显示 0.8 秒

    Exploding exploding(t, duration);
    exploding.SetSrcRect(&src_rect);

    SDL_Rect * bullet_rect = GetDstRect();
    SDL_Rect * exploding_rect = exploding.GetSrcRect();

    //根据子弹是向上飞还是向下飞,调整爆炸的水平位置
    int x_offset = bullet_rect ->w/2;
    int y_offset = (GetYSpeed() > 0)? bullet_rect ->h : 0;

    int x = bullet_rect ->x + x_offset - exploding_rect ->w/2;
    int y = bullet_rect ->y + y_offset - exploding_rect ->h/2;

    SDL_Rect dst_rect {x, y, src_rect.w , src_rect.h};
    exploding.SetDstRect(&dst_rect);
    return exploding;
}
} //namespace Game
```

　　PowerToExplodingDuration()将杀伤力换算为爆炸或水花效果的持续时长,基本逻辑就是杀伤力越大持续时间越长,各位可在运行之后根据自己的喜好进行调整。第二个入参 adjustment 就用来微调,比如代码就对子弹落水造成的水花持续时长进

行微调。两个函数都有一大部分代码在处理效果展现的位置，并且略有不同。水花以子弹的中心为中心进行定位，计算出左上角的 x、y 值。爆炸物则以子弹的弹头位置作为中心进行定位，因此需要区分子弹是向下还是向上飞。

3. 鸭屎弹

回到头文件 character_bullet.hpp，紧随 Bullet 类定义的代码，加入 DuckShit 的类定义：

```
……
//鸭屎弹
class DuckShit : public Bullet
{
public:
    DuckShit(int x, int y
            , int x_speed, int y_speed
            , int power)
            :Bullet(BulletType::shit
            //鸭子攻击岛屿和潜艇
            , target_island | target_submarine
            , x, y, x_speed, y_speed, power)
    {
    }

    //鸭屎定时干的事
    //下落并左右晃，幅度随机
    void OnTimer(int interval) override
    {
        _total_interval += interval;

        //累积100ms以后
        if (_total_interval >= 100)
        {
            Fly(); //每100ms才动一次
            _total_interval = 0;

            int x_speed = GetXSpeed();
            //随机改变横向的飞行速度
            //每次变化控制在-4～4之间
            x_speed += (4 - (std::rand() % 9));
            SetXSpeed(x_speed);
        }
    }
private:
    int _total_interval = 0;
};
……
```

构造函数不再需要子弹类型和子弹杀伤力的入参，因为已经明确知道是鸭屎弹，

445

并且在本游戏中,特定类型可攻击的目标是固定的,比如鸭屎弹固定攻击潜艇和岛屿,不能攻击鲸鱼,它们也进不了水。唯一要定制的就是定时操作。鸭屎弹的定时逻辑也不复杂:定时往下落,并且随机地调整水平方向的速度(包括方向),让鸭屎弹有一种在风中摇晃的潇洒,真实目的是为了让玩家操控的潜艇很难躲开脑门子上空的飞屎。

4. 子弹跟踪器

【轻松一刻】: 糟糕的教育者对比优秀的教育者

小朋友,这周我们学习红色、绿色、桔色等 256 种色彩,明天我们学习妈妈、爸爸、舅舅等 108 个亲戚……其实此刻小朋友脑海里浮现的是红色妈妈和绿色爸爸……

现在,我们是一口气写完所有子弹的类定义,还是先欣赏鸭屎弹的"凌波微步"?糟糕的教育只会按事物的规律和分类排课程;好的老师才懂得结合人的需求讲教程(此处应该有掌声)。

普通子弹飞出枪膛,那就是泼出去的水,谁也管不了(有人在喊"火云邪神")。如果是导弹呢?也许有基地进行跟踪?在游戏世界里,满屏飞的子弹必须有管理者负责追踪、改变它们的位置,并在合适的时候,比如子弹飞出窗口的情况下释放子弹资源,为此需要写一个"BulletTracker(子弹跟踪器)"。紧随 DuckShit 类定义之后,加入 BulletTracker 类定义,又一个单例:

```cpp
......

typedef std::shared_ptr < Bullet > BulletPtr ;

//子弹跟踪器
//管理所有飞行中的子弹
class BulletTracker
{
    BulletTracker() = default;
    BulletTracker(BulletTracker const& ) = delete;
public:
    static BulletTracker& Instance ()
    {
        static BulletTracker instance;
        return instance;
    }

    //加入新子弹
    void Append (BulletPtr bullet)
    {
        _bullets.push_back(bullet);
    }

    //显示所有子弹
    void OnShow ()
```

```
        for (auto p : _bullets)
        {
            p->OnShow();
        }
    }

    //所有子弹的定时操作
    void OnTimer(int interval)
    {
        for (auto p : _bullets)
        {
            p->OnTimer(interval);
        }
        //删除所有出界,或不允许入水,但已落海的子弹
        FindAndRemoveInvalidBullets();
    }

private:
    //检查所有失效的子弹
    //当前失效原因有
    //①出了上、左、右窗口边界;②不允许入水的子弹进海
    void FindAndRemoveInvalidBullets();

private:
    std::list < BulletPtr > _bullets;
};

......
```

代码先定义了 shared_ptr < Bullet > 智能指针的别名为 BulletPtr,然后定义 BulletTracker 类使用列表 list < BulletPtr > 管理所有飞行中的子弹。往列表中添加子弹的方法是 Append()。OnShow()显示所有子弹,OnTimer()让所有子弹更新位置信息,二者配合让所有子弹飞。飞多久?飞到子弹飞出窗口为止,飞到不能入水的子弹落水为止,飞到子弹击中目标物体并且耗尽能量为止。最后一种情况需要目标物体类配合,我们晚点再写,现在先搞定前两种情况,统一由 **FindAndRemoveInvalidBullets**()方法处理。请打开 character_bullet.cpp 源文件加入该方法的实现:

```
void BulletTracker::FindAndRemoveInvalidBullets()
{
    for (auto it = _bullets.begin(); it != _bullets.end();)
    {
        BulletPtr bullet = * it;
        SDL_Rect * dst = bullet->GetDstRect();

        //海面碰墙检测
```

```
//优先检查是否落海
//至少四分之一在水下,并且还有一部分在水上,是为落海或出海
if ((dst ->y + dst ->h * 3/4) >= Settings::sea_y
        &&dst ->y <= Settings::sea_y)
{
    //创建水花
    Exploding e = bullet ->CreateWaterspray();
    ExplodingProvider::Instance().AddExploding(e);

    //删除不能落海的子弹,如允许入海则继续飞行
    if (!bullet ->CanRunUnderwater())
    {
        it = _bullets.erase(it); //删除该子弹
        continue;
    }
}

//边界检查
if (dst ->x > Settings::window_width || dst ->x < 0
    || dst ->y >= Settings::window_height || dst ->y < 0)
{
    it = _bullets.erase(it);//删除该子弹
    continue;
}

++ it; //前进到下一颗子弹
}
}
```

　　使用迭代器循环,并且不在 for 循环中的第三个子句的位置写"++it",因为在循环中有可能要通过迭代器删除失效的子弹。

　　首先判断子弹是否正好落在海面,如果是就让子弹生出一朵水花(我知道,我知道,水花的妈妈本应是大海,子弹最多是爸爸)。注意"正好落在海面"指的是"子弹穿过海面"的那段过程,包括落海和出海。当没有防水功能的子弹落海,将会被删除。接着才判断子弹是否飞出游戏窗口边界(包括海底),请各位想想为什么;越界的子弹同样被删除。

 【课堂作业】: 在实战中理解知识点:智能指针、多态

　　删除操作只需调用"erase(迭代器)",不需要显式 delete 所存储的指针,因为 list 中所存储的元素是智能指针。为什么我们要在列表中存储指针? 因为子弹有许多类型,统一存储接口类的指针,指向各种派生类实体,这是"多态"的应用。请复习相关内容的课程。

　　感谢所有读者一直陪伴《白话 C++》到这个章节,是时候带大家一起来看流星雨了。不死的程序员有一颗强大的内心应对加班的夜,却永远用孩子般的眼睛看苍穹

的是。打开 scene_war.cpp 源文件，主动生成鸭屎弹，并让它们"随风"落在海面，激起浪花一朵朵的最新代码如下：

```
# include "scene_war.hpp"

# include < ctime >   //time
# include < cstdlib > //rand, srand

# include "sdl_timer.hpp"
# include "character_fish.hpp"
# include "character_exploding.hpp"
# include "character_bullet.hpp"

namespace Game
{

//战争场景
WarResult scene_war()
{
    WarResult r = WarResult::quit;

    //随机种子
    std::srand(std::time(nullptr));

    sdl2::Timer timer;
    const int timer_code = 1; //定时器的事件子编码
    const int timer_interval = 50;  //50ms 一轮
    timer.Start(timer_interval, timer_code);

    //特效提供者
    ExplodingProvider& ep = ExplodingProvider::Instance();
    //子弹跟踪器
    BulletTracker& bt = BulletTracker::Instance();

    //子弹测试数据
    BulletPtr bullet_1 = std::make_shared < DuckShit > (
                            100, 100 //x, y
                          , 0, 10 //x_speed, y_speed
                          , 10);   //power
    bt.Append(bullet_1);
    BulletPtr bullet_2 = std::make_shared < DuckShit > (400, 100
                          , 0, 5, 10);
    bt.Append(bullet_2);
    BulletPtr bullet_3 = std::make_shared < DuckShit > (250, 10
                          , 0, 8, 10);
    bt.Append(bullet_3);

    bool quit = false;
    while(!quit)
```

```
    {
        SDL_Event e;
        while(SDL_PollEvent(&e) != 0)
        {
            switch(e.type)
            {
                case SDL_QUIT :
                {
                    quit = true;
                    break;
                }
                case SDL_USEREVENT :
                {
                    //定时器自定义事件
                    if (e.user.code == timer_code)
                    {
                        //定时刷新大海中小鱼们的状态
                        Sea::Instance().OnTimer(timer_interval);
                        //五毛特效定时更新状态:
                        ep.OnTimer(timer_interval);
                        //所有子弹定时更新状态
                        bt.OnTimer(timer_interval);
                    }
                    break;
                }
            }
        }

        TextureLibrary& lib (TextureLibrary::Instance());
        sdl2::Renderer * renderer = lib.GetRenderer();
        SDL_assert(renderer != nullptr);

        //显示游戏的背景
        renderer->CopyFrom(lib.GetBkgnd()->texture);
        //大海(画出各条小鱼)
        Sea::Instance().OnShow();
        //显示五毛特效
        ep.OnShow();
        //显示所有子弹
        bt.OnShow();

        renderer->Present();

        sdl2::Timer::Delay(1);
    }

    return r;
}

} //namespace Game
```

流星雨不容易等到,想看"鸭屎落海"都有困难。程序运行时才发现三颗鸭屎弹东飘西晃很容易飞出窗口,下面是我好不容易才捕获到的运行画面,并加上了说明,如图 15 - 72 所示。

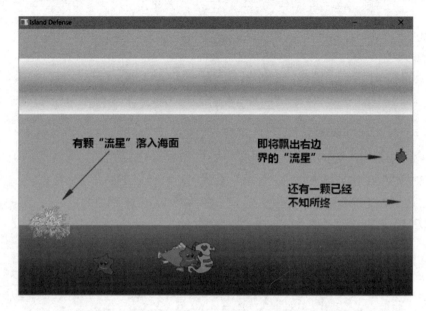

图 15 - 72 "流星"一颗落海,一颗还在飘,还有一颗飘走了

可惜这是一本讲如何编程的教程,如果是小学语言教程,这时肯定得布置一篇看图说话的作文,不少于 500 字。

5. 其他子弹

给出 character_bullet.hpp 头文件的最终内容,它包含了所有子弹定义与实现的完整代码。各类子弹的具体特性,比如飞碟的核弹如何神出鬼没,"太极弹"在水中和在空中飞行的速度相差多少? 答案都可以在代码中,注释、以及实际运行效果中找到:

```cpp
#ifndef CHARACTER_BULLET_HPP_INCLUDED
#define CHARACTER_BULLET_HPP_INCLUDED

#include < list >
#include < memory >

#include "game_settings.hpp"
#include "character.hpp"
#include "character_exploding.hpp"
#include "texture_library.hpp"

namespace Game
{
```

```cpp
//定义子弹可攻击的目标分类
enum BulletTarget
{
    target_empty = 0                //没有攻击目标
    , target_island = 1             //岛屿
    , target_submarine = 2          //潜艇
    , target_whale = 4              //鲸鱼
    , target_plane = 8              //敌机
    , target_duck   = 16            //鸭子
    , target_UFO = 32               //飞碟
}


typedef int BulletTargetFlag ;

//子弹基类:
class Bullet : public Character
{
public:
    Bullet (BulletType type          //类型
            , BulletTargetFlag target //目标
            , int x, int y            //位置
            , int x_speed, int y_speed //速度
            , int power               //杀伤力
            )
        : Character(Role::none
            , TextureLibrary::Instance().GetBullet(type))
            , _type(type)
            , _target(target)
            , _x_speed(x_speed)
            , _y_speed(y_speed)
            , _power(power)
    {
        SetPosition(x, y);
    }

    BulletType GetType() const
    {
        return _type;
    }

    //检查指定的 target 是不是
    //当前子弹可攻击的目标类型之一
    bool HasTarget(BulletTarget target)
    {
        return 0 != (_target & target);
    }

    //取横向速度
    int GetXSpeed() const { return _x_speed; }
    //取纵向速度
```

```
    int GetYSpeed() const { return _y_speed; }
    //改横向速度
    void SetXSpeed(int speed) { _x_speed = speed; }
    //改纵向速度
    void SetYSpeed(int speed) { _y_speed = speed; }
    //同时改变横向和纵向的速度
    void SetSpeed(int x_speed, int y_speed)
    {
        _x_speed = x_speed;
        _y_speed = y_speed;
    }

    //取当前杀伤力
    int GetPower() const { return _power; }
    //修改当前杀伤力
    void SetPower(int power) { _power = power; }
    //增加杀伤力
    void IncPower(int inc_power) { _power += inc_power; }
    //消减杀伤力
    void DecPower(int dec_power) { _power -= dec_power; }

    //默认的定时更新
    void OnTimer(int interval) override
    {
        Fly();
    }

    //本子弹是否可以进入水下
    virtual bool CanRunUnderwater() const
    {
        return false; //默认不能
    }
    //让子弹飞
    virtual void Fly()
    {
        GetDstRect()->x += _x_speed;
        GetDstRect()->y += _y_speed;
    }
    //落水或出水时生成水花
    virtual Exploding CreateWaterspray();
    //击中目标后生成爆炸效果
    virtual Exploding CreateExploding(ExplodingType type);

private:
    BulletType _type;
    BulletTargetFlag _target;
    int _x_speed, _y_speed;
    int _power;
};
```

```
//鸭屎弹
class DuckShit : public Bullet
{
public:
        DuckShit (int x, int y
         , int x_speed, int y_speed
         , int power)
        : Bullet(BulletType::shit
         //鸭子攻击岛屿和潜艇
         , target_island | target_submarine
         , x, y, x_speed, y_speed, power)
    {
    }

    //鸭屎定时干的事
    //下落并左右晃,幅度随机
    void OnTimer (int interval) override
    {
        _total_interval += interval;

        //累积100ms以后
        if (_total_interval >= 100)
        {
            Fly(); //每100ms才动一次
            _total_interval = 0;

            int x_speed = GetXSpeed();
            //随机改变横向的飞行速度
            //每次变化控制在－4～4之间
            x_speed += (4 - (std::rand() % 9));
            SetXSpeed(x_speed);
        }
    }
private:
    int _total_interval = 0;
};

typedef std::shared_ptr < Bullet > BulletPtr ;

//子弹跟踪器
//管理所有飞行中的子弹
class BulletTracker
{
    BulletTracker() = default;
    BulletTracker(BulletTracker const& ) = delete;
public:
    static BulletTracker& Instance()
    {
        static BulletTracker instance;
        return instance;
```

```
    }

    //加入新子弹
    void Append(BulletPtr bullet)
    {
        _bullets.push_back(bullet);
    }

    //显示所有子弹
    void OnShow()
    {
        for (auto p : _bullets)
        {
            p->OnShow();
        }
    }

    //所有子弹的定时操作
    void OnTimer(int interval)
    {
        for (auto p : _bullets)
        {
            p->OnTimer(interval);
        }

        FindAndRemoveInvalidBullets();
    }

private:
    //检查所有失效的子弹
    //当前失效原因有
    //①出了上、左、右窗口边界;②不允许入水的子弹进海
    void FindAndRemoveInvalidBullets();

private:
    std::list < BulletPtr > _bullets;
};


//飞机炸弹
class PlaneBomb : public Bullet
{
public:
    PlaneBomb(int x, int y
            , int x_speed, int y_speed
            , int power)
            : Bullet(BulletType::bomb
            //飞机攻击岛屿和潜艇
            , target_island | target_submarine
            , x, y, x_speed, y_speed, power)
```

```
    {
    }

    //炸弹定时干的事
    //飞行,水平减速,垂直加速(生硬的抛物线)
    void OnTimer (int interval) override
    {
        Fly(); //每轮最小定时都飞行

        _total_interval += interval;

        //累积 300ms 以后
        if (_total_interval >= 300)
        {
            _total_interval = 0;

            int x_speed = GetXSpeed();
            int y_speed = GetYSpeed();

            //垂直固定加速,每次加 1
            ++ y_speed;

            //水平固定减速,减至 3 时,直接归零
            //注意,因为往左飞,所以 x_speed 是零或负数
            //所谓减速,反倒要加大 x_speed 的值
            x_speed = (x_speed > - 3)? 0 : (x_speed + 3);

            SetSpeed(x_speed, y_speed);
        }
    }
private:
    int _total_interval = 0;
};

//飞碟核弹
class UFONucleus : public Bullet
{
public:
    UFONucleus (int x, int y
            , int x_speed, int y_speed
            , int power)
        : Bullet(BulletType::nucleus
            //飞碟攻击岛屿、潜艇和神鲸,也攻击鸭子
            , target_island | target_submarine
                | target_whale | target_duck
            , x, y, x_speed, y_speed, power)
    {
    }
```

```
//允许入海
bool CanRunUnderwater() const override
{
    return true;
}


//飞碟核弹定时干的事比较有意思
//先是悬空停一秒，然后急速垂直下落
//并且，它可以下水攻击
//入水后，速度减为三分之一，杀伤力减半
void OnTimer(int interval) override
{
    _total_interval += interval;

    //前一秒悬空不动
    if (_total_interval < 1000)
    {
        return;
    }

    /* _total_interval 不能清零，
       否则很快又要悬停了      */

    Fly();

    int y_speed = GetYSpeed();
    if (!_underwater) //不在海面下，在空中
    {
        SDL_Rect* dst = GetDstRect();

        //重新检查是不是入海了：
        //Y坐标加上高度，还在海平面之上，就不算落海
        _underwater = (dst->y + dst->h/2) >= Settings::sea_y;

        //如果还是在空中，就让下落速度更快一些
        if (!_underwater)
        {
            y_speed += 3;
        }
        else //否则，正好落入水中
        {
            y_speed /= 3; //速度变成三分之一
            SetPower(GetPower() / 2); //杀伤力减半
        }

        //新速度生效
        SetYSpeed(y_speed);
    }
    else //已经在海面下
```

```
    {
            if (y_speed > 4)
            {
                    //因为水的浮力,速度减慢
                    SetYSpeed(y_speed - 2);
            }
        }
    }

private:
    int _total_interval = 0;
    bool _underwater = false;
};

//潜艇导弹
class SubmarineMissile : public Bullet
{
public:
    SubmarineMissile(int x, int y
                    , int x_speed, int y_speed
                    , int power)
        : Bullet(BulletType::missile
                    //潜艇攻击飞碟、鸭子、飞机
                    , target_UFO | target_duck | target_plane
                    , x, y, x_speed, y_speed, power)
            , _init_y_speed(y_speed)
    {
    }

    //允许入海,因潜艇潜入海后
    //仍然可以从水里发射导弹
    bool CanRunUnderwater() const override
    {
        return true;
    }

    //导弹定时干的事
    //匀速上升,如果在水下,速度是初始速度的三分之一
    void OnTimer(int interval) override
    {
        //是不是还在水里
        SDL_Rect * dst = GetDstRect();
        bool underwater = ((dst->y + dst->h/2) >= Settings::sea_y);
        int y_speed = (underwater)
                    ? (_init_y_speed / 3) : _init_y_speed;

        SetYSpeed(y_speed);
        Fly();
    }
```

```
private:
    int _init_y_speed; //垂直方向的初始化速度
};

//鲸鱼太极弹
class WhaleTaiji : public Bullet
{
public:
    WhaleTaiji(int x, int y
            , int x_speed, int y_speed
            , int power)
        : Bullet(BulletType::taiji
            //鲸鱼攻击飞碟、鸭子、飞机,并能给潜艇补给
            , target_UFO | target_duck
              | target_plane | target_submarine
            , x, y, x_speed, y_speed, power)
            , _init_y_speed(y_speed)
    {
    }

    //鲸鱼总是从海底发起攻击
    bool CanRunUnderwater() const override
    {
        return true;
    }

    //太极弹定时做的事,匀速上升
    //出了水面后,速度提升三倍
    void OnTimer(int interval) override
    {
        SDL_Rect * dst = GetDstRect();
        bool underwater = ((dst->y + dst->h/2) >= Settings::sea_y);

        int y_speed = (underwater)
                ? _init_y_speed
                : (_init_y_speed * 3);

        SetYSpeed(y_speed);
        Fly();
    }

    //太极弹击中某物之后,并不是简单地将杀伤力归零
    int OnTargetHitted(int target_life_power) override
    {
        int dec_power = std::min(target_life_power, GetPower());
        /*
            太极弹力道绵延,所以不会一下子耗尽能量,而是按需损耗
        */
        DecPower(dec_power);
        return dec_power;
```

459

```
    }
private:
    int _init_y_speed;
};

} //namespace Game


#endif // CHARACTER_BULLET_HPP_INCLUDED
```

注意"**WhaleTaiji**（太极弹）"重新实现了 OnTargetHitted()方法，在被击中物应该扣除多少生命的逻辑上，保持默认逻辑，但在子弹杀伤力损耗方面逻辑大变，基类是直接归零，"太极弹"是按需扣除，即被击中物剩余生命力和太极弹剩余杀伤力二者的较小者。

【课堂作业】：子弹性能调试

请在 scene_war.cpp 中使用 BulletTracker 类，自行设计测试炸弹、核弹、导弹和太极弹的功能，并为各类子弹设置你认为合理的飞行速度。

这是我的测试结果画面，附上说明如图 15-73 所示。

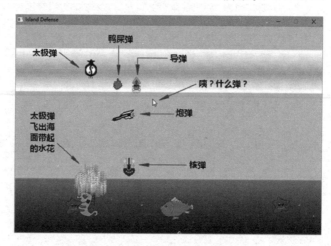

图 15-73   各类子弹测试画面

15.5.9   挨打的目标

1. Target/目标

子弹有了，子弹击中目标的爆炸效果有了，万事具备，只欠挨子弹打的目标了。游戏中可作为攻击目标的角色有岛屿、潜艇、神鲸、鸭子、飞行和飞碟，需要为它们定义一个共同的基类 Target，Target 本身又是 Character 的派生类，又一场"多态"大戏正在上演。新建头文件**target.hpp** 并加入项目，文件内容如下：

```cpp
#ifndef TARGET_HPP_INCLUDED
#define TARGET_HPP_INCLUDED

#include "character.hpp"
#include "character_bullet.hpp"

namespace Game
{

//被子弹命中的结果
enum class HittedResult
{
    ignore              //目标忽略本次受击
    , power_off         //目标因本次受击而挂掉
    , power_decreased   //目标因本次受击而减命
    , power_increased   //目标因本次受击而续命
};

//攻击目标基类
class Target : public Character
{
public:
    Target(Role role
            , sdl2::Texture * texture
            , int x, int y
            , int life_power)
            : Character(role, texture)
            , _original_life_power(life_power)
            , _life_power(life_power)
    {
        SetPosition(x, y);
    }

    //取得可被击中的区域
    virtual SDL_Rect GetHitableRect()
    {
        //默认是全部区域
        return * GetDstRect();
    }

    //取得初始生命力
    int GetOriginalLifePower() const
    {
        return _original_life_power;
    }
    //取得当前剩余生命力
    int GetLifePower() const
    {
        return _life_power;
    }
```

```cpp
//扣生命力,可以扣到负数
void DecLifePower(int power)
{
    _life_power -= power;
}

//加生命力,最多加到初始值
void IncLifePower(int power)
{
    int nv = _life_power + power;
    _life_power = (nv < _original_life_power)
            ? nv : _original_life_power;
}

//满血复活
void RestoreLifePower()
{
    _life_power = _original_life_power;
}

//判断是不是挂掉了
bool IsDead() const
{
    return _life_power <= 0;
}


//被击中后的反应
//返回击中结果
virtual HittedResult OnHitted(Bullet * bullet)
{
    SDL_assert(bullet != nullptr);

    //子弹的杀伤力
    int bullet_power = bullet ->GetPower();

    //当前生命力已经为零或负数
    //或者炮弹的杀伤力已经是零或负数
    if (_life_power <= 0 || bullet_power <= 0)
    {
        return HittedResult::ignore; //忽略
    }

    //由子弹决定需要扣除多少生命力
    //(并且子弹会自行决定如何扣除自身的杀伤力)
    int dec_power = bullet ->OnTargetHitted(_life_power);
    //实际扣除
    _life_power -= dec_power;

    //根据剩余生命决定返回结果
    return (_life_power <= 0)
            ? HittedResult::power_off
            : HittedResult::power_decreased;
}
```

```
    //需要定制如何绘图
    //因为需要画出可被攻击物的当前生命力
    void Draw() override;

private:
    int _original_life_power;  //初始生命力
    int _life_power;            //剩余生命力
};

} //Game

#endif // TARGET_HPP_INCLUDED
```

该类仅有两个私有成员数据，都和"生命力"有关，这和该类用于表达"可被攻击"的目的相符合。"**_original_life_power**"是该类对象出生时的生命力，即对象的"满血值"；"**_life_power**"是战争过程中的剩余生命力，每当对象受到炮弹攻击，"**_life_power**"变小（特殊情况下也会变大）。大量的方法和这两个成员数据有关，比如**RestoreLifePower**()可让对象"满血"复活，而**IsDead**()检查当前生命力是否为零或负数。

虚函数**GetHitableRect()**用于定制对象可被攻击的矩形区域，炮弹只有落在该区域内才算击中目标，默认实现的可攻击区域就是整个对象的区域。后面在实现潜艇的类中，我们将"作弊"让潜艇的可攻击区域变得小小的。第二个虚函数**OnHitted**()用于定制对象被入参指定的子弹击中后的表现。返回值类型**HittedResult**是一个枚举，和当初在 textlibrary. hpp 中定义的爆炸特效分类 ExplodingType 有些类似，只是多出一个 ignore 值，表示本次攻击对被攻击物没有影响，可以忽略。

当前程序中的目标有多种：岛屿、飞碟、潜艇等，子弹也多样：核弹、导弹、炮弹等，A 目标受到 B 子弹攻击所产生的影响，通常既和 A 目标有关，也和 B 子弹有关。一件事情的变化既和 A 类有关，又和 B 类有关，这类问题称为"双路多态"，解决方法通常是在 A 类的虚方法中调用作为入参的 B 类对象的虚方法。应用到本例：在 Target 的"OnHitted(Bullet * b)"方法中的 093 行代码处，调用 Bullet 的**OnTargetHitted()**方法。

结合实际业务需求更容易理解：大多数情况下，当子弹击中目标，目标生命力将减少，子弹的杀伤力也要减少。二者如何减？默认实现如下：

（1）目标生命力如何减少：这得综合子弹的杀伤力和目标的生命力。比如，杀伤力 100、生命力 50，那就扣光生命力；倒过来如果杀伤力 50，生命力 100，那么扣生命力 50。

（2）子弹杀伤力如何减少？默认情况是子弹一旦击中目标，其杀伤力就全部耗尽，归零。为什么这样设定呢？因为我们认为击中目标后子弹通常要爆炸，再多杀伤力都只能浪费。

子弹的虚方法**OnTargetHitted()**就用于实际处理子弹的杀伤力,并返回目标生命力应减值。被攻击目标的虚方法 OnHitted()调用前述方法,并执行扣除生命力的操作。

【课堂作业】:复习子弹的OnTargetHitted( )实现

复习"WhaleTaiji(太极弹)"的**OnTargetHitted()**方法的实现,并和 Bullet 基类的实现作对比。

现在知道,"太极弹"击中目标的效果,和其他子弹击中目标的效果不一样。后面在实现 Target 类的派生类"Submarine(潜艇)"类时,将看到"太极弹击中潜艇"的效果,和"太极弹击中其他目标"或者"其他子弹击中潜艇"的效果也不一样。

Target 类还需重新实现基类 Character 的 Draw()方法而不是 OnShow(),目的是在对象的右上角画上"生命条"。假设某目标的"**_original_life_power**"是 100,而"**_life_power**"是 25,将显示左部 25% 为绿色,余下 75% 为红色的"生命条"。实际绘制过程是先画 100% 的红色条,再在左部贴上 25% 的绿色条。

新建对应的**target.cpp**源文件并加入项目的所有构建目标,代码如下:

```cpp
#include "target.hpp"

namespace Game
{

void Target::Draw()
{
    //调用基类同名函数,画出主体部分
    Character::Draw();

    //取目标区域,准备在目标区域右上角画
    //一个"生命力条"
    SDL_Rect * dst = GetDstRect();

    int bar_width = dst->w / 5;
    int bar_height = 2;
    int bar_x = dst->x + (dst->w - bar_width);
    int bar_y = dst->y;

    //创建一个表层,并设置成半透明
    sdl2::Surface bar_surface(bar_width, bar_height
                        , 24 //色深
                        , Settings::rmask
                        , Settings::gmask
                        , Settings::bmask
                        , Settings::amask);
```

```
bar_surface.SetBlendMode(SDL_BLENDMODE_BLEND);
bar_surface.SetAlphaMod(178);
//先全部填充红色
bar_surface.Fill(0xFF, 0, 0);

SDL_assert(_original_life_power > 0);
//计算剩余生命力的比例
double life = (_life_power > 0)? _life_power : 0.0;
//剩余生命力用绿色表示
int green_width = (int)(bar_width
                  * life/_original_life_power);
//填充绿色块
SDL_Rect green_rect {0, 0, green_width, bar_height};
bar_surface.FillRect(green_rect, 0, 0xAF, 0);

sdl2::Renderer * renderer
               = TextureLibrary::Instance().GetRenderer();
SDL_assert(renderer != nullptr);

//从表层生成纹理,并贴到目标区域
sdl2::Texture bar_texture(renderer->renderer
                        , bar_surface.surface);
SDL_Rect bar {bar_x, bar_y, bar_width, bar_height};
renderer->CopyFrom(bar_texture.texture, nullptr, &bar);
}

} //Game
```

之前的代码都是通过一个位图文件,创建一个"sdl2::BitmapSurface(位图表层)"对象,以上代码则需要直接创建一个指定宽度、高度、色深以及 RGB 三颜色位置掩码的表层对象。rmask、gmask、bmask 和 amask 四个常量,用于指定"R、G、B、A"四个颜色值分量在的字节次序。它们需要事先定义,请打开 game_settings.hpp,在 Settings 名字空间下加入以下定义:

```
......
/* 当前机器颜色分量字节次序掩码常量定义 */
#if SDL_BYTEORDER == SDL_LIL_ENDIAN
    Uint32 const rmask = 0x000000ff;
    Uint32 const gmask = 0x0000ff00;
    Uint32 const bmask = 0x00ff0000;
    Uint32 const amask = 0xff000000;
#else
    Uint32 const rmask = 0xff000000;
    Uint32 const gmask = 0x00ff0000;
    Uint32 const bmask = 0x0000ff00;
    Uint32 const amask = 0x000000ff;
#endif
......
```

【小提示】：主机字节的"大端字节序"和"小端字节序"

现代人一看"91"就知道它是"九十一"，一看"19"就知它是"一十九"。要是有个古代中国人穿越到现代，他会不会因为习惯于"从右到左"的阅读次序，看到"91"以为是"一十九"呢？我觉得有可能。

计算机内存使用字节表达数据，包括数字，如果数值很大就需要多个字节组合而成，比如一个 int 类型可能由 4 个字节组成。不同硬件类型的主机对这 4 个字节的排列次序会有不同。有的像今人，将代表高位的字节放在前面，称为"大端字节序"；有的像古人，将代表高位的字节放在前面，称为"小端字节序"。

代码中的 SDL_BYTEORDER 宏定义所用的 SDL 库在编译环境下所使用的字节序，Code::Blocks 将正常显示以上代码的上半部分，灰色显示下半部分。因此可以推导出你我所用的 Intel CPU 使用的是"小端字节序"吗？因为上半部分成立的条件是"SDL_BYTEORDER == SDL_LIL_ENDIAN"，而 SDL_LIL_ENDIAN 代表小端序。不要轻易相信 IDE 的"智能"，在我写书的这个时候，Code::Blocks 只能尽力检测到某个宏是否有定义，并不能知道它的值。把"=="右边的 SDL_LIL_ENDI-AN 任意修改，IDE 依据认为条件成立。

Intel CPU 是"现代派"还是"古典派"，这事你得找编译器帮忙呀。

创建表层对象之后，先将它的整个区域填充红色，再依据当前生命力和总生命力的比例画出对应宽度的绿色区域，最后借助渲染器将表层对象转换为纹理对象，并贴到目标位置。

2. 当子弹撞上目标

有了"目标"类之后，"**BulletTracker**（子弹跟踪器）"需要提供一个重要功能：给定一个目标，跟踪器在所有子弹中查找哪一颗命中目标，如果找到，调用该目标对象的"OnHitted(Bullet *)"方法，依据其返回值由子弹生成合适的"Exploding(爆炸效果)"，加入"ExplodingProvider(爆炸效果提供方)"。

打开头文件 character_bullet.hpp，找到**BulletTracker**类定义，加入一个公开的方法**HitTest()**：

```
//子弹跟踪器
//管理所有飞行中的子弹
class BulletTracker
{
......
public;
......

    //加入新子弹
......

    //显示所有子弹
```

```
……

    //所有子弹的定时操作
……

    //检测是否有子弹击中给定的目标
    //如果有,调用被击中目标的 OnHitted()方法
    //并依据该方法的返回值处理
    //只要找到一颗子弹命中,本次检测结束
    void HitTest(Target * target);

private:
……
private:
……
};
```

Bullet 提供"bool **HasTarget** (BulletTarget target)"方法用于检测给定的 target 是不是子弹的攻击目标之一,不过此处入参的 target 类型不是 Target,而是"BulletTarget(子弹的攻击目标)"类型。"Target(目标)"没有这一属性,但是有来自基类 Character 的 GetRole()方法,返回 Role 枚举值。我们需要先写一个从 Role 到 BulletTarget 的转换函数。请打开 character_bullet.cpp 源文件,在 Game 名字空间下加入以下自由函数:

```
……

//从身份推出是子弹的何种攻击目标
BulletTarget From (Role role)
{
    switch(role)
    {
    case Role::duck : return target_duck;
    case Role::island : return target_island;
    case Role::plane : return target_plane;
    case Role::submarine : return target_submarine;
    case Role::UFO : return target_UFO;
    case Role::whale : return target_whale;
    default : return target_empty;
    }
}

……
```

如果子弹是飞机发射的炮弹,目标是鸭子,当它们相遇时,子弹就会跳过鸭子,因为二者是一伙的。当然,我们这个游戏的设定比较有特点,鲸鱼发射的太极弹可以"攻击"同一阵营的潜艇,实质是在为后者补给生命力;飞碟发射的核弹也会攻击鸭子,因为外星人讨厌鸭子;相关逻辑在"呼啸的子弹"小节中说得很清楚。

子弹在空间位置上有没有命中目标,可以使用 sdl_collision. hpp 文件中定义的碰撞检测方法,检测子弹的区域和目标的可攻击区域有没有重叠即可。一旦发现子弹撞上目标,目标的"OnHitted(Bullet *)"方法就能派上用场,如前所述,该方法内还会调用子弹的 OnTargetHitted(),协同处理双方的碰撞结果。

OnHitted()方法返回 HittedResult 枚举值。如果结果是 HittedResult::ignore,说明双方协商的结果是"私了",子弹继续飞,目标物通常继续活动;否则,需要由子弹单方面负责创建对应的爆炸特效。爆炸特效的类型使用 ExplodingType 表达,因此,又需要一个函数将 HittedResult 枚举值转换为 ExplodingType 枚举值。让我们在 character_bullet. cpp 源文件中再加一个 From()自由函数:

```
......
//从击中结果,推出爆炸效果
ExplodingType From (HittedResult result)
{
    switch(result)
    {
    case HittedResult::power_decreased :
        return ExplodingType::power_deccreased;
    case HittedResult::power_increased :
        return ExplodingType::power_increased;
    case HittedResult::power_off :
        return ExplodingType::power_off;
    case HittedResult::ignore :
        SDL_assert (result != HittedResult::ignore);
        return ExplodingType::power_off;
    }
}
......
```

注意最后一个 case 分支中的断言,它断定 result 肯定不是 HittedResult::ignore,但若要进入该分支,显然 result 必须、肯定以及一定就是 HittedResult::ignore。看起来好矛盾,实际情况是我们认定该分支一定不会被执行,其下的 return 也毫无意义。加这个分支只是为了避免得到编译器的警告:"咦?为什么你少写一种枚举值的 case?"

整个游戏中,需要在 character_bullet. cpp 源文件中添加的最后一个函数就是关于 BulletTracker::HitTest()的实现:

```
......
void BulletTracker::HitTest (Target * target)
{
    SDL_assert(target != nullptr);
    BulletTarget bullet_target = From (target ->GetRole());
```

```
//取目标的可攻击矩形区域
SDL_Rect target_rect = target->GetHitableRect();
for (auto it = _bullets.begin(); it != _bullets.end(); ++it)
{
    BulletPtr bullet = *it;
    //判断当前子弹是否可以攻击给定的目标
    if (!bullet->HasTarget(bullet_target))
    {
        continue; //跳过对给定目标没有攻击"意愿"的子弹
    }

    //方块碰撞检测
    SDL_Rect * bullet_rect = bullet->GetDstRect();
    bool hitted = sdl2::Collision::HasCollision(*bullet_rect
                                            , target_rect);

    if(hitted) //击中了
    {
        HittedResult result = target->OnHitted(bullet.get());
        //只要返回结果不是"忽略",就添加爆炸效果
        if (result != HittedResult::ignore)
        {
            ExplodingType type = From(result);
            Exploding exploding = bullet->CreateExploding(type);
            ExplodingProvider::Instance()
                                .AddExploding(exploding);
            //检查子弹是否还有杀伤力
            //没有杀伤力的子弹要删除
            if (bullet->GetPower() <= 0)
            {
                _bullets.erase(it);
                break;
            }
        }
    }
}
}
……
```

碰撞事件发生后,如果子弹还有剩余的杀伤力,则继续飞行,否则将从列表中删除它。因为是智能指针,所以实际子弹对象将自动释放。

3. 准备素材

拿起绳子,我笑呵呵地走向美工,没错,我又要亲手绘制岛屿、潜艇、鲸鱼、鸭子、飞机和飞碟这 6 张色深 24 的位图,如表 15 - 17 所列。

表 15－17 参战各方图片

名称	文件名	图	尺寸	透明色
岛屿	island. bmp		185x109	纯蓝
潜艇	submarine. bmp		240×85	纯蓝
鲸鱼	whale. bmp		108×65	纯红
鸭子	duck. bmp		78×67	纯红
飞机	plane. bmp		170×88	纯红
飞碟	UFO. bmp		233×112	纯红

打开头文件 texture_library.hpp，在 TextureLibrary 类中加入新的私有成员数据：

```
......
//整个游戏的纹理库
class TextureLibrary
{
......

    //我方力量
    sdl2::Texture _island, _submarine, _whale;
    //敌方力量
    sdl2::Texture _duck, _plane, _ufo;
};
```

再加上对应的公开访问方法：

```
......
//整个游戏的纹理库
class TextureLibrary
{
......
    //得到岛屿纹理
    sdl2::Texture * GetIsland() { return &_island; }
    //得到潜艇纹理
    sdl2::Texture * GetSubmarine() { return &_submarine; }
    //得到鲸鱼纹理
    sdl2::Texture * GetWhale() { return &_whale; }
    //得到鸭子纹理
    sdl2::Texture * GetDuck() { return &_duck; }
    //得到飞机纹理
    sdl2::Texture * GetPlane() { return &_plane; }
    //得到飞碟纹理
    sdl2::Texture * GetUFO() { return &_ufo; }
......
};
```

打开 texture_library.cpp 源文件，在 Init() 方法中加入加载以上纹理的代码：

```
bool TextureLibrary::Init(sdl2::Renderer * renderer)
{
......
    //(1)加载背景,不透明、不混色
......
    //(2)加载序幕背景贴图,不透明、50％混色
    ......
    //(3)加载五张剧情说明图片,不透明、不混色
    ......
    //(4)加载帮助画面,同样不透明、不混色
    ......
    //(5)加载各类小鱼的图片纹理,透明、略加混色
```

```
……
//(6)加载爆炸效果,透明、略加混色
……
//(7)加载水花,透明、50％混色
……
//(8)加载各类子弹,透明但不混色
……

//(9)加载参战各方的纹理
if (!LoadBMPTexture("images/island.bmp" //岛屿
                , _island
                , 0,0,0xFF //透明色:纯蓝
                , 178))
{
    return false;
}
if (!LoadBMPTexture("images/whale.bmp" //鲸鱼
                , _whale
                , 0xFF,0,0 //透明色:纯红
                , 178))
{
    return false;
}
if (!LoadBMPTexture("images/submarine.bmp" //潜艇
                , _submarine
                , 0,0,0xFF //透明色:纯蓝
                , 178))
{
    return false;
}
if (!LoadBMPTexture("images/duck.bmp" //鸭子
                , _duck
                , 0xFF,0,0 //透明色:纯红
                , 178))
{
    return false;
}
if (!LoadBMPTexture("images/plane.bmp" //飞机
                , _plane
                , 0xFF,0,0 //透明色:纯红
                , 178))
{
    return false;
}
if (!LoadBMPTexture("images/UFO.bmp" //UFO
                , _ufo
                , 0xFF,0,0 //透明色:纯红
                , 178))
{
```

```
        return false;
    }

    return true;
}
```

如果你喜欢使用"复制/粘贴"法快速写代码,强烈建议检查以上代码中每一处 LoadBMPTexture()调用的第二个入参与第一个入参是否匹配,确保代码通过编译,并确保程序正常运行。

15.5.10　神勇的我军

1. 配　置

打开 game_settings. hpp 头文件,在 Settings 名字空间下加入以下和岛屿、鲸鱼、潜艇相关的常量数据定义:

```
……
//岛屿的宽度
const int island_width = 185;
//岛屿的高度
const int island_height = 109;
//岛屿的生命力
const int island_life_power = 5000;
//岛屿每过一秒,自增的生命力
const int island_life_power_inc = 7;

//潜艇的宽度
const int submarine_width = 240;
//潜艇的高度
const int submarine_height = 85;
//潜艇的生命力
const int submarine_life_power = 500;
//潜艇炮弹的杀伤力
const int submarine_missile_power = 150;
//潜艇炮弹速度
const int submarine_missile_speed = -10;
//潜艇导弹的宽度
const int submarine_missile_width = 24;
//潜艇下潜之后,分成几步浮起到原位置
const int submarine_rise_steps = 30;
//潜艇一秒之内允许发射的最大炮弹数目
const int submarine_max_fire_count_per_second = 2;
//潜艇头朝左时的可攻击区域
const SDL_Rect submarine_hitable_rect {42,15, 90, 80};
//潜艇头朝右时的可攻击区域
const SDL_Rect submarine_hitable_rect_reverse {108,15, 90, 80};
//潜艇头朝左时的炮口的位置
const int submarine_muzzle_x = 102;
```

```
//潜艇头朝右时的炮口的位置
const int submarine_muzzle_x_reverse = 136;

//鲸鱼的宽度
const int whale_width = 108;
//鲸鱼的高度
const int whale_height = 65;
//鲸鱼的生命力
const int whale_life_power = 4000;
//鲸鱼的游泳速度
const int whale_speed = -5;
//鲸鱼太极弹的杀伤力
const int whale_taiji_power = 250;
//鲸鱼太极弹的宽度
const int whale_taiji_width = 30;
//鲸鱼太极弹在初始(在水中)速度
const int whale_taiji_speed = -5;
//鲸鱼每隔1s发射太极弹的概率百分比
const int whale_fire_percentage = 50;
//鲸鱼炮口的位置
const int whale_muzzle_x = 30;
……
```

2. 岛　屿

岛屿只能挨打,不能打别人,不过岛屿有自我治愈功能,会定时自增生命力,直到恢复"满血"状态。新建**target_island.hpp**头文件加入项目,编辑代码如下:

```
#ifndef TARGET_ISLAND_HPP_INCLUDED
#define TARGET_ISLAND_HPP_INCLUDED

#include "target.hpp"

namespace Game
{

//岛屿
class Island : public Target
{
public:
    Island(sdl2::Texture * texture, int x, int y, int power)
        : Target(Role::island, texture, x, y, power)
        , _total_interval(0)
    {
    }

    //岛屿有自动恢复生命力的功能
    //每隔1s自增若干生命力
    void OnTimer(int interval) override
    {
```

```
        _total_interval += interval;
        if (_total_interval >= 1000)
        {
            _total_interval = 0;
            this->IncLifePower(Settings::island_life_power_inc);
        }
    }

    //"作弊":让岛屿的可攻击区域缩小一点
    SDL_Rect GetHitableRect() override
    {
        SDL_Rect r = Target::GetHitableRect();

        //左边的 85% 可攻击,子弹打中右边的 15% 无效:
        r.w = (r.w * 0.85);
        return r;
    }

private:
    int _total_interval;
};

} //Game

#endif // TARGET_ISLAND_HPP_INCLUDED
```

三个函数:一是构造函数,需指定纹理和坐标、岛屿的初始生命力;二是定时事件函数 OnTimer(),实现每隔 1s 自增 10 点生命力;三是 **GetHitableRect**(),仅返回岛屿左部 85% 的矩形作为可攻击区域,也许你想重画一张岛屿图,在其右海岸线补上防御设施。

就这么简单,但这一次课程考验各位"静默写代码"的能力,因此接下来并非要写让岛屿显现的代码,而是要连续写出"潜艇""神鲸"以及我军"大本营"等类的代码。那些个平常写代码粗心大意、丢三落四、格式混乱、缺少良好习惯的同学要小心了。

3. 潜　艇

作为唯一受用户控制的角色,潜艇有用没用的本事挺多的。它能"Fire(发射)","Sails(航行)""Dive(下潜)",以及被子弹击中以后的反应,这些都是有用的。没用的功能就一个:潜艇要有随着海浪波动而轻轻摇晃的视觉效果。

【轻松一刻】:程序,偶尔隐藏着我们的一段过去

我从小就喜欢听的《军港之夜》是这么唱的:"军港的夜啊静悄悄,海浪把战舰轻轻地摇,年轻的水兵头枕着波涛,睡梦中露出甜美的微笑。"音乐老师教了我们这首歌,语文老师就让我们写唱后感,当年的我这么写:"有谁知道今夜让水兵们露出微笑的海风海浪,正是年轻水兵初来舰上参加训练时,摇得他们吐到七荤八素,站都站不

稳的惊涛骇浪？"那年我 12 岁,30 年如白驹过隙,显然我没有成为水兵;但阻碍不了我在程序里用数学老师教的正弦函数让潜艇摇晃起来。

新建**target_submarine. hpp** 头文件,代码如下:

```cpp
#ifndef TARGET_SUBMARINE_HPP_INCLUDED
#define TARGET_SUBMARINE_HPP_INCLUDED

#include "game_settings.hpp"
#include "target.hpp"

namespace Game
{

//潜艇
class Submarine : public Target
{
public:
    Submarine(sdl2::Texture * texture, int x, int y, int power)
        : Target(Role::submarine , texture, x, y, power)
        , _total_interval(0)
        , _dive_count_down(0)
        , _recent_missile_count(0)
        , _waggle_angle(0)
        , _waggle_base_y(y)
    {
    }

    //定制潜艇的可攻击区域
    //一是要区分潜艇朝向,二是要缩小可攻击区域
    SDL_Rect GetHitableRect() override
    {
        SDL_Rect r = !IsHorizontalFlipped()
                ? Settings::submarine_hitable_rect
                : Settings::submarine_hitable_rect_reverse;

        SDL_Rect * dst = GetDstRect();
        r.x += dst->x;
        r.y += dst->y;
        return r;
    }

    //潜艇被太极弹击中之后,潜艇将加分
    HittedResult OnHitted(Bullet * bullet) override
    {
        SDL_assert(bullet != nullptr);

        //如果不是太极弹,走默认的方法
```

```cpp
    if (bullet ->GetType() != BulletType::taiji)
    {
        return Target::OnHitted(bullet);
    }

    /*
        开心啊！潜艇被太极弹击中了,准备加分!
        加分的原则是:尽量加到满血,除非子弹能量不足
    */

    //先看看需要多少点才满血
    int need_power = GetOriginalLifePower() - GetLifePower();
    if (need_power <= 0) //已经满血
    {
        return HittedResult::ignore; //忽略
    }

    //实际加分不能超出子弹现有的能量
    int inc_power = (need_power > bullet ->GetPower())
                        ? bullet ->GetPower() : need_power;

    //可加的生命力为零
    if (inc_power <= 0)
    {
        return HittedResult::ignore;
    }

    //潜艇加生命力
    this ->IncLifePower(inc_power);
    //太极弹减杀伤力
    bullet ->DecPower(inc_power);
    //返回加分标志
    return HittedResult::power_increased;
}


//航行,向左或向右移动
void Sails(int x_offset);
//下潜(向下,藏到水底,可以临时躲避攻击)
void Dive();
//发射导弹
void Fire();

//定时操作
//1) 如果潜艇在海面,需定时轻微浮沉(模拟随海浪晃动)
//2) 如果在下潜状态,需定时地自动浮起
//3) 每过1s,定时清空当前发射的炮弹计数
void OnTimer(int interval) override;

private:
```

```
    //定时阶段计时
    int _total_interval;
    //下潜时间倒计时
    //每当潜艇下潜,开始倒计时,并且让潜艇自动上浮
    //倒计时归零时,正好回归原位
    int _dive_count_down;
    //最近一秒内,已经发射的导弹数
    int _recent_missile_count;

    //上下波动角度
    int _waggle_angle;
    //上下波动的水平基准线
    //会在构造时取潜艇最初的水平位置
    int _waggle_base_y;
};

} //Game

#endif // TARGET_SUBMARINE_HPP_INCLUDED
```

　　当潜艇向左航行它就头朝左,向右航行就头朝右。之前画的潜艇的图片并非左右对称,因此在潜艇调头(水平翻转)之后,它的可攻击区域和炮弹口的位置都会发生变化,请参看在头文件 game_settings.hpp 中定义的 submarine_hitable_rect、submarine_hitable_rect_revers、submarine_muzzle_x 以及 submarine_muzzle_x 等常量的定义。文件中**GetHitableRect()**方法用于获得潜艇当前的可攻击区域,因此必须用到前二者。不过,从配置中读到的区域是相对于潜艇图片左上角的区域,因此还需加上潜艇在窗口上的位置偏移。

　　潜艇必须重新定义**OnHitted()**方法,以实现当鲸鱼发射的"太极弹"击中潜艇,潜艇不受损反受益的特殊逻辑。当然,也有可能是返回 HittedResult::ignore 以示忽略,比如潜艇本就是"满血"状态,此时不能再为它加生命力。就算是需要加生命力,也不一定就直接加到"满血",也得受限"太极弹"当前的剩余的能量有多少。请依据以上要点,认真阅读理解 OnHitted()方法的代码。

　　新建对应的**target_submarine.cpp**源文件,先加入潜艇航行方法的实现:

```
#include "target_submarine.hpp"

#include < cmath >  //后面会用到正弦函数

#include "character_bullet.hpp"

namespace Game
{

//左右前行
void Submarine::Sails (int x_offset)
```

```
{
    //潜艇移动时,船体可以向右或向左伸出的长度
    int const enlarge = 20;
    //左边界:岛屿边界再往左一点点
    int left_boundary = Settings::island_width - enlarge;
    //右边界:游戏窗口右边界再往右一点点
    int right_boundary = Settings::window_width + enlarge;

    //检查潜艇原来是向左还是向右:
    bool left_ahead = !this->IsHorizontalFlipped();

    //当前所在位置
    SDL_Rect * rect = GetDstRect();

    //目标位置
    int new_x = rect->x + x_offset;
    //调整目标位置,避免出界
    if(new_x < left_boundary)
    {
        new_x = left_boundary;
    }
    else if ((new_x + rect->w) > right_boundary)
    {
        new_x = right_boundary - rect->w;
    }

    //当前准备向左移动,但原状态是水平对调
    //取消水平对调
    if (x_offset < 0 && !left_ahead)
    {
        DisableHorizontalFlipped();
    }
    //当前准备向右移动,但原状态没有水平对调
    //启用水平对调
    else if (x_offset > 0 && left_ahead)
    {
        EnableHorizontalFlipped();
    }

    rect->x = new_x;  //真实改变 X 位置
}
```

先说潜艇航行的区域,右边可以到游戏窗口右边界再出去一点点,左边要到岛屿的左边界再往左一点点。这个"一点点"即代码中的 enlarge 常量。在处理右边界时,需要将潜艇的船体宽度考虑在内。

再说潜艇转身的逻辑。潜艇图片默认头朝左,通过基类 Character 的 IsHorizontalFlipped()方法,我们可以知道潜艇当前是否头朝右。再看入参 x_offset,为负表示潜艇正要向左行驶,为正表示正要向右行驶。综合二者,我们既知道潜艇当前头朝哪

边,又知道下一步潜艇准备往哪边前进,很容易推导出潜艇是要启用或取消水平翻转。继续加入"下潜"方法:

```cpp
//下潜
void Submarine::Dive()
{
    //如果 "_dive_count_down" 不为零
    //说明潜艇还处于潜水状态中,不能再次下潜
    if (_dive_count_down != 0)
    {
        return;
    }

    _dive_count_down = Settings::submarine_rise_steps;

    //下潜到海底 - 船身高度 的水平位置:
    SDL_Rect * dst = GetDstRect();
    dst->y = Settings::window_height - dst->h;
}
```

请先查看 game_settings.hpp 中 submarine_rise_steps 的值,当前设置为 30 步,表示潜艇一旦下潜,就要不受用户控制地花 30 步自动上浮。游戏中最小定时设置为 50ms,意味着潜艇会在一秒半之内自动浮出海面,"_dive_count_down" 成员用于倒计时这 30 步。下潜后自动上升的逻辑在后续的 OnTimer() 方法中实现。当前 Dive() 方法负责下潜,并通过判断 "_dive_count_down" 是否为零来避免潜艇在已下潜的状态下再次下潜。这当然是我的设计,将来你若想改为潜艇就是可以一直躲在水底,记得在这里动手。马上就是 OnTimer() 方法:

```cpp
//定时刷新状态
void Submarine::OnTimer(int interval)
{
    SDL_Rect * rect = GetDstRect();

    //1) 如果潜艇在海面,定时轻微浮沉(模拟随海浪晃动)
    if (_dive_count_down == 0)
    {
        double y_offset = std::sin(_waggle_angle/180.0
                                        * 3.1415926);
        rect->y = _waggle_base_y + static_cast < int >(y_offset * 10);
        _waggle_angle += 5; //角度自增
    }
    //2) 如果在下潜状态,定时地自动浮起
    else
    {
        //目标位置,就是最初的 y 坐标
        int const dst_y = _waggle_base_y;
        //上浮的步长:(当前位置 - 目标位置) / 剩余步数
        int step_distance = (rect->y - dst_y) / _dive_count_down;
```

```
    //上浮一步
    rect ->y = rect ->y - step_distance;

    //倒计时
    -- _dive_count_down;
}


//3) 每过 1 秒钟,定时清空导弹计数
_total_interval += interval;
if (_total_interval >= 1000) //1000 ms
{
    _recent_missile_count = 0;
    _total_interval = 0;
}
}
```

定时器做三件事,前两件互斥。

第一件:如果潜艇在海面就轻微地上下起伏,方法是在成员数据"**_waggle_base_y**"所定义的 Y 轴上,按正弦曲线设置新位置;角度是自变量,每次定时增 5 度。我看到初中数学老师严厉的目光。好吧,准确地说,sin()函数的自变量是弧度,换算公式:弧度 = 角度 / 180×3.1415926。

第二件:如果潜艇已经下潜,就不再摇晃,改为定时上浮。物理老师欣然走进教室,未料数学老师冷笑一声继续霸占讲台,但我不理他们,给出的代码是让潜艇匀速上浮,这不符合物理学,自然也违背了数学规律。不想让你的物理、数学老师伤心?建议课后自行修改此处逻辑,一点都不难,我只是不想让代码过长。

第三件:必须避免死按空格键高速持续发射导弹的场面,因此程序会累计一秒内的发射次数,一秒内最多只允许发射两颗导弹。成员数据"**_recent_missile_count**"负责累计已发射的导弹数,定时器负责每隔一秒将它归零一次。终于到了发射方法:

```
//发射
void Submarine::Fire()
{
    if (_recent_missile_count
            >= Settings::submarine_max_fire_count_per_second )
    {
        return;
    }

    ++ _recent_missile_count; //导弹发射次数累计

    //潜艇当前位置
    SDL_Point position = GetPosition();
    //取炮口位置
    int muzzle_x = IsHorizontalFlipped()
                    ? Settings::submarine_muzzle_x_reverse
                    : Settings::submarine_muzzle_x;
```

481

```
    //计算炮口位置
    int x = position.x
                    + muzzle_x - Settings::submarine_missile_width/2;
    int y = position.y;
    //生产炮弹
    BulletPtr bullet = std::make_shared < SubmarineMissile >(
                    x, y        //导弹初始位置
                    , 0, Settings::submarine_missile_speed //速度
                    , Settings::submarine_missile_power); //杀伤力
    //加入子弹跟踪器
    BulletTracker::Instance().Append(bullet);
}

} //Game
```

方法先是依据"_recent_missile_count"控制潜艇的炮火连发次数,然后就是生产导弹(**SubmarineMissile**)。此时开始大量用到 game_settings. hpp 中和潜艇及其导弹有关的配置数据,先是需要知道潜艇炮弹口的位置,再是需要知道导弹的宽度,导弹的初始速度、导弹的初始杀伤力等。子弹生产出来之后,加入"BulletTracker(子弹跟踪器)",这意味着它将开始在屏幕上飞,还记得后者存储的是子弹的智能指针吧?

4. 神　鲸

坚持一下,这是我方最后一个队员。鲸鱼固定在海底活动,并且永远头朝左前行,出了游戏画面最左边后,就从游戏画面最右边出现。同样会用正弦函数让它的游动路线带上点曲线美。鲸鱼前行的方法名为 Swim()/。

在前行过程中每过一秒,鲸鱼有一定的概率发射"太极弹"。概率使用百分比表达,在 game_settings. hpp 使用常量**whale_fire_percentage** 设定,当前设置为 50。新建**target_whale. hpp** 头文件并加入项目,内容如下:

```
#ifndef TARGET_WHALE_HPP_INCLUDED
#define TARGET_WHALE_HPP_INCLUDED

#include < cmath >

#include "target.hpp"
#include "character_bullet.hpp"

namespace Game
{

//鲸鱼
class Whale : public Target
{
public:
    Whale(sdl2::Texture * texture
```

```
        , int x ,int y
        , int x_speed
        , int power)
    : Target(Role::whale , texture, x, y, power)
        , _total_interval(0)
        , _x_speed(x_speed)
        , _waggle_angle(0)
{
}

//游动:从右到左,不断反复,过程走正弦曲线
void Swim()
{
    SDL_Rect * rect = GetDstRect();

    //水平方向前进(向左)
    //"_x_speed"应为负数
    rect->x += _x_speed;
    //如果跑出左边界,从最右边再出来
    if (rect->x + rect->w <= 0)
    {
        rect->x = Settings::window_width;
    }

    //上下浮动
    int const base_y = Settings::window_height - rect->h;
    double y_offset = std::sin(_waggle_angle/180.0
                              * 3.1415926);
    rect->y = base_y + static_cast < int >(y_offset * 10);
    _waggle_angle += 5; //角度自增
}

//发炮
void Fire()
{
    SDL_Rect * dst = GetDstRect();
    int x = dst->x
            + Settings::whale_muzzle_x //炮口 X 位置
            - Settings::whale_taiji_width/2; //减去炮的宽度
    int y = dst->y;
    BulletPtr bullet = std::make_shared < WhaleTaiji >(x, y
                                , 0, Settings::whale_taiji_speed
                                , Settings::whale_taiji_power);
    BulletTracker::Instance().Append(bullet);
}

//定时:向前游,并随机发炮
void OnTimer(int interval) override
{
```

```
        Swim();

        //每隔1s有一定概率发炮
        if ((_total_interval % 1000) == 0)
        {
            if (std::rand() % 100
                        < Settings::whale_fire_percentage) //发弹概率
            {
                Fire();
            }
        }

        _total_interval += interval;
    }
private:
    int _total_interval; //定时累计
    int _x_speed; //水平速度
    int _waggle_angle; //上下波动角度
};

} //Game

#endif // TARGET_WHALE_HPP_INCLUDED
```

5. 我军大本营

我军大本营的职责:

① 一是负责创建、释放岛屿、潜艇、鲸鱼对象各一个;

②二是打包我方三个成员的 OnTimer() 和 OnShow() 功能,其中 OnTimer() 还需额外做一件重要的事:检测我方三个成员是否被击中;

③三是判断我军是否失败:如果小岛或者潜艇有一个挂掉,本场保卫战失败。

我军大本营类名为 **Headquarters**,是一个单例类。新建 **headquarters.hpp** 头文件并加入项目,代码如下:

```
#ifndef HEADQUARTERS_HPP_INCLUDED
#define HEADQUARTERS_HPP_INCLUDED

#include "target_island.hpp"
#include "target_submarine.hpp"
#include "target_whale.hpp"

namespace Game
{

//我方大本营
class Headquarters
{
    Headquarters()
    {
```

```
            auto& lib = TextureLibrary::Instance();

        //创建岛屿
        int x = 0;
        int y = Settings::sea_y - Settings::island_height/2;
        _island = new Island(lib.GetIsland()
                    , x, y
                    , Settings::island_life_power);

        //创建潜艇
        x = (Settings::window_width - Settings::submarine_width)/2;
        //潜艇三分之一在海面上
        y = Settings::sea_y - (Settings::submarine_height * 1 / 3);
        _submarine = new Submarine(lib.GetSubmarine()
                    , x, y
                    , Settings::submarine_life_power);

        //创建神秘鲸鱼
        x = Settings::window_width; //从屏幕最右边出现
        y = Settings::window_height - Settings::whale_height;
        _whale = new Whale(lib.GetWhale(), x, y
                        , Settings::whale_speed
                        , Settings::whale_life_power);
    }

    Headquarters(Headquarters const&) = delete;
public:
    static Headquarters& Instance()
    {
        static Headquarters instance;
        return instance;
    }

    ~Headquarters()
    {
        delete _whale;
        delete _submarine;
        delete _island;
    }

    //取岛屿
    Island * GetIsland() { return _island; }
    //取潜艇
    Submarine * GetSubmarine() { return _submarine; }
    //取鲸鱼
    Whale * GetWhale() { return _whale; }

    //我方是否失败
    bool IsLost() const
```

```
    {
        return _island ->IsDead() || _submarine ->IsDead();
    }

    //打包显示我方所有成员
    void OnShow()
    {
        //这里的调用次序影响三者在空间上的显示"层次"
        _whale ->OnShow();
        _submarine ->OnShow();
        _island ->OnShow();
    }

    //打包定时刷新我方所有成员状态
    void OnTimer(int interval)
    {
        _island ->OnTimer(interval);
        _submarine ->OnTimer(interval);
        _whale ->OnTimer(interval);

        //定时测试三个成员是否被子弹击中
        this ->HitTest();
    }
private:
    //打包测试我方所有成员是否中弹
    void HitTest()
    {
        BulletTracker::Instance().HitTest(_island);
        BulletTracker::Instance().HitTest(_submarine);
        BulletTracker::Instance().HitTest(_whale);
    }
private:
    Island * _island;
    Submarine * _submarine;
    Whale * _whale;
};

} //Game

#endif // HEADQUARTERS_HPP_INCLUDED
```

注意 OnTimer() 方法中所调用的私有成员函数 HitTest()。该函数检测我方三个成员是否被某颗子弹击中。

6. 我军出场

先确保现在的项目可以通过编译,程序能正常运行,然后打开 scene_war.cpp 源文件,请按最新的完整代码编写:

```cpp
#include "scene_war.hpp"

#include <ctime>   //time
#include <cstdlib> //rand, srand

#include "sdl_timer.hpp"
#include "character_fish.hpp"
#include "character_exploding.hpp"
#include "character_bullet.hpp"
#include "headquarters.hpp"

namespace Game
{

//战争状态（有别于战争结果）
enum WarStatus
{
    continues //持续中
    , lost //玩家失败了
    , win //玩家赢了
};

//打包所有角色的定时刷新操作
//返回战争状态
WarStatus OnWarTimer(int interval)
{
    //定时刷新大海中小鱼们的状态
    Sea::Instance().OnTimer(interval);
    //所有子弹定时更新状态
    BulletTracker::Instance().OnTimer(interval);
    //五毛特效定时更新状态
    ExplodingProvider::Instance().OnTimer(interval);
    //定时刷新我方状态
    Headquarters::Instance().OnTimer(interval);

    //定时检查战况
    return Headquarters::Instance().IsLost()
            ? WarStatus::lost : WarStatus::continues;
}

//打包所有角色的显示操作
void OnWarShow()
{
    //显示大海中的小鱼
    Sea::Instance().OnShow();
    //显示所有子弹
    BulletTracker::Instance().OnShow();
    //显示五毛特效
    ExplodingProvider::Instance().OnShow();
    //显示我军参战方
```

```cpp
    Headquarters::Instance().OnShow();
}

//键盘事件处理(只有潜艇需要)
void OnWarKey(SDL_Event const& e)
{
    //取潜艇
    Submarine * submarine =
                    Headquarters::Instance().GetSubmarine();
    SDL_assert(submarine != nullptr);

    if (e.key.keysym.scancode == SDL_SCANCODE_SPACE) //空格,发射
    {
        submarine->Fire();
    }
    else if (e.key.keysym.scancode == SDL_SCANCODE_LEFT) //向左
    {
        submarine->Sails(-10);
    }
    else if (e.key.keysym.scancode == SDL_SCANCODE_RIGHT) //向右
    {
        submarine->Sails(10);
    }
    else if (e.key.keysym.scancode == SDL_SCANCODE_DOWN) //下潜
    {
        submarine->Dive();
    }
}


//战争场景
WarResult scene_war()
{
    WarResult r = WarResult::quit;

    //随机种子
    std::srand(std::time(nullptr));

    sdl2::Timer timer;
    const int timer_code = 1;            //定时器的事件子编码
    const int timer_interval = 50;       //50ms 一轮
    timer.Start(timer_interval, timer_code);

    bool quit = false;
    while(!quit)
    {
        SDL_Event e;
        while(SDL_PollEvent(&e) != 0)
        {
            switch(e.type)
```

```
        {
            case SDL_QUIT :
            {
                quit = true;
                break;
            }
            case SDL_USEREVENT :
            {
                //定时器自定义事件
                if (e.user.code == timer_code)
                {
                    WarStatus s = OnWarTimer(timer_interval);
                    if(s == WarStatus::lost)
                    {
                        return WarResult::lost;
                    }
                    if (s == WarStatus::win)
                    {
                        return WarResult::win;
                    }
                }
                break;
            }
            case SDL_KEYDOWN : //按键事件
            {
                OnWarKey(e);
                break;
            }
        }
    }

    TextureLibrary& lib (TextureLibrary::Instance());
    sdl2::Renderer * renderer = lib.GetRenderer();
    SDL_assert(renderer != nullptr);

    //显示游戏的背景
    renderer ->CopyFrom(lib.GetBkgnd() ->texture);
    OnWarShow(); //实时显示战争画面
    renderer ->Present();

    sdl2::Timer::Delay(1);
    }

    return r;
}

} //namespace Game
```

最明显的代码结构变化,是将定时刷新各方状态和显示各方的代码,归成独立的

OnWarTimer()与OnWarShow()两个函数。OnWarTimer()的职责包含检查战况，并返回新定义的**WarStatus**，三种可能的战况:胜负未分、已胜、已败。由于敌方尚未出场，暂时只能调用我方大本营的**IsLost**()方法。

【重要】: 有必要定义这么多枚举类型吗? 不能让枚举类型更通用些吗

编程，特别是面向对象编程，很大程度上可以理解为是在维护对象的各种状态(对象间的关系也是一种状态，为数据打某一种标签也是状态)。在程序中定义枚举，特别是 C++ 11 强类型枚举，目的就是为了以字面可读的方式来标识状态(否则全都使用整数就好)。想让一个枚举更加通用化，和想让一个函数可以实现更多的功能一样是错误的想法。它会无形中让特定枚举类型在更大的代码范围产生作用，加重不同模块之间的耦合，更容易让代码的参与者对各枚举值的意义产生理解混乱，增加未来修改代码的难度。

所以，尽管 Role 与 BulletTarget,ExplodingType 与 HittedResult 以及 WarStatus 与 WarResult 在技术上大可合并，但我们就是不那么做。不合并带来的代价是要写不少枚举类型之间的转换函数。写转换函数当然很烦，但事实上这是好的设计、好的习惯，并能带给我们好的回馈。记住:当你在写一个枚举类型的转换函数时，通常就代表某个特定上下文环境的结束，另一个特定上下文环境的开始。转换函数让我们有一个很自然的机会检查此间的衔接，反过来，当发现程序状态有误，也应以状态转换环节为检查的起点，然后向两个方向出发。

主观上，我们比较喜欢枚举类型之间的单向转换。当然，如果事情就是比较复杂，需要双向转换，那也比硬将所有状态混在一起的好。

本次事件框架中还增加了响应键盘事件的逻辑。用户可通过左右方向键、向下键、空格键对应控制潜艇左右移动、下潜、发射导弹，该事件处理也写成独立的函数:**OnWarKey**()，编译、运行。我赌你没有那么好的运气，居然一气呵成并运行正常，但我相信通过认真阅读课程、比对代码、耐心调试，你一定能完成，运行画面截图如图15 - 74 所示。

请检查:岛屿、潜艇和鲸鱼的"生命条"是否显示在正确位置? 浮于海面的潜艇是否在"轻轻地摇"? 按左右方向键，潜艇是否可以相应地左右移动? 身体朝向可对? 按向下键，潜艇是否下潜? 下潜后是否能自动上浮? 按空格键潜艇是否发射炮弹? 连续按空格键，每秒是否限定两发? 鲸鱼前行路线是否正确? 有没有优雅的起伏线? 鲸鱼前行过程中是否定时发射"太极弹"? "太极弹"发射的位置和频率是否有变化? 潜艇下潜后是否仍然可以发射? "太极弹"和导弹的飞行速度、路线是否正确? 子弹在水下和空中的速度是否存在不同? 子弹在空中顶部时,是否自行消失? 最后,让程序长时间运行,通过"任务管理器"观察它占用的内存是否正常。搞定一切,请为自己点赞。

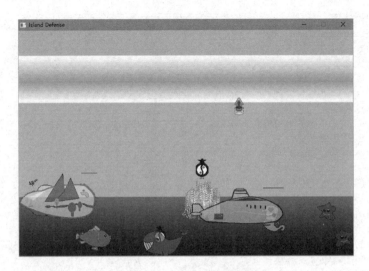

图 15 - 74　只有我军的战场

15.5.11　疯狂的敌军

1. 配　置

打开 game_settings. hpp，加入以下常量定义：

```
···········
//鸭屎弹的垂直初始速度
const int duck_shit_speed = 5;
//鸭屎弹的初始杀伤力
const int duck_shit_power = 10;
//鸭子的初始生命力
const int duck_life_power = 150;
//鸭子的飞行速度
const int duck_speed = -5;
//鸭子的宽度
const int duck_width = 78;
//鸭子的飞行高度
const int duck_fly_top = 170;
//鸭子每隔几毫秒发射一次
const int duck_fire_interval = 3000;
//最多同时出现几只鸭子
const int duck_max_count = 3;

//飞机炮弹水平初始速度
const int plane_bomb_x_speed = -10;
//飞机炮弹垂直初始速度
const int plane_bomb_y_speed = 10;
//飞机炮弹的初始杀伤力
const int plane_bomb_power = 100;
```

```
//飞机的初始速度
const int plane_speed = -10;
//飞机的初始生命力
const int plane_life_power = 300;
//飞机的宽度
const int plane_width = 170;
//飞机的飞行高度
const int plane_fly_top = 75;
//最多同时出现几架敌机
const int plane_max_count = 2;

//飞碟的宽度
const int ufo_width = 233;
//飞碟核弹的初始杀伤力
const int ufo_nucleus_power = 200;
//飞碟核弹的下落速度
const int ufo_nucleus_speed = 10;
//飞碟每次现身的时长
const int ufo_show_duration = 3000;
//飞碟每次隐身的时长
const int ufo_hide_duration  = 2000;
//飞碟在战争开始后多久,才出现
const int ufo_create_after_war_start = 30000; //30 秒
//飞碟初始生命力
const int ufo_life_power = 25000;
//飞碟每次隐身时自增生命力
const int ufo_life_power_inc = 60;
//飞碟的飞行高度
const int ufo_fly_top = 0;
......
```

2. 鸭 子

新建头文件**enemy_duck. hpp** 并加入项目,编辑内容如下:

```
# ifndef ENEMY_DUCK_HPP_INCLUDED
# define ENEMY_DUCK_HPP_INCLUDED

# include "target. hpp"
# include "character_bullet. hpp"

namespace Game
{

//鸭子
class Duck : public Target
{
public:
    Duck(sdl2::Texture * texture, int x, int y, int power)
```

```
            : Target(Role::duck , texture, x, y, power)
              , _total_interval(0)
    {
    }

    //发射鸭屎弹
    void Fire()
    {
        auto dst = GetDstRect();
        //鸭子尾部(右下角)
        int x = dst ->x + dst ->w;
        int y = dst ->y + dst ->h;
        int x_speed = 0;
        int y_speed = Settings::duck_shit_speed ;

        auto bullet = std::make_shared < DuckShit >(x, y
                            , x_speed, y_speed
                            , Settings::duck_shit_power );
        BulletTracker::Instance().Append(bullet);
    }

    //鸭子的定时活动:飞,并偶尔拉屎
    void OnTimer (int interval) override
    {
        _total_interval += interval;

        //飞:
        auto dst = GetDstRect();
        dst ->x += Settings::duck_speed ; //duck_speed 应为负数

        //每隔一段时发射一次(控制鸭子拉屎频率,避免满天飞屎)
        if (_total_interval >= Settings::duck_fire_interval )
        {
            _total_interval = 0;
            Fire ();
        }
    }

private:
    int _total_interval ;
};

} //Game

# endif // ENEMY_DUCK_HPP_INCLUDED
```

3. 飞 机

相比"飞,到点拉屎"的鸭子,飞机的逻辑复杂一些,有几个关键点:

(1) 每架飞机的飞行速度随机变化:构造飞机时,会在配置的 plane_speed 飞行速度的基础上,随机加减速度,变化范围在 -4~4 之间。请注意成员数据"_init_speed"的应用。

(2) 发射的炮弹杀伤力会变化:每被(潜艇或神鲸)击中一次,之后飞机再发射的炮弹,杀伤力减半。请注意成员数据"_bullet_power"的应用。

(3) 发射的炮弹的水平初始速度随机变化:在配置 plane_bomb_x_speed 速度的基础上,每次发射的炮弹速度会结合飞机飞行速度发生随机变化。

(4) 发射炮弹的间隔时长随机变化:每发射一颗炮弹之后,重新随机生成下一次发射炮弹的时间,请注意成员数据"_fire_next_time"的应用。

新建 **enemy_plane.hpp** 头文件并加入项目,编辑内容如下:

```cpp
#ifndef ENEMY_PLANE_HPP_INCLUDED
#define ENEMY_PLANE_HPP_INCLUDED

#include "target.hpp"
#include "character_bullet.hpp"

name space Game
{

//敌机
class Plane : public Target
{
public:
    Plane(sdl2::Texture * texture, int x, int y, int power)
        : Target(Role::plane, texture, x, y, power)
        , _total_interval(0), _fire_next_time(0)
        , _init_speed(Settings::plane_speed)
        , _bullet_power(Settings::plane_bomb_power)
    {
        //飞行速度有一些细微的随机增加("_init_speed"为负数,向左飞)
        _init_speed += (4 - (std::rand() % 9));
    }

    //飞机每被射中一次,所发射的炸弹杀伤就减半
    HittedResult OnHitted(Bullet * bullet) override
    {
        _bullet_power /= 2;
        return Target::OnHitted(bullet);
    }

    //发射炮弹
    void Fire()
    {
```

```
        auto dst = GetDstRect();
        //从飞机中部发出炮弹
        int x = dst ->x + dst ->w/2;
        int y = dst ->y + dst ->h/2;

        //炮弹速度
        //横向需随机提速
        int x_init_speed = Settings::plane_bomb_x_speed
                           - (std::rand() % std::abs(_init_speed));
        //纵向保持配置的初始速度
        int y_init_speed = Settings::plane_bomb_y_speed;

        auto bullet = std::make_shared < PlaneBomb >(x, y
                      , x_init_speed, y_init_speed
                      ,_bullet_power);
        BulletTracker::Instance().Append(bullet);
    }

    //飞机定时操作
    void OnTimer(int interval) override
    {
        //飞行
        GetDstRect()->x += _init_speed;

        //在子弹杀伤力大于零的情况下,才考虑发射
        if(_bullet_power > 0)
        {
            if (_fire_next_time == 0)
            {
                //每隔 1000～2500ms 发射一枚炮弹
                _fire_next_time = 1000 + std::rand() % 1500;
            }

            _total_interval += interval;
            if (_total_interval >= _fire_next_time)
            {
                Fire();
                _total_interval = 0;
                _fire_next_time = 0; //下次再随机生成
            }
        }
    }

private:
    int _total_interval;
    int _fire_next_time;
    int _init_speed;
    int _bullet_power; //最新发射的炮弹杀伤力
};
```

```
}   //Game
```

```
# endif // ENEMY_PLANE_HPP_INCLUDED
```

代码这么一写,飞机的行为也是飞,然后到点发炮,和鸭子没有本质的区别。

4. 飞 碟

飞碟是敌军的主角。它有两大奇招:第一会失踪,第二会跟踪。失踪就是隐身状态,此时屏幕上看不到飞碟,更无法对它发起攻击。跟踪是指飞碟出现时,往往就是在潜艇的正上方,并开始发射核弹。在隐身期间,飞碟因为得到休息,还会提升若干生命力。

要隐身功能,最初的基类 Character 提供的 IsVisible( )正为此而设;要跟踪潜艇,需要包含 headquarters. hpp,借助我方大本营取得潜艇,再查出潜艇位置。(难道外星人在我方内部安插了奸细?)飞碟另外的神奇之处在于它发射的核弹,可悬空、可入水,体现在类"飞碟 Nucleus"设计中,不再多说。

新建**enemy_ufo. hpp** 并加入项目,编辑内容如下:

```
# ifndef ENEMY_UFO_HPP_INCLUDED
# define ENEMY_UFO_HPP_INCLUDED

# include "target. hpp"
# include "character_bullet. hpp"
# include "headquarters. hpp" //我方大本营

namespace Game
{

//飞碟
class UFO : public Target
{
public:
    UFO(sdl2::Texture * texture, int x, int y, int power)
        : Target(Role::UFO, texture, x, y, power)
        , _visible(false)
        , _fly_total_interval(0)
        , _fired(false)
    {

    }

    //是否看得到
    bool IsVisible() const override
    {
        return _visible;
    }
```

```
//飞碟的神出鬼没:
void Fly()
{
    SDL_Rect * dst = GetDstRect();

    //飞碟有高达 85 % 的概率,会紧盯潜艇的位置
    //飞到潜艇正上空投弹
    int rand_value = std::rand() % 100;
    if (rand_value < 85)
    {
        //定位潜艇
        Submarine * submarine = Headquarters::Instance()
                                        .GetSubmarine();
        SDL_assert(submarine != nullptr);
        auto submarine_rect = submarine ->GetDstRect();

        //在潜艇正上方(潜艇 X 坐标减去飞碟宽度)
        dst ->x = submarine_rect ->x
                        + submarine_rect ->w/2
                        - dst ->w/2;
    }
    else   //余下的 15 % 的概率
    {
        //可出现的空间范围
        int range = (Settings::window_width - dst ->w);
        /* 只能祈祷飞碟不要出现在岛屿的正上方   */
        dst ->x = (std::rand() % range);
    }
}


//发射
void Fire()
{
    auto dst = GetDstRect();
    int x = dst ->x + dst ->w/2;
    int y = dst ->y + dst ->h;
    int x_speed = 0;
    int y_speed = Settings::ufo_nucleus_speed;

    auto bullet = std::make_shared < UFONucleus >(x, y
                    , x_speed, y_speed
                    , Settings::ufo_nucleus_power);
    BulletTracker::Instance().Append(bullet);
}

//飞碟定时操作
void OnTimer(int interval) override
{
    //1) 定时切换飞行状态(显示或隐藏)
```

```
            _fly_total_interval += interval;
            //如果当前处于隐身状态,且时长已到
            if (!_visible
                  && _fly_total_interval >= Settings::ufo_hide_duration)
            {
                _visible = true;
                _fly_total_interval = 0;

                Fly(); //换一个位置(通常是潜艇上空)现身

                //现身后,准备发射:
                _fired = false;
                //现身之后,因为之前得到休息,所以会自增生命力
                IncLifePower(Settings::ufo_life_power_inc);
            }
            //如果当前处于现身状态,且时长已到
            else if (_visible
                  && _fly_total_interval >= Settings::ufo_show_duration)
            {
                _visible = false;
                _fly_total_interval = 0;
            }

            //2)发起攻击
            if (_visible && !_fired) //须在现身状态下发起攻击,不然吓人
            {
                Fire();
                _fired = true; //现身期间只发射一次
            }
        }
private:
    bool _visible;
    int _fly_total_interval;
    bool _fired;
};

} //Game

# endif // ENEMY_UFO_HPP_INCLUDED
```

5. 敌军大本营

敌军大本营用于管理敌方的所有兵力,包括飞碟、飞机、鸭子。其中飞碟最多只能有一架,一旦飞碟出现并被我方攻击至死,宣告敌军失败。敌军大本营是一个单例类。新建头文件**enemy_headquarters. hpp**并加入项目,编辑内容如下:

```cpp
#ifndef ENEMY_HEADQUARTERS_HPP_INCLUDED
#define ENEMY_HEADQUARTERS_HPP_INCLUDED

#include < memory >
#include < list >
#include < map >

#include "enemy_duck.hpp"
#include "enemy_plane.hpp"
#include "enemy_ufo.hpp"

namespace Game
{

typedef std::shared_ptr < Target > TargetPtr;

//敌军大本营
class EnemyHeadquarters
{
    EnemyHeadquarters() = default;
public:
    static EnemyHeadquarters& Instance()
    {
        static EnemyHeadquarters instance;
        return instance;
    }
    //打包所有兵力的显示
    void OnShow();

    //敌军大本营定时操作
    //0)调用所有成员的 OnTimer()方法
    //1)从队列中删除所有已经被打死的敌军
    //2)已经飞出游戏左边界,但还没死的敌军,重新从右边飞入
    //3)检查每个队列中目标是否被击中
    //4)统计活着的各兵种数目,视情况增加兵力
    //5)控制在战斗进行一段时间后,飞碟才出现(创建)
    void OnTimer(int interval);

    //判断敌军是否已败
    bool IsLost() const
    {
        //飞碟挂掉,就认为失败
        return _ufo_dead;
    }
private:
```

```
    //创建飞碟(游戏设定最多只有一只飞碟
    void CreateUFO();
    //增加一架飞机
    void CreatePlane();
    //增加一只鸭子
    void CreateDuck();
private:
    int _total_interval = 0;
    bool _ufo_dead = false;

    std::list < TargetPtr > _enemies;
    //敌军三种兵力的数目
    std::map < Role, size_t > _counts;
};

} //Game

# endif // ENEMY_HEADQUARTERS_HPP_INCLUDED
```

先看私有成员数据:

① _total_interval:统计当前场景过去的时长,用于控制在游戏开始 30s 后(见配置 ufo_create_after_war_start)才创建飞碟;

② _ufo_dead:标志飞碟是否已死,也是敌军失败的标志;

③ _enemies:最重要的数据,存有敌军当前活动的所有鸭子、飞机以及飞碟;

④ _counts:记录敌方各兵种(Role)的当前兵力。

代码中 OnTimer()方法干的事是重点,那是敌军大本营最主要的工作:

① 定时刷新队列中所有士兵的状态,让所有士兵活动起来;

② 从队列中清除已处于死亡状态的士兵;

③ 命令飞出左边界的士兵,重新从游戏窗口右边出现,再赴战场;

④ 将每个士兵交给"子弹跟踪器",检查该士兵是否被击中;

⑤ 统计活着的各兵种数目,并视情况增加兵力;

⑥ 在战斗开始一段时间之后,创建飞碟,并开始检查飞碟是否挂掉。

其他函数包括:

① OnShow():显示所有士兵;

② IsLost():读取"_ufo_dead"成员数据,判断飞碟是否已经挂掉;该成员数据在 OnTimer()方法中定时更新;

③ **CreateUFO()、CreatePlane()、CreateDuck()**:创建特定兵种,加入队列。

创建对应的 **enemy_headquarters. cpp** 源文件加入项目,先加入 OnShow()和 OnTimer()的实现,重点是后者:

```cpp
#include "enemy_headquarters.hpp"

#include "character_bullet.hpp"

namespace Game
{

void EnemyHeadquarters::OnShow()
{
    for (auto& e : _enemies)
    {
        e->OnShow();
    }
}

void EnemyHeadquarters::OnTimer(int interval)
{
    //0)调用所有成员的 OnTimer()方法
    for (auto p : _enemies)
    {
        p->OnTimer(interval);
    }

    //检查当前是否已经有飞碟:
    bool ufo_created = _counts[Role::UFO] > 0;

    //1)从队列中删除所有已经被打死的敌军
    _enemies.remove_if([](TargetPtr p) ->bool
                        {return p->IsDead();});

    _counts[Role::duck] = 0;
    _counts[Role::plane] = 0;
    _counts[Role::UFO] = 0;

    //2)已经飞出游戏左边界,但还没死的敌军,重新从右边飞入
    for (auto p : _enemies)
    {
        auto dst = p->GetDstRect();
        if (dst->x + dst->w < 0)
        {
            dst->x = Settings::window_width;
        }

        //3)检查每个队列中目标是否被击中
        if (p->IsVisible()) //显身时才可能被攻击
        {
            BulletTracker::Instance().HitTest(p.get());
        }
```

```
    //4)统计活着的各兵种数目
    ++ _counts[p->GetRole()];
}

//如果之前有飞碟,现在没有了,说明飞碟挂掉了
_ufo_dead = (ufo_created && _counts[Role::UFO] == 0);

//视情况增加兵力
//每次增一只,而非一次性补足(避免重叠在一起)
//并且,每过一秒才检查一次
if (_total_interval % 1000 == 0)
{
    if (_counts[Role::plane] < Settings::plane_max_count)
    {
        CreatePlane(); //加飞机
    }
    if (_counts[Role::duck] < Settings::duck_max_count)
    {
        CreateDuck(); //加鸭子
    }
}

//5)控制在战斗一段时间之后,飞碟才出现(创建),以示其大牌身份
_total_interval += interval;
if (_total_interval >= Settings::ufo_create_after_war_start)
{
    if (_counts[Role::UFO] == 0)
    {
        CreateUFO(); //创建唯一的飞碟
    }
}
}
......
```

💡 **【小提示】**: 多个循环为什么不合并

OnTimer()方法中对 std::list < TargetPtr > _enemies 循环了三次,两次是显示地使用 for 结构,一次在调用 remove_if()方法的内部。三件事可以合并在一个循环里完成。针对当前的数据量,循环合并带来的性能提升几乎不存在,却会大大降低代码可读性。

余下是创建飞碟、飞机、鸭子的三个方法:

```
......
void EnemyHeadquarters::CreateUFO()
{
    int x = Settings::window_width - Settings::ufo_width /2;
    int y = Settings::ufo_fly_top ; //飞碟飞行高度
```

```
    auto& lib = TextureLibrary::Instance();
    TargetPtr ufo = std::make_shared < UFO > (lib.GetUFO()
                                      , x, y
                                      , Settings::ufo_life_power);
    _enemies.push_back(ufo);
}

void EnemyHeadquarters::CreatePlane()
{
    int x = Settings::window_width - Settings::plane_width/2;
    int y = Settings::plane_fly_top; //飞机飞行高度

    auto& lib = TextureLibrary::Instance();
    TargetPtr plane = std::make_shared < Plane > (lib.GetPlane()
                                      , x, y
                                      , Settings::plane_life_power);
    _enemies.push_back(plane);
}

void EnemyHeadquarters::CreateDuck()
{
    int x = Settings::window_width - Settings::duck_width / 2;
    int y = Settings::duck_fly_top; //鸭子飞行高度

    auto& lib = TextureLibrary::Instance();
    TargetPtr duck = std::make_shared < Duck > (lib.GetDuck()
                                      , x, y
                                      , Settings::duck_life_power);
    _enemies.push_back(duck);
}

} //Game
```

6. 敌军出场

敌军出场后的 scene_war.cpp 源文件完整代码：

```
# include "scene_war.hpp"

# include < ctime >   //time
# include < cstdlib > //rand, srand

# include "sdl_timer.hpp"
# include "character_fish.hpp"
# include "character_exploding.hpp"
# include "character_bullet.hpp"
# include "headquarters.hpp"
# include "enemy_headquarters.hpp"

namespace Game
```

```
{
    //战争状态
    enum WarStatus
    {
        continues //持续中
        , win //玩家赢了
        , lost //玩家失败了
    };

    //打包所有角色的定时刷新操作
    WarStatus OnTimer(int interval)
    {
        //定时刷新大海中小鱼的状态
        Sea::Instance().OnTimer(interval);
        //所有子弹定时更新状态
        BulletTracker::Instance().OnTimer(interval);
        //五毛特效定时更新状态
        ExplodingProvider::Instance().OnTimer(interval);
        //定时刷新我军状态
        Headquarters::Instance().OnTimer(interval);
        //定时刷新敌军状态
        EnemyHeadquarters::Instance().OnTimer(interval);

        //定时检查战况
        return Headquarters::Instance().IsLost() //我方失败了吗
                ? WarStatus::lost         //失败了
                : (EnemyHeadquarters::Instance().IsLost() //敌方失败了吗
                    WarStatus::win       //赢了
                    : WarStatus::continues); //都没失败? 继续
    }

    //打包所有角色的显示操作
    void OnShow()
    {
        //显示大海中的小鱼
        Sea::Instance().OnShow();
        //显示所有子弹
        BulletTracker::Instance().OnShow();
        //显示五毛特效
        ExplodingProvider::Instance().OnShow();
        //显示我军参战方
        Headquarters::Instance().OnShow();
        //显示敌军兵力
        EnemyHeadquarters::Instance().OnShow();
    }

    //键盘事件处理(只有潜艇需要)
    void OnKey(SDL_Event const& e)
```

```
{
    //取潜艇
    Submarine * submarine =
    Headquarters::Instance().GetSubmarine();
    SDL_assert(submarine != nullptr);

    if (e.key.keysym.scancode == SDL_SCANCODE_SPACE)
    {
        submarine->Fire();
    }
    else if (e.key.keysym.scancode == SDL_SCANCODE_LEFT)
    {
        submarine->Sails(-10);
    }
    else if (e.key.keysym.scancode == SDL_SCANCODE_RIGHT)
    {
        submarine->Sails(10);
    }
    else if (e.key.keysym.scancode == SDL_SCANCODE_DOWN)
    {
        submarine->Dive();
    }
}

//战争场景
WarResult scene_war()
{
    WarResult r = WarResult::quit;

    //随机种子
    std::srand(std::time(nullptr));

    sdl2::Timer timer;
    const int timer_code = 1; //定时器的事件子编码
    const int timer_interval = 50;   //50ms 一轮
    timer.Start(timer_interval, timer_code);

    bool quit = false;
    while(!quit)
    {
        SDL_Event e;
        while(SDL_PollEvent(&e) != 0)
        {
            switch(e.type)
            {
                case SDL_QUIT :
                {
                    quit = true;
                    break;
                }
```

```
                case SDL_USEREVENT :
                {
                    //定时器自定义事件
                    if (e.user.code == timer_code)
                    {
                        WarStatus status = OnTimer(timer_interval);
                        if(status == WarStatus::lost)
                        {
                            return WarResult::lost;
                        }
                        if (status == WarStatus::win)
                        {
                            return WarResult::win;
                        }
                    }
                    break;
                }
                case SDL_KEYDOWN : //按键事件
                {
                    OnKey(e);
                    break;
                }
            }
        }

        TextureLibrary& lib (TextureLibrary::Instance());
        sdl2::Renderer * renderer = lib.GetRenderer();
        SDL_assert(renderer != nullptr);

        //显示游戏的背景
        renderer->CopyFrom(lib.GetBkgnd()->texture);
        OnShow();
        renderer->Present();

        sdl2::Timer::Delay(1);
    }

    return r;
}

} //namespace Game
```

大战一触就发,这个"触"是指伸出你的右手无名指,在 Code::Blocks 中按下键盘上的 F9 键。实际情况很可能是一触发就发现有编译错误,改之;再试,还有错,再改……终于运行起来了,飞机卡在屏幕右边不动?鸭子的速度快得违背常理?潜艇射出的导弹居然往海底窜?若是出现此类问题,建议先认真检查代码中所有 Settings::xxxx 常量的值,以及是否用对地方。一切正常之后,控制你的潜艇打响地球保卫站的第一炮吧!运行截图如图 15-75 所示。

图 15 - 75　敌我双方混战场面

想打败飞碟还是需要一些技巧的,祝你好运。不过,就算赢了,可能也无法给你什么成就感,因为不管是输是赢,只要战争一结束,程序就直接退出。

15.5.12　大结局

1. 准备素材

画两张 387×211 大小的图片,一张文件名为 win. bmp,用于显示战胜结果如图 15 - 76 所示。

图 15 - 76　战胜结果

另一张文件名为 lost. bmp,用于显示战败结果,如图 15 - 77 所示。

"再玩一把"和"满血复活,再战!"这俩按钮在图上的坐标为{107,158},而"退出"按钮位于{239,158}。四个按钮的尺寸均为 121×32。将它们加入 TextureLibrary 类定义:

图 15-77 战败结果

```
......

//整个游戏的纹理库
class TextureLibrary
{
......
public:
......

    //得到胜利结果牌
    sdl2::Texture * GetWinBoard() { return &_win_board; }
    //得到失败结果牌
    sdl2::Texture * GetLostBoard() { return &_lost_board; }
private:
......
    //战胜或战败结果公示牌
    sdl2::Texture _win_board, _lost_board;
};

}

# endif // TEXTURE_LIBRARY_HPP_INCLUDED
```

再打开源文件 texture_library.cpp，在 Init()方法中加载二者:

```
bool TextureLibrary::Init(sdl2::Renderer * renderer)
{
    SDL_assert(renderer != nullptr);
    this->_renderer = renderer;

    //(1)加载背景,不透明、不混色
    ......
    //(2)加载序幕背景贴图,不透明、50 % 混色
    ......
    //(3)加载五张剧情说明图片,不透明、不混色
    ......
    //(4)加载帮助画面,同样不透明、不混色
```

......
　//(5)加载各类小鱼的图片纹理,透明、略加混色
......
　//(6)加载爆炸效果,透明、略加混色
......
　//(7)加载水花,透明,50％混色:
......
　//(8)加载各类子弹,透明但不混色
......
　// (9)加载参战各方的纹理
......

// (10)加载战胜和战败结果牌,无需透明色、略为混色
```
if (!LoadBMPTexture("images/win.bmp", _win_board, 198))
{
    return false;
}
if (!LoadBMPTexture("images/lost.bmp", _lost_board, 198))
{
    return false;
}

    return true;
}
```

2. 结局场景

结局场景所要实现的主要逻辑是:鼠标单击结果画面中的左边按钮,重玩;单击右边的按钮,退出。附加逻辑:在默认情况下,按钮表面"蒙一层灰",用户将鼠标移动到该按钮上,这层"灰"消除,从而达到被单击的按钮产生高亮的效果。暂不处理按键事件。新建**scene_result.hpp** 头文件并加入项目,头文件内容如下:

```
#ifndef SCENE_RESULT_HPP_INCLUDED
#define SCENE_RESULT_HPP_INCLUDED

namespace Game
{

//选择结果
//quit : 退出, retry : 再来一把
enum class SelectResult {quit, retry};

//结局场景
//入参: is_lost:为真表示是在战败时进入本场景
SelectResult scene_result(bool is_lost);

} //Game

#endif // SCENE_RESULT_HPP_INCLUDED
```

创建对应的**scene_result.cpp**源文件并加入项目,编辑内容如下:

```cpp
# include "scene_result.hpp"

# include "sdl_surface.hpp"
# include "sdl_timer.hpp"
# include "sdl_collision.hpp"

# include "texture_library.hpp"
# include "character_fish.hpp"
# include "character_exploding.hpp"
# include "character_bullet.hpp"
# include "headquarters.hpp"
# include "enemy_headquarters.hpp"


namespace Game
{
//整个结果区域的显示区域(相对于游戏窗口)
static const SDL_Rect result_rect {199, 137, 387, 211};
//"再玩一把"按钮显示区域(相对于游戏窗口)
static const SDL_Rect retry_rect {199 + 107, 137 + 158, 121, 32};
//"退出"按钮显示区域(相对于游戏窗口)
static const SDL_Rect quit_rect {199 + 239, 137 + 158, 121, 32};

//当前鼠标是否在"再玩一把"按钮身上
static bool mouse_hover_retry = false;
//当前鼠标是否在"退出"按钮身上
static bool mouse_hover_quit = false;

//在"满血复活/再玩一把" 或 "退出" 按钮上,蒙上一层"灰"
void DrawMaskRect (sdl2::Renderer * renderer, SDL_Rect const& rect)
{
    SDL_assert(renderer != nullptr);

    sdl2::Surface mask_surface(rect.w, rect.h, 24
                , Settings::rmask, Settings::gmask, Settings::bmask
                , Settings::amask);
    mask_surface.SetBlendMode(SDL_BLENDMODE_BLEND);
    mask_surface.SetAlphaMod(128);
    //全部填充深灰色
    mask_surface.Fill(0x4F, 0x4F, 0x4F);

    sdl2::Texture mask_texture(renderer ->renderer
                            , mask_surface.surface);

    renderer ->CopyFrom(mask_texture.texture, nullptr, &rect);
}
```

```cpp
//在战争画面上,显示战争结果和选择框
void OnResultShow(bool is_lost)
{
    /* - - -显示战争过程的结束画面- - */
    //小鱼
    Sea::Instance().OnShow();
    //子弹
    BulletTracker::Instance().OnShow();
    //特效
    ExplodingProvider::Instance().OnShow();
    //我军
    Headquarters::Instance().OnShow();
    //敌军
    EnemyHeadquarters::Instance().OnShow();

    /* - -显示结果选择画面- - */
    TextureLibrary& lib(TextureLibrary::Instance());
    sdl2::Texture * board = (is_lost)
            ? lib.GetLostBoard() : lib.GetWinBoard();

    SDL_assert(board != nullptr);

    sdl2::Renderer * renderer = lib.GetRenderer();
    SDL_assert(renderer != nullptr);
    //贴上结果面板
    renderer->CopyFrom(board->texture, nullptr, &result_rect);

    //如果鼠标不在某个按钮上面,就在该按钮上蒙上一层"灰"
    //真实目的:如果鼠标移动到某个按钮上,这个按钮就有"高亮"的选中效果
    if(! mouse_hover_retry)
    {
        DrawMaskRect(renderer, retry_rect);
    }

    if(! mouse_hover_quit)
    {
        DrawMaskRect(renderer, quit_rect);
    }
}

//结局场景
SelectResult scene_result(bool is_lost)
{
    bool retry = false, quit = false;
    while(!quit && ! retry)
    {
        SDL_Event e;
        while(SDL_PollEvent(&e) != 0)
        {
```

```
        switch(e.type)
        {
            case SDL_QUIT :
            {
                quit = true;
                break;
            }
            case SDL_MOUSEMOTION : //鼠标移动
            {
                SDL_Point pt {e.motion.x, e.motion.y};
                mouse_hover_retry //检查鼠标是不是在"重来"按钮上
                    = sdl2::Collision::HasCollision(pt, retry_rect);
                mouse_hover_quit //检查鼠标是不是在"退出"按钮上
                    = sdl2::Collision::HasCollision(pt, quit_rect);
                break;
            }
            case SDL_MOUSEBUTTONUP : //鼠标按钮抬起
            {
                SDL_Point pt {e.button.x, e.button.y}; //button!
                retry = sdl2::Collision::HasCollision(pt, retry_rect);
                quit = sdl2::Collision::HasCollision(pt, quit_rect);
                break;
            }
        } //switch
    }

    TextureLibrary& lib (TextureLibrary::Instance());
    sdl2::Renderer * renderer = lib.GetRenderer();
    SDL_assert(renderer != nullptr);

    //显示游戏的背景
    renderer ->CopyFrom(lib.GetBkgnd() ->texture);
    OnResultShow (is_lost);
    renderer ->Present();

    sdl2::Timer::Delay(1);
}


if (retry && !quit) //极端情况下,retry 和 quit 会同时为真
{
    Headquarters::Instance().Retry();
    EnemyHeadquarters::Instance().Retry();
    return SelectResult::retry;
}
```
150
151

```
    return SelectResult::quit ;
}

} //Game
```

　　150 行和 151 行分别调用了我军大本营和敌军大本营的**Retry()**，以实现将双方兵力都重置为"满血"的状态。我们还没有定义及实现这两个 Retry() 方法。请先打开 headquarters.hpp 头文件，在 Headquarters 类中加入公开的 Retry() 方法：

```
......
public:
......
    //重新开始(全部成员满血复活)
    void Retry()
    {
        _island ->RestoreLifePower();
        _submarine ->RestoreLifePower();
        _whale ->RestoreLifePower();
    }
......
```

　　再打开 enemy_headquarters.hpp 头文件，为 EnemyHeadquarters 类加入公开的 Retry() 方法。敌军"满血"复活的方法是清退所有残兵，一切重新开始：

```
......
public:
......
    //重新开始：清空所有成员，包括飞碟，并重新计时
    void Retry()
    {
        _counts.clear();
        _enemies.clear();
        _total_interval = 0;
        _ufo_dead = false;
    }
......
```

　　完成以上编码工作，并尝试编译以确保代码没有语法错误之后，打开 main.cpp 文件，该文件最新代码将串起序幕、战争和结局三个场景：

```
# include < iostream >

# include "sdl_error.hpp"
# include "sdl_initiator.hpp"
# include "sdl_window.hpp"
# include "texture_library.hpp"
# include "scene_prelude.hpp"
```

```cpp
# include "scene_war.hpp"
# include "scene_result.hpp"

using namespace std;

int main(int argc, char * argv[])
{
    //初始化 SDL 库
    sdl2::Initiator::Instance().Init();
    //创建窗口
    sdl2::Window wnd("Island Defense"
                    , sdl2::WindowPosition()
                    , 786, 517
                    , sdl2::WindowFlags());

    if (!wnd)
    {
        cerr << sdl2::last_error() << endl;
        return -1;
    }

    //创建渲染器
    sdl2::Renderer renderer(wnd.window);
    if (!renderer)
    {
        cerr << sdl2::last_error() << endl;
        return -1;
    }
    //设置缩放质量
    sdl2::RendererDriver::HintScaleQuality();
    //设置逻辑尺寸
    renderer.SetLogicalSize(786, 517);

    //通过纹理库实始化所有纹理
    auto& lib = Game::TextureLibrary::Instance();
    if (!lib.Init(&renderer))
    {
        cerr << sdl2::last_error() << endl;
        return -1;
    }

    //开始序幕场景
    bool go_next_scene = Game::scene_prelude();
    if (!go_next_scene)
    {
        return 0;
    }

    for(;;) //循环以支持重复玩
```

```
{
    //战争场景
    Game::WarResult const result = Game::scene_war();
    //用户是否在战争场景中直接退出:
    if (result == Game::WarResult::quit )
    {
        break;
    }

    //结果是否失败
    bool is_lost = result == Game::WarResult::lost;
    //进入结果场景
    Game::SelectResult sel = Game::scene_result(is_lost );
    //用户是否在结果场景中选择退出
    if (sel == Game::SelectResult::quit)
    {
        break;
    }
} //for

return 0;
}
```

　　尝试编译、解决编译错误，再尝试进入战争，学会面对败局，再努力争取胜利，最终的目的是为了通过调整 game_settings. hpp 中的关键参数，让游戏更好玩。取胜后的画面如图 15 - 78 所示。请暂时忽略图中的光标形状为什么是一只小手，重点观察两个按钮的亮度差别。

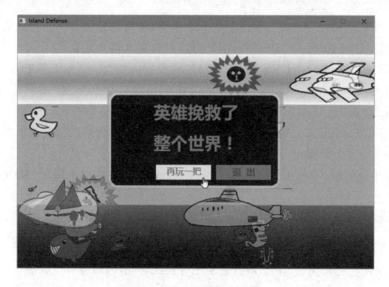

图 15 - 78　胜利的大结局

终于完成了这个复杂的程序，可是为什么我只觉得很累，心里竟然没有当初以为会有的开心呢？也许很多事情我们可以坚持初心，只是初心十有八九猜不到结局。

☺**【轻松一刻】**：游戏大结局，生活小结局

想当初我辞去大学毕业后的第一份工作，去某社会培训机构教 Windows、Foxbase、WPS、CCED、C 语言、Java 语言，还教主板维修。无聊，我在培训室写了一个坦克大战程序，一个背单词程序。我以为男学员玩了会沉默，女学员背了会流泪，没想到结局是培训机构因此辞退我。也许是因为不舍，离校时好多同学追着我，离得很远了还在喊："'坦克大战'和'背单词'有一大堆问题要改啊，老师你不能跑路啊……"

15.6　SDL(下)

15.6.1　光　标

1. 系统光标

游戏程序默认使用系统自带的光标形状。在"宝岛保卫战"案例中的"呼啸的子弹"一节的最后一张截图里，我们就不小心"捕获"到一只默认光标的身影。系统自带鼠标也有好多形状，除了箭头外，还可以是一个沙漏、一只小手等，不同形状的图标可用于表示程序的不同状态。SDL 库使用 SDL_Cursor 结构表示光标，并提供 SDL_CreateSystemCursor()用于创建系统光标：

```
SDL_Cursor * SDL_CreateSystemCursor(SDL_SystemCursor id);
```

入参的类型 SDL_SystemCursor 是一个枚举，常用光标所对应的枚举值有：

① SDL_SYSTEM_CURSOR_ARROW：最常见的箭头光标；

② SDL_SYSTEM_CURSOR_IBEAM：示意"可输入文字"的 I 形光标；

③ SDL_SYSTEM_CURSOR_WAIT：程序正在处理某些事，用户请等待的光标，通常是"沙漏"造型；

④ SDL_SYSTEM_CURSOR_NO：示意当前无法处理某些操作请求的光标，通常是带杠的一个小圆圈；

⑤ SDL_SYSTEM_CURSOR_HAND：一只小手，通常用于强化"此处可单击"的示意。

创建光标之后，需要使用**SDL_SetCursor**()函数来启用它：

```
void SDL_SetCursor(SDL_Cursor * cursor);
```

所创建的光标不复使用时，应通过**SDL_FreeCursor()**释放对应资源：

```
void SDL_FreeCursor(SDL_Cursor * cursor);
```

"宝岛保卫战"的结局场景下，如果希望使用"小手"光标，可以在 scene_result()

函数一开始,加入以下加粗的代码行:

```
//结局场景
SelectResult scene_result(bool is_lost)
{
    SDL_Cursor * cursor =
            SDL_CreateSystemCursor(SDL_SYSTEM_CURSOR_HAND);
    SDL_SetCursor(cursor);

    bool retry = false, quit = false;
    while(!quit && ! retry)
    {
    ……
```

并在函数可能 return 之前,释放光标:

```
    ……
    SDL_FreeCursor(cursor);

    if (retry && !quit)
    {
        Headquarters::Instance().Retry();
        EnemyHeadquarters::Instance().Retry();
        return SelectResult::retry;
    }

    return SelectResult::quit;
}
```

现在,你也可以在"宝岛保卫战"的"大结局"中使用"小手"光标了。

2. 图片光标

直接使用一张图片作为光标,显然是更酷的事,也是许多游戏所需要的。比如写一个小朋友"认识昆虫"的教育类游戏,屏幕上一只大蝴蝶随鼠标移动,显然比一只"小手"更吸引小朋友;再比如射击游戏以鼠标操控,可以将光标设计成一个"瞄准器"。

先将图片加载为 SDL_Surface 指针,然后调用 SDL_CreateColorCursor()函数,就能创建一个图片光标。表层的透明色可作用到光标之上,但不支持混色,该函数原型:

```
SDL_Cursor * SDL_CreateColorCursor(SDL_Surface * surface
        , int hot_x , int hot_y )
```

入参一 surface 代表期待成为光标的图片表层,一旦光标创建成功,该表层如无他用,即可释放。入参二和入参三用于指定光标的"热点"。用户抓着鼠标在鼠标垫上移动,对应的光标在屏幕上跟着移动;如果用户按下鼠标键,光标将在屏幕上某个位置触发单击事件。位置精确到像素,称为光标的"热点"。以"瞄准器"为例,将光标图形的中心位置设置为热点是个好主意。

图片光标同样使用"SDL_Cursor *"表示,创建之后同样需要通过 SetCursor()才能在当前应用程序中启动,整个应用程序只会有一个光标在起作用。不再使用时,同样需要调用 FreeCursor()释放光标。

3. 隐藏、显示

ShowCursor()用于控制当前正在使用的光标可见性。原型如下:

```
int SDL_ShowCursor(int toggle);
```

入参 toggle 可以是 SDL_ENABLE 或 SDL_DISABLE,对应显示或隐藏光标的请求。返回值同样为 SDL_ENABLE 或 SDL_DISABLE,表示设置结果。如结果和入参不一致,说明设置失败。像"保卫宝岛"这样完全使用键盘控制的游戏,有个光标在屏幕上显示确实会影响视觉,因此可以在进入战争场景时隐藏光标,退出时再恢复。无论是 SDL_ShowCursor()还是 SDL_SetCursor(),它们都只会影响当前程序的光标状态,这是肯定的。

4. C++封装

打开久违的 hello_sdl 项目,新建 **sdl_cursor. hpp** 头文件并加入项目。编辑该头文件内容如下:

```cpp
#ifndef SDL_CURSOR_HPP_INCLUDED
#define SDL_CURSOR_HPP_INCLUDED

#include < SDL2/SDL_mouse.h >
#include < SDL2/SDL_surface.h >

namespace sdl2
{

struct Cursor
{
public:
    //创建系统光标
    explicit Cursor(SDL_SystemCursor id)
        : cursor(SDL_CreateSystemCursor(id))
    {
    }

    //从表层创建图片光标
    Cursor(SDL_Surface * surface, int hot_x, int hot_y)
        : cursor(SDL_CreateColorCursor(surface, hot_x, hot_y))
    {
    }

    //不允许复制
    Cusror(Cursor const& ) = delete;
```

```cpp
        Cursor& operator = (Cursor const &) = delete;

    //判断是否创建成功
    explicit operator bool () const
    {
        return cursor != nullptr;
    }


    //析构时释放光标资源
    ~Cursor()
    {
        if (cursor)
            SDL_FreeCursor (cursor);
    }


    //生效为应用程序的当前光标
    void Apply()
    {
        SDL_assert(cursor != nullptr);
        SDL_SetCursor (cursor);
    }


    //判断应用程序是不是在使用本光标
    bool IsApplied () const
    {
        return cursor == SDL_GetCursor();
    }


    //静态方法:取得当前应用程序正在使用的光标
    static SDL_Cursor * GetAppliedCursor()
    {
        return SDL_GetCursor ();
    }


    //静态方法:显示光标
    static bool Show ()
    {
        return SDL_ShowCursor (SDL_ENABLE) == SDL_ENABLE;
    }


    //静态方法:隐藏光标
    static bool Hide()
    {
        return SDL_ShowCursor (SDL_DISABLE) == SDL_DISABLE;
    }


    SDL_Cursor * cursor;
};
```

```
} //sdl2
```

```
#endif // SDL_CURSOR_HPP_INCLUDED
```

5. 封装的应用

画一张五角星图,保存到 hello_sdl 项目文件内,命名为 cursor.bmp。图片尺寸 100×100,内容如图 15 – 79 所示。

图片背景色为白色,五星描红边,但内部以黄色填充。又在中心位置画一个白圈,最中心位置即坐标{50,50}的像素是一个红点。打开 hello_sdl 项目的 main.cpp 文件,先加入对 sdl_cursor.hpp 的包含,然后在事件循环之前,创建一个背景透明的彩色光标:

图 15 – 79 准备用作光标的五星图片

```
......
#include "sdl_cursor.hpp"

......

int main(int argc, char * argv[])
{
......
    //创建以白色作为透明色,并和背景略为混色的光标
    //热点在 50,50 位置上
    sdl2::Cursor cursor("cursor.bmp", 50, 50
                              , true, 0xFF, 0xFF, 0xFF);
    if (! cursor)
    {
        cerr << sdl2::last_error() << endl;
        return -1;
    }
    cursor.Apply(); //生效
    if (! cursor.IsApplied())
    {
        cerr << sdl2::last_error() << endl;
        return -1;
    }

    //事件循环
    bool Q = false;
    while (!Q) //一直循环,直到 Q 为真
    {
    ......
```

编译、运行,五星光标效果如图 15 – 80 所示。

【课堂作业】:图片光标在"宝岛保卫战"中的应用

请自画一个类似机枪靶子的光标,在宝岛保卫战的"结局"场景中应用,并测试光

标的热点。

图 15 - 80 五星彩色光标使用效果

15.6.2 音 频

1. 音频设备

音频设备查询

先学习如何使用 **SDL_GetNumAudioDevices**()函数查看电脑有几个音频设备，该函数原型为：

```
int SDL_GetNumAudioDevices(int is_capture);
```

入参 is_capture 为零用于取得播放设备数目，否则用于取得录音设备数目。打开 hello sdl 项目的 main.cpp，在指定位置上插入加粗代码行：

```
……
# include < SDL2/SDL_video.h >
# include < SDL2/SDL_audio.h > //加入音频相关的头文件
……

int main(int argc, char * argv[])
{
    sdl2::Initiator::Instance().Init(SDL_INIT_VIDEO
                            | SDL_INIT_AUDIO
                            | SDL_INIT_EVENTS
                            | SDL_INIT_TIMER);
    if (!sdl2::Initiator::Instance())
```

```
{
    cerr << sdl2::last_error() << endl;
    return -1;
}

/* 音频设备 查询 */
int play_devices_count = SDL_GetNumAudioDevices(0);
int record_devices_count = SDL_GetNumAudioDevices(1);
cout << "play devices: " << play_devices_count << "\n"
     << "record devices: " << record_devices_count << endl;
......
```

运行结果表明,我的台式机有一个音频播放设备,没有录音设备。SDL_GetAudioDeviceName()用于查询音频设备的名称,原型如下:

```
char const * SDL_GetAudioDeviceName (int index , int is_capture );
```

index 为设备次序,从零开始。is_capture 作用同前,用于区分播放或录音设备。返回的字符串可能含有中文,并且使用 utf-8 编码,在 Windows 默认的控制台有可能显示乱码。

打开音频设备

设备要打开后才能用(播音或录音),SDL_OpenAudioDevice()原型如下:

```
SDL_AudioDeviceID SDL_OpenAudioDevice (const char * device
                                     , int   is_capture
                                     , const SDL_AudioSpec * desired
                                     , SDL_AudioSpec * obtained
                                     , int allowed_changes );
```

device 正是之前 SDL_GetAudioDeviceName()得到的设备名称,is_capture 作用同前。更为方便的是,也可以将 device 设置成空指针,表示让系统自动为我们找一个最符合要求的音频设备,难点是后三个参数。

第三个入参 desired 和第四个入参 obtained 的类型都是"**SDL_AudioSpec**(音频规格)"。和"SDL_PixelFormat(像素格式)"用于描述图片的数据格式类似,"SDL_AudioSpec(音频规格)"用于描述声音的数据格式。

【重要】:所见所闻,都是 **01**,除了时间

复习一下:SDL_PixelFormat 围绕视频(图片)数据,直接或间接地描述"用多少个字节表示图片上一个点的颜色?""每个字节、每一位的 0 或 1 的含义是什么?"等等。

到音频这边,SDL_AudioSpec 直接或间接地描述"用多少字节表示 1 个'声音点'?""每个字节、每一位的 0 或 1 的含义是什么?"等等。同样是 0 或 1,在图片上表达点的颜色(RGBA)的深浅,在声音上表达音量的高低。

　　尽管都是 0 和 1,但用于描述声音格式的 **SDL_AudioSpec** 要比描述图片像素格式的 **SDL_PixelFormat** 更复杂(虽然后者的成员数据项较多),因为声音和时间有关,图片用来静态显示,声音却需要播放。一段原本 10s 歌声用二倍速播放,或者用 20s 播完,效果大相径庭,前者听起来像奇怪的机器音,后者听起来像磁带机没电了。

　　先不管具体的音频格式,先说形参 desired 和 obtained 的含义。结合上下文,前者意为"期待的音频格式",后者意为"实际取得的音频格式"。干脆把最后一个入参也说了,allowed_changes 意为"可接受的改变"。

　　作为一个一年要面试近百位求职者的面试官,原谅我很不厚道地想到以下对话:

　　面试官:求职信上,你**期待的待遇**是:月薪 2 万 5、弹性上下班、周休两天半、不加班、带薪年假 15 天、年终 10 倍月薪、不写工作周报、不出差、配备 Mac Book、人力资源部承诺在转正后协助脱单?

　　面试者:对,就这些。

　　面试官:如果**实际可得到的**待遇达不到,哪几项是你觉得**可以接受变化**的呢?

　　面试者:把简历还给我。

　　要打开一个音频设备,可以通过 desired 指定程序期望该音频应支持的音频规格,比如指定应该支持左右双声道,但设备可能无法完全满足,因此我们需要使用 allowed_changes 入参告诉函数,规格中哪些因素可以调整。这些因素包括:

　　① SDL_AUDIO_ALLOW_**FREQUENCY**_CHANGE:声音**频率**可以改;

　　② SDL_AUDIO_ALLOW_**FORMAT**_CHANGE:声音**格式**可以改;

　　③ SDL_AUDIO_ALLOW_**CHANNELS**_CHANGE:**声道数目**可以改;

　　④ SDL_AUDIO_ALLOW_**ANY**_CHANGE:**什么**都可以改。

　　allowed_changes 可以是 0,表示坚决不接受任何变化;也可以是好脾气的,接受任意变化的 SDL_AUDIO_ALLOW_**ANY**_CHANGE,或者是其他某项或多项的组合(使用"位或"操作)。将 allowed_changes 设置成 0,就可以拒绝任何变化,但更霸气的做法是,同时将 obtained 设置为 nullptr,直截了当地告诉面试官,别费心想什么"可接受的规格"了,如:

```
SDL_AudioSpec i_want; //我想要的

/* ...此处通过 i_want 设置你想要的音频规格 */

SDL_AudioDeviceID id = SDL_OpenAudioDevice(nullptr //系统自动挑
                                  ,0 //播音
                                  ,i_want    //我要求音频规格
                                  ,nullptr   //霸气的空指针
                                  ,0);       //霸气的 0
```

　　问题:这么霸气的申请,是不是很容易被拒绝?

　　回答:不会轻易拒绝。

【轻松一刻】: CTO 如何满足面试者的所有苛刻条件

拒绝?怎么可能?以面试说事。身为一个爱才如命的技术总监,怎能拒绝优秀人才?我全同意了:月薪 2 万 5 千日元;一天干足 8 小时;本司历法每周 9 天,周 7、周 8、周 9 休 2 天半;没有加班和加班费,留下来干活是因为员工想奋斗;年终给够 10 倍;写日报;带薪年假 10 天,大数据表明员工光住院治疗就要 20 天;不出差,外派是旅游是福利;去华强北进了一批"Mac Book",试用期过去一半就成功让小伙子和住在上铺的兄弟同时脱单……

有必要重新理解入参 **allowed_changes** 的真实含义:将它指定为 0,本意是不允许修改,但 SDL 不会简单地因此而拒绝打开设备的请求,恰恰相反,SDL 会**做好改变的准备**,将来程序送往该设备的音频数据,SDL 负责将它们转换成目标设备实际支持的格式。举个例子:你有一首区分左右声道的歌曲数据(俗称立体声),但是当前设备只支持单声道。程序准备使用 **SDL_OpenAudioDevice()** 函数打开该设备,用于播放前述的歌曲数据。此时区分两种做法,如表 15-18 所列。

表 15-18　SDL_OpenAudioDevice() 入参 allowed_changes 设置效果对比

方法	直接结果	间接结果
方法一:通过 desired 要求双声道,并霸气设定 allowed_changes 为 0	(1) 以单声道的方式打开设备 (2) 做好将双声道数据篡改为单声道数据的准备工作 (3) 返回所打开的设备 ID 以上相当于告诉调用者:"没问题,我们可以接受你的双声道数据。"	假设在将音频数据送往设备之前,程序需要加工处理它们,此时程序看到的数据仍然是双声道的数据;但是一旦通过 SDL 将数据实际送给设备,**SDL 自动将声音转换为设备所需的单声道**
方法二:同样通过 desired 要求双声道,同时为 allowed_changes 设置成 SDL_AUDIO_ALLOW_CHANNELS_CHANGE	(1) 以单声道方式打开设备 (2) 修改 **obtained** 参数相应值,让调用者知道:设备只支持单声道 以上相当于告诉调用者:"设备可以打开,但是我们不接受你数据中的这些(个)规格。"	**需要程序员写代码将双声道数据转换**为单声道之后,再通过 SDL 将数据实际送给设备,SDL 不负责转换

将工资的单位从人民币改成日元,当然让请求方痛苦;将歌曲从双声道改为单声道,当然让人听着不舒服。但是,设备是硬件,所能支持的音频规格无法改变。可是我们一定要播放它所不支持的音频规格,显而易见,只能动手转换音频数据的规格,谁来转换?一种是程序员手动写代码转(虽然最终仍然是调用 SDL 的函数),另一种是程序员完全不管,交给 SDL 去改。两种方法各有用武之处,但对于初学者,当然要选择"完全不管,让 SDL 去转"。

allowed_changes 的真实含义现在水落石出了。设成零是程序员在说"我才不改";设成其他某值是程序员在说"好吧,如果这几项规格不合设备要求,我可以改"。

SDL_OpenAudioDevice() 返回成功打开的设备 ID，一个整数，如果为零表示打开失败。

关闭音频设备

音频设备不再需要时，需使用**SDL_CloseAudioDevice**（）函数关闭，原型如下：

```
void SDL_CloseAudioDevice(SDL_AudioDeviceID dev_id);
```

入参 dev_id 正是之前调用 SDL_OpenAudioDevice() 得到的设备 ID。

暂停、恢复设备

也可以临时暂停音频设备，或者再恢复它。两个操作使用同一函数 SDL_PauseAudioDevice()。原型如下：

```
voidSDL_PauseAudioDevice(SDL_AudioDeviceID dev_id, int pause_on);
```

dev_id 指定处于打开状态的音频设备 ID，pause_on 非零表示暂停播放或录音，零表示恢复。

 【危险】：说是"Pause(暂停)"，其实也用于播放

"**SDL_OpenAudioDevice()（打开音频设备）**"相于你把家里的音箱电源打开，但音箱不会马上开始播放歌典，你还得有一个"播放"的动作。SDL_PauseAudioDevice()听起来就是 Pause，看了入参解释，原来它既能暂停也能恢复；可我要告诉你，它其实也负责"播放"。总之，想要听到设备出声，程序中至少要以"恢复"的方式调用一次 SDL_PauseAudioDevice()。

2. 音频规格

通过之前**allowed_changes** 可设置的值，大致就能推出**SDL_AudioSpec** 结构体至少要包括"频率"、"格式"和"声道数目"这些数据，对应的成员数据为：

① freq：声音频率，每秒钟的声音采样频率或每秒应播放多少个声音样点数据（samples per second）；常见频率：11025、22050、44100 和 48000。

② format：使用什么数据格式来表达一个声音的样点，包括几个字节，多字节组成的含义等，大端小端同样在此数据中指定；

③ channels：声道的数目，支持：1mono(单声道)，2 stereo(立体声)，4 quad(环绕音)和 6 环绕音加一个中置音箱及低声炮，俗称 5.1 声道。

出于程序方便，该结构体还记录音频数据的字节数、本段音频的静音音量值、每次处理音频数据可占用最大字节数（必须为 2 的倍数）等信息。该结构体甚至还可能带一个回调函数，用于在录音时存储已录的声音数据，或在播放时填充待播放的声音。

学习图片处理时，我们没有手工配置过像素格式 SDL_PixelFormat，通常是加载一张磁盘上的图片，然后直接使用该图片的像素格式。而在画图时，我们刻意一致使用 24 位色深的格式。在将磁盘上图片显示到屏幕的过程中,图片的格式是"源格式",屏幕支持的格式称为"目标格式"。理论上程序也应考虑目标设备对格式的支持情况,但我们基本忽略了,因为现实中的显卡和显示器能力足够,我们写的游戏程序也不准备在墨水屏上显示。

学习音频处理时,我们也很少凭空设定 **SDL_AudioSpec** 结构体中的"频率""声道"和"格式"等成员。为同一个游戏程序准备的音频文件,也建议尽量使用一致的格式,并且不要过份追求声音的质量。一来使用低端声卡的 PC 机还很多,二来一旦需要转换格式,声音的数据量通常要远大于图片的数据量,转换起来更加费 CPU 和内存。

3. WAV 数据

BMP 格式是图片的原始描述,记录图片上每一个像素点的色彩。WAV 格式则是对声音原始直接的描述,记录每个采样点的声音高低;WAV 通常称为"波形"数据,挺形象的。声音确实就像是一条波形曲线,横坐标是时间,纵坐标是声音的高低。同样一段声音,如果使用 32 位或更多字节的实数表达每个采样点的声高,纵坐标上时间间隔再小点(也就是采样频率更大),自然曲线会更光滑一些。反过来如果使用 16 位或更少字节的整数表达每个采样点的声高,纵坐标上时间刻度再大点(也就是采样频率更小),曲线会变得像是折线。不使用扩展库功能的情况下,SDL 只能处理 WAV 格式的声音文件。

 【小提示】: 如何获取 WAV 声音文件

不知道从哪个版本开始,Windows 自带的录音程序,生成的竟然不是".wav"文件,而是".m4a"。幸好可以在网上找到 m4a 在线转".wav"的网页工具,不过格式却很难控制。实际游戏编程中的声效,一是在网上搜索"声音库、声效库"获取,二是使用相对专业的录音设备及软件生成及加工。

SDL_LoadWAV() 函数(实际是一个宏定义)用于加载".wav"文件。

```
SDL_AudioSpec * SDL_LoadWAV (const char * filename
                          , SDL_AudioSpec * spec
                          , Uint8 * *    audio_buf
                          , Uint32 *   audio_len);
```

打开声音文件,无非想要两个信息,一是声音的规格,二是声音的数据。请看入参解释:

① filename :字符串常量,WAV 文件名;

② spec:用于存储该声音文件的声音规格信息;

③ audio_buf:注意,是指针的指针,将在该函数内部分配内存空间,用于存储声音数据;

④ audio_len:整数指针,用于返回声音数据的字节数。

　　加载成功,返回值就是入参 spec;加载失败,返回空指针。为什么会加载失败呢? 文件格式不对是主因。从网上下载的".wav"的声音文件,有可能实际格式是".mp3"或其他格式,失败时请使用 sdl2::last_error()查看 SDL 的抱怨,你会明白扩展名和网络有时候就是一对骗子。

　　设备已经打开,声音数据也已加载,要播放出来,最简单的方法是调用**SDL_QueueAudio()**函数,将声音数据加入 SDL 维护的一个队列。函数原型如下:

```
int SDL_QueueAudio(SDL_AudioDeviceID dev_id        //设备 ID
                 , const void * data               //声音数据
                 , Uint32 len);                     //声音数据字节长度
```

　　函数返回 0 表示声音数据加入队列成功,否则表示失败。dev_id 代表的设备必须是播音设备,不能是录音设备。入参 data 是指针,但是 SDL_QueueAudio()将复制 data 所指向的数据,存在队列里,因此在函数调用之后,程序可以释放 data 所指身后的数据。释放函数为**SDL_FreeWAV()**,原型如下:

```
void SDL_FreeWAV(Uint8 data);
```

　　此处的入参 data 即 SDL_LoadWAV()的入参 audio_buf 返回的指针。

4. 完整播放

　　是时候打破沉默了。使用 Windows 录音程序,录一段"Hello!",控制在 2s 以内。如果得到的不是".wav"格式,请上网进行在线转换。将文件命名为 hello.wav,保存到 hello_sdl 项目文件夹内。打开项目的 main.cpp 文件,先确保你已经加入对 SDL2/SDL_audio.h 的包含,然后在 main()函数中删除之前查询音频设备的信息,加入以下粗体代码:

```
int main(int argc, char * argv[])
{
    sdl2::Initiator::Instance().Init(SDL_INIT_VIDEO
                        | SDL_INIT_AUDIO
                        |  SDL_INIT_EVENTS
                        | SDL_INIT_TIMER);
    if (!sdl2::Initiator::Instance())
    {
        cerr << sdl2::last_error() << endl;
        return -1;
    }

    /* 音频设备 查询 */
    int play_devices_count = SDL_GetNumAudioDevices(0);
    if (play_devices_count   == 0)
    {
        cerr << "没有音频播放设备" << endl;
        return -1;
    }
```

```
//打开 WAV 文件,加载声音数据
SDL_AudioSpec spec;
Uint8 * wav_data_ptr = nullptr;
Uint32 wav_data_size = 0;
if (nullptr == SDL_LoadWAV("hello.wav"
                           , &spec
                           , &wav_data_ptr
                           , &wav_data_size))
{
    cerr << sdl2::last_error() << endl;
    return -1;
}

//打开音频设备
SDL_AudioDeviceID dev_id = SDL_OpenAudioDevice(nullptr
                           , 0   //非录音
                           , &spec //来自文件的声音规格
                           , nullptr
                           , 0);
if (0 == dev_id)
{
    SDL_FreeWAV(wav_data_ptr);
    cerr << sdl2::last_error() << endl;
    return -1;
}

SDL_PauseAudioDevice(dev_id, 0); //这行其实发挥"播放"功能
SDL_QueueAudio(dev_id, wav_data_ptr, wav_data_size); //入队列
SDL_FreeWAV(wav_data_ptr); //可以马上删除 WAV 数据
SDL_Delay(2000);        //但不能马上关闭设备,延迟 2s
SDL_CloseAudioDevice(dev_id);
......
```

编译、运行。你听到了什么?我听到的是一段浑厚迷人的男中音。我的声音这么有男人味,为什么那些在电话里问我要不要办贷款的小伙子,都叫我"大姐"呢?一定是手机的音频设备搞错了我的声音频率!

5. 混声需求

像"保卫宝岛"这样的游戏,在潜艇发射子弹的同时,飞机和飞碟可能也在发射,因此如果要为子弹出膛加声音,这些声音很有可能会混杂在一起同时响起,然而,函数 SDL_**Queue**Audio()名字中的**Queue** 表意清晰:将声音数据加入队列。队列前头可能有之前加入的声音,队列后面也可能马上又有新数据加入,SDL 库依照加入次序播放。想一想,我们驾驭着潜艇和飞碟互射炮弹,可能我们就比飞碟先 200ms 发射,耳朵却必须听完潜艇发射炮弹整段的呼啸声之后,才开始听到核弹从天而降的声音,但那时候眼睛看到的画面中核弹都快砸到潜艇了。在 SDL 库中要实现混声,有三种方法:

（1）方法一：使用扩展库 SDL_Mix；

（2）方法二：使用"回调方式"填充待播放的声音数据，再通过 **SDL_MixAudio-Format()** 混合两个声音数据；

（3）方法三：不是全部，但是多数 PC 机上的音频播放设备允许多路打开，同时播放不同声音，达到混声效果。

以我们现在所学的知识，方法三最容易实现，让我们试一下。使用 Windows 自带的录音程序，录一句"今天天气不错啊，哈！哈！哈！"，时长控制在 3～4s。保存后通过在线工具转成 WAV 格式，最后存储到 hello_sdl 项目文件夹下，取名 hahaha. wav。相似的方法再录一句"白话 C++ 还不错嘛！呵、呵、呵。"，取名 hehehe. wav，存储到同一位置。打开 hello_sdl 项目的源文件 main. cpp，在主函数之前加入一个自由函数 **OpenAndPlay** ()：

```cpp
//打开声音文件,打开音频设备,并加入播放队列
SDL_AudioDeviceID OpenAndPlay(char const * wav_file)
{
    SDL_AudioSpec spec;
    Uint8 * wav_data_ptr = nullptr;
    Uint32 wav_data_size = 0;

    //打开声音文件
    if (nullptr == SDL_LoadWAV(wav_file
                             , &spec
                             , &wav_data_ptr
                             , &wav_data_size))
    {
        cerr << sdl2::last_error() << endl;
        return 0;
    }

    //打开音频设备
    SDL_AudioDeviceID dev_id = SDL_OpenAudioDevice(nullptr
                             , 0    //非录音
                             , &spec //来自文件的声音规格
                             , nullptr
                             , 0);
    if (0 == dev_id)
    {
        SDL_FreeWAV(wav_data_ptr);
        cerr << sdl2::last_error() << endl;
        return -1;
    }

    //这行其实发挥"播放"功能
    SDL_PauseAudioDevice(dev_id, 0);
    //复制,加入播放队列
```

529

```
    SDL_QueueAudio(dev_id, wav_data_ptr, wav_data_size);
    //可以马上删除 WAV 数据
    SDL_FreeWAV(wav_data_ptr);

    return dev_id;
}
```

然后在主函数中删除原有测试音频的代码,改为:

```
……
    /*双路混声测试*/
    SDL_AudioDeviceID ha = OpenAndPlay("hahaha.wav");
    SDL_AudioDeviceID he = OpenAndPlay("hehehe.wav");
    sdl2::Timer::Delay(5000);
    SDL_CloseAudioDevice(ha);
    SDL_CloseAudioDevice(he);
……
```

编译、运行,你将听到两段声音同时在播放,各说各的。如果在你的机器上居然失败了,除了检查代码正确性之外,可以先打开电脑上的播放器,放一首《十年》;然后再让程序播放 hello.wav,如果问候声出不来或者出来了,但听到背景音乐因此卡了一阵,那你还是换电脑吧。

6. C++封装

先封装 WAV 文件,重点是让对象析构时自动释放数据,余下的就是如何加载 WAV 文件的逻辑,接着封装单例类**SimpleAudioPlayer** 用于管理整个程序中打开的所有音频设备。一个程序无限制地打开并占用音频设备,终归不道德,所以我们限定五路。新建**sdl_audio.hpp** 头文件,加入 hello_sdl 项目,

```
#define SDL_AUDIO_HPP_INCLUDED

#include < SDL2/SDL_audio.h >

namespace sdl2
{
//WAV 数据
struct WAVData
{
    WAVData()
        : _buffer(nullptr), _length(0)
    {
        SDL_zero(_spec);
    }

    explicit WAVData(char const * filename)
    {
        SDL_LoadWAV(filename, &_spec, &_buffer, &_length);
```

```cpp
    }

    ~WAVData()
    {
        if (_buffer)
        {
            SDL_FreeWAV (_buffer);
        }
    }

    explicit operator bool () const
    {
        return (_buffer && _length > 0);
    }

    bool Load (char const * filename)
    {
        _length = 0;
        if (_buffer)
        {
            SDL_FreeWAV (_buffer);
        }
        SDL_zero(_spec);

        return nullptr != SDL_LoadWAV (filename
                            , &_spec
                            , &_buffer, &_length);
    }

    Uint8 const * GetBuffer () const { return _buffer; }
    Uint32 GetLength () const { return _length; }
    SDL_AudioSpec const& GetAudioSpec () const { return _spec; }
private:
    Uint8 * _buffer;
    Uint32 _length;
    SDL_AudioSpec _spec;
};

//简单的多路混声播放器
class SimpleAudioPlayer
{
    static int const _max_mixed_count_ = 5; //最多混 5 路
private:
    SimpleAudioPlayer()
    {
        _index = 0;
        for (int i = 0; i < _max_mixed_count_; ++i)
            _ids[i] = 0;
    }
    SimpleAudioPlayer(SimpleAudioPlayer const& ) = delete;
```

```cpp
public:
    static SimpleAudioPlayer& Instance() //单例
    {
        static SimpleAudioPlayer instance;
        return instance;
    }

    //析构时,关闭所有音频播放设备
    ~SimpleAudioPlayer()
    {
        Close();
    }

    //打开设备,返回是否成功
    bool Open(SDL_AudioSpec const& spec)
    {
        Close();

        _spec = spec;
        for (int i = 0; i < _max_mixed_count_; ++i)
        {
            _ids[i] = SDL_OpenAudioDevice(nullptr
                        , 0              //非录音
                        , &_spec         //指定规格
                        , nullptr        //实际
                        , 0);            //不改
            if(_ids[i] == 0)
            {
                Close();
                return false;
            }
        }

        return true;
    }

    void Close()
    {
        for (int i = 0; i < _max_mixed_count_; ++i)
        {
            if (_ids[i] != 0)
            {
                SDL_CloseAudioDevice(_ids[i]);
                _ids[i] = 0;
            }
        }
        _index = 0;
    }

    bool IsOpened()const
```

```
    {
        return (_ids[0] != 0);
    }

    bool Play(WAVData const& wav)
    {
        SDL_assert(static_cast < bool >(wav));
        SDL_assert(_index < _max_mixed_count_);
        SDL_assert(_ids[_index] != 0);

        if(0 != SDL_QueueAudio(_ids[_index]
                        , wav.GetBuffer(), wav.GetLength()))
        {
            return false;
        }

        SDL_PauseAudioDevice(_ids[_index], 0);

        ++_index;
        if (_index >= _max_mixed_count_)
        {
            _index = 0;
        }

        return true;
    }

private:
    size_t _index;
    SDL_AudioDeviceID _ids[_max_mixed_count_];
    SDL_AudioSpec _spec;
};

} //sdl2

#endif // SDL_AUDIO_HPP_INCLUDED
```

【课堂作业】：使用 **WAVData** 和 **SimpleAudioPlayer**

使用二者改写前一小节在 hello_sdl 项目主函数中写的混声测试。

7. 宝岛枪声

上网搜索相关音频素材，准备用作潜艇发射、飞机发射、"神鲸"发射和飞碟现身的声效，有如下建议：

① 所有声效长度在 2s 以下；

② 潜艇发射的声音长度要更短，最好 1s 左右；声音的内容最好相对清脆一些，容易在众多声音中识别，让玩家拍打空格键时更有感觉；

③ 飞机发射炮弹的声音,可以低沉一些,近似于"轰隆隆";

④ "神鲸"发身的太极弹,可以略长一些,但也不要超过 2500ms,并且其声音最好有一个从小到大的变化过程;

⑤ 不是为飞碟的炮弹配声,而是为飞碟现身配声效,该声效需要有:"电子感十神秘感"。

各声音文件命名如表 15-19 所列。

表 15-19　"宝岛保卫战"声效文件

文件名	描述
missile. wav	潜艇发射导弹声效,类似"咻～"
bomb. wav	飞机发射炮弹声效,类似"轰～"
taiji. wav	神秘鲸鱼发射"太极弹"声效,类似"呼～"
ufo. wav	飞碟现身声效,类似"吱、吱、吱"

在 Island_Defense 项目文件夹下新建和 images 平行的子文件夹 audio,将上述".wav"文件全部放进去。复制 sdl_audio. hpp 头文件到 Island_Defense 项目文件夹;再打开项目,将 sdl_audio. hpp 加入。

新建头文件**audio_library. hpp**,加入 Island_Defense 项目。头文件内容如下:

```cpp
#ifndef AUDIO_LIBRARY_HPP_INCLUDED
#define AUDIO_LIBRARY_HPP_INCLUDED

#include "sdl_audio.hpp"
namespace Game
{
//声效库
class AudioLibrary
{
    AudioLibrary() = default;
    AudioLibrary(AudioLibrary const&) = delete;
public:
    static AudioLibrary& Instance()
    {
        static AudioLibrary instance;
        return instance;
    }
    //初始化,加载个声效
    bool Init()
    {
        if(!_bomb.Load("audio/bomb.wav"))
            return false;
        if(!_missile.Load("audio/missile.wav"))
            return false;
```

```cpp
        if (!_taiji.Load("audio/taiji.wav"))
            return false;
        if (!_ufo.Load("audio/ufo.wav"))
            return false;

        auto& mixed(sdl2::SimpleAudioPlayer::Instance());
        if (!mixed.IsOpened())
        {
            mixed.Open(_bomb.GetAudioSpec());
        }

        return true;
    }

    void PlayMissile()
    {
        auto& mixed(sdl2::SimpleAudioPlayer::Instance());
        mixed.Play(_missile);
    }

    void PlayBomb()
    {
        auto& mixed(sdl2::SimpleAudioPlayer::Instance());
        mixed.Play(_bomb);
    }

    void PlayTaiji()
    {
        auto& mixed(sdl2::SimpleAudioPlayer::Instance());
        mixed.Play(_taiji);
    }

    void PlayUFO()
    {
        auto& mixed(sdl2::SimpleAudioPlayer::Instance());
        mixed.Play(_nucleus);
    }
private:
    sdl2::WAVData _bomb, _taiji, _missile, _ufo;
};
} //Game

#endif // AUDIO_LIBRARY_HPP_INCLUDED
```

　　功能很简单：在 Init() 中加载所有 WAV 数据，然后提供 PlayXXX() 用于播放对应的声音。打开 Island_Defense 项目的 main.cpp 文件，加入对声效库的包含：

```
......
# include "audio_library.hpp"
......
```

在主函数 for 循环之前,最好是在"序幕场景"之前,加入初始化声效库的代码:

```
......

    //初始化声音库:
    if (!Game::AudioLibrary::Instance().Init())
    {
        cerr << sdl2::last_error() << endl;
        return -1;
    }
......
```

最想先听到潜艇的炮声。打开 target_submarine.hpp 头文件,加入对 sdl_audio.hpp 的包含,然后在头文件中查找方法 Fire()。咦,该方法的实现在源文件中,那就打开 target_submarine.cpp,找到 Fire(),插入以下加粗的代码行:

```
//发射
void Submarine::Fire()
{
    if (_recent_missile_count
            >= Settings::submarine_max_fire_count_per_second)
    {
        return;
    }
    //我要听到"啾~啾~啾"的声音
    AudioLibrary::Instance().PlayMissile();

    ......
}
```

先不管别的子弹的代码。请编译并运行当前程序,并在进入战争情景后拍打空格键……有没有听到来自潜艇炮弹的呼啸?

打开 target_whale.hpp 头文件,加入对 sdl_audio.hpp 的包含,然后找到 Fire() 函数,在第一行插入播放声效的代码:

```
//发炮(太极弹)
void Fire()
{
    AudioLibrary::Instance().PlayTaiji();
    ......
}
```

类似地,打开 enemy_plane.hpp 头文件,加入对 sdl_audio.hpp 的包含,然后找到 Fire() 函数,在第一行插入播放声效的代码:

```
//发射炮弹
void Fire()
{
    AudioLibrary::Instance().PlayBomb();
    ……
```

最后,打开 enemy_ufo. hpp 头文件,加入 sdl_audio. hpp 包含。这一次需要查找 Fly()方法,然后在百分之八十五的分支下,加入播放飞碟现身声效的代码:

```
//飞碟的神出鬼没
void Fly()
{
    SDL_Rect * dst = GetDstRect();

    //飞碟有高达85%的概率,会紧盯潜艇的位置
    //飞到潜艇正上空投弹
    int rand_value = std::rand() % 100;
    if (rand_value < 85)
    {
        AudioLibrary::Instance().PlayUFO(); //吱、吱
        ……
```

编译、运行,确保游戏没有问题之后,建议将它改为全屏。

真没想到,原来射击游戏有声和无声的效果差别如此巨大! 当然,如果声音来自你的嘴巴,一盘游戏下来全是你"啾啾""呼呼""吱、吱、吱"的录音,建议把电脑音量调小! 这里有一个真实而惨痛的案例:有学员图省事自个变着法子录下四种鬼叫充当声效,然后在书房忘我地测试,老爸破门而入……"爸,我真的在学习。"

图省事又不想出意外的话,可到本书官网"第 2 学堂"下载游戏的最新版本、全部素材和源代码。

15.6.3 扩 展

1. 常用扩展

本书介绍三个常用的 SDL 扩展库:字体支持、图片扩展和混声,各自作用与下载地址如表 15－20 所列。

表 15－20 SDL 常用的三个扩展库

扩展库	作用	下载网址
SDL_ttf	字体扩展,用于使用指定字体,生成指定文本数据的表层 支持 TrueType 类型的字体	https://www.libsdl.org/projects/SDL_ttf/
SDL_image	图片扩展,支持加载多种格式的图片文件数据,生成表层或纹理 支持 BMP、GIF、JPEG、PNG 等十数种图片格式	https://www.libsdl.org/projects/SDL_image/

扩展库	作用	下载网址
SDL_mixer	混声扩展,支持任意多个通道的混声处理 支持加载 WAV、FLAC、Ogg 等多种格式的声音数据	https://www.libsdl.org/projects/SDL_mixer/

下面以 SDL_ttf 为例,讲解如何下载、安装对应的 SDL 扩展库。先打开表中指定的网页,在页面中查找"Development Libraries(即开发库)"字样,然后单击 Windows 平台下带 mingw 字样的链接,如图 15-81 所示。

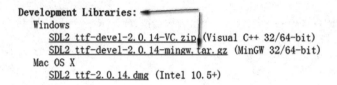

图 15-81 下载 SDL_ttf 的开发库

下载使用 MinGW 环境,并且正好就是本书教学所使用的 mingw-w64 编译的 32 位和 64 位的开发库,文件名为:SDL2_ttf-devel-2.0.14-mingw.tar.gz,你看到的版本号可能会更新;解压该文件得到文件夹 SDL2_ttf-2.0.14。对比该文件夹和之前在 cpp_ex_libs 下部署的 SDL 扩展库的结构,如图 15-82 所示。

图 15-82 扩展库和 SDL 库的目录对应示意

将新下载的 SDL2_ttf-2.0.14 其下的 i686-w64-mingw32 和"x86_64-w64-mingw32 两个文件夹,复制到"…/cpp_ex_libs/SDL2-2.0.5"目录下,让操作系统合并同名文件夹的内容。请按相同的方法下载并部署另外两个扩展库:SDL_image 和 SDL_mixer。

2. 字体扩展

"宝岛保卫战"序幕场景下显示大段的用于介绍背景的文字,但那些文字都在编译程序时就能确定,有时候需要在游戏运行时,依据某些逻辑才能确定所要显示的文本。比如在战争画面的左上角直播玩家已经打下几架飞机、几只鸭子的实时战况,这些内容没办法事先画成图。

不使用扩展,SDL 无法输出真正的文字,但是老外程序员表示无所谓,以英语为例,就是 52 个大小写字母、10 个数字再加一些常用符号。只需事先将它画在图上,称为"字样图",在程序中建立字符和它在图片上的偏移位置,就可以动态输出各种文本内容了。汉字也可以使用这种方法,前提是你需要事先将整个游戏可能用到的汉字,提取出来再制作"字样图"。前面提到的"宝岛保卫战"的文字输出需求可以使用这种方法,但有些游戏需要显示的汉字子集太大,或者干脆无法确定这个子集,那就来使用 SDL_ttf 吧。

SDL_ttf 扩展库的总体思路是:程序给它一个字符,比如"炮",它会从指定的字体文件中找到这个字的"形状",然后将它生成 SDL 库的 Surface,以下称为"字样表层"。

初始化、清场

部署 SDL_ttf 字体扩展之后,在 SDL 头文件目录下,将新增 SDL_ttf.h。要使用字体扩展库的相关功能,需要先包含该文件,如:

```
#include < SDL2/SDL_ttf.h >
```

扩展库必须在 SDL 初始化之后,自行初始化,SDL_ttf 的初始化函数为 **TTF_Init()**,原型如下:

```
int TTF_Init();
```

返回 0 表示初始化成功,-1 为出错。不再使用 SDL_ttf 库时需要调用 **TTF_Quit()** 函数清场。

打开字体、关闭字体

要显示汉字,就要有汉字字体。在 Windows 安装目录下找到 Fonts 目录,比如 "C:\Windows\Fonts"。进入该目录查找字体时请注意三点:一是你看到的字体图标下的描述,并不是这个字体的文件名;二是请查找 TrueType 类型的字体;三是将来如果要发布、销售你的游戏程序,请处理字体文件的版权问题。

右击最常见的"宋体",,在弹出菜单中选"属性",查到该字体的文件名为 simsun.ttc。打开字体的方法是 **TTF_OpenFont()**,原型如下:

```
TTF_Font * TTF_OpenFont(const char * file, int ptsize);
```

入参 file 是字体文件名及路径,ptsize 指定字体大小,比如 16。不过有些字体文件含有固定的某几种大小的数据,比如 9 号、16 号;此时 ptsize 变成字号索引,比如 0

表示 9 号,1 表示 16 号。成功时 TTF_OpenFont()返回 TTF_Font 的指针,否则返回空指针。

SDL_ttf 库相关操作的错误,可使用 **TTF_GetError()** 取出错原因,不过它其实就是 SDL_GetError()的宏,所以之前我们封装的 sdl2::last_error()方法仍然可用。不再使用字体资源时,需调用 **TTF_Close()** 关闭 TTF_Font 指针,原型如下:

```
void TTF_CloseFont(TTF_Font * font);
```

字体渲染

有了 TTF_Font 资源,下一步就是将它渲染成字样表层。SDL_ttf 库提供三种字体渲染方法:Solid、Shaded 和 Blended。依序渲染质量一个比一个高,渲染速度一个比一个慢,渲染后占用资源一个比一个高。每一种渲染方法又依据字体编码的不同,分成三个函数。以 Solid 为例,有:

① TTF_RenderText_Solid:只适合渲染 ASCII 字符;

② TTF_RenderUTF8_Solid:渲染 UTf8 的文本;

③ TTF_RenderUNICODE_Solid:渲染 UNICODE 中的文字内容;

④ TTF_RenderGlyph_Solid:渲染 UNICODE 编码规定的图样、笑脸什么的。
将"_Solid"后缀替换成其他渲染名,就可得到更高质量的渲染函数。以 UTF8 为例,函数原型如下:

```
SDL_Surface * TTF_RenderUTF8_Solid(TTF_Font * font
                                  , char const * text
                                  , SDL_Color fg);
```

入参中的 SDL_Color 是一个结构体,在"表层"小节中有提到过,只是我们很少使用,此处表示字体前景色。返回值是熟悉的"SDL_Surface *",一旦得到它,通常我们会使用之前辛苦写成的 sdl2::Surface 类将它包装、托管起来。将指定文本内容渲染为字样表层的示意代码:

```
char const * file = "C:\\Windows\\Fonts\\simsun.ttc";
//打开字体
TTF_Font * font = TTF_OpenFont(file, 16);
//准备颜色(紫色:红+蓝)
SDL_Color color {0xFF, 0, 0xFF};
//渲染为表层
SDL_Surface * surface = TTF_RenderUTF8_Solid(font //用什么字体
        ,"大家好!我是 1 匹小马……" //源文件应使用 UTF8 编码
        , color );
//包装起来
sdl2::Surface text_surface(surface);
//判断
if (!text_surface)
{
```

```
    TTF_Close(font);
    cerr << sdl2::last_error() << endl;
}
```

以上代码只是示意,由于没有封装"TTF_Font *",因此它的释放是一个一直要放在心上的问题。

使用示例

打开 hello _ sdl 项目并进入构建配置对话框,增加 **SDL2 _ ttf** 链接库,如图 15 - 83 所示。

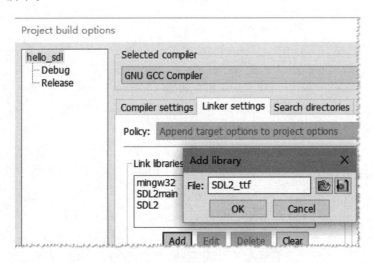

图 15 - 83 添加 SDL2_ttf 链接库

SDL2_ttf 也是在安装扩展库的过程中,被复制到 SDL 的库目录。打开 main. cpp,加入头文件包含:

```
......

#include < SDL2/SDL_ttf.h >

......
```

主函数内,初始化 SDL 成功后,加入初始化字体扩展的代码(加粗的代码行):

```
int main( int argc, char * argv[])
{
......
    if (!sdl2::Initiator::Instance())
    {
        ......
    }

    if(TTF_Init() != 0)
```

```
    {
        cerr << sdl2::last_error() << endl;
        return -1;
    }
......
```

紧接着创建一个字样表层:

```
char const * file = "C:\\Windows\\Fonts\\simsun.ttc";
//打开字体
TTF_Font * font = TTF_OpenFont(file, 24); //24 号
//准备颜色(紫色:绿+蓝)
SDL_Color color {0xFF, 0, 0xFF};
//渲染为字样表层
SDL_Surface * surface = TTF_RenderUTF8_Solid(font
                , "大家好! 我是 1 匹程知网的小马……"
                , color);
//包装起来
sdl2::Surface font_surface(surface);
//判断
if (!font_surface )
{
    cerr << sdl2::last_error() << endl;
    TTF_CloseFont(font);
    return -1;
}
......
```

现在还没办法将它进一步转换成纹理,因为还没有创建渲染器。为方便定位,我们选择在事件循环之前创建:

```
//有了渲染器,将字样表层变成纹理
sdl2::Texture font_texture (renderer.renderer
                            , font_surface.surface);

//事件循环
bool Q = false;
while (!Q) //一直循环,直到 Q 为真
{
    ......
```

最后通过渲染器输出到窗口,我随便指定一个目标区域:

```
//事件循环
bool Q = false;
while (!Q) //一直循环,直到 Q 为真
{
    SDL_Event event;
```

```
while (SDL_PollEvent(&event))
{
    //内循环工作
    ......
}//内循环结束

/*外循环:贴骏马图*/
//贴背景→窗口
......
//贴第一朵白云
......
//贴第二朵白云
......
//贴骏马
......
//贴一行字
SDL_Rect text_rect {100, 300, 0, 0}; //目标位置,宽高待写
//通过纹理取得宽高
font_texture.GetSize(&text_rect.w, &text_rect.h);
renderer.CopyFrom(font_texture.texture
                       , nullptr, &text_rect);
renderer.Present();
sdl2::Timer::Delay(1);
......
```

运行效果如图 15 - 84 所示。此时,文字已经是纹理,并且自带透明效果。按下 t 键,观察小马慢慢地从文字下面经过的画面,文字会有更直观的透明效果。

知道我们忘了一件什么事吗？忘记在程序退出之前调用 TTF_Quit()了。

 【课堂作业】: 封装 SDL_ttf 库相关功能

创建"sdl_ttf.hpp/.cpp"文件,依据以上课程内容,在 sdl2 名字空间下封装 SDL _ttf 库的初始化和清场工作,类名为 TTF_Initiator。再设计 Font 类,参考 Surface 等类的作法,封装创建字体、生成字样表层、释放资源、状态判断等功能。

3. 图片扩展

只能打开 BMP 位图,要费心地记图片的透明色,仅使用 SDL 标准处理图片会有这些痛。SDL_image 扩展支持十数种格式的图片文件,包括自带透明信息的 PNG 类型。

初始化、清场

代码中使用 SDL_image 库函数,需要加入其头文件 SDL_image.h 的包含:

```
#include < SDL2/SDL_image.h >
```

同样,使用 SDL_image 扩展库功能之前,需要先针对它进行初始化。函数**IMG_ Init()**的原型如下:

图 15-84　字样显示示例效果

```
int IMG_Init(int flags);
```

为支持众多的图片格式,初始化过程有不少事情要做,特别是 JPG、PNG、TIF 和 WEBP 等格式。为此,IMG_Init()提供一个入参,要求用户明确指定要支持这四类格式中的哪几种。flags 可以是以下单一枚举值或多个枚举值使用异或的组合值:

```
enum IMG_InitFlags
{
    IMG_INIT_JPG = 0x00000001,          //JPG、JPEG
    IMG_INIT_PNG = 0x00000002,          //PNG
    IMG_INIT_TIF = 0x00000004,          //TIF
    IMG_INIT_WEBP = 0x00000008          //WEBP
};
```

比如,希望能支持 JPG 和 PNG:

```
int result = IMG_Init(IMG_INIT_JPG | IMG_INIT_PNG);
```

其他格式,比如"BMP(位图)""ICO(图标)"等属于默认支持范围,无需用户指定。

IMG_Init()存在"彻底失败"、"部分成功部分失败"以及"全部成功"三种可能,体现在返回的整数值包含了多少入参指定的标志,示意如下:

```
int result = IMG_Init(IMG_INIT_JPG | IMG_INIT_PNG);
//一个个测试(使用"位与"操作判断)
if (result & IMG_INIT_JPG)
{
    cout << "初始化 JPG 格式成功!" << endl;
}

if (result & IMG_INIT_PNG)
{
    cout << "初始化 PNG 格式成功!" << endl;
}
```

如果只关心是不是所指定的每个库都初始化成功,就直接让结果值和入参比较:

```
if (result ==(IMG_INIT_JPG | IMG_INIT_PNG))
{
    cout << "初始化所有指定的图片格式库成功!" << endl;
}
```

你应该想到了:当 IMG_Init()返回 0,意味着初始化工作彻底失败,和刚学的 TTF_Init()正好相反。

【危险】:外在相似,内在不一致

同样是做初始化工作,同样返回一个整数值,有时返回 0 表示成功,有时返回 0 却是失败,这容易记错。因此,当使用 C++ 封装此类操作,要么统一返回 bool 值,要么定义新的类型作为返回值,从而明显地提示使用者,该操作的结果不是简单的"真"或"假"。

不再使用 SDL_image 库时需调用函数**IMG_Quit()**执行清场:

```
void IMG_Quit();
```

加载图片

SDL_image 库提供函数不少,但重点就是两类:加载图片文件并生成表层,加载图片并生成纹理。因此重点可以先了解 IMG_Load()和 LoadTexture(),二者原型分别为:

```
SDL_Surface * IMG_Load(const char * file);
SDL_Texture * IMG_LoadTexture(SDL_Renderer * renderer
                                , const char * file);
```

前者输入文件名,输出 SDL_Surface 指针,失败时为空指针;后者输入渲染器和文件名,输出 SDL_Texture 指针,失败时为空指针。所得的 SDL_Surface 指针,程序可以使用 sdl2::Surface 封装并托管,并可对它进行各种处理。所得的 SDL_Texture 指针则可以使用 sdl2::Texture 封装并托管,并最终借助渲染器"贴"至游戏画面的目标区域。

使用示例

准备一张有背景透明效果的 PNG 图片,存到 hello_sdl 项目文件夹,取名为 hello. png。在 Code::Blocks 中打开 hello_sdl 项目,进入其构建配置对话框,加入**SDL2_image** 链接库。

打开 main. cpp 文件,依据以下多个示意代码片段,加入借助 SDL_image 扩展库加载 PNG 格式的图片文件,生成纹理并显示测试代码。首先包含必要的头文件:

```
……
#include < SDL2/SDL_image. h >
……
```

在主函数中加入初始化 SDL_image 扩展库的代码:

```
……
    int img_init_flag = IMG_INIT_PNG ;
    if (IMG_Init (img_init_flag) != img_init_flag)
    {
        cerr << sdl2::last_error() << endl;
        return - 1;
    }
……
```

在事件循环之前,直接生成对应的纹理数据:

```
……
    SDL_Texture * png = IMG_LoadTexture (renderer. renderer
                                        , "hello.png ");
    sdl2::Texture png_texture (png); //封装以实现自动释放
    if (!png_texture) //判断加载是否成功
    {
        cerr << sdl2::last_error() << endl;
        return - 1;
    }
……
```

在事件外循环中:

```
……
        //贴一张来自 PNG 的纹理,自带透明
        SDL_Rect png_rect {300, 100, 0, 0};
        png_texture. GetSize(&png_rect. w, &png_rect. h);
        renderer. CopyFrom(png_texture. texture
                            , nullptr, &png_rect );
……
```

程序退出前:

```
......
IMG_Quit();
......
```

运行效果如图 15 - 85 所示。

图 15 - 85　测试使用 SDL_image 处理 PNG 图片

如果希望和背景进行混色,就不能直接生成纹理,应改用 IMG_Load()生成表层,再做混色处理,最后生成纹理。

【课堂作业】:封装 SDL_image 库相关功能

创建"sdl_image. hpp/. cpp"文件,依据以上课程内容,在 sdl2 名字空间下封装 SDL_image 库的初始化和清场工作,类名为 Image_Initiator。再设计 Image 类,参考 Surface 等类的做法,封装载入各处图片生成表层、纹理、资源释放、状态判断等功能。

4. 音频扩展

SDL_mixer 扩展支持更多的音频格式,也支持多路混音。程序通常不能混用 SDL_Mixer 和 SDL 原生的音频接口,因为前者需要依赖后者固化某些操作。部署 SDL_mixer 之后,将在 SDL 头文件目录出现 SDL_mixer. h 文件,在 bin 和 lib 下多出不少二进制库,用于链接的库为"SDL2_mixer"。

初始化、清场

使用 SDL_mixer 之前,需要通过 SDL_Init()初始化音频,比如:

```
SDL_Init(SDL_INIT_VIDEO | SDL_INIT_AUDIO);
```

然后使用函数**Mix_Init**()单独初始化 SDL_mixer 扩展模块,原型如下:

```
int Mix_Init(int flags);
```

和 IMG_Init()类似,入参 flags 用于指定待支持某些音频格式,可以是以下多个值的组合:

```
//待初始化 SDL_Mixer 子模块枚举定义
enum MIX_InitFlags
{
    MIX_INIT_FLAC          = 0x00000001,
    MIX_INIT_MOD           = 0x00000002,
    MIX_INIT_MODPLUG       = 0x00000004,
    MIX_INIT_MP3           = 0x00000008,
    MIX_INIT_OGG           = 0x00000010,
    MIX_INIT_FLUIDSYNTH    = 0x00000020
};
```

返回值同样为成功初始化的子模块的组合值,用法如下:

```
int flags = MIX_INIT_FLAC | MIX_INIT_MP3;
if (Mix_Init(flags) != flags)
{
        /* 全部或部分子模块初始化失败 */
}
```

不再使用 SDL_Mixer 扩展模块时,需调用**Mix_Quit()**清场以释放资源:

```
void Mix_Quit();
```

打开、关闭音频设备

在播音或录音之前,仍然需要打开音频设备,不再使用 SDL 自带函数 SDL_OpenAudio(),得用来自扩展库的**Mix_OpenAudio()**:

```
int Mix_OpenAudio(int frequency   //频率,采样率
        , Uint16 format    //使用格式(几个字节,各字节/位作用)
        , int channels     //声道数
        , int chunksize); //音频数据块大小
```

入参中的"频率""格式""声音通道数目"请复习"SDL(下)"的"音频规格"小节,SDL_Mixer 贴心地定义宏 MIX_DEFAULT_FORMAT,用于表示将使用系统默认为音频格式。chunksize 指定每次处理声音数据的大小,必须是 2 的倍数。如果是播放,就是程序每次往声卡送 chunksize 个字节的声音数据;如果是录音,就是每次录到 chunksize 个字节的声音数据,才交给程序。后面的例子都设定为 2048。对应的,关闭音频设备使用 Mix_CloseAudio()函数:

```
void Mix_CloseAudio();
```

音乐、声块

SDL_Mixed 将音频区分为"Music(音乐)"和"Chunk(声块)"。时间长,甚至需要循环播放的叫"音乐",时间短,需要的时候才响一声的叫"声块"。这符合多数游戏的需要,比如在背景音乐中,两个人在街头比武,不断发出各种招式的声响混杂交错。

SDL_Mixed 使用结构体**Mix_Music** 表示前述的"音乐"概念。使用**Mix_LoadMUS()**打开一个音频文件作为一段"音乐",支持 WAV、MOD、MIDI、OGG、MP3、FLAC 等格式:

```
Mix_Music * Mix_LoadMUS (const char * file);
```

SDL_Mixed 使用结构体**Mix_Chunk** 表示前述的"声块"概念。使用**Mix_LoadWAV()**打开一个音频文件作为一段"声块",支持 WAV、AIFF、RIFF、OGG 等格式:

```
Mix_Chunk * Mix_LoadWAV (const char * file);
```

不再需要某个音频资源时,需用**Mix_FreeMusic()**或**Mix_FreeChunk()**释放:

```
void Mix_FreeChunk (Mix_Chunk * chunk);
void Mix_FreeMusic (Mix_Music * music);
```

播 放

使用**Mix_PlayMusic()**播放音乐,函数原型为:

```
int Mix_PlayMusic (Mix_Music * music , int loops );
```

music 是待播放的音乐数据,loops 是播放次数,为 0 干脆不播放,设为"−1"表示一直循环。返回 0 表示播放成功(开始播放),返回"−1"表示出现错误,可以使用 SDL_GetError()取得出错描述字符串。使用 Mix_PlayChannel()播放声音,函数原型为:

```
int Mix_PlayChannel (int channel , Mix_Chunk * chunk , int loops )
```

相比 Mix_PlayMusic(),除声音数据变成 chunk 之外,还多出一个整数 channel,用于指定要在哪一个声音通道上播放。同一通道的声块在一条时间线上依次播放,不同通道的声块则同时播放。

如果就是希望立即在独立的通道上播放 chunk,channel 可设置为"−1",将由函数自动找到一个新的通道,函数返回值会告诉我们最终使用的通道号。如果函数返回"−1",表示执行失败。

音量控制

Mix_VolumeMusic()函数取得或修改音乐的音量大小:

```
int Mix_VolumeMusic (int volume );
```

volume 用于指定新的音量大小,有效值在 0～128 之间,返回修改之前的音量。如果只是想知道当前音量多大,并不希望修改,可将 volume 设置为无效值"－1"。**Mix_Volume()**函数取得或修改指定通道的声块音量大小:

```
int Mix_Volume (int channel , int volume );
```

channel 指定要单独调整音量的通道,volume 指定新的音量,如果为"－1"表示不修改原有音量。函数返回函数调用之前的音量。如果 channel 设置为"－1",将把新的音量应用到所有通道上。

 【课堂作业】:SDL 扩展库 SDL_mixer 的封装和应用

使用 C++ 封装课程中提到的 SDL_mixer 相关功能,并将它应用到"宝岛保卫战"项目中。

15.7 作业:宝宝识物

这是一个价值上亿人民币的游戏方案。开放二胎以来,我国每年新生婴儿不低于 1600 万。现在要写一个可供 2～6 周岁学龄前儿童的游戏。这个游戏将百分之一百做到让所有玩家(也就可爱的宝宝们)越玩越聪明,同时还可以让宝宝的家长提升创新设计能力。这么好的游戏,我们只向宝宝父母每年收取 1 元人民币。四年的潜在市场为 1600×（1 ＋ 2 ＋ 3 ＋ 4）,合计一亿一千两百万。

小目标有了。好东西基本都是大道至简,更何况这是给学龄前儿童玩的游戏,它的主界面设计示意如图 15 - 86 所示。

整个界面看到的就是四个组成要素:一是背景,图中显示为灰色的底图,二是左边的图形列表(也称源列表),三是右边的图形列表(也称目标列表)、四是中间大大的鼠标。游戏的逻辑也很简单:使用鼠标,从左边图形列表中选中一个,然后将它拖放到右边相同、相似或有某种关联的图形上。一定要实现的关键设计及实现细节如下:

(1)简单方便的操作:2 周岁甚至更大的小朋友,因为手小,无法按动鼠标上的按钮,解决办法不是给他买一个小鼠标,也不一定非要换成平板电脑;而是将"选择"动作做成自动的,只要鼠标从左边某个图片上经过,就自动选中该图形,同时放弃之前的旧选择。同理,做出选择之后,小朋友移动鼠标到右边时,也不需要他做"按鼠标"的操作,程序会自动根据当前鼠标下的目标图片,做出判断,给出反馈。

(2)直观有趣的反馈:在做选择时,左边的图片应有动画反馈,仿佛在说:"小朋友,快来选我吧。"当在移动目标的区域,如果选择错了,错误的图标要能左右摆动或做某种动作,仿佛在说:错了,不是我;选择对的时候,更要给出积极的、鼓励的反馈,比如在背景中间弹出一朵大红花。在选择之后的拖放过程中,源图片必须跟着鼠标走,让小朋友凭直觉就知道自己在"拖"着它走。

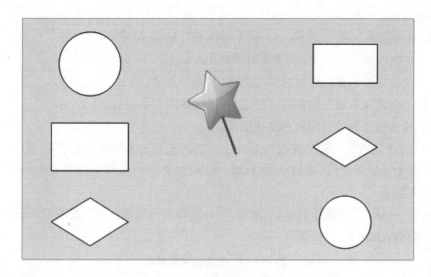

图 15 - 86　儿童游戏界面设计示意

（3）声效很重要：在选择源图标和放置目标图标时，相关反馈都需要配上吸引儿童注意力的声效。游戏反馈更加需要有声音，可以是一段悦耳的掌声，可以是母亲或儿童自己录的"宝宝真棒"等。

（4）结合实际、从易到难，常有新奇：要根据儿童的年纪设置题目。对于两周岁的儿童，不要左边一段代码"3＋2"右边写着"5"，这是人家爱因斯坦小时候玩的。

（5）有张有弛，注意节奏。每完成一个图形匹配，就给出一段鼓励的画面，每完成三个图形匹配（称为一幕），就给出更长时间、更有奖励效果的画面；别让小朋友在学龄前就陷入无良的"题海战术"。

（6）无限可扩展性：没错，这是这款游戏最有价值的设计之处。游戏有无穷变化的可能，只需爸爸妈妈们发挥他们的想象力，事先在游戏目录下，准备好一幕幕素材。只要素材设计得好，这个游戏可以相伴一生。我们马上就来谈这个重点。

前面提到过，游戏中每一幕看到的图片素材有：背景、源列表（1 到 3 张图），目标列表（1 到 3 张图）、鼠标（光标图片）；以及做对的情况下显示的用于表扬的图片。听得到的声音素材有：背景音乐、鼠标移动到每个源图上的声音，鼠标移动错误目标图片听到的声音等。

可以在游戏目录下创建子目录，命名为"game - 001"，准备好如下素材文件：

① 背景图：bkgnd. bmp；

② 背景音乐：bkgnd. midi（midi 轻音乐）；

③ 源列表三张图：src_001. png、src_002. png 和 src_003. png；

④ 目标列表三张图：dst_001. png、dst_003. png 和 dst_003. png；

⑤ 鼠标移动源列表三张图片时，各自发出的声音：src_001. wav、src_002. wav 和

src_003. wav；

⑥ 正确匹配一张图之后,显示的笑脸图片:ok. png;

⑦ 正确匹配一张图之后,播放的声音:ok. wav;

⑧ 正确完成本幕三张图片匹配之后,显示的图片:done. png;

⑨ 正确完成本幕三张图片匹配之后,播放的声音:done. wav;

⑩ 其他你认为值得用的声音或图片。

然后再创建第二幕,存放在"game - 002"目录下。才两幕肯定不够,除了爸爸、妈妈各做十幕以外,建议发动姑姑、阿姨、爷爷、奶奶、叔叔、舅舅等全上阵,一人要求制作两幕以上。

请用《白话 C++》所学的知识,使用 SDL 库写出该游戏。以下是我看到的学员做的创意归纳,如表 15 - 21 所列。

表 15 - 21　宝宝适用的创意

创意	说明	典型图片	年龄范围
宝宝练鼠标	让宝宝练习小手抓鼠标有方向地移动,每一幕左右列表只有一个图形,并且一模一样	①太阳公公 ②月亮婆婆 ③大笑的娃娃	刚接触游戏
宝宝识图形-基础版	认图形:一模一样的几何图形,只是次序打乱	①圆 ②方块 ③三角形	2 周岁以上、4 周岁以下
宝宝识图形-大小版	认图形,加大难度:形状一样的图形,除次序打乱外,大小也不一样	①小草 ②树 ③山	2 周半以上、4 周岁以下
宝宝识图形-色彩版	认图形,加大难度:形状一样的图形,除次序打乱以外,颜色也不同	①涂颜色的几何图形 ②涂不同颜色的花草	同上
宝宝认色彩	识别不同色彩:相近的图形,但颜色不同	①红、黄、蓝气球 ②绿、白、紫方块	同上
宝宝识大小	让宝宝识别大小图形一样,但不一样,不再是简单的几何图形	①大气球、小气球 ②大娃娃、小娃娃 ③大汽车、小汽车	3 周岁以上、4 周岁以下
宝宝识轮廓	建立从"轮廓"到"实体"的关联形状一样,但一边轮廓图,另一边是实心图	①人物 ②建筑 ③几何图形	同上

创意	说明	典型图片	年龄范围
宝宝认亲人	听声,看图、认亲人 源图是清晰的,平常宝宝已经能认出来的亲人,目标是轮廓,但鼠标移上去会读出声音,比如"爸爸"	爸爸、妈妈、爷爷、奶奶、宝宝自己……	同上
宝宝认数字	看读识数字:源图是重复个数的物体,目标图是阿拉伯数字或相反	三块糖果、两只皮球、一只小狗……	4 周岁到 6 周岁,视数字大小
宝宝认数字声音版	听声,看图、识数字:源图是 10 以内阿拉伯数字,目标是能发出声音的汉字数字或图片	略带卡通形状的阿拉伯数字	同上

如果你老婆愿意,那么这个游戏的玩家也可以是你,题目由她出。于是程序摇身一变成为"老公记日子",左边:戒指、结婚证、某宾馆 VIP 卡;右边:2013 年 6 月 19 日、2017 年 8 月 20 日、2025 年 9 月 19 日。你问我这是在考什么? 我哪知道啊!

我有两个孩子,我相信不管玩不玩这个游戏,他们都很聪明,但他们也确实都玩过这个游戏,并且都非常喜欢,小的那位,在一岁半时,就会玩了,并且一边玩一边嘎嘎笑。我其实不懂他在乐什么,却因此想起十几年前他姐姐让我抱着坐在电脑前玩这个游戏时,也是这样笑的。尽管那时候我还没有学习 SDL,用的电脑也比现在卡很多。

想到这些,我觉得很开心。是啊,还有什么能比给自己的孩子、老婆和父母写程序更让人开心呢?

如果不是图开心,我们干嘛要学编程?

第 **16** 章

下一步

没有终点。

16.1 启　蒙

"你愿意成为一名程序员吗?""愿意。"

1. 说动手就动手

编程一定要多动手。《白话 C++》的每一个例程,你都动手写好并通过调试了吗?

对某个语法有疑问,直接写代码试试。

使用 vector 和 list 存储整数,在多大数量级下,二者在数据插入、删除方面的性能开始有明显差距的? 差距是多少? 不清楚? 马上动手!

使用 C++ 新标 for 循环和 auto 应用在 vector < bool > 身上,会有奇怪的问题,要不要试试看? 哪怕你已经猜出问题所在。

和"裸指针"相比,std::shared_ptr 性能差多少? 一千万次创建指针、传递指针、赋值、提值、释放带来怎样的性能损耗?

使用 asio 库编写一个简单的网络服务端,在既定的运行环境下,多少个并发请求造成服务端响应数据将超出 1s 大关? 马上动手测试,未来面试你会更有底。

课程说 wxWidgets 是一个跨平台的 GUI 库……挤出半天时间,安装 Linux 虚拟机,准备编译环境,让你的 Linux 编程之旅的图形界面开始吧!

有人说,想动手得先有问题,我平常想不到什么特别的问题啊? 那就确保动手完成《白话 C++》书中各个程序案例,在动手的过程就容易遇到问题,形成"动手→思考→再动手"的良性循环。

2. 善于问乐于答

自己动手半天还是解决不了问题,生生闷气可以,但真要将问题闷在自个儿心里,会得病的。学习少不了要向他人请教,特别是在网上借助各种平台发问。此时要做到善于提问,至少做到以下几点:

(1) 未问之前、多思多试

提问是思考和动手的延续。千万不要形成遇到问题就开口问人的习惯。确实需要请教他人时,应将自己做过哪些尝试的步骤以及在网上搜索过哪些相似问答的链接,一并作为问题的附加说明发表出来。

(2) 说清问题、注重细节

比如一行代码编译出错或运行结果不对,应给出相关代码片段、详细的出错信息,描述清楚编译环境、运行环境。包括但不限于操作系统、编译器、IDE、所用的第三方库等软件的名称及版本号。如果运行结果不对,应给出操作步骤说明、结果截图。然后就是第一点中提到的,你的思考和你所做过的尝试、网上搜索到的相关资料等。

错误做法举例:标题是"这段代码的输出为什么跟我想的不一样?",然后手机冲着屏幕拍一段代码,发表出来后还带着 90 度旋转。你私信让他转回来重发,他回:"你回答之前转一下又不难。"如图 16-1 所示。

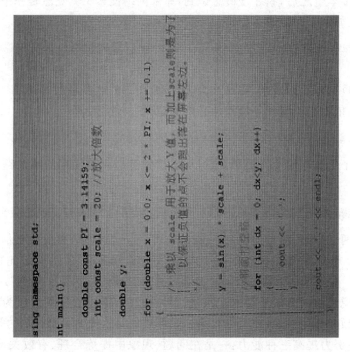

图 16-1　为什么跟我想的不一样

(3) 及时反馈,无论对错

很多时候一个问题难以使用一个回复就找到准确答案,这种情况下,回复可能是大致的思路,也可能是具体的建议;并且思路和建议有的比较符合你的自我判断,有的可能你并不认同。不管怎样,在问题没有得到解决之前,建议放下自己的先见尽量都去尝试,然后再给出回馈;哪怕你完全不认同的方案,也应给出反馈,说明理由。而在问题得到解决之后,不管是不是得益于本次提问,都不要一走了之,而应及时反馈答案,并依据平台的要求,将问题标记为"已解决"。

（4）帮助他人、提升自己

光提问容易成为"伸手党",而一旦成为别人口中的"伸手党"容易被排斥,因此在学习的过程中除了多问,也需在力所能及的范围内帮助比你还新的新人。请相信:回答他人问题不仅能帮助别人,也有利于进一步夯实自己的知识基础。

（5）目标导向、不忘初衷

不管是在网上还是在身边,不管是提问还是回答,只要是人和人之间的交流就容易掺入某些主观因素。偶尔会遇到一些人说话阴阳怪气,有些同学容易中招,很快和对方吵起来。忘记自己来交流知识的初衷,浪费自己的学习时间,破坏自己的学习情绪。"道不相同,不相为谋",想认真学习的人应该对这类人"敬"而远之。

3. 常搜索会搜索

教了许多学生之后,我才慢慢意识到,原来网络搜索工具竟然是一个学习能力的评测工具,比如碰上一处编译出错:

```
D:\我的项目\OutputSin\main.cpp|13|error: expected primary-expression before '+=' token
|
```

要求学员自行上网搜索,以十个学员为例。三个学员融会贯通前一小节"善于问、乐于答",依据当前编译环境添加必要关键词进行搜索:

```
GCC expected primary-expression before token
```

另有五个学员不用他人提示,懂得从出错信息中去除无用的本地路径信息进行搜索:

```
expected primary-expression before '+=' token
```

最后有两个学员,简单地将"D:\我的项目\……"在内的整段出错信息丢给搜索引擎,然后大半节课都在埋怨"都多少年了,搜索引擎怎么还是如此的不善解人意呢?"

我不敢说最后两个学员智商有问题,因为担心十年以后他们成长为"人工智能"时代的世界顶尖程序员后,回来打我脸。如果只是着急找到眼前问题的答案,在搜索这件事上,应努力提高三种能力:一是在问题、现象中提炼合理、有效关键字的能力;二是搜索引擎的"高级"用法,比如在指定网站内搜索、如何对关键词进行"与""或""非"等逻辑组合;三是掌握编程日常英语用词,在全世界范围内搜索。说到编程问题搜索以及外语,"https://stackoverflow.com/"网站一定要常上。

4. 爱编码敢调试

整本书下来,相信读者已经有此体会:对于新手而言,将全部代码写出来,并调试到编译通过已经很难了,但更难的是如何解决程序运行时的错误。《白话 C++》只讲解在 IDE(Code::Blocks)中的一点调试基础知识。身为作者,我就像一位英气逼人的大厨,站在镁光灯下,电视拍摄镜头前,帅气、优雅地向大家展示如何做一道漂亮的大菜。其实作为过来人,我清楚实际编程时的你或我,更多时候像是在狭小厨房里的小媳妇,油烟浓烈睁不开眼,胳膊上尽是溅射油滴的烫伤。结果端出来的菜甭说婆婆不满意,自己试一口都想吐。

"怕热不要进厨房",怕解决"BUG(程序缺陷)"就不要学编程。听起来有些悲伤。《白话 C++》自诩既"逼迫"读者"练功(理论、基础)",又手把手带读者"习武(招式、武器)",聪明的读者很快有了疑惑:"老师你怎么不带我们上街头斗殴?"我确实不带读者"上街头斗殴",但书中每一个案例都是我"居心叵测"地为读者预设的遭遇战。如果你是一步一步地学到此处,恭喜你活下来了!调试程序、解决程序运行问题确实很像街头斗殴——战斗力越弱越容易受到挑衅,一旦你成为解决问题的高手,你就将惊讶地发现:问题很少来找你了。

5.和工具交朋友

学员经常在课堂里大喊大叫,"我要征服 C++!"我问他有女朋友吗,他说没有。又问,"年纪不小了为什么不找?"他说:"等我征服了编程这一行以后再去征服爱人的心。"上过本书官网的人都知道,老师我除了教程序员技术,也教程序员职场情商,虽然不是很合适,但我还是劝导这位学员先停下 C++课程,改去隔壁班学习情商。

编程语言、IDE、库及操作系统、电脑都在工具范畴内,所谓工具就是刻意设计出来供人类使用。学习一个工具如何使用的第一步一定是在寻找三个问题的答案:一是"为什么会有这个工具"或者"这个工具被设计出来是为了解决什么问题";二是"为了解决特定的问题,这个工具提供了什么样的功能特性";最后才是"这些功能特性该如何使用"。简而言之就是"问题→功能→用法"的循环过程,如图 16-2 所示。

图 16-2 学习"工具类"知识的典型过程

一个不剪指甲、不掏耳朵、不开罐头、不喝红酒、不磨脚皮的外星人来到地球捡到一把瑞士军刀,琢磨半天后脸色大变:"这肯定是地球人的大规模杀伤武器!"在一个从未被由底层系统层面和上层抽象层面组成的河蚌怪兽"夹击"痛过的程序人眼里,

C++语言大概也是一门"杀敌一千,自伤八百"的大规模杀伤武器。

理解问题是什么,有助于我们理解一个工具所具备的功能;理解一个工具应当具备什么功能,有助于我们理解它的具体用法;而当我们不断地练习使用这个工具去解决它所适合的问题时,又有助于我们进一步加深对问题的理解。整个过程最重要的就是围绕"问题""功能"和"用法"的"理解、理解、理解",而不是"征服、征服、征服"。

从理解问题出发到解决问题结束,是我们学习工具类知识的正确思维。反例是:"当手上只有锤子,所有问题在你眼里都是钉子。"当我们树立为解决问题而学习的目标时,就能理解工具,或者说工具提供的功能终归是我们的朋友。学习就是你和这些功能从陌生到相识、相知、相见恨晚而终至相互嫌弃的一个过程。

工具也有好用和不好用之分啊!这话无比正确,并且我非常鼓励大家发现所学、所用工具在设计上的不足甚至是缺点,然后想办法改进它,就算一时改变不了,至少也可以想办法绕过、避开。关键点是:越是复杂、成熟的工具,越不要轻易断定它是错的;很多时候我们以为是工具的错,其实是我们对问题的理解还不够。就算最终证实确确实实是工具的错,可是想想它的好,当然也是选择原谅啊!谈恋爱不也是这样的一些道理?唯一要改变的就是把"工具"换成"人生伴侣"。

"老师,我想指出你的一个错误。""说吧。""人生伴侣追求从一而终,但工具上,我们应当针对不同问题,不断切换最合适的工具。""哈哈,今天天气真好。"

6. 抄小路吃大亏

"你来学习编程的初心是什么?"两大类:一类人目标明确,学会编程就是为找到工作,赚高工资,养家糊口。另一类人:觉得编程好玩、有趣。这两类人都非常容易走弯路、歪路甚至是邪路。

完全以找工作赚钱为学习目标的同学,如果因为希望早日上岗而追求速成,容易造成基础不扎实,视野狭窄,很多技术半懂不懂,只会按既定的模式或框架低价值地重复写相似的代码,造成技术方面的"天花板"过低,未来技术上升空间受限。完全以兴趣为学习导向的同学,容易在某些技术方面钻牛角尖,并自以为是在钻研底层技术;所学技术东一榔、西一锤不够系统化。有些人甚至有"学个利害的,出门好炫技"的错误思想,因而剑走偏峰,学一些大而不当的屠龙技。

不管是急于找工作挣钱的,还是急于搞出点成绩秀本领的,很明显也很有意思的是,二者都容易在学习上犯急。有人要问:"学习编程真的急不得吗?急一点不好吗?"学习计算机语言的语法,再使用该语言编写"源于生活,高于生活"的程序。当我说到"源于生活,高于生活"时你想到什么? 没错,使用计算机语言编写程序的学习过程,宏观上非常类似学习一门自然语言撰写文章的过程,可以细分为"学习语言本身(语法)"和"学习如何使用语言(编写)"的两个子过程,前者属于学习上的非本质困难,意味着"只要你肯花时间,你总是能学会它";后者属于学习上的本质困难,意味着"如果你不肯花时间,你几乎不可能学会它"。

【轻松一刻】：15 天孩子作文能力大提升，只需区区 20000

女儿在高中分科时选择了文科。我很好奇："可是你的作文能力似乎不咋地呀？""可是我的数理化能力显然更不咋地呀！""相比写作，突击搞定数理化可行性是不是更高一些？"然后女儿就给我一张不知哪来的传单，上面写的内容就是本则"轻松一刻"的标题。

作为一个爱女心切的家长，我可以交出"区区"2 万的"智商税"。然而，当我身份切换为一个负责任的编程老师，我想告诉大家：编程学习难以速成，不要怀有两三个月就能从零基础到高手的期盼，也不要相信这样的宣传。我承认所有的教学都有套路，比如"面向对象"是编程的一种套路，"八股文"是写作的一种套路，好的老师传授思想、方法上的套路，差的老师只讲工具上的套路。前者难以速成，后者可以速成，只是离开特定工具链，就很难再"套"下去，但这还不是"大亏"。由于追求速成，教学中存在拔苗助长的行为，造成学员对许多知识要么一无所闻，要么一知半解，甚至是错误认识，严重影响正常成长。

从根子上认识到编程能力无法速成，从根子上端正学习目的，长期保持旺盛求知欲，把"学到知识"作为学习的最终目的，不急不燥，踏实走每一步，两到三年就会比当初"抄小路"或"大跃进"走得更好。

7. 坚持、坚持、坚持

1996 年某学校机房，大概有 15 个学生在上机进行 C 语言小测。有一道 switch 流程题，要求提示"1－红、2－黄、3－蓝、4－绿"，然后接受用户选择的颜色；再提示"1－上衣、2－裙子、3－鞋"，接受用户选择的品类；最终程序需使用 switch 结构输出用户的选择，比如"红色的裙子"。出题的显然是一位有远见的好老师，答题的学生们水平也不错，下课铃响起后一个个保存代码离开教室。只有一个家伙还在写，辅导老师走过去看他写的代码，好家伙，代码比别人的长了好几倍：

```
……
int color;
int clothing;
……颜色选择提示，以及接受用户输入，取得 color……
……服装选择提示，以及接受用户输入，取得 clothing……

//开始使用 switch 输出
switch (color)
{
    case1:
        switch(clothing)
        {
            case 1:
                printf("红色的上衣");
            break;
```

```
                case 2：
                    printf("红色的裙子");
                break;
                case 3：
                    printf("红色的鞋");
                break;
    }
    case 2：
        switch(clothing)
        {
                case 1：
                    printf("蓝色的上衣");
                break;
                case 2：
                    printf("蓝色的裙子");
                break;
                case 3：
                    printf("蓝色的鞋");
                break;
        }
    case 3：
        switch(clothing)
        {
                case 1：
                    printf("黄色的上衣");
                break;
                case 2：
                    printf("黄色的裙子");
                break;
                case 3：
                    printf("黄色的鞋");
                break;
        }
    case4：
        switch(clothing)
    {
        case 1：
                printf("绿色的上衣");
                break;
                case 2：
                    printf("绿色的裙子");
                break;
                case 3：
                    printf("绿色的鞋");
                break;
    }
}
……
```

辅导员一直摇头。机房里有空调,可是这个同学看到别人都走了,以及老师摇头而感到压力山大。事后这位同学了解到,其他人的代码都只用两个 switch 结构,第一个输出"X 色的",第二个输出品类,比如"裙子"。

讲台上老师"晒"出这段代码做重点讲解,台下有个同学全程低头,内心倍受打击,在怀疑自己是否适合编程,这个同学就是《白话 C++》的作者。很多人在我面前叹气,说某个知识点"人家很轻松地就懂了,我费了半天劲还是一知半解,我觉得自己完全不适合编程。"听到这里我就双眼放光,然后问他们一道题,让他们短暂思考后讲出解题思路,听着听着我眼里的光就暗淡下去了,内心像打翻了五味瓶,惆怅、落寞、甚至还有恨:"一个个说自己不适合编程。可是二十年过去了,我以为总会碰上一个和当年的我一样傻的……居然没有。骗子,全都是骗子!"

这个真实的故事在下册的这个时候才讲……因为我怕太早讲了会影响书的销量。其实那年的 C 语言终考成绩,我已经在班级名例前茅。而后这二十多年,我觉得自己还算是一个合格的程序员。

编程是难事,编程也不是难事。还是那个比喻,编程就像写文章。的确没有几个人可以变成莎士比亚,但把语句写通顺,把事情说清楚,坚持学习、训练,应该人人做得到。

8. 神奇反作用力

"老师,你不会是在向我们兜售'坚持就是胜利'的心灵鸡汤吧?"因为工作关系,我有过和好几家公司的财务人员打交道的经历,我发现越是优秀的财务人士,彼此越有某种相似的特质,比如口风很紧,比如思路缜密,比如说话谨慎,比如对数字特别敏感。

我参加过很多面试工作,边上来自人力资源部门的搭档不管是总监还是小专员,不管是男士还是女士,当他们目光凌厉时,仿佛能看见眼前人的心;而当他们想要示人以温暖时,眉梢和嘴角间自然流露的笑容,若是让街对面的流浪汉看到了,只怕也要添平一份好好活下去的力量。

有个儿时的死党当医生也快二十年了,其实小时候我和他一起解剖过青蛙,并且我清楚地记得当时还是我主刀,他只配打下手。可是现在只要在一起,我就觉得他言行举止像个医生(本来就是),聚会时自己不喝酒不熬夜,还爱批评别人饮食不节制,生活无规律。我很不爽很不屑地说他,"你们这些医生啊……"他倒痛心疾首、爱恨交加地指我:"你们这些程序员啊……"

对哦,我们程序员,怎么啦?常加班?爱熬夜?低情商?宅?穿格子衫?不,那只是外在,肯定不是程序员坚持的动力。编程是一种典型的脑力劳动,是一种复杂的逻辑行为。一个人只要有两年左右都在从事设计、编码、调试、重构,编程这项工作就会开始产生一种神奇的"反作用力",它会让你变得细心,做事有条理,抗压能力强,遇事不易情绪化,看世界更加理性、客观,碰上突发事件越发镇静自若,发生问题习惯先自我反省,喜欢思考如何改进现有的事物,对新事物具有更强的接受和适应能力。如果有一天别人看到你的代码暗叹"竟如此之雅致"的时候,你的生活品味已大有提升。

当然,职场训练带来反作用力有大有小,对不同人身上的作用效果有的明显有的不明显,有人来得早有人来得晚,但不管如何,第一它客观存在,第二它必定可以减少一个人继续学习,持续编程的阻力。有时候,这种力量甚至有"势如破竹"的功效。我见过不少人刚开始学习碰上的困难特别的大,像剖竹子时马上就面对一个竹节,但一旦切开这个节,后续就轻松很多。读了编程相关的专业,虽然一直很有兴趣,但学习时特别吃力,显得特别不适合这一行。但一路坚持下来,确实发现自己编程方面的学习、领悟能力有所提升,居然连脾气、性格、思维习惯都改变良多。最有趣的是,中学时我的英语和数学都一般,编程多年以后,当年如天书一般的英文资料,我居然看懂了;当年做不出来的高中数学题,我居然可以辅导女儿了。许多人问:"我英语和数学都一般,真的能学会编程吗?"我哪敢给包票?但我很乐意把学习编程可以"反哺"数学和英语的事实靠谱地告诉大家。

16.2 准 备

前面两道门槛:不耐烦和粗心大意。

1. Linux 下开发

建议大家安装 Linux 操作系统作为在本书学习之后的日常开发机器。推荐版本使用 Ubuntu 发行版。

本书在《准备篇》中提到的集成开发环境 Code::Blocks、第三方扩展库以及 MySQL 等软件,在 Linux 下的安装方法和书中描述的 Windows 下的方法大不相同,通常更加便捷。请各位自学如何将完整的开发环境切换到 Linux 下,有困难的可到本书官网(www.d2school.com)查阅辅导教程。建议大家将 C++编程开发环境迁移到 Linux 下的原因有三:一、实际工作需要;二、大量的 C/C++第三库,特别是开源库,对 Linux 的支持比对 Windows 好太多;三、许多开发工具在 Linux 里用比在 Windows 顺手。

有学员有些担心,"听说在 Linux 下大家都不使用 IDE 编码,直接使用 vim 类的字符界面文本编辑器?"此事应一分为二看,日常编程、调试建议仍然使用 Code::Blocks、CodeLite 或 QtCreator 等图形化集成环境。需要在服务器上部署编译时,再使用 CMake 或 make 等命令行工具。

2. github

"https://github.com/"上面有大量优秀的开源项目(当然,也有人就在上面写教程),已经是现代程序员居家旅行必备的在线系统了,建议经常上去搜索和 C++ 相关的资源,阅读优秀的 C++ 代码。建议在 Linux 下安装 git 的客户端工具,学习如何使用 git 进行源代码管理。本书提及作者作品 da4qi4 可以在 github 上搜索到。

请在"github.com/"上开通个人帐户,并通过 git 工具上传平日的练习项目。

16.3　感受(一)

Hello world!

1. 当年的感受

在《感受(一)》,我们从只会输出一行"Hello world"到会写函数,有输入输出;接着,程序流程开始分支、循环;又终于有了对象,并一同见证对象的生死大事,对象有了成员;很快,我们以派生打开戏幕、又第一次懂得多态可以取代分支;最后我们打开 STL 宝库,认识里面经典数据结构、常用算法,以及如何使用文件流。

😊【轻松一刻】：十年

根据我们的调查,任何一个从头到尾全力以赴完成《白话 C++》上下篇学习的新人,都会在拥有近似 2 年 C++ 工作经验的同时,在外貌和心态上迅速苍老十年。因此此刻你重新读《感受(一)》篇,应该会有一种恍若隔世,仿佛重见当年稚嫩青春的感受。

我们的第一个建议就是:打开陈奕迅的《十年》,于歌声中重温《感受(一)》篇。整个过程保持安静,最好带上一点点的感伤或许更有利于学习。当年的我们一定会在《感受(一)》篇中有许多地方一知半解,通过这次复习,看看是不是都懂了,看看有没有新的感受。

2. C++ 11/14/17

本书基于 C++ 11 标准,在写成过程中 C++ 又已经有了 14 和 17 的标准,20 的标准也即将到来。建议读者通过网上(包括本书官网)或其他书籍了解新标准,并写类似《感受(一)》一样简短的代码加以感受,快速了解新标准下语言和库发生的变化,并思考这些变化之所以存在的背后原因。

16.4　感受(二)

我们一头扎入 C++ 语法的大洋深处,不远的海岸线,水面倒映着一幢幢建筑。每一座建筑的某面墙上,都镌刻着"C++ Inside"。

表 16 - 1 是"github. com/"极具学习价值或极有可能在未来工作中在关键时刻救我们一把的开源项目,建议在 Linux 下学习和感受。

表 16 - 1 github 上 C++ 项目示例

作者/项目	说明
facebook/folly	facebook 公司提供的 C++ 开发工具库
google/glog	Google 日志模块的 C++ 实现版本
tencent/libco	腾讯的协程库(协程:以同步语法实现的异步的并发结构)
dmlc/xgboost	机器学习。
mlpack/mlpack	又一个 C++ 机器学习库
miloyip/rapidjson	以高性能、规范闻名的 C++ JSON 解析库,作者现在腾讯就职
mosra/magnum	OpenGL 图形引擎,支持 OpenGL、OpenGL ES、WebGS
zaphoyd/websocketpp	Websocket 的前后端实现
xtaci/algorithms	各种数据结构和算法
cpputest/cpputest	C++ 单元测试框架
paulftw/hiberlite	SQLite 的 C++ ORM(对象关系映射)库,来自 google
ocornut/imgui	一个具有现代扁平风格的 C++ GUI 库
zeromq/libzmq	ZeroMQ 的 C++ 绑定,ZeroMQ 作者以安乐死的方式析构自己,但他的作品必将永生
booksbyus/zguide	ZeroMQ 的使用示例(包含多种编程语言)
progschj/ThreadPool	一个基于 C++ 11 的线程池
eranif/codelite	CodeLite 项目

16.5 基 础

有些花儿要离得远些,才能嗅到它的暗香;有些知识,要经历多些,才能感受到它的力量。

或许不应该这么贬低自己的书,但谁让我写的是 C++,就算你彻底搞定整本《白话 C++》,然后你就不读别的书了,那你也只能成长为一名编程蓝领工人。当然,因为受到《白话 C++》作者的熏陶,你可能会比其他工友显得文艺一点,偶尔会在写代码时赋诗一首,众工友纷纷点赞。

想要进一步提升自己,以下计算机编程基础领域的书籍一定要舍得花钱买、舍得花时间读。并且依我的个人经验,每个领域应该都至少有两本,一本偏入门、实践,一本偏高深、理论,二者交叉读,效果更佳。推荐基础知识领域:

① 计算机原理;

② 计算机数据结构;

③ 计算机算法；

④ 计算机操作系统原理；

⑤ 计算机汇编语言；

⑥ 计算机编译原理；

⑦ 计算机网络；

⑧ 计算机软件工程；

⑨ 计算机程序设计语言。

请多方查阅,认真筛选适合自己的书,然后每个领域买两本书。简单的那一本放马桶边,高深的那一本放床头。坚持翻看,一时甚至长时间看不懂也不要紧。前者有利促进内存释放,后者有助倒逼 CPU 休眠,都没有什么害处。尽管读完这些书,你发明不了计算机,成不了算法科学家,写不了操作系统,写不了编译器、制定不了新的网络协议,设计不了新的程序语言,但是听我的,读吧,耐着性子读下去。放心,这些基础知识都难以过时,先花五年时间以较快的方式甚至是"不求甚解"的方式读完这十八本书;然后开始第二个五年计划,重读它们;这些基础知识惊人的后劲将在阅读者身上一一显现。特别是在你出任技术总监后的日子。

16.6　IDE

工欲善其事,必先利其器。

如前所述,建议在 Linux 下熟悉 Code∷Blocks 开发。另外,我还建议大家学习、使用另一个开源的 C++ IDE:CodeLite。这几年该 IDE 进步很大,在界面交互设计、对 CMake 或 make 以及 git、subversion 等程序员必备工具的支持或整合方面更好。另外,Qt Greator 也是一个简洁而强大,值得在实际工作中使用的 C++ IDE。

16.7　语　言

每个人都有青春期。青春好像很重要,也好像不重要。

尽管很厚,尽管就从这一章开始,大家迎来又送走至少五年的青春(我的意思是你们看完这章以后像老了五岁),但作为一本涉及"功"和"武"的综合性的 C++ 编程入门教程,对 C++ 语言的讲解仍然流于浅显,不完整,甚至有错误。怎么办? 我们向大家推荐 C++ 之父 Bjarne Stroustrup 的作品《C++ 程序设计语言》,和 C++ 大师 Stanley B. Lippman 的《C++ Primer》。两本书都一版再版,建议购买最新版。问题是,哪一本放床头? 哪一本摆马桶边上? 天! 千万别。这两本书只能放在案头,电脑边上,焚香洗手、认认真真、毕恭毕敬地学习,并且欢迎到《白话 C++》官网加入相关学习小组,大家共同进步。另外,有关 C++ 11/14/17/20 及更新的新标准,也应结合《语言》篇进行更加系统的学习。

有关语言的最后一个建议:请开始自学一门动态语言。Python 是最佳推荐,除了它的自身优点之外,还因为它和 C++ 足够不同,让刚学习过 C++ 的你产生强烈的思想撞击,极大有利扩大编程知识面,而且通过这种强烈的对比,让你能够比只会一门语言的同学更加理解两门语言各自的设计。

说完这些,班里还是没有同学开始学习 Python。好吧,再补充一个理由:由于 Python 的编程语法、风格、思路等和 C++ 是如此的不同,所以保证各位不会因为同时学习两门语言而产生混乱!这下大家纷纷上网搜索 Python 教程。这是一种程序员的典型思维习惯啊,"避害"优于"趋利"。奇怪,还有数位漂亮的女学员就是不动!

"你们怎么回事?""老师,我们只想等你的《白话 Python》。"

听!同样是从婴儿阶段就开始学习自然语言,可是有些人说起来就是这么好听、这么令人感动,这么让我这个小老头如沐春风。

学习编程语言也是一个道理。有些人写的代码让你看完后心生向往,眼前这岂止是代码,你仿佛面朝大海,春暖花开;而有些人写的代码……只会让人好像置身某种地方,一坨一坨又一坨。把代码写得整洁一点,这大概也会是很多人下一步需努力的要事之一。

16.8　面向对象

从繁冗处学,向简易处用。

有些知识属于认识范畴,它们非常难以通过他人的言语学到,哪怕那个人对你耳提面命,哪怕在 C++ 学习这条路上你已经跨过青春期了。"面向对象"就是一种典型的,难以从字面上让人真正理解、掌握的知识。《面向对象》是整本书中重写次数最多的一章,高达五次,唉,感觉也就勉强能行。

显然,上面这段话就是一个功力不足的作者的小牢骚,真正的技术大牛讲 C++ 面向对象编程一般娓娓道来,比如前述的《C++ 程序设计语言》和《C++ Primer》。每个人都希望自己不要长期当一个"码农",都希望能提升自己的程序设计能力,慢慢地在工作当中当上技术组长。我建议还得买两本书,一是《重构:改善既有代码的设计》,二是《设计模式:可复用面向对象软件的基础》。再一次,哪一本放床头,哪一天摆马桶边上?

《重构》侧重讲代码结构的渐进式改良。比如,一个流程结构层级很深怎么办?一个函数很长怎么办?函数的入参一大串怎么办?类很庞大怎么办?它教我们如何让每一个函数、代码片段,甚至是每一行代码、每一个符号都更加可读、可维护。《重构》一书使用的编程语言是 Java,但多数原则和技巧同样有助于改进包括 C++ 在内的其他语言所写的程序。可以将《重构》视为"面对对象"编程的基本要求与终极归处。

《设计模式》是一本上世纪九十年代写成的书,2000 年有中文版。不管是原文还是中文版,这本书都非常难读。如果你有长期实践经验,并且在实践中长期为庞大的(或许只是你或你的团队觉得庞大的)系统编程、维护实践中痛过的话,相对容易看懂。否则很容易就只记住什么单例、工厂等几种相对简单的招式,答案很清楚:初看似乎轻松易读的《重构》放马桶边,一时容易晦涩深奥的《设计模式》放床头。

《Effective C++》和《More Effective C++》是 1991 年以后,全世界想提升设计能力和编程效能的 C++ 程序员都躲不过去的一套"姐妹书"。两本书都不是仅讲"面向对象"的设计,但学习书中所讲的条款,几乎都是使用 C++ 进行面向对象编程所必须遵守的条款。两本书都不厚,文章以"条款"的形式组织,作者的文笔相当好。读这两本书,就像一个小朋友打开了一包虾条,很难罢手,因此它们适合于塞入你的笔记本电脑包。两本书都多次再版,建议购买新版,特别是基于 C++ 新标准的新版本。

16.9　泛　型

让 C++ 如此 C++。

泛型技术让 C++ 语言如虎添翼,并且也是 C++ 有别于其他语言的一个强特性。在学过面向对象和泛型之后,我们应该做的第一件事情是思考泛型和面向对象两种编程技术的异同以及如何配合。

复习一下泛型在使用上的重点:

一、泛型技术常用于描述这样一组数据类型:它们的内部结构非常接近(通常就是完全一样),只是某些内部数据的类型不一样。典型的如容器数据类型,容器是一样的,只是容器装的数据不一样,比如"list < int >"和"list < string >"。使用模板表达的数据类,在概念上可以理解为是同一种容器。比如"老朋友""Point <T>",就可以理解为固定存储两个数据的容器。

二、泛型技术常用于描述这样一组操作流程:它们的内部实现步骤、流程非常接近(通常就是完全一样),只是某些内部操作所处理的数据类型不一样。典型的如各类算法的实现。算法步骤是一样的,只是算法处理的数据类型不一样。比如求一组数值的累加和、再如求两个数值的较大者。

作为对比,面向对象适合用的场景是什么呢? 面向对象也用于描述一组看起来很相似的数据类型,但这些数据类型的内部组成结构却往往大不相同。典型的如一架飞机和一只鸭子,由于都会飞,中弹后都会掉下来,所以在一个游戏程序中,二者被高度抽象成同一类事物,使用同一套接口表达;但请注意,飞机和鸭子的内部组成结构差别很大,决非 IntPoint 和 DoublePoint 之间的差异所能比拟。某些语言干脆规定"接口"类不能拥有实体数据,这种规定反映出一个重点:面向对象技术善于表达一组内部结构和功能实现各异、但对外接口表现一致的数据。"虚函数"是支撑这一点重要的语法机制:上层统一通过基类的接口处理,底层(派生层)则可以自行提供大不相同的实现。

内部数据的结构非常接近,但部分内部数据的类型不同;围绕这些数据实现特定功能的步骤流程非常接近;外部对它们的使用方法、调用接口也一样,适合使用泛型。内部数据的结构差异较大,实现特定功能的步骤流程变化比较大,外部对它们的使用方法、调用接口也一样,适合使用面向对象。

使用泛型时,碰上某一类数据的处理过程就是要和别的类型有不同时,泛型技术也不会拱手相让解决权,相反,它提供了"特化"技术。而在使用面向对象技术时,也非常容易碰到针对某一行为,要求各个派生类实现各种定制的前提是遵循某个基本的处理流程。还记得"框架式"和"组件式"两种编程模式的口号吗?

面向对象或泛型都可以轻松而漂亮地解决某些小问题,但二者本质上都是着眼于复杂问题而提出的一种解决方案和思想。因此,脱离大量实践,抱着书就想真正用好其中任何一种技术,都是极其不现实的想法。C++程序员同时面对两大技术,学习起来就更困难了。我的建议还是多面对实际问题,多写程序。会有那么一天,因为你,面向对象和泛型变成一对心有灵犀的战斗情侣,你将因为有它们的相助而战斗力爆表……

16.10   STL 和 boost

我左 STL,右 boost,胸口刻着 C++。

就好像一个小学生必须有一本字典,一个中学生必须有一本辞海一样,你必须有一本 C++标准模板库的书,书名就叫《C++标准程序库》,德国人写的,有很好的中文译本。

boost 是一个比较恐怖的存在,建议上官网查阅它的众多子库,从中找几个感兴趣的子库学习。复习 boost. asio 是一个很好的切入点。注意,已经从 boost 库迁入 C++正式标准的功能,请以 STL 为准。

16.11   GUI

所见皆表象——叔本华。

在 WEB 应用大行其道的年代,能够写一个可以脱离浏览器存在、并且往往有更好的操作体验、运行性能的 GUI 本地程序,是一个又酷又有实用价值的技能。因此针对 GUI 知识的下一步学习建议,是使用 wxWidgets 多写一些生活和工作中自己或他人需要的工具程序,哪怕这些工具可能有现成的实现。《娱乐》章节提到的"桌面玫瑰"或"俄罗斯方法"是很好的例子,你可以写一些有趣的程序让身边更多的人使用。当然别光顾娱乐,将前端 GUI 和后端数据库结合起来,一定可以写出更多有实用价值的程序。

如果现在或未来的工作方法确实需要写复杂的桌面应用,可以开始了解、学习

Qt,这是一个更加强大的库。如果只需在 Windows 开发,并且需要深入挖掘 Windows 操作系统的一些高级或底层功能,可以将 GUI 紧密有关的 Windows API 作为切入点,进入 Windows 编程的世界。

16.12　并　发

你不是一个人在战斗。

想要成为一个并发编程高手,第一件事情就是放下具体的编程语言,开始深入学习并发的基本原理,操作系统甚至底层硬件对并发编程的设施(线程、异步、锁、原子操作等)的支持;第二件事情是学习并发在不同场景下的应用特点,比如在数值计算图像处理、磁盘或网络访问等不同情况下出现大并发请求时的典型处理方法。显然,刚刚学完《白话 C++》的我们,只适合将以上内容作为并发学习的长远目标。眼前的学习任务应该是:①基于 C++ 11 的并发库多做练习;②结合 asio 学习,先使用多线程技术,写一个可以发起较大并发量的连接请求。再写一个服务端,基于少量的线程高效地处理这些连接请求和后续的高强度读写请求。

你不是一个人在战斗,很多程序员在工作两三年之后,还对并发缺少实质的认识。他们很有可能也在恶补这方面的知识。努力,争取赢在起跑线上,争取弯道超车,争取以并发取胜!

16.13　网　络

世界正因网络而重构。

又是一个庞大的知识点。网络编程是当前软件系统的重要支撑,也是 C++ 程序员容易产生核心竞争力的知识领域。结合我们本书所学,为进一步提升网络编程能力,以下是必选动作:

一、使用 libcurl 和 XML 知识,实现和腾讯的微信公众号编程接口对接,实现类似公众号消息自动回复功能。

二、学习 asio 官网上有关 HTTP 服务器的官网例子,写一个可提供静态文件内容的 HTTP 服务端。

三、学习、使用"da4qi4"框架写你的个人简历网站,帮你身边的小老板们写在线商城,写小程序。

然后我们需要学习一些基本的网络编程理论知识;

一、学习 TCP、UDP 协议,使用 asio 实际编程并做对比;

二、了解 IPV6,在 asio 编程中的实际使用;

三、学习 SSL/TLS,在 asio 编程中实际使用;

四、了解路由器、交换机、防火墙等网络设备的作用和基本工作原理;

五、结合并发编程,学习多种网络的服务应对模式,比如什么叫 Reactor、Proactor;

六、越过 asio 的封装,直接学习 Windows 或 Linux 下的网络编程知识。

16.14　数　据

数据为主,余者皆仆。

1. 关系型数据库专项学习

暂时脱离 C++,将 MySQL 数据库列为下一步专项学习计划。包括更完整的 SQL 操作、优化、如何设计、创建、维护数据表;视图、存储过程等相关知识;数据库备份、容灾等。

如果工作需要用到 Oracle 或 MS SQLServer 等商业数据库,则需要先学习如何使用 C++ 连接相应数据,并了解和之前所学的 MySQL 在 SQL 语句上的一些关键差异。如果需要在 Linux 写程序,建议学 MySQL++ 之外,再学习 MySQL 官方提供的 C++ 连接库。gituab 上有个 talpp 的项目,也非常值得学习。

2. 缓存数据库学习

一、简单部署、尝试更加老牌的 memcached,通过其 SDK 使用 C++ 连接并读写数据项,了解它和 redis 相比的特点。

二、暂时脱离 C++,全面学习 redis 的丰富指令。

三、强烈推荐在 Linux 下写 C++ 程序连接 redis。因此推荐到 github 上查找 Linux 下更强大的 C++ 连接器。

16.15　乐　趣

不是图开心,干嘛学编程?

一、上 SDL 官网,更全面地了解 libsdl 的现有功能,学习官网推荐的第三方教程。

二、一边学习 SDL,一边写一些动作型小游戏,比如:碰碰球、打泡泡和赛车等。

三、作为一个挑战:学习如何在 Android 上使用 SDL 编写游戏。

四、学习其他更强大的 C++ 游戏开发库。

五、给你至爱的亲人写个能让他或她快乐的程序。

16.16　下一步

没有终点。

该怎样简洁有力地结束《白话 C++》? 我想过一万种可能。万万没想到竟是递归造成的栈溢出。

参考文献

[1] Nicolai M. Josuttis,C++标准程序库. 侯捷，孟岩译. 武汉：华中科技大学出版社，2002.

[2] 罗剑锋，Boost 程序库完全开发指南［M］. 候捷译. 北京：电子工业出版社，2015.

[3] Böjrn Karlosson. 超越 C++标准库——Boost 库导论. 张杰良译. 北京：清华大学出版社 2007.

[4] 罗剑锋. Boots 程序库完全开发展指南[M]. 北京：电子工业出版社. 2013.

[5] Julian Smart，Kevin Hock，Stefan Csomor. Cross－Platform GUI Programming with wxWidgets. Prentice Hall PTR. 2005.

[6] 陈硕. Linux 多线程服务端编程——使用 muduo C++网络库. 北京：电子工业出版社. 2013

[7] 本书编写组. 新编 Windows API 参考大全. 北京：电子工业出版社，2000.

[8] Oracle. MySQL 5.7 Reference Manual. https://dev. mysql. com/doc/refman/5.7/en/. [9] Tangentsoft. MySQL++Reference Manual. https://tangentsoft. com/mysqlpp/doc.

[10] Lazy Foo Beginning Game Programming with SDL. http://lazyfoo. ndt/tutorials/SDL/.